科学出版社“十四五”普通高等教育本科规划教材

数值计算方法简明教程

成礼智　王红霞　王银坤　编著

科学出版社

北　京

内 容 简 介

本书为科学出版社“十四五”普通高等教育本科规划教材. 本书力求将数值方法和计算机实现相结合, 以计算方法设计为基础, 围绕计算原理和计算步骤阐述的主线展开. 内容涵盖线性方程组和非线性方程的求解、多项式插值与逼近、数值积分与数值微分、常微分方程数值解等传统数值分析内容, 还特别加入快速 Fourier 变换、圆周率计算的外推法等在计算数学史上非常重要的内容. 每章配备习题和上机实验题, 还通过二维码链接了部分彩图, 方便读者直观理解算法.

本书可作为高等学校数学类、物理学类、力学、计算机科学与技术类等各专业的数值分析或数值计算方法教材, 也可作为科学计算相关专业科技工作者的参考书.

图书在版编目（CIP）数据

数值计算方法简明教程 / 成礼智, 王红霞, 王银坤编著. -- 北京 : 科学出版社, 2025. 6. -- (科学出版社“十四五”普通高等教育本科规划教材).

ISBN 978-7-03-080929-2

I. O241

中国国家版本馆 CIP 数据核字第 2024HA6653 号

责任编辑：王 静 李 萍 / 责任校对：杨聪敏

责任印制：赵 博 / 封面设计：陈 敬

科学出版社 出版

北京东黄城根北街 16 号

邮政编码: 100717

http://www.sciencep.com

北京华宇信诺印刷有限公司印刷

科学出版社发行 各地新华书店经销

*

2025 年 6 月第 一 版 开本：720×1000 1/16

2025 年12月第二次印刷 印张：17 1/4

字数：348 000

定价：79.00 元

(如有印装质量问题, 我社负责调换)

前　言

信息与计算科学是一门内容非常广泛、学科界限相对模糊的交叉学科. 随着现代科学技术尤其是 AI 技术的发展与大规模应用, 隶属于信息与计算科学的数值计算方法已成为数学工作者、数值计算专家以及各类工程相关技术人员的常用工具.

本书试图通过一些数值计算方法理论与实际应用结合的典型例子、计算机上的典型应用以及相关历史背景对数值计算方法的主要内容进行描述. 学习本书的前提条件是掌握微积分基本知识, 尤其是要求掌握 Taylor 定理, 除此之外还要求具备线性代数基础知识. 本书在写作过程中力求将数学理论与计算机实现相结合, 因此, 读者可以根据自身专业背景和需求, 沿着算法的设计、分析与计算机实现的思路来理解.

本书以合适的计算方法设计为前提, 以计算原理和计算步骤的阐述为主线, 强化数值方法和计算机实现相结合, 简化数学定理的严格证明, 聚焦于"数值计算方法"展开讨论. 作者希望读者通过本书的学习, 可以提升其数值计算与分析能力. 本书第 1 章引论从计算机浮点数开始介绍, 力图让初学者了解严格意义下的数学计算过程和计算机上计算过程的区别, 重点介绍误差分析与传播以及避免误差传播的方法, 最后利用多项式求值的秦九韶算法作为典型例子对误差进行分析. 作者希望读者通过第 1 章的学习, 能够理解严格数学理论意义下的计算与计算机上计算的区别与联系. 本书第 2 章到第 8 章为数值分析的主要内容, 涵盖线性方程组求解, 非线性方程求根, 多项式插值、拟合与 (最佳) 逼近, 数值 (微) 积分以及常微分方程数值解等. 本书各章的内容相对独立, 可以根据需要选择不同的章节来学习.

本书是作者在国防科技大学相关专业多年教授数值计算方法课程的基础上编写而成的, 可作为数学类、物理学类、力学、计算机科学与技术类等各专业以及与数值计算相关的本科生的数值分析或数值计算方法课程的教材, 讲授全书约需 40-50 学时, 本书也可以作为相关科研人员的参考书.

本书的编写得到科学出版社的大力支持, 在此表示衷心感谢, 也希望使用本书的广大读者, 对本书缺点与不足之处提出宝贵的意见.

编　者

2025 年 6 月

目　　录

第 1 章 引　　论

科学与工程实践中的许多问题, 通常都需要通过数值计算或近似计算来解决. "数值计算方法" 的主要内容就是研究如何利用计算工具 (如算盘、算尺、计算器或计算机等), 来高效地求出数学问题数值近似解的方法.

"数值计算方法" 也称为 "计算方法"、"数值分析" 或 "数值数学" 等. 我国自古以来就在计算方面成就突出, 为世界古代数学的发展做出了卓越贡献. 其中著名的《九章算术》《孙子算经》《杨辉算法》《算经十书》等都闪耀着我国古代数学先贤在计算 (算术) 方面的卓越智慧, 而上述书中记载的广为人知的孙子定理、勾股定理、杨辉三角 (也称为贾宪三角)、刘徽与祖冲之的圆周率计算等研究成果都处于当时世界的领先水平. 在现代通信领域, 孙子定理 (国外一般称为中国剩余定理 (Chinese remainder theorem)) 是基本定理之一. 南北朝数学家祖冲之于公元 5 世纪对圆周率的计算结果, 直到公元 15 世纪才在西方出现类似的结果, 这项杰出的数学成就在千年的漫长岁月中一直处于世界领先地位. 我国南宋时期数学家秦九韶提出的计算多项式值的方法所需要的运算量被现代数学证明是一种最优算法 (即算术运算量达到理论下界), 而成书于两千多年前秦汉时期的《九章算术》中记载的 "方程术" 本质就是近代求解线性方程组的 Gauss(高斯) 消去法 [1].

随着以微积分为基础的近、现代数学理论的兴起, 现代计算机的高度普及以及计算机科学与技术的迅速发展, 诸如航空航天、数值天气预报、核武器试验的仿真模拟、天体演化、生命的进化过程等许多具有海量特征的数据处理问题都有可能通过数值计算方法得到很好的解决. 数值计算方法的内容也发生了很大的变化, 大量优秀的数值计算方法不断涌现, 例如, Newton(牛顿) 切线法、Gauss 消去法、数值积分公式、最小二乘数据拟合、微分方程的 Runge-Kutta(龙格-库塔) 法与 Adams(亚当斯) 方法、Richardson(理查森) 加速技术、有限差分法、有限元法、FFT(快速 Fourier(傅里叶) 变换)、线性规划问题的单纯形法、Monte Carlo(蒙特卡罗) 法、拟 Newton 法、预条件共轭梯度法、谱方法、多重网格法、区域分裂法、小波变换、边界元法、模拟退火、遗传算法以及正则化技术等. 以 Monte Carlo 法之 Metropolis(梅特罗波利斯) 算法、线性规划之单纯性法、迭代算法之 Krylov(克雷洛夫) 子空间法、矩阵系列分解法、Fortran 优化编译、特征值问题的 QR 算法、快速搜索算法、快速傅里叶变换 (FFT)、整数相关问题检测法 (不定方程整数解判断)、快速多极 (multipole) 算法等为代表的先进的计算方法极大地推动了现代科学与技术的进步与发展.

自计算机诞生以来, 数值计算便与计算机科学紧密结合, 并行计算、分布式计算等新理论和新方法不断出现, 数值计算的内涵不断丰富, 计算物理、计算化学、计算生物学、计算地质学等学科分支快速涌现, 以数值计算为基础的计算数学也成为当代数学领域最具活力的交叉学科之一. 目前, 以数值计算作为主要内容的科学计算, 已经成为与科学理论研究和科学实验具有平行地位的推动现代科学发展的三大主要手段之一, 这三种手段之间联系紧密、相互促进、相互独立、缺一不可.

当人们希望利用计算机更加快速地解决实际问题时, 首先需要建立符合实际的数学模型, 针对模型还必须设计出符合计算机特性的高效、高精度、数值稳定的数值计算方法, 只有这样才能保证在计算机上计算出可信、有价值的数值结果来. 用计算机解决科学计算问题的基本流程如图 1.1 所示.

图 1.1　求解科学计算问题的基本流程

从图 1.1 可以看出, 数值计算方法是联系数学科学与计算机科学的桥梁与纽带, 它既有科学理论的严谨性和抽象性, 同时又可以将之看成数学模型在计算机上实现的一种“工具”, 从而具有实验性和实践性的技术特征. 因此, 数值计算方法属于理论性和实践性都很强的学科领域.

数值计算的理论与方法的发展既与数学理论的发展与进步密切相关, 又与计算机科学的发展相辅相成、相互促进. 随着计算机科学与技术的不断进步与发展, 数值计算方法的内容不断发展、逐渐丰富, 许多新的计算理念、新理论与新方法不断涌现. 例如, 受实际问题需求的驱动, 计算机需要实时求解的问题规模急剧增加, 从而催生出诸如“天河系列”等具有高性能与高效能的分布式超级并行计算机系统, 在此情形下数值算法的设计不仅需要考虑高并行度, 还需要根据超级计算机的特点研究数据间的极小通信以及低存储的理论与方法, 这些又催生了特定计算平台下数值计算方法等新的学科内容.

我们知道, 在现代数学理论的框架下, 从实际问题中抽象而建立的数学模型, 主要通过微分方程、优化、线性与非线性系统、统计等来描述. 本书将针对上述数学问题, 介绍相关的数值算法的设计思想与算法性能分析等内容. 在算法设计环节重点从高效与高精度等方面进行考虑, 而算法性能分析则主要分析算法的数值稳定性. 另外, 对于迭代算法还必须考察其收敛性. 其中高效主要指算法具有算术运算和存储的低复杂度, 对于并行计算机系统, 还要考虑使得计算过程中各个 CPU 或 GPU 之间的通信时间最少. 算法的精度问题主要是由计算机系统中的有限字长引起的, 同一个数学模型, 算法的不同有可能导致不同的数值精度, 相互之间的精度有时会相差甚远, 会出现所谓的 "数学上等价而计算结果不等效" 的问题. 另一方面, 计算机在计算过程中存在舍入误差, 如果使用不合适的算法, 会导致计算结果极度不稳定. 因此, 针对不同的问题, 设计合适的数值算法就成为数值计算方法课程中非常重要的内容.

本书需要高等数学、线性代数、常微分方程、优化以及一门计算机语言等预备知识. 为便于大多数读者学习, 同时考虑到课程内容体系的紧凑, 本书不对并行计算机体系下的数值计算方法进行讨论, 有兴趣的读者可以参看其他相关文献.

1.1 计算机中算术运算的基本概念

计算机科学中, 许多的算术运算都可以通过整数运算来完成, 在科学计算中, 我们也经常遇到不是整数或数目太大不适合计算机中标准整数类型的问题, 此时, 我们采用浮点数的方式对其进行表示.

1.1.1 位与整形

位 (bit——二进制数位) 是计算机存储的基本单位, 其取值为 0 或 1, 可以组合成 8 位的字节 (byte) 或者 32 位/64 位的词 (word). 主频为 2GHz 的中央处理器 (CPU) 可以在一两秒内处理 $2^{32} \approx 4 \times 10^9$ 个 32 位词, 而处理 $2^{64} \approx 1.8 \times 10^{19}$ 个 32 位词则需要大量时间.

一个 b-位整数可以在 -2^{b-1} 到 $2^{b-1}-1$ 的范围内取值, 一个非负 b-位整数取值范围则是 0 到 2^b-1. 因此, 一个 32 位的整数取值范围在 -2^{31} 与 $2^{31}-1$ 之间, 也即 -2.15×10^9 与 2.15×10^9 之间. 当整数的取值位于可以精确表示的范围内时, 计算机上进行整数加、减、乘法运算都是准确的, 而整数除法则由于向零舍入, 可能得到一个不准确的整数值. 例如, $-7/2$ 的计算输出值为 -3.

当整数结果超出允许范围时 (上溢), 则答案是不确定的, 还有可能出现死循环. 例如, 可以在单位秒的时间内执行循环 for (int i=0; i<3e9; ++i); 由于 3×10^9 大于计算机能表示的最大整数, 计算过程有可能不能进行准确计算或者形成死循环.

1.1.2 计算机中浮点数系统简介

浮点数是在计算机中用来近似表示非整数实数的一种数据类型, 浮点数系统的表示方式有很多, 大多数的计算机系统采用电气与电子工程师协会 (Institute for Electrical and Electronics Engineers, IEEE) 制定的浮点数标准进行设计, 本书采用 IEEE 754-2008 标准描述浮点数的概念与特性.

在通常意义下的科学记数法中, 数的表示分成如下四个部分: 符号项、位于区间 $[0.1,1)$ 内的分数项、基底以及指数项. 例如, 在科学记数法中, 数 -3.14159 可以表示为该数的符号为 $-$, 尾数项是 314159, 基底为 10, 而指数为 1. 一般情况下的现代计算机浮点数系统大都采用 2 或 2 的幂作为基底.

如果浮点数表示中的分数部分首项非零, 则称其为规格化表示, 例如, $.10011\times 2^5$ 是规格化表示而 $.010011\times 2^6$ 则不是规格化表示. 将浮点数规格化有两个好处: 采用 0, 1 表示浮点数时具有唯一性, 同时由于在分数部分首位二进制数为 1, 无须存储, 从而可以节约存储空间.

在浮点数系统中最重要的参数为基底, 其中分数中位数的个数决定了精度, 指数中数字的个数决定了指数的取值范围, 从而决定了计算机可能表示的最大与最小数. 在不同的计算机系统中, 对于非常接近于零的数 (下溢 (underflow)) 或很大的数 (上溢 (overflow)), 如何进行舍入、是否允许值 $\pm\infty$ 存在、是否提供一些有用的非数 (如 NaN, 无定义的符号或专用操作等) 等方面都存在一定差别.

下面我们详细讨论浮点数的表示问题.

任一个浮点数系统 F 都是实数系统的一个真子集, 即当我们将实数读入到计算机系统时, 从映射的角度来看, 实数变为浮点数的过程实质上相当于进行了一次多对一的映射, 一般的 β 进制浮点数表示式为 $x=(-1)^s\cdot m\cdot\beta^e$, 其中 $s=0,1$ 表示符号位, e 为指数, 一般具有固定的上、下限, 分别记为 $e_{\max}$ 和 $e_{\min}$, m 表示有效数字 (significant figure), 则其规格化表示定义为

$$m=d_0.d_1d_2\cdots d_{p-1}, \tag{1.1}$$

其中 $d_0\neq 0$, 当 $i=1,2,\cdots,p$ 时, $0\leqslant d_i\leqslant\beta-1$.

从对实数的近似程度来看, 不难看出, 在上述表示中 d_0 与 d_p 分别对应于最有效和最无效的数.

考虑到 Sun, DEC, HP 及 IBM 工作站以及 PC 机大都采用 IEEE 标准中建议的二进制浮点数系统 (苏联在 20 世纪 60 年代初曾经研制出基于三进制浮点数的计算机系统, 其中基 3 的浮点数表示中其系数取 -1, 0, 1), 因此, 我们首先在规格化的浮点表示的假设前提下详细讨论 IEEE 制定的单精度 (32 位字节) 与双精度 (64 位字节) 的浮点数系统.

根据规格化浮点数的要求, 实数 x 的单精度二进制浮点数一般表示为 $(-1)^s\cdot m\cdot 2^{e-127}$, 其中 s 表示符号数, $m=d_0.d_1d_2\cdots d_{23}$, 且 $d_0=1$, 而 $i=1,2,\cdots,23$ 时, d_i 取值为 0 或 1, e 是 8 位二进制指数. 若 $i=1,2,\cdots,23$, 则均有 $d_i=0$, 其值为 0, 否则浮点数表示为 $(-1)^s\cdot m\cdot 2^{-126}$. 除去 $e=11111111_2$ 与 $e=00000000_2$

两种极端情形外, 单精度能够表示的最大浮点数为

$$2^{254-127}\left[1+\left(\frac{1}{2}+\frac{1}{2^2}+\cdots+\frac{1}{2^{23}}\right)\right]=2^{127}(2-2^{-23})$$
$$\approx 2^{128}(\text{上溢阈值, 与 }10^{38}\text{ 同一量级}),$$

而能够表示的最小正规格化浮点数为 $2^{1-127}=2^{-126}$(下溢的阈值, 与 10^{-38} 为同一个数量级). 在双精度浮点数系统中, 其表示式为 $(-1)^s\cdot m\cdot 2^{e-1023}$, 其中 s 表示符号数, $m=d_0.d_1d_2\cdots d_{52}$, 且 $d_0=1$, $d_i(1\leqslant i\leqslant 52)$ 取值为 0 或 1, e 是 11 位二进制指数, 类似地, 双精度能够表示的最大与最小浮点数分别是 $2^{1023}(2-2^{-52})\approx 2^{1024}$ 与 2^{-1022}, 可以表示的范围约为 10^{-38} 到 10^{38} 之间的任何实数, $-127,-1023$ 用记号 $e_{\min}$ 表示, 而 128, 1024 则用记号 $e_{\max}$ 来表示.

在 IEEE 单精度与双精度浮点数系统中, m 的首位元素值为 1(称之为隐藏位), 后面的位数尽管分别只有 23 位与 52 位, 由于隐藏位的存在, 对应的精度位数可以提高一位, 分别达到 24 与 53.

前面的讨论都是在规格化假设, 即 $d_0\neq 0$ 的情形下进行的. 为了对区间 $[-2^{e_{\min}},2^{e_{\min}}]$ 中的部分实数进行有效表示, 我们需要去掉规格化假设的条件, 即 d_0 可以为 0, 此时对应表示称为低规格化. 采用低规格化可以对 $x\in[-2^{e_{\min}},2^{e_{\min}}]$ 中的部分数进行有效表示, 例如, $-\dfrac{3}{8}\times 2^{-126}$ 的标准表示为

符号	指数	有效尾数
1	00000000	01100000000000000000000

其十进制表示为

$$-\frac{3}{8}\times 2^{-126}=-0.44081038155835781548827620145834212918199958378953282056578188985440647229552268981933593 75\times 10^{-39}. \quad (1.2)$$

现在我们来看经过低规格化以后最小的浮点数可能取值的情况, 此时可以表示的最小数的形式为

符号	指数	有效尾数
0 或 1	00000000	00000000000000000000001

对应的数为 $\pm 2^{-149}$, 即此时下溢的阈值为 $\pm 2^{-150}$.

从数学上看, 任意连续区间上点的数目都是无穷 (不可数) 的, 但是, 在计算机上能存储的数是有限的, 即任意区间上的实数在计算机上只能进行有限表示. 一般情形下, 在区间 $[2^j, 2^{j+1}]$ 上, 单精度与双精度浮点数能够取到的值分别是 $2^j(1+k\times 2^{-23}), k=0,1,2,\cdots,2^{23}$ 与 $2^j(1+k\times 2^{-52}), k=0,1,2,\cdots,2^{52}$. 由此, 我们可以总结出在计算机上浮点数的如下分布规律.

性质 1.1　在数轴上浮点数之间并不是等距出现的, 但是在区间 $[2^j, 2^{j+1}]$ 上, $j=0,1,2,\cdots,n$, 浮点数的分布是等距的, 两个相邻浮点之间的距离为 2^{j-p}, 其中在单精度与双精度下分别有 $(n,p)=(127,23)$ 与 $(1023,52)$, 而在区间 $[-2^{j+1}, -2^j]$ 上浮点数的分布与区间 $[2^j, 2^{j+1}]$ 上浮点数的分布对称.

性质 1.1 表明, 当实数表示为计算机上浮点数时, 其实是一种无限集合到有限集合的多对一的映射.

图 1.2 给出了 IEEE 单精度下实数表示为浮点数时各个不同区间 $-[2^{j+1}, 2^j]$, $[2^j, 2^{j+1}], j\in\mathbb{Z}$ 中浮点数之间的分布、上溢和下溢阈值点、规格化与低规格化所对应的实数区间等情况.

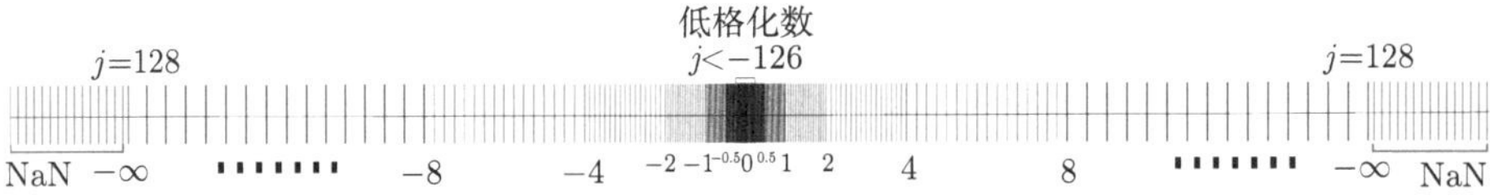

图 1.2　IEEE 单精度下实数的浮点数表示示意图 (彩图请扫二维码)

1.2　误差与误差分析

为了研究数值计算方法中的计算精度与数值稳定性, 我们首先介绍误差的概念.

1.2.1　误差及其来源

在数值计算过程中, 误差几乎无处不在, 人们通常将其归纳为模型误差、观测误差、截断误差与舍入误差.

(1) **模型误差**. 模型误差是指实际问题转化为数学模型时产生的误差. 受现有数学理论与方法的制约, 对实际问题所建立的数学模型, 一般情形下只能是一种近似表述. 例如, 在计算地球表面积时, 我们一般会将其近似地看成标准的球或椭球来计算, 因此带来的误差就称为模型误差.

(2) **观测误差**. 根据实际问题所建立的数学模型一般都存在多种参数, 这些参数的值往往是通过观测、测量或实验等手段获得的, 由于受到观测仪器、实验设备的限制, 所得到的数据只能是近似的, 由此带来的误差称为观测误差, 或初始误差.

(3) **截断误差**. 在数值计算过程中我们经常需要对以 “无限和” 进行有限 “截断” 处理, 保留有限部分而舍去剩余部分所产生的误差称为截断误差. 例如, 求函

数 e^{-x^2} 和 $\ln(x+1)(0<x<1)$ 时, 相应的表达式为

$$\mathrm{e}^{-x^2}=1-x^2+\frac{1}{2}x^4-\frac{1}{6}x^6+\frac{1}{24}x^8+\cdots, \tag{1.3}$$

$$\ln(x+1)=x-\frac{x^2}{2}+\frac{x^3}{3}-\frac{x^4}{4}+\cdots, \quad 0<x<1. \tag{1.4}$$

上述两式中分别取前 4 项与前 3 项, 得到上面两个函数如下的近似表达式

$$C_e(x)=1-x^2+\frac{1}{2}x^4-\frac{1}{6}x^6, \tag{1.5}$$

$$C_l(x)=x-\frac{x^2}{2}+\frac{x^3}{3}. \tag{1.6}$$

相应的截断误差满足

$$R_1(x)=\mathrm{e}^{-x^2}-C_e(x)=\frac{1}{24}\mathrm{e}^{-\eta}x^8, \quad 0<\eta<x^2, \tag{1.7}$$

$$R_2(x)=\ln(x+1)-C_l(x)=-\frac{x^4}{4(1+\theta)^4}, \quad 0<\theta<x. \tag{1.8}$$

而欲求函数 $f(x)$ 的导数值时, 一种近似的方法是求下面的近似数 (称之为向前差商)

$$f'(x)\approx\frac{f(x+h)-f(x)}{h}. \tag{1.9}$$

利用 Taylor (泰勒) 展开的方法可以得到相应的截断误差满足

$$R_3(x)=f'(x)-\frac{f(x+h)-f(x)}{h}=-\frac{1}{2}f''(x+\theta h)h, \quad |\theta|\leqslant 1. \tag{1.10}$$

上述的三个例子都是通过截取无穷展开式中前面的有限项得到的近似, 这种有限截取很直观地反映了 “截断” 的含义. 在数值计算过程中, 为了确保问题求解所需要的精度, 截取多少项比较合适, 是否一定要截取前面的若干项才是最佳选择, 这些都是需要进一步研究的问题. 截断误差是数值计算方法中误差分析的重点研究对象之一.

(4) **舍入误差**. 在利用计算机进行数值计算的过程中我们经常会碰到两类数: 一类是无理数或有理数中的某些分数化成的无限循环小数; 另一类主要是指有限位的十进制数转化为二进制数时为无限循环的形式. 例如,

$$\mathrm{e}=2.718281828459\cdots,$$

$$
\begin{aligned}
&\pi = 3.1415926\cdots, \\
&\frac{1}{6} = 0.1666666\cdots, \qquad (1.11)\\
&\frac{1}{10} = 0.0001100110011\overline{0011}\cdots_2 .
\end{aligned}
$$

当上面的四个数在计算机上进行表示时, 前三个数都需要两步近似过程. 第一步直接对无限小数进行舍入处理 (例如按照所需要的精度四舍五入等), 然后将得到的有限位有理数按照计算机系统指定的舍入模式表示成有限位近似的二进制数, 而第四个数在计算机上表示时则不需要第一步的舍入过程, 直接进行第二步舍入操作即可. 上面描述的两种操作所带来的误差都称为**舍入误差**.

上面我们对四种误差进行了讨论, 不难看出, 模型误差与观测误差都是在实际问题数学模型化的过程中产生的, 不是在数值计算过程中出现的, 因此, 数值计算方法重点讨论截断误差与舍入误差. 了解这些误差在计算过程中积累与传播的过程以及它们对最终结果的影响, 研究误差扩散的有效控制方法, 以保证算法高效 (主要包括较低的算术运算复杂度、较低的存储需求等)、高精度、数值结果可靠、稳定性好.

1.2.2　近似数的误差与有效数字

在数值计算过程中, 误差分析的实质即数的误差估计, 而有效数字则是估计误差的重要手段.

定义 1.1　设 x 是精确值, $\hat{x}$ 为 x 的一个近似值, 称 $E(\hat{x}) = |x - \hat{x}|$ 为近似值 $\hat{x}$ 的**绝对误差**, 简称误差.

例如, 若取 π 的近似值为 3.1416, 则其绝对误差为

$$E(3.1416) = |\pi - 3.1416| = 0.000007346410274\cdots. \tag{1.12}$$

由于在实际问题中我们一般并不知道精确值, 因此很难确切知道绝对误差. 此时, 取而代之的方法是估计出绝对误差的上限, 即寻找正数 η, 满足

$$|E(\hat{x})| \leqslant \eta, \tag{1.13}$$

则称 η 为近似值 $\ddot{x}$ 的一个绝对误差限, 简称**误差限**. 由于 $\hat{x} - \eta \leqslant x \leqslant \hat{x} + \eta$, 有时也用数值 $\hat{x} - \eta$ 与 $\hat{x} + \eta$ 表示 x 所在范围的上、下限. η 越小, 表示近似值 $\hat{x}$ 的精度越高.

当数据取值在一定范围内时, 绝对误差可以很好地反映近似精度. 但是, 绝对误差度量误差时存在着较大的缺陷. 例如, 两个量 $x = 1 \pm 0.5$ 与 $y = 1000000 \pm 0.5$ 的绝对误差限都是 0.5, 但是在人们的认知中后者的精度比前者高得多. 因此, 要

评价一个近似值的精确程度, 除了看绝对误差外, 还必须考虑数值本身的大小, 即需要讨论相对误差的概念.

我们将绝对误差与精确值的比值 $E_r(\hat{x}) = \dfrac{E(\hat{x})}{|x|}$ 称为近似值 $\hat{x}$ 的**相对误差**. 由于

$$\frac{E(\hat{x})}{|x|} - \frac{E(\hat{x})}{|\hat{x}|} = \frac{E(\hat{x})}{|\hat{x}|}\left(\frac{|\hat{x}|}{|x|} - 1\right), \tag{1.14}$$

我们常常取 $E_r(\hat{x}) = \dfrac{E(\hat{x})}{|\hat{x}|}$ 作为近似值 $\hat{x}$ 的**相对误差**.

定义 1.2 设 x 为精确值, $\hat{x}$ 为 x 的近似值, 若正数 δ 满足 $\left|\dfrac{x-\hat{x}}{x}\right| \leqslant \delta$, 则称 δ 为近似值 $\hat{x}$ 的**相对误差限**.

对于前面的两个量 $x = 1 \pm 0.5$ 与 $y = 1000000 \pm 0.5$, 由于

$$\delta(x) = \frac{0.5}{1} = 0.5, \quad \delta(y) = \frac{0.5}{1000000} = 5 \times 10^{-7}, \tag{1.15}$$

因此 $\delta(x) \gg \delta(y)$, 后者的精度要远远高于前者.

绝对误差是一个有量纲单位的量, 而相对误差则没有量纲单位.

由于数值计算过程大都在计算机上进行, 为了分析运算过程中产生的误差, 有必要了解实数在计算机上按照浮点数近似表示时的舍入误差.

对任意实数 $x \in \mathbb{R}$, 将其用浮点数近似时一般用 $\mathrm{fl}(x)$ 或 $\hat{x}$ 来表示, 我们将 x 存储为 $\mathrm{fl}(x)$ 的过程称为**舍入**. 对于实数 x, 常见的舍入模式有四种, 如图 1.3 所示, 分别为

- **向下舍入** ($\mathrm{RD}(x)$: rounding toward $-\infty$), 表示不超过 x 的最大浮点数;
- **向上舍入** ($\mathrm{RU}(x)$: rounding toward $+\infty$), 表示不小于 x 的最小浮点数;
- **向零舍入** ($\mathrm{RZ}(x)$: rounding toward 0), 表示其绝对值不超过 $|x|$ 的最大浮点数, 易知 $\mathrm{RZ}(x) = \begin{cases} \mathrm{RD}(x), & x \geqslant 0, \\ \mathrm{RU}(x), & x \leqslant 0; \end{cases}$
- **最近点舍入** ($\mathrm{RN}(x)$: rounding toward nearest), 表示最接近 x 的浮点数.

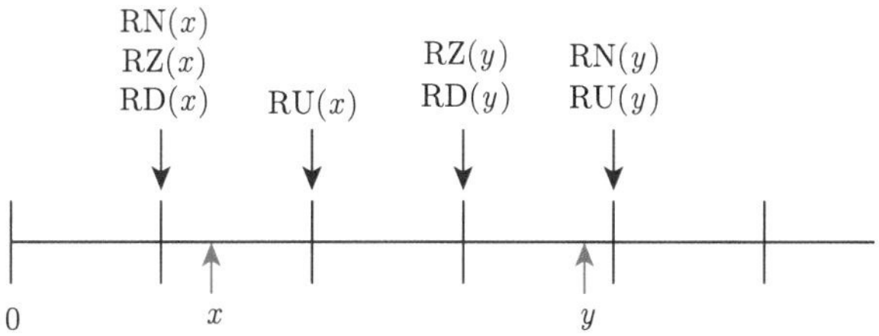

图 1.3 四种舍入模式, 其中 x 与 y 均为正数

定理 1.1 设实数 $x \neq 0$ 在基 β 下舍入后的值为 x^*, 该实数和与之对应的舍入运算后得到的规格化浮点数的相对误差定义为

$$\varepsilon(x) = \frac{|x - x^*|}{|x|}, \tag{1.16}$$

则 $\varepsilon(x) \leqslant \frac{1}{2}\beta^{-p}, x^* = \mathrm{RN}(x)$ 以及 $\varepsilon(x) \leqslant \beta^{-p}, x^* \in \{\mathrm{RD}(x), \mathrm{RZ}(x), \mathrm{RU}(x)\}$ 成立, 其中 p 为不含隐藏位时浮点表示中有效数的位数. 例如, 在单精度或双精度浮点数的情况下, $\beta = 2, p = 23$ 或 52.

证明 不妨设 $\beta = 2$ 以及 $x > 0$ 且 $x \in [2^j, 2^{j+1}]$, 则存在 $0 \leqslant k \leqslant 2^p - 1$ 使得 $2^j(1 + k \times 2^{-p}) \leqslant x < 2^j[1 + (k+1) \times 2^{-p}]$. 若与 $2^j[1 + (k+1) \times 2^{-p}]$ 相比, x 更接近于 $2^j(1 + k \times 2^{-p})$, 则由实数的存储方式有 $\mathrm{RN}(x) = 2^j(1 + k \times 2^{-p})$, 以及 $x \leqslant 2^j\left[1 + \left(k + \frac{1}{2}\right) \times 2^{-p}\right]$, 于是

$$\begin{aligned}\varepsilon(x) &= \frac{|x - x^*|}{|x|} = \frac{x - \mathrm{RN}(x)}{x} = 1 - \frac{2^j(1 + k \times 2^{-p})}{x} \\ &\leqslant 1 - \frac{2^j(1 + k \times 2^{-p})}{2^j\left[1 + \left(k + \frac{1}{2}\right) \times 2^{-p}\right]} = \frac{2^{-p-1}}{1 + \left(k + \frac{1}{2}\right) \times 2^{-p}} < 2^{-p-1}.\end{aligned} \tag{1.17}$$

若与 $2^j(1 + k \times 2^{-p})$ 相比, x 更接近于 $2^j[1 + (k+1) \times 2^{-p}]$, 此时讨论与前面的过程完全相同.

当 $x^* \in \{\mathrm{RD}(x), \mathrm{RZ}(x), \mathrm{RU}(x)\}$ 时, 为简单计, 仅讨论 $x^* = \mathrm{RD}(x)$ 的情形, 其他两种情况的讨论方法完全相同.

仍然假设 $2^j(1 + k \times 2^{-p}) \leqslant x < 2^j[1 + (k+1) \times 2^{-p}]$, 则有 $x^* = \mathrm{RD}(x) = 2^j(1 + k \times 2^{-p})$, 于是

$$\begin{aligned}\varepsilon(x) &= \frac{|x - x^*|}{|x|} = \frac{x - \mathrm{RD}(x)}{x} = 1 - \frac{2^j(1 + k \times 2^{-p})}{x} \\ &\leqslant 1 - \frac{2^j(1 + k \times 2^{-p})}{2^j[1 + (k+1) \times 2^{-p}]} = \frac{2^{-p}}{1 + (k+1) \times 2^{-p}} < 2^{-p},\end{aligned} \tag{1.18}$$

故定理 1.1 的结论成立. ∎

由于定理 1.1 中的相对误差 $\varepsilon(x)$ 是由计算设备在计算过程中的四种舍入误差而产生的, 因此我们将这些误差的上界定义为机器精度.

定义 1.3 设 p 为浮点表示中有效数的位数 (不含隐藏位), 定义

$$\varepsilon=\begin{cases}2^{-p-1}, & x^*=\mathrm{RN}(x),\\ 2^{-p}, & x^*\in\{\mathrm{RD}(x),\mathrm{RZ}(x),\mathrm{RU}(x)\}\end{cases}\tag{1.19}$$

为**机器精度**.

前面我们讨论了误差与误差限的概念, 了解了计算过程中的误差舍入的方法, 下面介绍准确刻画误差的另外一个数学工具——有效数字.

当精确数 x 含有很多位数时, 根据精度的需要, "四舍五入" 就成为一种最为人们熟知的近似手段. 例如, 自然对数的底数 $\mathrm{e}=2.718281828459245\cdots$.

取 3 位近似, $\hat{x}_3=2.72, E(\hat{x}_3)\leqslant 0.004$;

取 5 位近似, $\hat{x}_5=2.7183$, $E(\hat{x}_5)\leqslant 0.00002$.

它们的误差都不超过末位数字的半个单位, 即

$$|\mathrm{e}-2.72|\leqslant\frac{1}{2}\times 10^{-2},\quad |\mathrm{e}-2.7183|\leqslant\frac{1}{2}\times 10^{-4}.$$

近似值 $\hat{x}_3,\hat{x}_5$ 分别具有 3 位和 5 位有效数字. 下面我们给出一般情况下有效数字的定义.

定义 1.4 设 $\hat{x}$ 为 x 的近似值, $\hat{x}$ 的十进制浮点数表示为 $\hat{x}=\pm 10^m\times 0.\,a_1a_2\cdots a_k$, 其中 $1\leqslant a_1\leqslant 9, 0\leqslant a_i\leqslant 9, i=2,3,\cdots,k$. 若 n 是使得

$$E(\hat{x})=|\hat{x}-x|\leqslant\frac{1}{2}\times 10^{m-n}\tag{1.20}$$

成立的最大正整数, 则称 $\hat{x}$ 有 n 位**有效数字**.

不难看出, 按照四舍五入得到的 n 位近似数的所有数字都是有效数字, 而 $\hat{x}=2.7182$ 作为 e 的近似值时只有 4 位有效数字, 第五位数字 2 不是有效数字.

对于同一个精确数的近似数, 有效数字越多则绝对误差越小, 有效数字的位数大小直接决定了相对误差的大小, 这种关系可以通过下面的定理进行阐述.

定理 1.2 设 $\hat{x}$ 是 x 的近似值, a_1 为它的第一个非零数.

(1) 若 $\hat{x}$ 有 n 位有效数字, 则其相对误差

$$E_r(\hat{x})\leqslant\frac{1}{2a_1}\times 10^{-(n-1)};\tag{1.21}$$

(2) 若近似数 $\hat{x}$ 的相对误差满足

$$E_r(\hat{x})\leqslant\frac{1}{2(a_1+1)}\times 10^{-(n-1)},\tag{1.22}$$

则 $\hat{x}$ 至少有 n 位有效数字.

证明 (1) 由于

$$|\hat{x}| = 10^m(a_1 \times 10^{-1} + a_2 \times 10^{-2} + \cdots + a_k \times 10^{-k}) \geqslant a_1 \times 10^{m-1},$$

以及

$$|\hat{x} - x| \leqslant \frac{1}{2} \times 10^{m-n},$$

故有

$$E_r(\hat{x}) = \frac{|x - \hat{x}|}{|\hat{x}|} \leqslant \frac{1}{2a_1} \times 10^{-(n-1)},$$

故 (1.21) 成立.

(2) 反之, 若 (1.22) 成立, 由于

$$|\hat{x}| = 10^m \times 0.a_1a_2\cdots a_k \leqslant (a_1 + 1) \times 10^{m-1}, \tag{1.23}$$

故有

$$|\hat{x} - x| \leqslant |\hat{x}| \times E_r(x) \leqslant (a_1 + 1) \times 10^{m-1} \times \frac{1}{2(a_1 + 1)} \times 10^{-(n-1)} = \frac{1}{2} \times 10^{m-n}.$$

因此, $\hat{x}$ 至少有 n 位有效数字. ■

在定理 1.2 的条件下, 若 $\hat{x}$ 有 n 位有效数字, 则 $\dfrac{1}{2a_1} \times 10^{-(n-1)}$ 是 $\hat{x}$ 的相对误差限. 此外, 定理 1.2 的结论表明, 有效数的个数与相对误差的大小紧密相关. 有效数字的个数由相对误差决定, 反之亦然.

例 1.1 设 $\hat{x} = -0.x_1x_2\cdots x_n \times 10^m$ 作为某个实数集合 R_x 中所有元素的近似值时均有 n 位有效数字, 试估计近似数 $\hat{x}$ 的相对误差限的最大值.

解 由定理 1.2(1) 知, $\hat{x}$ 的相对误差 $E_r(\hat{x}) = \dfrac{1}{2x_1} \times 10^{-(n-1)}$, 其中 $1 \leqslant x_1 \leqslant 9$, 显然 E_r 的最大值为 $0.5 \times 10^{1-n}$.

例 1.2 若五个准确值 x 四舍五入后的近似值 $\hat{x}$ 分别为 0.27183, 2.7183, 27.183, 0.271828, 271.8280. 试分别指出这些近似值的绝对误差限、相对误差限以及有效数字的位数.

解 我们首先求出上述 5 个近似值的有效数字的位数. 注意到上述近似数都是对准确值四舍五入得到的, 因此, 0.27183, 2.7183, 27.183 都有 5 位有效数字, 0.271828 有 6 位有效数字, 而 271.8280 有 7 位有效数字.

根据有效数字的定义, 这些数的绝对误差分别满足

$$|x_1 - 0.27183| \leqslant \frac{1}{2} \times 10^{-5} = 0.5 \times 10^{-5},$$

$$|x_2 - 2.7183| \leqslant \frac{1}{2} \times 10^{1-5} = 0.5 \times 10^{-4},$$

$$|x_3 - 27.183| \leqslant \frac{1}{2} \times 10^{2-5} = 0.5 \times 10^{-3},$$

$$|x_4 - 0.271828| \leqslant \frac{1}{2} \times 10^{0-6} = 0.5 \times 10^{-6},$$

$$|x_5 - 271.8280| \leqslant \frac{1}{2} \times 10^{3-7} = 0.5 \times 10^{-4}.$$

根据相对误差限的定义, 上述 5 个近似数的相对误差限均可写为 $\frac{1}{2 \times 3} \times 10^{1-n}$, 其中前 3 个数中 $n = 5$, 而后两个数中 n 分别为 6 和 7. 综上, 五个近似值的绝对误差限、相对误差限以及有效数字的位数如表 1.1 所示.

表 1.1 五个近似值的绝对误差限、相对误差限以及有效数字的位数

$\hat{x}$	绝对误差限	相对误差限	有效数字的位数
0.27183	0.5×10^{-5}	$\frac{1}{6} \times 10^{-4}$	5
2.7183	0.5×10^{-4}	$\frac{1}{6} \times 10^{-4}$	5
27.183	0.5×10^{-3}	$\frac{1}{6} \times 10^{-4}$	5
0.271828	0.5×10^{-6}	$\frac{1}{6} \times 10^{-5}$	6
271.8280	0.5×10^{-4}	$\frac{1}{6} \times 10^{-6}$	7

1.3 误差传播

在数值计算过程中, 误差的传播主要由两个方面的因素所决定. 第一方面的误差来自初始误差 (主要有截断误差或舍入误差) 对计算结果的影响, 第二个方面则是计算机浮点运算引入的舍入误差.

1.3.1 初始误差传播分析

在数值计算过程中, 初始数据近似与浮点运算舍入误差往往是交织在一起的, 但是这两种误差本身未必相关, 因此可以分开对其进行讨论. 我们首先讨论初始误差对计算结果的影响.

数据之间的加、减、乘、除等基本的算术运算以及数据之间的许多运算都可以表示为多元函数的形式, 因此, 本小节仅对多元函数的多个变量取近似值时产生的误差对最终结果的影响进行讨论与分析.

考虑多元函数 $y=f(x_1,x_2,\cdots,x_n)$ 计算过程中产生的误差.

定理 1.3 设 $\hat{x}_1,\hat{x}_2,\cdots,\hat{x}_n$ 分别为 $x_1,x_2,\cdots,x_n$ 的近似值, 多元函数 $y=f(x_1,x_2,\cdots,x_n)$ 在点 $(x_1,x_2,\cdots,x_n)$ 的邻域内可微, y 的近似值为 $\hat{y}=f(\hat{x}_1,\hat{x}_2,\cdots,\hat{x}_n)$, 则计算 $y=f(x_1,x_2,\cdots,x_n)$ 的绝对误差 $E(\hat{y})$ 满足

$$E(\hat{y})=|y-\hat{y}|\leqslant\sum_{i=1}^{n}M_iE(\hat{x}_i), \tag{1.24}$$

其中 M_i 为 $\left|\dfrac{\partial}{\partial x_i}f(x_1,x_2,\cdots,x_n)\right|$ 在 $(x_1,x_2,\cdots,x_n)$ 的 δ-领域中的最大值, δ 是 $(x_1,x_2,\cdots,x_n)$ 与 $(\hat{x}_1,\hat{x}_2,\cdots,\hat{x}_n)$ 的距离.

相对误差 $E_r(\hat{y})$ 满足

$$E_r(\hat{y})=\frac{E(\hat{y})}{|y|}\leqslant\sum_{i=1}^{n}M_iE_r(\hat{x}_i), \tag{1.25}$$

其中 $E(\hat{x}_i)=|x_i-\hat{x}_i|, E_r(\hat{x}_i)=\dfrac{E(\hat{x}_i)}{|x_i|}$.

证明 利用 Taylor 级数展开有

$$\begin{aligned}E(\hat{y})&=|y-\hat{y}|=|f(x_1,x_2,\cdots,x_n)-f(\hat{x}_1,\hat{x}_2,\cdots,\hat{x}_n)|\\&\leqslant\sum_{i=1}^{n}M_i\,|x_i-\hat{x}_i|\\&=\sum_{i=1}^{n}M_iE(\hat{x}_i).\end{aligned}$$

而相应的相对误差为

$$E_r(\hat{y})=\frac{E(\hat{y})}{|y|}\leqslant\sum_{i=1}^{n}M_iE_r(\hat{x}_i).$$ ■

利用定理 1.3 的结论, 我们可以很容易导出加、减、乘、除等四种基本运算的误差估计.

(1) 若 $f(x_1,x_2)=x_1\pm x_2$, 则

$$E(\hat{x}_1\pm\hat{x}_2)\leqslant E(\hat{x}_1)+E(\hat{x}_2), \tag{1.26}$$

$$E_r(\hat{x}_1\pm\hat{x}_2)\leqslant\frac{E_r(\hat{x}_1)|x_1|}{|x_1\pm x_2|}+\frac{E_r(\hat{x}_2)|x_2|}{|x_1\pm x_2|}. \tag{1.27}$$

在上面两个等式中, 若仅考虑加法运算, 则当 x_1 与 x_2 同号时, 有

$$0 \leqslant \left|\frac{x_1}{x_1+x_2}\right| \leqslant 1, \quad 0 \leqslant \left|\frac{x_2}{x_1+x_2}\right| \leqslant 1.$$

于是由 (1.27) 得到

$$E_r(\hat{x}_1 \pm \hat{x}_2) \leqslant E_r(\hat{x}_1) + E_r(\hat{x}_2). \tag{1.28}$$

这表明, 当两个符号相同的近似数作加法时, 计算结果的绝对误差限与相对误差限均不超过各项绝对误差限与相对误差限之和, 当两个符号相异的近似数作减法时也会得到相类似的结论. 但当两个异号的数 x_1 与 x_2 作加法时, 此时由于 $\max\left\{\left|\frac{x_1}{x_1+x_2}\right|, \left|\frac{x_2}{x_1+x_2}\right|\right\} > 1$, 不能简单地估计其相对误差限. 事实上, 当 $x_1 + x_2 \approx 0$ 时, 由 (1.27) 知, 此时相对误差会迅速变大. 因此, 初始误差的改变会对计算结果产生较大的影响, 在计算过程中应该尽可能避免 $x_1 + x_2 \approx 0$ 的情形出现, 即尽量避免两个近似数作减法的情况出现, 以有效防止有效数字的损失. 或者当两个同号的数 x_1 与 x_2 作减法时, 为了防止有效数字的损失, 还要避免 $x_1 \approx x_2$ 的情形出现.

(2) 若 $f(x_1, x_2) = x_1 x_2 \neq 0$, 则

$$E(\hat{x}_1 \hat{x}_2) \leqslant |x_2| E(\hat{x}_1) + |x_1| E(\hat{x}_2), \tag{1.29}$$

$$E_r(\hat{x}_1 \hat{x}_2) \leqslant \frac{1}{|x_1 x_2|}(|x_2| E(\hat{x}_1) + |x_1| E(\hat{x}_2)) = E_r(\hat{x}_1) + E_r(\hat{x}_2). \tag{1.30}$$

以上结果表明, 即使当 x_1 或 x_2 中有一个的绝对值很大而导致乘积的绝对误差变大, 但是因为乘法运算的相对误差可近似地表示为两个近似数相对误差的和, 所以初始数据的误差对乘积计算的影响不大.

(3) 若 $f(x_1, x_2) = \frac{x_1}{x_2}, x_2 \neq 0$, 类似于前面的推导过程并利用 (1.24) 与 (1.25) 式得到

$$E\left(\frac{\hat{x}_1}{\hat{x}_2}\right) \leqslant \frac{1}{|\hat{x}_2|} E(\hat{x}_1) + \left|\frac{x_1}{x_2 \hat{x}_2}\right| E(\hat{x}_2) \tag{1.31}$$

和

$$E_r\left(\frac{\hat{x}_1}{\hat{x}_2}\right) \leqslant E_r(\hat{x}_1) + E_r(\hat{x}_2). \tag{1.32}$$

式 (1.31) 与 (1.32) 表明, 当除数 x_2 接近于 0 时, 如果它的值接近于 0, 则绝对误差会变得很大, 从而导致计算精度下降.

通过对 (1.27) 到 (1.32) 的分析我们得到下面的结论: 在数值计算中两个近似数作减法、与大数作乘法或者与接近 0 的数作除法都会导致误差在计算过程中被显著放大.

1.3.2 浮点误差及其传播

前面我们以四则运算为例, 初步分析了初始误差对计算结果的可能影响. 由于在实际计算过程中常常包括很多步运算, 而每一步都可能有舍入误差的存在, 因此, 还有必要讨论舍入误差对计算结果的影响. 仍然以函数计算为例, 研究在运算过程中产生的误差. 若要计算 $y = f(x)$ 在点 x 的值, 此时误差包括两个部分: 首先是自变量 x 表示成浮点数 $\hat{x}$ 时会产生误差; 其次计算 $f(\hat{x})$ 过程中计算机浮点运算导致最后实际输出结果为 $\hat{f}(\hat{x})$ 也会产生误差. 因此实际误差为

$$\hat{f}(\hat{x}) - f(x) = [\hat{f}(\hat{x}) - f(\hat{x})] + [f(\hat{x}) - f(x)] = \delta_1 + \delta_2, \tag{1.33}$$

其中 δ_1 由舍入误差引起, 称为计算误差; δ_2 由初始误差引起, 称为数据误差.

前面我们已经对数据误差的传播进行了较详细的分析. 现在我们重点考虑计算机上对浮点数作有限位截断而导致的误差传播问题.

仍以加、减、乘、除四种基本运算为对象讨论浮点数的误差传播过程.

设 x, y 是规格化的浮点数, 即 $x, y \in F$, $x = (-1)^{s_1} \cdot .d_0d_1d_2\cdots d_p \cdot \beta^{e_1}$, $y = (-1)^{s_1} \cdot .c_0c_1c_2\cdots c_p \cdot \beta^{e_2}$, 则它们做算术运算时, 其结果一般不再是 F 中的浮点数. 例如, 乘积运算 $x \times y$ 其尾数至少为 $2(p+1) - 1 = 2p + 1$ 位, 一般位数为 $2p + 2$. 即便是加、减法运算, 其运算结果也不一定属于 F, 例如, 设 $p = 4, \beta = 10$,

$$x = 0.10345 \times 10^{-7}, \quad y = 0.30234 \times 10^{-3},$$

则

$$\begin{aligned} x + y &= 0.10345 \times 10^{-7} + 0.30234 \times 10^{-3} \\ &= 0.000010345 \times 10^{-3} + 0.30234 \times 10^{-3} = 0.302350345 \times 10^{-3}. \end{aligned} \tag{1.34}$$

这表明 $x + y \notin F$.

因此在浮点运算中总是先进行运算, 然后根据计算机系统的设置通过就近舍入或截断舍入表示成 $p+1$ 位的浮点机器数. 若用 $\circ$ 表示四则运算中的一种, 则按照上述浮点数表示方法有下列结论.

对于任意实数 x, $\mathrm{fl}(x)$ 表示机器数, ε 为机器精度, 则在规格化浮点数系统中, 有

(i) $\mathrm{fl}(x) = x(1 + \delta), |\delta| \leqslant \varepsilon;$ (1.35)

(ii) 对于任意实数 x, y 的某种算术运算 $x \circ y$, 有

$$\mathrm{fl}(x \circ y) = (x \circ y)(1+\delta), \quad |\delta| \leqslant \varepsilon. \tag{1.36}$$

下面讨论连续求和以及连乘运算产生的舍入误差. 假设 x, y, z 都是规格化的浮点机器数, 利用 (1.36), 我们有

$$\begin{aligned}
\mathrm{fl}(a+b+c) &= \mathrm{fl}(\mathrm{fl}(a+b)+c) \\
&= \mathrm{fl}((a+b)(1+\delta_1)+c) \\
&= [(a+b)(1+\delta_1)+c](1+\delta_2) \\
&= (a+b)(1+\delta_1)(1+\delta_2)+c(1+\delta_2), \\
\mathrm{fl}(a\times b\times c) &= \mathrm{fl}(\mathrm{fl}(a\times b)\times c) \\
&= \mathrm{fl}((a\times b)(1+\delta_1)\times c) \\
&= (a\times b\times c)(1+\delta_1)(1+\delta_2).
\end{aligned}$$

如果改变上述运算的顺序, 可得

$$\begin{aligned}
\mathrm{fl}(c+a+b) &= (c+a)(1+\bar{\delta}_1)(1+\bar{\delta}_2)+b(1+\bar{\delta}_2), \\
\mathrm{fl}(c\times a\times b) &= (a\times b\times c)(1+\bar{\delta}_1)(1+\bar{\delta}_2).
\end{aligned}$$

根据上面的两组等式可以得出如下结论:

(1) 改变算术运算顺序, 得到的计算结果不一定相等, 对于运算中的数, 其数量级出现大的差别时尤其如此, 需要防止“大数吃掉小数”的现象;

(2) 尽管我们只列出了三个数的加法和乘法, 利用归纳法可以很容易类推到多个数的和与乘积的浮点数表示及其误差;

(3) 在分析连续算术运算浮点误差的过程中, 总是出现连乘积 $\prod\limits_i (1+\delta_i)$.

下面我们来对 (3) 中的连乘积进行估计.

定理 1.4 若 $|\delta_i| \leqslant \varepsilon, i=1,2,\cdots,n$, ε 为机器精度, 则

$$\prod_{i=1}^{n}(1+\delta_i) = 1+1.01\theta_n n\varepsilon, \tag{1.37}$$

其中 $|\theta_n| \leqslant 1, n\varepsilon \leqslant 0.01$.

证明 由 $|\delta_i| \leqslant \varepsilon,\ i=1,2,3,\cdots,n$ 可得

$$(1-\varepsilon)^n \leqslant \prod_{i=1}^{n}(1+\delta_i) \leqslant (1+\varepsilon)^n.$$

首先利用 Bernoulli (伯努利) 不等式得到

$$1-n\varepsilon \leqslant (1-\varepsilon)^n.$$

从而有 $\prod\limits_{i=1}^{n}(1+\delta_i) \geqslant 1-n\varepsilon > 1-1.01n\varepsilon.$

另一方面, 由于 $1+\varepsilon \leqslant \mathrm{e}^{\varepsilon}$, 所以又有

$$\begin{aligned}(1+\varepsilon)^n-1 &\leqslant \mathrm{e}^{n\varepsilon}-1 = n\varepsilon+\frac{(n\varepsilon)^2}{2!}+\frac{(n\varepsilon)^3}{3!}+\cdots \\ &= n\varepsilon\times\left(1+\frac{n\varepsilon}{2!}+\frac{(n\varepsilon)^2}{3!}+\cdots\right) \\ &\leqslant n\varepsilon\times\left(1+\frac{n\varepsilon}{2}+\frac{(n\varepsilon)^2}{2^2}+\frac{(n\varepsilon)^3}{2^3}+\cdots\right) \\ &= \frac{n\varepsilon}{1-\dfrac{n\varepsilon}{2}} < n\varepsilon\frac{1}{1-0.005} < 1.01n\varepsilon.\end{aligned}$$

从而有 $\prod\limits_{i=1}^{n}(1+\delta_i) \leqslant 1+1.01n\varepsilon.$

综上知, (1.37) 式成立. ∎

1.4 控制误差传播的有效方法

通过前面的讨论我们看到, 由于数值计算过程中初始截断误差与浮点数舍入误差的出现, 对于同一个计算问题, 不同的算法可能出现不同的计算结果, 即出现"算法过程在数学上等价而计算效果不等效"的问题. 前面我们已经对乘、除法运算中提高计算精度的方法进行了分析, 下面我们以三角函数、对数函数、一般函数在近似点作减法为例分析误差控制的有效方法. 最后我们以一个递推积分数列的计算作为例子说明稳定的数值算法的重要性.

1.4.1 避免两个相近的数相减

当两个近似数做减法时, 在计算机上有可能导致有效数字的严重损失, 因此, 需要注意避免两个相近数的减法, 下面举几个例子来进行说明.

例如, 当 $1 \ll x$ 时, 计算 $\sqrt{x+1}-\sqrt{x}$ 需要将其变为加和除法运算, 即等价变形为

$$\sqrt{x+1}-\sqrt{x}=\frac{1}{\sqrt{x+1}+\sqrt{x}}, \tag{1.38}$$

对于一般的 $n \in \mathbb{N}^*$, 则可以根据

$$\sqrt[n]{x+1}-\sqrt[n]{x}=\frac{1}{\sum\limits_{k=0}^{n-1}(x+1)^{\frac{k}{n}}x^{\frac{n-k-1}{n}}}, \tag{1.39}$$

用上面等式中右端的表达式计算 $\sqrt[n]{x+1}-\sqrt[n]{x}$.

又如, 对于 $0<\delta \ll x$ 的三角函数值计算, 可以分别利用公式

$$\begin{aligned}
\sin(x+\delta)-\sin x &= 2\cos\left(\frac{\delta}{2}+x\right)\sin\frac{\delta}{2},\\
\cos(x+\delta)-\cos x &= -2\sin\left(\frac{\delta}{2}+x\right)\sin\frac{\delta}{2},\\
\tan(x+\delta)-\tan x &= \frac{\sin\delta}{\cos(x+\delta)\cos x}
\end{aligned} \tag{1.40}$$

的右端来计算其左端表达式的值.

对于 $0<\delta \ll x$ 的对数函数值计算, 利用对数函数的性质, 可以进行下列变形

$$\ln(x+\delta)-\ln(x)=\ln\left(1+\frac{\delta}{x}\right) \tag{1.41}$$

来计算.

另外, 在解一元二次方程 $ax^2+bx+c=0$ 时, 如果出现 $b^2 \gg 4ac$ 的情况, 则不宜直接采用公式

$$x_1=\frac{-b+\sqrt{b^2-4ac}}{2a}, \quad x_2=\frac{-b-\sqrt{b^2-4ac}}{2a}. \tag{1.42}$$

而是采用

$$x_1=\frac{-b-\operatorname{sgn}(b)\sqrt{b^2-4ac}}{2a}, \quad x_2=\frac{c}{ax_1}, \tag{1.43}$$

其中

$$\operatorname{sgn}(x)=\begin{cases}1, & x>0,\\ 0, & x=0,\\ -1, & x<0.\end{cases}$$

对于一般函数 $f(x)$, 当 $\delta \to 0$, 计算 $f(x+\delta)-f(x)$ 的值时, 为了避免有效数字位数的减少, 可以利用 Taylor 展开进行近似计算

$$f(x+\delta)-f(x)=f'(x)\delta+\frac{1}{2!}f''(x)\delta^2+\cdots. \tag{1.44}$$

不难看出, 在上述的例子中, 如果按照左端的式子直接实施两个相邻数的减法, 很可能导致有效数字的减少, 而做等价处理后按照右端的表达式进行计算则可以避免有效数字的丢失. 由于将减法等价变为其他运算的例子还有很多, 限于篇幅, 本小节只列出了上述比较典型的几个例子, 读者在实际计算中可以根据需要设计高精度的算法.

1.4.2 避免"大数"吃掉小数的现象

在数值计算过程中, 有时候参与运算的数的数量级相差很大, 如果不注意采取措施, 在运算过程中绝对值很小的数有可能被绝对值较大的那个数"吃掉", 造成计算结果的失真.

例 1.3 试在 14 位十进制精度计算机上计算 $11221221221221+0.3+0.7$ 与 $0.3+0.7+11221221221221$ 的值.

解 根据计算机浮点数的表示方法, 首先要将参加运算的数写成绝对值小于 1 而"阶码"相同的数, 这一过程称为"对阶", 因此第一个和式写成规格化的形式为

$$\begin{aligned}&11221221221221+0.3+0.7\\=\;&0.11221221221221\times10^{14}+0.000000000000003\times10^{14}\\&+0.000000000000007\times10^{14}.\end{aligned} \tag{1.45}$$

上述三项中的第一项纯小数的小数点后面有 14 位数字, 而第二、三项的纯小数的小数点后面有 15 位数字, 超过了题目所设的计算机设置的存储量, 而前面 14 位数字全为 0, 进行截断处理时变为 0, 因此计算结果

$$11221221221221+0.3+0.7=0.11221221221221\times10^{14} \tag{1.46}$$

不是准确值, 绝对值比较小的两个数 0.3 与 0.7 被"吃掉"了.

类似地, 在第二个和式中, 按照计算顺序, 由于先计算 $0.3+0.7=1.0$, 然后再与 11221221221221 作加法, 因此

$$0.3+0.7+11221221221221=0.11221221221222\times10^{14} \tag{1.47}$$

得到的是准确值.

总之, 如果我们遇到多个数相加且参与计算的数量级相差很大, 应该按照绝对值由小到大的顺序实施加法.

1.4.3 设计快速算法

从前面的讨论我们看到, 由于初始误差以及浮点数舍入误差在计算过程中产生的误差积累会对结果的精度带来影响, 因此设计快速算法的目的是在提高计算效率的前提下同时减少误差的积累与传播.

下面给出三个快速算法的例子.

例 1.4 给定 $x \in \mathbb{R}$, 试设计快速算法计算 x^n, 其中 $n \in \mathbb{N}^*$.

解 如果逐个计算则需要 $n-1$ 次乘法运算. 将自然数 n 表示成二进制数

$$n = 2^t + a_{t-1}2^{t-1} + \cdots + a_1 2 + a_0, \quad a_i = 0, 1, \quad i = 0, 1, 2, \cdots, t-1. \tag{1.48}$$

首先通过 t 次乘法得到 $x^2, (x^2)^2 = x^{2^2}, \cdots, (x^{2^{t-1}})^2 = x^{2^t}$; 然后通过至多 t 次乘法得到 $x^n = x^{a_0} \cdot (x^2)^{a_1} \cdot (x^{2^2})^{a_2} \cdot \cdots \cdot (x^{2^t})$(该运算精确的乘法次数为 t 减去系数 a_i 中 0 的个数), 因此计算 $x^n, n \in \mathbb{N}^*$ 所需的乘法次数不超过 $2t = 2\lfloor \log_2 n \rfloor$ 次. 特别地, 当 $n = 255$ 时, 所需的乘法次数为 $2\lfloor \log_2 255 \rfloor = 14$ 次.

例 1.5 设计算法快速计算 $\ln \dfrac{1}{3}$ 的值.

解 我们可以利用 Taylor 展开式:

$$\ln(1-x) = -x - \frac{x^2}{2} - \frac{x^3}{3} - \frac{x^4}{4} - \frac{x^5}{5} - \cdots, \tag{1.49}$$

取 $x = \dfrac{2}{3}$ 得 $\ln \dfrac{1}{3}$ 的近似值. 如果我们改变方式, 利用

$$\ln(1+x) = x - \frac{x^2}{2} + \frac{x^3}{3} - \frac{x^4}{4} + \frac{x^5}{5} - \cdots \tag{1.50}$$

得到

$$\ln\left(\frac{1-x}{1+x}\right) = -2\left(x + \frac{x^3}{3} + \frac{x^5}{5} + \cdots\right). \tag{1.51}$$

取 $x = \dfrac{1}{2}$ 也可以得到 $\ln \dfrac{1}{3}$ 的近似值. 容易验证, 在同样的精度下, 采用 (1.51) 计算 $\ln \dfrac{1}{3}$ 所用的计算次数要远远小于采用 (1.49) 所需的计算次数.

例 1.6 计算多项式 $p_n(x) = a_n x^n + a_{n-1}x^{n-1} + \cdots + a_1 x + a_0$ 在点 x 处的值.

解 如果直接计算 $a_ix^i, i=1,2,\cdots,n$, 再逐项相加, 一共需要

$$1+2+\cdots+n=\frac{n(n+1)}{2}$$

次乘法和 n 次加法, 当 n 充分大时其运算量相当大.

现在设法改进这一算法. 先将多项式写成如下嵌套形式

$$p_n(x)=(\cdots((a_nx+a_{n-1})x+\cdots+a_2)x+a_1)x+a_0, \tag{1.52}$$

进而得到如下递推计算过程: 设初始值 $C_n=a_n$, 从 $i=n-1$ 递减到 $i=0$ 的顺序计算 $C_i=C_{i+1}x+a_i$, 则 $p_n(x)=C_0$ 为多项式的值.

容易看出, 按照上述递推式计算多项式的值时, 总共需要 n 次乘法与 n 次加法. 已经证明, 上述算法所需算术运算次数达到多项式求值计算复杂度的下界, 因此从算术运算量的角度来看这是一种最佳算法. 这一优秀算法就是秦九韶算法, 它是我国南宋数学家秦九韶最先提出来的. 在国外文献中常将该算法称为 Horner (霍纳) 法, Horner 的工作比秦九韶要晚五百多年.

例 1.7 n 阶线性方程组 $\boldsymbol{Ax}=\boldsymbol{b}$ 的求解.

解 采用人们所熟知的 Cramer (克拉默) 法则通过求行列式值的方法来求解 n 阶线性方程组时, 需要计算 $n+1$ 个 n 阶行列式的值, 总计需要 $O(n^2n!)$ 次乘除运算, 当 n 变大时, 该运算量将急剧增长. 因此有必要设计计算量尽可能低的快速算法.

1.4.4 注意控制误差的积累

在数值计算中, 递推是一种常见的计算模式, 当采用递推公式进行计算时, 由于初始误差以及每次计算产生的舍入误差积累起来, 从而将真正的解淹没, 因此有可能使计算结果产生较大的误差.

例 1.8 计算定积分

$$I_n=\int_0^1 x^n\mathrm{e}^{x-1}\mathrm{d}x, \quad n=1,2,\cdots. \tag{1.53}$$

解 利用分部积分得到

$$\int_0^1 x^n\mathrm{e}^{x-1}\mathrm{d}x=x^n\mathrm{e}^{x-1}|_0^1-n\int_0^1 x^{n-1}\mathrm{e}^{x-1}\mathrm{d}x,$$

即有

$$I_n=1-nI_{n-1}, \quad n=2,3,\cdots, \tag{1.54}$$

其中初值为 $I_1 = \frac{1}{\mathrm{e}}$.

现在来看序列 $\{I_n\}$ 的性质.

由于 $0 \leqslant x^n \mathrm{e}^{x-1} \leqslant \mathrm{e}^{-1}$, 因此序列 $I_n > 0$ 为正数, 另一方面, 由于

$$0 < I_n < \int_0^1 x^n \mathrm{d}x = \frac{1}{n+1},$$

这表明当 $n \to +\infty$ 时, $I_n \to 0$.

根据 (1.54) 我们设计两种计算格式.

首先取初值 $\bar{I}_1$, 按照 (1.54) 构造递推公式

$$\bar{I}_n = 1 - n\bar{I}_{n-1}, \quad n = 2, 3, \cdots. \tag{1.55}$$

另外, 利用 $I_n \to 0, n \to +\infty$, 选取一个充分大的 N, 给出 I_N 的估计值 $\bar{I}_N$, 然后将 (1.55) 改写为

$$\bar{I}_{n-1} = \frac{1}{n}(1 - \bar{I}_n), \quad n = N, N-1, \cdots, 2, 1. \tag{1.56}$$

下面我们讨论按照 (1.55) 与 (1.56) 递推计算时产生的误差.

首先计算 (1.55) 的误差公式, 显然有

$$\begin{aligned} I_n - \bar{I}_n &= -n(I_{n-1} - \bar{I}_{n-1}) = (-1)^2 n(n-1)(I_{n-2} - \bar{I}_{n-2}) \\ &= (-1)^n n!(I_0 - \bar{I}_0). \end{aligned}$$

上式表明, 若按照 (1.55) 进行递推则递推 n 次后计算误差将初始误差扩大到 $n!$ 倍, 可见误差的传播速度是非常快的.

若按照 (1.56) 进行递推, 不难推得

$$I_1 - \bar{I}_1 = (-1)^{N-1} \frac{1}{N!}(I_N - \bar{I}_N).$$

这说明误差在递推过程中不但没有放大, 反而会逐渐减少, 此时的计算结果是可靠的.

按照上述两种递推公式得到的近似结果见表 1.2. 由于积分真值是正数, 而按照 (1.55) 计算得到的 $\bar{I}_8 < 0$, 因此存在较大的误差. 而 (1.56) 却从初值 $\bar{I}_8$ 出发, 递推计算得到了精度较高的 $\bar{I}_1$.

表 1.2　分别按照 (1.55) 和 (1.56) 计算定积分 (1.53) 的结果

n	按 (1.55) 式计算的 $\bar{I}_n$	按 (1.56) 式计算的 $\bar{I}_n$
1	0.3679	0.3679
2	0.2642	0.2643
3	0.2074	0.2073
4	0.1704	0.1710
5	0.1480	0.1453
6	0.1120	0.1281
7	0.2160	0.1035
8	−0.7280	0.0684

从上面的讨论可以看出, 用不同算法计算同一个问题时, 初始数据舍入误差的传播速度往往是不同的, 因此得到的结果也可能大不相同, 这就是我们通常所说的算法数值稳定性问题. 如果一个算法的计算结果受舍入误差的影响较小, 则称之为**数值稳定**的, 否则就称之为不稳定. 因此, 在数值计算中如何设计或选择数值稳定的算法以确保数值结果可靠也是数值计算方法需要重点研究的问题之一.

另外, 与数值稳定性密切相关的一个概念就是问题本身的好条件与坏条件. 好条件问题就是指对于问题给出的数据微小扰动, 所得到的解的摄动同样微小, 否则就称之为坏条件问题. 在第 2 章中我们将以线性方程组的求解作为例子对其进行详细说明, 这里暂不展开.

1.5　多项式求值的秦九韶算法舍入误差分析

多项式计算是最为常见的数值计算之一, 本节以多项式求值为例分析浮点数运算舍入误差对计算精度的影响.

采用秦九韶算法计算多项式

$$P_n(x) = a_n x^n + a_{n-1}x^{n-1} + \cdots + a_1 x + a_0 \tag{1.57}$$

的值时, 根据例 1.6 的计算过程: 设初始值 $C_n = a_n$, 从 $i = n-1$ 递减到 $i = 0$ 的顺序计算 $C_i = C_{i+1}x + a_i$, 最后得 $C_0 = P_n(x)$.

设秦九韶算法的第 i 步计算在计算机舍入误差的影响下, 上述多项式数值结果记为: $\tilde{p}_n = C_n = a_n$, $\tilde{p}_i(i = 0, 1, 2, \cdots, n-1)$, 则得到下面的递推式:

$$\tilde{p}_i = (\tilde{p}_{i+1}x(1+\delta_i) + a_i)(1+\delta_i'). \tag{1.58}$$

将 (1.58) 式展开表示成如下的递推形式:

$$\tilde{p}_i = (1+\delta_i)(1+\delta_i')x\tilde{p}_{i+1} + a_i(1+\delta_i'), \quad i = n-1, n-2, \cdots, 1, 0. \tag{1.59}$$

一直计算到 $i=1$, 得到 $\tilde{p}_1=(1+\delta_1)(1+\delta_1')x\tilde{p}_2+a_1(1+\delta_1')$, 最终输出的实际值为

$$\tilde{p}_0=(1+\delta_0)(1+\delta_0')x\tilde{p}_1+a_0(1+\delta_0'). \tag{1.60}$$

综上易得

$$\tilde{p}_0=\left[\prod_{i=0}^{n-1}(1+\delta_i)(1+\delta_i')\right]a_nx^n+\sum_{j=0}^{n-1}\left[(1+\delta_j')\prod_{i=0}^{j-1}(1+\delta_i)(1+\delta_i')\right]a_jx^j. \tag{1.61}$$

另一方面, 假设上式计算过程满足定理 1.4 的条件, 即 $|\delta_j'|\leqslant\varepsilon,|\delta_i|\leqslant\varepsilon$ 以及 $n\varepsilon\leqslant 0.1$, 则有

$$1-2.02n\varepsilon<(1-\varepsilon)^{2n}\leqslant\prod_{i=0}^{n-1}(1+\delta_i)(1+\delta_i')\leqslant(1+\varepsilon)^{2n}\leqslant 1+2.02n\varepsilon. \tag{1.62}$$

类似可得

$$1-2.02n\varepsilon\leqslant(1+\delta_j')\prod_{i=0}^{j-1}(1+\delta_i)(1+\delta_i')\leqslant 1+2.02n\varepsilon,\quad j=0,1,2,\cdots,n-1. \tag{1.63}$$

因此若设 $\tilde{p}_0=\sum\limits_{i=0}^{n}(1+\bar{\delta}_i)a_ix^i=\sum\limits_{i=0}^{n}\bar{a}_ix^i$, 则在定理 1.4 的条件下, 有 $|\bar{\delta}_i|\leqslant 2.02n\varepsilon,\ i=0,1,2,\cdots,n$ 成立.

现在我们来估计在计算机上实现秦九韶算法时的相对误差限. 注意到

$$|\tilde{p}_0-P_n(x)|=\left|\sum_{i=0}^{n}(1+\bar{\delta}_i)a_ix^i-\sum_{i=0}^{n}a_ix^i\right|=\left|\sum_{i=0}^{n}\bar{\delta}_ia_ix^i\right|\leqslant 2.02n\varepsilon\sum_{i=0}^{n}|a_ix^i|. \tag{1.64}$$

此时多项式计算的相对误差满足

$$\frac{|\tilde{p}_0-P_n(x)|}{|P_n(x)|}\leqslant 2.02n\varepsilon\frac{\sum\limits_{i=0}^{n}|a_ix^i|}{\left|\sum\limits_{i=0}^{n}a_ix^i\right|}. \tag{1.65}$$

将 (1.65) 式的项 $\dfrac{\sum\limits_{i=0}^{n}|a_ix^i|}{\left|\sum\limits_{i=0}^{n}a_ix^i\right|}$ 的上界视为多项式求值时的相对条件数. 特别地, 若

$P_n(x)=0$, 则此时对应的条件数为无穷大, 这说明当 $p_n(x)$ 充分接近于 0 时, 采用秦九韶算法计算 $p_n(x)$, 数值上稳定性差.

例 1.9　分别利用计算格式: $P_0(x)=3, P_i(x)=(x-2)P_{i-1}(x), i=1,2,\cdots,9$ 与秦九韶算法计算: $P_9(x)=3\times(x-2)^9$, 其中 $x\approx 2$, 并估计相对误差限.

解　采用逐个相乘计算方式计算 $P_9(x)=3\times(x-2)^9$ 的步骤为 $I_0=3(x-2)$, $I_i=I_{i-1}\times(x-2), i=1,2,\cdots,8, P_9(x)=I_8$, 利用定理 1.4 的结论, 当 $n\varepsilon\leqslant 0.01$, ε 为机器精度时, 计算机计算时的值 $\tilde{p}_0(x)=P_n(x)(1+\delta), |\delta|\leqslant 2.02n\varepsilon$, 对应的相对误差满足

$$\left|\frac{\tilde{p}_9(x)-P_9(x)}{P_9(x)}\right|\leqslant|\delta|\leqslant 2.02n\varepsilon. \tag{1.66}$$

这说明逐项直接计算多项式的值是数值稳定的.

如果将多项式 $P_9(x)=3\times(x-2)^9$ 展开, 然后利用秦九韶算法计算多项式 $P_9(x)$ 在 x 靠近 2 的值时, 有效数字位数会比较少. 产生这一现象的原因很简单, 因为 $x=2$ 为多项式 $P_9(x)$ 的零点, 从而导致相对误差限可能趋于无穷大, 即

$$2.02n\varepsilon\frac{\sum\limits_{i=0}^{n}\left|a_i 2^i\right|}{|p_n(2)|}=\infty,$$

这说明, 在数值计算中, 需要根据具体的问题, 考虑高效快速算法的同时也要对算法的数值稳定性问题给予足够的重视.

习　题　1

1. 设 $x>0$ 的相对误差为 $E_r(x)$, 对于自然数 n, 估计 $\sqrt[n]{x}$ 以及 x^n 的相对误差.

2. 用差商 $f'(a)\approx\dfrac{f(a+h)-f(a)}{h}$, 求 $f(x)=\cot x$ 在 $x=0.01$ 处导数 $f'(0.01)$ 的近似值, 取十六位数字计算, 其中 $h=10^{-k}, k=3,4,5,\cdots,10$, 观察有何现象发生.

3. 设 $\cos 88^\circ$ 的近似值 $x=0.034\cdots$ 相对误差 $E_r(x)<0.21\times 10^{-4}$, 问 x 至少有几位有效数字?

4. 分别取 $3.142, 3.141, \dfrac{22}{7}, \dfrac{355}{113}, 3.1416, 3.14159265$ 作为 π 的近似值时, 求其有效数字、绝对误差与相对误差. (注: 3.1416 与 $\dfrac{355}{113}$(也称密率) 分别是我国古代数学家刘徽与祖冲之采用 “割圆术” 与 “缀术” 得到的 π 的近似值.)

5. 利用恒等变换, 使下列表达式的计算结果更加精确:

(1) $\dfrac{1}{1+2x}-\dfrac{1-x}{1+x}, |x|\ll 1$;　　(2) $\sqrt{x+\dfrac{1}{x}}-\sqrt{\dfrac{1}{x}-x}, 0<x\ll 1$;

(3) $\left(1+\dfrac{1}{n}\right)^n, n\gg 1$;　　(4) $\ln(x-\sqrt{x^2-1}), x\gg 1$;

(5) $\dfrac{1-\cos 2x}{2x}, |x| \ll 1$; (6) $\cos 0.5^\circ - 1$.

6. 设 $\boldsymbol{A}$ 为 $n\times n$ 矩阵, $\boldsymbol{x}$ 为 n 维向量, 而且 $n\varepsilon \leqslant 0.01$(其中 ε 为机器精度), 证明:

$$\mathrm{fl}(\boldsymbol{Ax}) = (\boldsymbol{A}+\boldsymbol{E})\boldsymbol{x},$$

其中 $\boldsymbol{E}=(e_{ij})$ 的元素满足

$$|e_{i1}| \leqslant 1.01n|a_{i1}|\varepsilon, \quad i=1,2,\cdots,n,$$

$$|e_{ij}| \leqslant 1.01(n-j+2)|a_{ij}|\varepsilon, \quad i,j=1,2,\cdots,n.$$

7. Fibonacci (斐波那契) 数列满足 $f_0=f_1=1, f_{k+1}=f_k+f_{k-1}, k=1,2,3,\cdots$, 分别对初值 f_0, f_1 以及递推式中的系数作扰动, 变为 $p_0=\tilde{f}_0, p_1=\tilde{f}_1$ 以及 $p_{k+1}=c\cdot p_k+p_{k-1}, k=2,3,\cdots$, 其中 $c=1+\sqrt{3}/100$. 讨论计算 p_k 时的数值稳定性.

8. 已知 $\displaystyle\sum_{n=1}^{+\infty}\frac{1}{n^2}=\frac{\pi^2}{6}$, 分别在 IEEE 单精度与双精度的条件下, 求出该无穷级数达到最高精度最多需要的项数.

9. 设 $f_1(x)=\sqrt{x}, f_2(x)=x^2$, 对于 $x=0.90$ 以及 $x=2.01$, 分别做下列递推计算:

(1) $a_0=x, a_n=f_1(a_{n-1}), n=1,2,3,\cdots,60$;

(2) $\tilde{a}_0=a_{60}, \tilde{a}_n=f_2(\tilde{a}_{n-1}), n=1,2,\cdots,60$.

比较 a_0 与 $\tilde{a}_{60}$ 的大小. 选取其他的 x, 重复上述递推计算, 看看有什么情况发生并分析其原因.

10. 对于较大的正数 a, 采用如下两种不同的途径计算 e^{-a}:

(1) 采用 Taylor 展开计算 e^{-a}, 展开项取 10 项到 20 项;

(2) 先对 e^{a} 作 Taylor 展开, 取 10 项到 20 项, 然后取倒数.

比较两种方法的精度并说明理由.

第 2 章　线性方程组的直接法

2.1　引　　言

许多实际问题的数学模型最终都可以归结为求解下列线性方程组

$$\begin{cases} a_{11}x_1 + a_{12}x_2 + \cdots + a_{1n}x_n = b_1, \\ a_{21}x_1 + a_{22}x_2 + \cdots + a_{2n}x_n = b_2, \\ \qquad\cdots\cdots \\ a_{n1}x_1 + a_{n2}x_2 + \cdots + a_{nn}x_n = b_n \end{cases} \tag{2.1}$$

的问题. 作为基本的计算模型, 线性方程组在科学与工程计算中扮演着十分基础而重要的角色, 科学计算中的许多问题都与线性方程组求解有关. 例如, 后面我们要介绍的常微分方程数值解、非线性方程求解, 以及运筹优化、信息处理、机器学习等诸多问题, 都会涉及线性方程组求解. 备受瞩目的世界超级计算机 TOP500 排名的基准测试任务也是线性方程组的求解. 因此, 线性方程组的解法是科学计算领域中研究最广泛和最深入的主题之一.

中国古代数学家在很久以前就开始研究线性方程组的求解. 《九章算术》成书于东汉前后, 是我国数学史上一部重要的经典著作, 在其中名为“方程”的第八章列出了一道数学题“禾实问题”, 其本质即为线性方程组的求解问题 [2,3]:

“今有上禾三秉, 中禾二秉, 下禾一秉, 实三十九斗; 上禾二秉, 中禾三秉, 下禾一秉, 实三十四斗; 上禾一秉, 中禾二秉, 下禾三秉, 实二十六斗. 问上、中、下禾实一秉各几何？”

答曰: 上禾一秉九斗四分斗之一, 中禾一秉四斗四分斗之一, 下禾一秉二斗四分斗之三.

翻译成现代白话文, 大意如下:

现有上等稻 3 捆, 中等稻 2 捆, 下等稻 1 捆, 共得谷 39 斗; 上等稻 2 捆, 中等稻 3 捆, 下等稻 1 捆, 共得谷 34 斗; 上等稻 1 捆, 中等稻 2 捆, 下等稻 3 捆, 共得谷 26 斗. 问: 上等、中等、下等三种稻每捆各得谷多少？

可以按照如下方法求解: 上等稻每捆得谷 $9\frac{1}{4}$ 斗, 中等稻每捆 $4\frac{1}{4}$ 斗, 下等稻每捆 $2\frac{3}{4}$ 斗.

用现代数学语言描述“禾实问题”得到下列线性方程组

$$\begin{cases} 3x + 2y + z = 39, \\ 2x + 3y + z = 34, \\ x + 2y + 3z = 26 \end{cases} \tag{2.2}$$

的解为 $x = 9\frac{1}{4}, y = 4\frac{1}{4}, z = 2\frac{3}{4}$.

在两千多年前的古代中国, 人们发明了算筹, 通过布置和设计算筹, 得到求解“禾实问题”的“方程术”, 其求解过程可以简单归纳为下面的筹算过程:

$$\overbrace{\begin{bmatrix} 3 & 2 & 1 & 39 \\ 2 & 3 & 1 & 34 \\ 1 & 2 & 3 & 26 \end{bmatrix}}^{\text{上等 中等 下等 稻谷}} \begin{matrix} (1) \\ (2) \\ (3) \end{matrix} \xrightarrow{(2)\times 3-(1)\times 2} \begin{bmatrix} 3 & 2 & 1 & 39 \\ 0 & 5 & 1 & 24 \\ 1 & 2 & 3 & 26 \end{bmatrix} \begin{matrix} (1) \\ (2) \\ (3) \end{matrix}$$

$$\xrightarrow{(3)\times 3-(1)} \begin{bmatrix} 3 & 2 & 1 & 39 \\ 0 & 5 & 1 & 24 \\ 0 & 4 & 8 & 39 \end{bmatrix} \begin{matrix} (1) \\ (2) \\ (3) \end{matrix} \xrightarrow{(3)\times 5-(2)\times 4} \begin{bmatrix} 3 & 2 & 1 & 39 \\ 0 & 5 & 1 & 24 \\ 0 & 0 & 36 & 99 \end{bmatrix}.$$

通过上面的筹算过程后得到如下形式的三角方程组:

$$\begin{cases} 3x + 2y + \quad z = 39, \\ \qquad 5y + \quad z = 24, \\ \qquad\qquad 36z = 99. \end{cases}$$

上述三角方程组很容易求解: 由第三个方程得 $z = 2\frac{3}{4}$, 代入第二个方程可得 $y = 4\frac{1}{4}$, 再代入第一个方程得 $x = 9\frac{1}{4}$, 从而得到“禾实问题”的解.

上述“方程术”是通过有限次算术运算完成求解的, 是一种直接解法. 本章将介绍线性方程组的直接解法之一——Gauss 消去法, 其提出的年代比“方程术”大约晚 1500 年, Gauss 消去法的思想与“方程术”中所描述的筹算过程极为相似. 与“方程术”相比, 由于采用了抽象的字母与符号系统进行描述, 因此 Gauss 消去法的求解步骤更具一般性, 所能求解的线性方程组的规模更大, 更加便于在计算机上编制程序实现.

2.2　向量和矩阵范数

快速、高精度与数值稳定是数值算法设计中聚焦的三个核心问题, 为了分析线性方程组解的误差以及迭代求解过程的收敛性, 需要用到向量和矩阵范数的概念及其相关性质.

2.2.1　向量范数

本节首先给出向量范数的概念, 并对其基本性质以及向量序列的极限进行简单介绍. 设 $\boldsymbol{x} \in \mathbb{R}^n$, 其分量形式为 $\boldsymbol{x} = (x_1, x_2, \cdots, x_n)^{\mathrm{T}}$.

定义 2.1　对于 n 维实向量空间 $\mathbb{R}^n$, 若 $\mathbb{R}^n \to \mathbb{R}$ 的映射 $\|\cdot\|$ 满足

(1) 非负性, 即 $\forall \boldsymbol{x} \in \mathbb{R}^n, \|\boldsymbol{x}\| \geqslant 0$, 等号当且仅当 $\boldsymbol{x} = \mathbf{0}$ 时成立;

(2) 正齐次性, 即 $\forall \alpha \in \mathbb{R}, \boldsymbol{x} \in \mathbb{R}^n, \|\alpha \boldsymbol{x}\| = |\alpha| \cdot \|\boldsymbol{x}\|$;

(3) 三角不等式, 即 $\forall \boldsymbol{x}, \boldsymbol{y} \in \mathbb{R}^n, \|\boldsymbol{x} + \boldsymbol{y}\| \leqslant \|\boldsymbol{x}\| + \|\boldsymbol{y}\|$,

则称 $\|\cdot\|$ 为 $\mathbb{R}^n$ 中的一种**范数** (norm), 并称 $\|\boldsymbol{x}\|$ 为**向量 $\boldsymbol{x}$ 的范数** (**或模、长度**).

在向量范数中, 最常用到的是 ***p*-范数** (或称 **Hölder 范数**), 记作

$$\|\boldsymbol{x}\|_p = \left(\sum_{i=1}^{n} |x_i|^p\right)^{\frac{1}{p}}, \quad p \geqslant 1. \tag{2.3}$$

在各种 p-范数中, $p = 1, 2, \infty$ 是最常用的三种范数:

$$\|\boldsymbol{x}\|_1 = \sum_{i=1}^{n} |x_i|, \quad \|\boldsymbol{x}\|_2 = \left(\sum_{i=1}^{n} |x_i|^2\right)^{\frac{1}{2}}, \quad \|\boldsymbol{x}\|_\infty = \max_{1 \leqslant i \leqslant n} |x_i|. \tag{2.4}$$

它们分别称作 **1-范数**、**2-范数** (或欧几里得范数) 以及 **∞ 范数**.

若记 $m = \max\limits_{1 \leqslant i \leqslant n} |x_i|$, 则

$$\lim_{p \to \infty} \|\boldsymbol{x}\|_p = \lim_{p \to \infty} \left(\sum_{i=1}^{n} |x_i|^p\right)^{\frac{1}{p}} = m \cdot \lim_{p \to \infty} \left(\sum_{i=1}^{n} \left|\frac{x_i}{m}\right|^p\right)^{\frac{1}{p}} = m,$$

因此 $\|\boldsymbol{x}\|_\infty$ 也称为向量 $\boldsymbol{x}$ 的**最大范数**.

例 2.1　设 $\boldsymbol{x} = (-3, 0, 2\sqrt{2}, -2\sqrt{2})^{\mathrm{T}}$, 分别求 $\|\boldsymbol{x}\|_1, \|\boldsymbol{x}\|_2, \|\boldsymbol{x}\|_\infty$ 的值.

解　由向量范数的定义, 可得

$$\begin{aligned}
\|\boldsymbol{x}\|_1 &= 3 + 0 + 2\sqrt{2} + 2\sqrt{2} = 3 + 4\sqrt{2}; \\
\|\boldsymbol{x}\|_2 &= \sqrt{3^2 + 0^2 + (2\sqrt{2})^2 + (-2\sqrt{2})^2} = 5; \\
\|\boldsymbol{x}\|_\infty &= \max\{3, 0, 2\sqrt{2}, 2\sqrt{2}\} = 3.
\end{aligned}$$

注意到 2-范数可以写成 n 维欧几里得空间 $\mathbb{R}^n$ 中内积的形式:

$$\|\boldsymbol{x}\|_2 = \sqrt{(\boldsymbol{x}, \boldsymbol{x})}.$$

选定实对称正定矩阵 $\boldsymbol{A}$, 可以进一步定义**向量的 $\boldsymbol{A}$-范数**如下:

$$\|\boldsymbol{x}\|_{\boldsymbol{A}} = \sqrt{(\boldsymbol{A}\boldsymbol{x}, \boldsymbol{x})}, \tag{2.5}$$

其中 $(\cdot,\cdot)$ 表示两个向量的内积. 利用实对称正定矩阵的性质, 可以证明 $\boldsymbol{A}$-范数满足定义 2.1 中的三个条件. $\boldsymbol{A}$-范数在解线性方程组的共轭梯度法中有重要应用.

引理 2.1 对于任意 $\boldsymbol{x}, \boldsymbol{y} \in \mathbb{R}^n$, 恒有

$$|\|\boldsymbol{x}\| - \|\boldsymbol{y}\|| \leqslant \|\boldsymbol{x} - \boldsymbol{y}\|. \tag{2.6}$$

证明 由三角不等式, 可得

$$\|\boldsymbol{x}\| = \|(\boldsymbol{x} - \boldsymbol{y}) + \boldsymbol{y}\| \leqslant \|\boldsymbol{x} - \boldsymbol{y}\| + \|\boldsymbol{y}\|.$$

因此

$$\|\boldsymbol{x}\| - \|\boldsymbol{y}\| \leqslant \|\boldsymbol{x} - \boldsymbol{y}\|.$$

交换上式中 $\boldsymbol{x}$ 与 $\boldsymbol{y}$ 的顺序, 又有

$$\|\boldsymbol{y}\| - \|\boldsymbol{x}\| \leqslant \|\boldsymbol{x} - \boldsymbol{y}\|.$$

从上述两个不等式知引理的结论成立. ■

定理 2.1 设 $\boldsymbol{x} = (x_1, x_2, \cdots, x_n)^{\mathrm{T}} \in \mathbb{R}^n$, 则 $\|\boldsymbol{x}\|$ 是关于 $\boldsymbol{x}$ 的分量 $x_1, x_2, \cdots, x_n$ 的连续函数.

证明 设 $\tilde{\boldsymbol{x}} = (x_1 + \delta x_1, x_2 + \delta x_2, \cdots, x_n + \delta x_n)^{\mathrm{T}} = \boldsymbol{x} + \delta\boldsymbol{x}$, 其中 $\delta\boldsymbol{x} = (\delta x_1,\ \delta x_2,\ \cdots,\ \delta x_n)^{\mathrm{T}}$, 又设 $\boldsymbol{e}_i = (0, 0, \cdots, 0, \overbrace{1}^{i}, 0, \cdots, 0)^{\mathrm{T}}, i = 1, 2, \cdots, n$, 则有 $\delta\boldsymbol{x} = \sum\limits_{i=1}^{n} \delta x_i \boldsymbol{e}_i$. 于是由引理 2.1 得到

$$\begin{aligned} |\|\tilde{\boldsymbol{x}}\| - \|\boldsymbol{x}\|| &\leqslant \|\tilde{\boldsymbol{x}} - \boldsymbol{x}\| = \|\delta\boldsymbol{x}\| \leqslant \sum_{i=1}^{n} |\delta x_i| \, \|\boldsymbol{e}_i\| \\ &\leqslant \max_{1\leqslant i\leqslant n} |\delta x_i| \sum_{i=1}^{n} \|\boldsymbol{e}_i\| = M \max_{1\leqslant i\leqslant n} |\delta x_i|, \end{aligned}$$

其中 $M = \sum\limits_{i=1}^{n} \|\boldsymbol{e}_i\|$. 上面的不等式表明, 定理 2.1 的结论成立. ■

利用有限维空间范数的连续性, 我们还可以证明向量范数具有等价性, 即有下面的定理.

定理 2.2 (向量范数的等价性)　设 $\|\cdot\|_*$ 和 $\|\cdot\|_{**}$ 为向量空间 $\mathbb{R}^n$ 中的任意两种范数, 总存在两个常数 $0 < c_1 \leqslant c_2$, 对于一切 $\boldsymbol{x} \in \mathbb{R}^n$ 都有

$$c_1 \|\boldsymbol{x}\|_* \leqslant \|\boldsymbol{x}\|_{**} \leqslant c_2 \|\boldsymbol{x}\|_* . \tag{2.7}$$

证明　只需证明范数 $\|\boldsymbol{x}\|_*$ 与 $\|\boldsymbol{x}\|_2$ 的等价性即可.

考虑单位球面 $S_1 = \{\boldsymbol{y} \in \mathbb{R}^n |\ \|\boldsymbol{y}\|_2 = 1\}$. 利用定理 2.1 知, 实函数 $\|\boldsymbol{x}\|_*$ 是连续的, 而单位球面 S_1 是一个有界闭集, 因此可以在 S_1 上取得最大值 M 和最小值 m, 且 $M \geqslant m > 0$. 对于任意的 $\boldsymbol{x} \in \mathbb{R}^n, \boldsymbol{x} \neq \boldsymbol{0}$, 对其进行归一化得 $\dfrac{\boldsymbol{x}}{\|\boldsymbol{x}\|_2} \in S_1$, 从而有 $m \leqslant \dfrac{\|\boldsymbol{x}\|_*}{\|\boldsymbol{x}\|_2} \leqslant M$. 这表明 $\|\boldsymbol{x}\|_*$ 与 $\|\boldsymbol{x}\|_2$ 等价. 因此 (2.7) 的结论成立. ■

不难进一步证明, 对于常见的三种范数 $\|\boldsymbol{x}\|_p, p = 1, 2, \infty$, 有如下等价关系:

$$\begin{aligned} &\frac{1}{\sqrt{n}} \|\boldsymbol{x}\|_1 \leqslant \|\boldsymbol{x}\|_2 \leqslant \|\boldsymbol{x}\|_1 , \\ &\|\boldsymbol{x}\|_\infty \leqslant \|\boldsymbol{x}\|_1 \leqslant n \|\boldsymbol{x}\|_\infty , \\ &\|\boldsymbol{x}\|_\infty \leqslant \|\boldsymbol{x}\|_2 \leqslant \sqrt{n} \|\boldsymbol{x}\|_\infty . \end{aligned} \tag{2.8}$$

2.2.2　矩阵范数

2.2.2.1　矩阵范数的定义与基本性质

设 $\mathbb{R}^{m\times n}$ 表示所有 $m \times n$ 实矩阵的集合, 将 $\boldsymbol{A} = (a_{ij}) \in \mathbb{R}^{m\times n}$ 看成 m 个 n 维向量构成的向量组, 并将向量中的 2-范数推广到矩阵 $\boldsymbol{A}$. 定义

$$\|\boldsymbol{A}\|_{\mathrm{F}} \triangleq \left(\sum_{i=1}^{m} \sum_{j=1}^{n} a_{ij}^2 \right)^{\frac{1}{2}} , \tag{2.9}$$

称之为 **Hilbert-Schmidt** 或 **Frobenius 范数** (或简称 **F-范数**). 容易验证 F-范数满足向量范数的三条性质, 并且当 $m = 1$ 即 $\boldsymbol{A}$ 为向量时, F-范数等价于 2-范数. 因此, F-范数可以看成 2-范数的推广.

设矩阵 $\boldsymbol{B}$ 的迹 $\mathrm{tr}(\boldsymbol{B})$ 表示矩阵 $\boldsymbol{B}$ 对角元素之和. 容易证明矩阵 $\boldsymbol{A}$ 的 F-范数可以等价地表示为

$$\|\boldsymbol{A}\|_{\mathrm{F}} = \sqrt{\mathrm{tr}\,(\boldsymbol{A}^{\mathrm{T}}\boldsymbol{A})} = \sqrt{\mathrm{tr}\,(\boldsymbol{A}\boldsymbol{A}^{\mathrm{T}})}. \tag{2.10}$$

除了向量范数的特性外, 定义矩阵范数时还需要考虑它们之间的运算关系. 下面将矩阵限定为 n 阶实方阵.

定义 2.2 若映射 $\|\cdot\|:\mathbb{R}^{n\times n}\to\mathbb{R}$ 满足

(1) 非负性, 即 $\forall \boldsymbol{A}\in\mathbb{R}^{n\times n}, \|\boldsymbol{A}\|\geqslant 0$, 当且仅当 $\boldsymbol{A}=\boldsymbol{0}$ 时等号成立;

(2) 正齐次性, 即 $\forall \alpha\in\mathbb{R}, \boldsymbol{A}\in\mathbb{R}^{n\times n}, \|\alpha\boldsymbol{A}\|=|\alpha|\cdot\|\boldsymbol{A}\|$;

(3) 三角不等式, 即 $\forall \boldsymbol{A},\boldsymbol{B}\in\mathbb{R}^{n\times n}, \|\boldsymbol{A}+\boldsymbol{B}\|\leqslant\|\boldsymbol{A}\|+\|\boldsymbol{B}\|$;

(4) 次可乘性, 即 $\forall \boldsymbol{A},\boldsymbol{B}\in\mathbb{R}^{n\times n}, \|\boldsymbol{A}\boldsymbol{B}\|\leqslant\|\boldsymbol{A}\|\cdot\|\boldsymbol{B}\|$,

则称 $\|\boldsymbol{A}\|$ 是 $\mathbb{R}^{n\times n}$ 上的矩阵范数.

容易验证, F-范数是满足定义 2.2 中所有条件的一种范数.

在数值计算中, 矩阵运算常常和向量密切相关, 因此我们希望矩阵范数的概念能够与向量范数紧密相关.

定义 2.3 设 $\|\boldsymbol{x}\|_*$ 是一个向量范数, 如果对于任意的 $\boldsymbol{A}\in\mathbb{R}^{n\times n}, \boldsymbol{x}\in\mathbb{R}^n$ 有

$$\|\boldsymbol{A}\boldsymbol{x}\|_*\leqslant\|\boldsymbol{A}\|\cdot\|\boldsymbol{x}\|_*, \tag{2.11}$$

则称矩阵范数 $\|\boldsymbol{A}\|$ 与向量范数 $\|\boldsymbol{x}\|_*$ 是**相容**的, (2.11) 式称为**相容性条件**.

可以直接证明, F-范数满足 (2.11) 中定义的相容性条件.

定义 2.4 若 $\|\cdot\|$ 是 $\mathbb{R}^n$ 上任意范数, 则对任意 $\boldsymbol{A}\in\mathbb{R}^{n\times n}$,

$$\|\boldsymbol{A}\|\triangleq\max_{\boldsymbol{x}\neq\boldsymbol{0}}\frac{\|\boldsymbol{A}\boldsymbol{x}\|}{\|\boldsymbol{x}\|}=\max_{\|\boldsymbol{x}\|=1}\|\boldsymbol{A}\boldsymbol{x}\| \tag{2.12}$$

称为由向量范数 $\|\cdot\|$ **导出的矩阵范数**, 简称 $\boldsymbol{A}$ 的**从属范数**.

由定义 2.4, 对任何向量范数, 单位矩阵 $\boldsymbol{I}$ 的从属范数 $\|\boldsymbol{I}\|=1$. 但是, 它的 F-范数 $\|\boldsymbol{I}\|_{\mathrm{F}}=\sqrt{n}$, 这表明 F-范数不能从属于任何一种向量范数.

如果不做特殊说明, 在本书中我们讨论的矩阵范数 $\|\cdot\|$ 均指按照某种向量范数导出的矩阵范数.

对于三种重要向量范数 $\|\cdot\|_p, p=1,2,\infty$ 导出的矩阵范数, 下面的定理给出了相应的计算公式.

定理 2.3 设矩阵 $\boldsymbol{A}=(a_{ij})_{1\leqslant i,j\leqslant n}\in\mathbb{R}^{n\times n}$, 则

(1) $\|\boldsymbol{A}\|_\infty=\max\limits_{1\leqslant i\leqslant n}\sum\limits_{j=1}^n|a_{ij}|$ (称为**行范数**); (2.13)

(2) $\|\boldsymbol{A}\|_1=\max\limits_{1\leqslant j\leqslant n}\sum\limits_{i=1}^n|a_{ij}|$(称为**列范数**); (2.14)

(3) $\|\boldsymbol{A}\|_2=\sqrt{\lambda_{\max}(\boldsymbol{A}^{\mathrm{T}}\boldsymbol{A})}$(称为**谱范数**或 **2-范数**). (2.15)

证明 (1) 设 $\|\boldsymbol{x}\|_\infty=1$, 则

$$\|\boldsymbol{A}\boldsymbol{x}\|_\infty=\max_{1\leqslant i\leqslant n}\left|\sum_{j=1}^n a_{ij}x_j\right|\leqslant\max_{1\leqslant i\leqslant n}\sum_{j=1}^n|a_{ij}x_j|\leqslant\left(\max_{1\leqslant i\leqslant n}\sum_{j=1}^n|a_{ij}|\right)\cdot\max_{1\leqslant j\leqslant n}|x_j|$$

$$= \left(\max_{1 \leqslant i \leqslant n} \sum_{j=1}^{n} |a_{ij}| \right) \cdot \|\boldsymbol{x}\|_\infty = \max_{1 \leqslant i \leqslant n} \sum_{j=1}^{n} |a_{ij}|. \tag{2.16}$$

上式表明从属范数 $\|\boldsymbol{A}\|_\infty \leqslant \max\limits_{1 \leqslant i \leqslant n} \sum\limits_{j=1}^{n} |a_{ij}|$.

另一方面, 设 $\sum\limits_{j=1}^{n} |a_{ij}|$ 的最大值在 $i = k$ 时达到, 即 $\sum\limits_{j=1}^{n} |a_{kj}| = \max\limits_{1 \leqslant i \leqslant n} \sum\limits_{j=1}^{n} |a_{ij}|$. 取

$$z_j = \begin{cases} 1, & a_{kj} \geqslant 0, \\ -1, & a_{kj} < 0, \end{cases} \qquad \boldsymbol{z} = (z_1, z_2, \cdots, z_n)^{\mathrm{T}},$$

则有 $\|\boldsymbol{z}\|_\infty = 1$. 因此有

$$\|\boldsymbol{A}\|_\infty \geqslant \|\boldsymbol{Az}\|_\infty \geqslant \max_{1 \leqslant i \leqslant n} \left| \sum_{j=1}^{n} a_{ij} z_j \right| \geqslant \left| \sum_{j=1}^{n} a_{kj} z_j \right| = \sum_{j=1}^{n} |a_{kj}| = \max_{1 \leqslant i \leqslant n} \sum_{j=1}^{n} |a_{ij}|. \tag{2.17}$$

综上知 (2.13) 成立.

(2) 的证明与 (1) 类似, 这里留作练习.

(3) 由线性代数知识知, $\boldsymbol{A}^{\mathrm{T}}\boldsymbol{A}$ 是半正定矩阵. 因此 $\boldsymbol{A}^{\mathrm{T}}\boldsymbol{A}$ 的特征值均为非负数, 假设为 $\lambda_n \geqslant \lambda_{n-1} \geqslant \cdots \geqslant \lambda_1 \geqslant 0$, 且存在 n 个相互正交的标准特征向量 $\boldsymbol{q}_i, i = 1, 2, \cdots, n$, 即

$$\boldsymbol{A}^{\mathrm{T}}\boldsymbol{A}\boldsymbol{q}_i = \lambda_i \boldsymbol{q}_i, i = 1, 2, \cdots, n; \quad \boldsymbol{q}_i^{\mathrm{T}}\boldsymbol{q}_j = \delta_{ij}, i, j = 1, 2, \cdots, n, \tag{2.18}$$

其中 $\delta_{ij} = \begin{cases} 1, & i = j, \\ 0, & i \neq j \end{cases}$ 称为 **Kronecker** (克罗内克) **常数**. 任取 $\boldsymbol{x} \in \mathbb{R}^n$, 有

$$\boldsymbol{x} = \sum_{i=1}^{n} c_i \boldsymbol{q}_i, \quad \|\boldsymbol{x}\|_2^2 = \boldsymbol{x}^{\mathrm{T}}\boldsymbol{x} = \sum_{i=1}^{n} c_i^2,$$

于是

$$\begin{aligned} \|\boldsymbol{Ax}\|_2^2 &= (\boldsymbol{Ax})^{\mathrm{T}}\boldsymbol{Ax} = \boldsymbol{x}^{\mathrm{T}}(\boldsymbol{A}^{\mathrm{T}}\boldsymbol{Ax}) = \sum_{i=1}^{n} c_i \boldsymbol{q}_i^{\mathrm{T}} \cdot \sum_{j=1}^{n} \lambda_j c_j \boldsymbol{q}_j \\ &= \sum_{i=1}^{n} \sum_{j=1}^{n} \lambda_j c_i c_j \boldsymbol{q}_i^{\mathrm{T}} \boldsymbol{q}_j = \sum_{i=1}^{n} \lambda_i c_i^2 \leqslant \lambda_n \sum_{i=1}^{n} c_i^2 = \lambda_n \|\boldsymbol{x}\|_2^2, \end{aligned}$$

故有

$$\|\boldsymbol{A}\|_2 = \max_{\boldsymbol{x}\in\mathbb{R}^n, \boldsymbol{x}\neq \boldsymbol{0}} \frac{\|\boldsymbol{A}\boldsymbol{x}\|_2}{\|\boldsymbol{x}\|_2} \leqslant \sqrt{\lambda_n} = \sqrt{\lambda_{\max}(\boldsymbol{A}^{\mathrm{T}}\boldsymbol{A})}.$$

另一方面, 取 $\boldsymbol{x} = \boldsymbol{q}_n$, 则有

$$\|\boldsymbol{A}\|_2 \geqslant \frac{\|\boldsymbol{A}\boldsymbol{q}_n\|_2}{\|\boldsymbol{q}_n\|_2} = \sqrt{\lambda_n} = \sqrt{\lambda_{\max}(\boldsymbol{A}^{\mathrm{T}}\boldsymbol{A})}.$$

结合上述两个不等式知 (2.15) 成立. ■

利用 (2.15) 以及向量 2-范数的内积性质, 可以很容易地证明下面的结论.

定理 2.4 对于任意 $\boldsymbol{A} \in \mathbb{R}^{n\times n}$ 以及正交矩阵 $\boldsymbol{Q} \in \mathbb{R}^{n\times n}$, 有

$$\|\boldsymbol{Q}\boldsymbol{A}\|_2 = \|\boldsymbol{A}\|_2, \quad \|\boldsymbol{Q}\boldsymbol{A}\|_{\mathrm{F}} = \|\boldsymbol{A}\|_{\mathrm{F}}. \tag{2.19}$$

例 2.2 设矩阵 $\boldsymbol{A} = \begin{bmatrix} 3 & -1 \\ 1 & -2 \end{bmatrix}$, 求 $\|\boldsymbol{A}\|_1, \|\boldsymbol{A}\|_2, \|\boldsymbol{A}\|_\infty$.

解 按照定义, $\|\boldsymbol{A}\|_1 = 4, \|\boldsymbol{A}\|_\infty = 4$. 且

$$\boldsymbol{A}^{\mathrm{T}}\boldsymbol{A} = \begin{bmatrix} 3 & 1 \\ -1 & -2 \end{bmatrix} \begin{bmatrix} 3 & -1 \\ 1 & -2 \end{bmatrix} = \begin{bmatrix} 10 & -5 \\ -5 & 5 \end{bmatrix},$$

由

$$\left|\lambda \boldsymbol{I} - \boldsymbol{A}^{\mathrm{T}}\boldsymbol{A}\right| = \begin{vmatrix} \lambda - 10 & 5 \\ 5 & \lambda - 5 \end{vmatrix} = \lambda^2 - 15\lambda + 25 = 0,$$

解得 $\lambda = \dfrac{15 \pm 5\sqrt{5}}{2}$, 由此可得 $\|\boldsymbol{A}\|_2 = \sqrt{\dfrac{15 + 5\sqrt{5}}{2}}$.

与向量范数类似, 矩阵范数也存在等价关系. 特别地, 对于前述的几种常见矩阵范数, 有

$$\begin{aligned} &\|\boldsymbol{A}\|_2 \leqslant \|\boldsymbol{A}\|_{\mathrm{F}} \leqslant \sqrt{n}\,\|\boldsymbol{A}\|_2, \\ &\frac{1}{\sqrt{n}}\|\boldsymbol{A}\|_\infty \leqslant \|\boldsymbol{A}\|_2 \leqslant \sqrt{n}\,\|\boldsymbol{A}\|_\infty, \\ &\frac{1}{\sqrt{n}}\|\boldsymbol{A}\|_1 \leqslant \|\boldsymbol{A}\|_2 \leqslant \sqrt{n}\,\|\boldsymbol{A}\|_1. \end{aligned}$$

也即, 四种矩阵范数 $\|\cdot\|_p, p = 1, 2, \infty$, F 都是相互等价的.

2.2.2.2　谱半径

定义 2.5　设 $\lambda_i, i=1,2,\cdots,n$ 为 n 阶矩阵 $\boldsymbol{A}$ 的全部特征值, 称

$$\rho(\boldsymbol{A}) \triangleq \max_{1\leqslant i\leqslant n} |\lambda_i| \tag{2.20}$$

为矩阵 $\boldsymbol{A}$ 的**谱半径**.

谱半径在数值分析中有很重要的作用. 需要说明的是, 谱半径不是矩阵范数, 它不满足定义 2.2 的条件 (3). 例如, 取

$$\boldsymbol{A}=\begin{bmatrix} 0 & 2 \\ 0 & 0 \end{bmatrix}, \quad \boldsymbol{B}=\begin{bmatrix} 0 & 0 \\ -2 & 0 \end{bmatrix},$$

易知, $\rho(\boldsymbol{A})=\rho(\boldsymbol{B})=0$, 而 $\boldsymbol{A}\neq\mathbf{0},\boldsymbol{B}\neq\mathbf{0}$. 又 $\rho(\boldsymbol{A}+\boldsymbol{B})=2$, 故三角不等式 $\rho(\boldsymbol{A}+\boldsymbol{B})\leqslant\rho(\boldsymbol{A})+\rho(\boldsymbol{B})$ 不成立.

但是矩阵谱半径与矩阵范数有着密切的联系.

定理 2.5　设 $\boldsymbol{A}\in\mathbb{R}^{n\times n}$, 则有

(1) 对任意一种 $\boldsymbol{A}$ 的从属范数 $\|\cdot\|$, 有

$$\rho(\boldsymbol{A})\leqslant\|\boldsymbol{A}\|. \tag{2.21}$$

(2) 对任给的 $\varepsilon>0$, 存在一种 A 的从属范数 $\|\cdot\|_\varepsilon$, 使得

$$\|\boldsymbol{A}\|_\varepsilon\leqslant\rho(\boldsymbol{A})+\varepsilon. \tag{2.22}$$

证明　(1) 设 $\|\cdot\|$ 为 $\boldsymbol{A}$ 的任意一种从属范数, 则 $\forall\boldsymbol{x}\in\mathbb{R}^n, \|\boldsymbol{A}\boldsymbol{x}\|\leqslant\|\boldsymbol{A}\|\cdot\|\boldsymbol{x}\|$. 设 λ 为 $\boldsymbol{A}$ 的任一特征值, 相应的特征向量为 $\boldsymbol{\xi}$, 于是有 $\boldsymbol{A}\boldsymbol{\xi}=\lambda\boldsymbol{\xi}$, 从而

$$|\lambda|\cdot\|\boldsymbol{\xi}\|=\|\lambda\boldsymbol{\xi}\|=\|\boldsymbol{A}\boldsymbol{\xi}\|\leqslant\|\boldsymbol{A}\|\cdot\|\boldsymbol{\xi}\|,$$

即 $|\lambda|\leqslant\|\boldsymbol{A}\|$. 由 λ 的任意性得 $\rho(\boldsymbol{A})\leqslant\|\boldsymbol{A}\|$.

(2) 设有可逆矩阵 $\boldsymbol{P}$ 使得 $\boldsymbol{A}=\boldsymbol{P}\boldsymbol{J}\boldsymbol{P}^{-1}$ 成立, 其中 $\boldsymbol{J}$ 为 $\boldsymbol{A}$ 的若尔当标准形, 满足

$$\boldsymbol{J}=\begin{bmatrix} \boldsymbol{J}_1 & & & \\ & \boldsymbol{J}_2 & & \\ & & \ddots & \\ & & & \boldsymbol{J}_r \end{bmatrix}, \quad \boldsymbol{J}_i=\begin{bmatrix} \lambda_i & 1 & & \\ & \lambda_i & \ddots & \\ & & \ddots & 1 \\ & & & \lambda_i \end{bmatrix}_{n_i\times n_i}, \quad \sum_{i=1}^{r} n_i=n.$$

对于任意的 $\varepsilon > 0$, 令

$$
\boldsymbol{D} = \begin{bmatrix} 1 & & & \\ & \varepsilon & & \\ & & \ddots & \\ & & & \varepsilon^{n-1} \end{bmatrix}_{n\times n},
$$

直接计算易知 $\tilde{\boldsymbol{J}} = \boldsymbol{D}^{-1}\boldsymbol{J}\boldsymbol{D}$ 可以表示成如下形式

$$
\tilde{\boldsymbol{J}} = \begin{bmatrix} \tilde{\boldsymbol{J}}_1 & & & \\ & \tilde{\boldsymbol{J}}_2 & & \\ & & \ddots & \\ & & & \tilde{\boldsymbol{J}}_r \end{bmatrix}, \quad \tilde{\boldsymbol{J}}_i = \begin{bmatrix} \lambda_i & \varepsilon & & \\ & \lambda_i & \ddots & \\ & & \ddots & \varepsilon \\ & & & \lambda_i \end{bmatrix}_{n_i\times n_i}, \quad i = 1, 2, \cdots, r.
$$

因此有 $\left\|\tilde{\boldsymbol{J}}\right\|_\infty \leqslant \rho(\boldsymbol{A}) + \varepsilon$. 设 $\boldsymbol{T} = \boldsymbol{P}\boldsymbol{D}$, 定义向量范数

$$
\|\boldsymbol{x}\|_\varepsilon = \left\|\boldsymbol{T}^{-1}\boldsymbol{x}\right\|_\infty,
$$

则直接计算得到 $\|\boldsymbol{A}\|_\varepsilon = \max\limits_{\|\boldsymbol{x}\|_\varepsilon=1} \|\boldsymbol{A}\boldsymbol{x}\|_\varepsilon = \max\limits_{\|\boldsymbol{T}^{-1}\boldsymbol{x}\|_\infty=1} \left\|\boldsymbol{T}^{-1}\boldsymbol{A}\boldsymbol{x}\right\|_\infty$. 令 $\boldsymbol{z} = \boldsymbol{T}^{-1}\boldsymbol{x}$, 则有

$$
\|\boldsymbol{A}\|_\varepsilon = \max_{\|\boldsymbol{z}\|_\infty=1} \left\|\boldsymbol{T}^{-1}\boldsymbol{A}\boldsymbol{T}\boldsymbol{z}\right\|_\infty = \max_{\|\boldsymbol{z}\|_\infty=1} \left\|\tilde{\boldsymbol{J}}\boldsymbol{z}\right\|_\infty = \left\|\tilde{\boldsymbol{J}}\right\|_\infty \leqslant \rho(\boldsymbol{A}) + \varepsilon.
$$

因此 (2.21) 成立. ■

由定理 2.5 可知 $\rho(\boldsymbol{A}) = \inf\{\|A\| : \|\cdot\|$ 为 $\boldsymbol{A}$ 的任意一种从属范数$\}$.

2.2.2.3 矩阵级数的收敛性

定义 2.6 对于矩阵序列 $\boldsymbol{A}^{(k)} = (a_{ij}^{(k)}) \in \mathbb{R}^{n\times n}$, 若存在矩阵 $\boldsymbol{A} = (a_{ij}) \in \mathbb{R}^{n\times n}$, 使得

$$
\lim_{k\to\infty} a_{ij}^{(k)} = a_{ij}, \quad i, j = 1, 2, \cdots, n
$$

成立, 则称矩阵序列 $\{\boldsymbol{A}^{(k)}\}$ **收敛**到 $\boldsymbol{A}$, 记为 $\lim\limits_{k\to\infty} \boldsymbol{A}^{(k)} = \boldsymbol{A}$. 若存在某一种范数 $\|\cdot\|$, 使得 $\lim\limits_{k\to\infty} \left\|\boldsymbol{A}^{(k)} - \boldsymbol{A}\right\| = 0$, 则称 $\{\boldsymbol{A}^{(k)}\}$ **依范数** $\|\cdot\|$ **收敛**到 $\boldsymbol{A}$.

与向量序列收敛性类似, 矩阵序列 $\{\boldsymbol{A}^{(k)}\}$ 收敛到 $\boldsymbol{A}$ 的充分必要条件是依任意范数收敛到 $\boldsymbol{A}$. 因此, 下面假设 $\|\cdot\|$ 为 $\boldsymbol{A}$ 的任意一种从属范数.

定理 2.6　设 $\boldsymbol{A} \in \mathbb{R}^{n\times n}$, 则 $k \to \infty$ 时, $\boldsymbol{A}^k \to \boldsymbol{0}$ 的充分必要条件是 $\rho(\boldsymbol{A}) < 1$.

证明　充分性. 若 $\rho(\boldsymbol{A}) < 1$, 则由定理 2.5, 可以找到一种范数 $\|\cdot\|$, 使得 $\|\boldsymbol{A}\| \leqslant r < 1$. 因此当 $k \to \infty$ 时,

$$\left\|\boldsymbol{A}^k\right\| \leqslant \|\boldsymbol{A}\|^k \leqslant r^k \to 0,$$

于是 $\lim\limits_{k\to\infty} \boldsymbol{A}^k = \boldsymbol{0}$.

必要性. 反若 $\rho(\boldsymbol{A}) \geqslant 1$, 令 λ 是某一个使得 $|\lambda| \geqslant 1$ 的特征值, 而 x 为其对应的特征向量, 则

$$\left\|\boldsymbol{A}^k\boldsymbol{x}\right\| = \left\|\lambda^k\boldsymbol{x}\right\| \geqslant \|\boldsymbol{x}\|.$$

这表明对所有的 k, 都有 $\left\|\boldsymbol{A}^k\right\| \geqslant 1$, 这与 $\boldsymbol{A}^k \to \boldsymbol{0}$ 矛盾. ■

2.3　Gauss 消去法

在 2.1 节中使用的“方程术”即为一种消去技术. 对于含三个未知元素 x, y, z 的方程组, 所谓“筹算”就是用第一个方程乘上一个数加到第二和第三个方程上, 消去元素 x, 使其变为只含两个元素 y, z 的二元方程组. 然后对第二个方程乘上一个数加到第三个方程上消去元素 y, 第三个方程变为只含元素 z 的方程. 由此得到一个三角形线性方程组. 对三角形线性方程组进行回代便很容易地求出线性方程组的解. 将上述“方程术”进行规范化并推广到一般的线性方程组的求解过程中, 建立起来的方法称为 **Gauss 消去法** (Gauss elimination method).

考察一般形式的 $n \times n$ 线性方程组

$$\sum_{j=1}^{n} a_{ij}x_j = b_i, \quad i = 1, 2, \cdots, n, \tag{2.23}$$

Gauss 消去法分消元过程和回代过程两个部分.

2.3.1　Gauss 消去法

首先我们来看消元过程.

第 1 步, 设 $a_{ij}^{(1)} = a_{ij}, i, j = 1, 2, \cdots, n$; $b_i^{(1)} = b_i, i = 1, 2, 3, \cdots, n$, 消去 (2.23) 中后面 $n-1$ 个方程中的元素 x_1, 将其变为关于变元 $x_2, x_3, \cdots, x_n$ 的 $n-1$ 阶方程组 (较原方程组降了一阶):

$$\sum_{j=2}^{n} a_{ij}^{(2)}x_j = b_i^{(2)}, \quad i = 2, 3, \cdots, n.$$

所需要的运算为

$$l_{i1} = \frac{a_{i1}^{(1)}}{a_{11}^{(1)}}, \quad i = 2, 3, \cdots, n,$$

$$a_{ij}^{(2)} = a_{ij}^{(1)} - l_{i1}a_{1j}^{(1)}, \quad b_i^{(2)} = b_i^{(1)} - l_{i1}b_1^{(1)}, \quad i, j = 2, 3, \cdots, n.$$

如此继续下去, 经过 k 步消元 ($k \geqslant 2$) 后, 得到 $k-1$ 个方程

$$\sum_{j=i}^{n} a_{ij}^{(i)} x_j = b_i^{(i)}, \quad i = 1, 2, \cdots, k-1,$$

以及关于 $n-k+1$ 个变元 $x_j, j = k, k+1, \cdots, n$ 的方程组

$$\sum_{j=k}^{n} a_{ij}^{(k)} x_j = b_i^{(k)}, \quad i = k, k+1, k+2, \cdots, n, \tag{2.24}$$

其中

$$\begin{aligned} l_{i,k-1} &= \frac{a_{i,k-1}^{(k-1)}}{a_{k-1,k-1}^{(k-1)}}, \quad i = k, k+1, k+2, \cdots, n, \\ a_{ij}^{(k)} &= a_{ij}^{(k-1)} - l_{i,k-1}a_{k-1,j}^{(k-1)}, \quad i, j = k, k+1, \cdots, n, \\ b_i^{(k)} &= b_i^{(k-1)} - l_{i,k-1}b_{k-1}^{(k-1)}, \quad i = k, k+1, \cdots, n. \end{aligned} \tag{2.25}$$

上述消元经过 $n-1$ 步后, 原方程组 (2.23) 化为等价的三角形方程组

$$\begin{cases} a_{11}^{(1)}x_1 + a_{12}^{(1)}x_2 + a_{13}^{(1)}x_3 + \cdots + a_{1n}^{(1)}x_n = b_1^{(1)}, \\ \qquad a_{22}^{(2)}x_2 + a_{23}^{(2)}x_3 + \cdots + a_{2n}^{(2)}x_n = b_2^{(2)}, \\ \qquad\qquad \cdots\cdots \\ \qquad\qquad a_{n-1,n-1}^{(n-1)}x_{n-1} + a_{n-1,n}^{(n-1)}x_n = b_{n-1}^{(n-1)}, \\ \qquad\qquad\qquad a_{nn}^{(n)}x_n = b_n^{(n)}. \end{cases} \tag{2.26}$$

线性方程组 (2.26) 通过自下而上逐步回代很容易求解, 求解过程为

$$\begin{aligned} x_n &= \frac{b_n^{(n)}}{a_{nn}^{(n)}}, \\ x_k &= \frac{1}{a_{kk}^{(k)}}\left(b_k^{(k)} - \sum_{j=k+1}^{n} a_{kj}^{(k)}x_j\right), \quad k = n-1, n-2, \cdots, 2, 1. \end{aligned} \tag{2.27}$$

经计算可得 Gauss 消去法的计算量:

(1) 乘除法. 消元过程: $\sum_{k=1}^{n-1}[(n-k)^2+2(n-k)]$. 回代过程: $\dfrac{n(n+1)}{2}$. 乘除法次数总计: $\dfrac{n^3}{3}+n^2-\dfrac{n}{3}=\dfrac{1}{3}O(n^3)$.

(2) 加减法. 消元过程: $\sum_{k=1}^{n-1}\left[(n-k)^2+(n-k)\right]$. 回代过程: $\dfrac{n(n-1)}{2}$. 加减法次数总计: $\dfrac{n^3}{3}+\dfrac{n^2}{2}-\dfrac{5n}{6}=\dfrac{1}{3}O(n^3)$.

2.3.2 选主元的 Gauss 消去法

在上面的 Gauss 消去法中我们不难看到, 消元过程中要对所有 $a_{kk}^{(k)}, 1 \leqslant k \leqslant n-1$ 作除法, 这就要求保证它们均不为 0 才能使得消元过程可以进行下去. 那么什么样的矩阵 $\boldsymbol{A}$ 才能满足该条件呢?

定理 2.7 Gauss 消元过程中所有 $a_{kk}^{(k)}$, $1 \leqslant k \leqslant n-1$ 均不为 0 的充分必要条件是, 系数矩阵 $\boldsymbol{A}=(a_{ij})_{n\times n}$ 的所有顺序主子式均不为 0.

证明 设 Δ_k 表示系数矩阵 $\boldsymbol{A}$ 的 k 阶顺序主子式. 下面首先用归纳法证明定理的条件是必要的.

当 $k=1$ 时, $\Delta_1=a_{11}^{(1)}=a_{11}\neq 0$.

现假设 $k-1$ 时结论成立. 即由 $a_{ii}^{(i)}\neq 0, i=1,2,\cdots,k-1$ 可以推出 $\Delta_i\neq 0$ 成立. 注意到 $a_{k-1,k-1}^{(k-1)}\neq 0$, 根据 Gauss 消元过程, 可以进行下一步的消元, 此时 $\boldsymbol{A}$ 约化成 $\boldsymbol{A}^{(k)}$, 且 $\boldsymbol{A}^{(k)}$ 的 k 阶主子矩阵为

$$\boldsymbol{A}_k^{(k)}=\begin{bmatrix} a_{11}^{(1)} & \cdots & \cdots & a_{1k}^{(1)} \\ & a_{22}^{(2)} & \cdots & a_{2k}^{(2)} \\ & & \ddots & \vdots \\ & & & a_{kk}^{(k)} \end{bmatrix}.$$

由 $\Delta_{k-1}\neq 0$ 以及 $a_{kk}^{(k)}\neq 0$ 知, $\Delta_k=\det(\boldsymbol{A}_k^{(k)})=\Delta_{k-1}a_{kk}^{(k)}\neq 0$. 由归纳法原理知定理的条件是必要的.

由于上述推导过程是可逆的, 故充分性也成立. ■

定理 2.7 的结论表明, Gauss 消元过程的顺利执行需要较强的条件. 另一方面, 即使 Gauss 消元过程不会出现 $a_{kk}^{(k)}=0$ 的情况, 但是如果 $a_{kk}^{(k)}$ 很接近 0, 此时以 $a_{kk}^{(k)}$ 为分母作除法也会出现较大的舍入误差 (参见第 1 章误差分析). 因此, 有必要对 Gauss 消元过程进行改进, 以提高算法的适用范围并保证计算精度.

例 2.3 考察方程组

$$\begin{cases} 10^{-8}x_1 + x_2 = 2, \\ \quad 2x_1 + x_2 = 3. \end{cases} \tag{2.28}$$

若直接用 Gauss 消去法求解, 先用第二个方程减去第一个方程乘上 2×10^8, 得到

$$\begin{cases} 10^{-8}x_1 + \qquad\qquad x_2 = 2, \\ \qquad\qquad (1-2\times10^8)x_2 = 3-4\times10^8. \end{cases}$$

假设取 8 位浮点十进制进行计算, 则有

$$1-2\times10^8 = 0.000000001\times10^9 - 0.2\times10^9 = -2\times10^8,$$

$$3-4\times10^8 = 0.000000003\times10^9 - 0.4\times10^9 = -4\times10^8.$$

解得 $x_2=2$, 由此回代得到 $x_1=0$.

上述结果出现了严重失真, 其原因是小主元 10^{-8} 作除法导致大数吃掉小数. 为了避免这个问题, 可以在消元前对两个方程的顺序进行交换. 例如, 将 (2.28) 等价表示为

$$\begin{cases} \quad 2x_1 + x_2 = 3, \\ 10^{-8}x_1 + x_2 = 2. \end{cases}$$

再进行消元

$$\begin{cases} 2x_1 + \qquad\qquad x_2 = 3, \\ \qquad (1-0.5\times10^{-8})x_2 = 2-1.5\times10^{-8}. \end{cases}$$

仍然选取 8 位浮点十进制计算, 得到 $x_2=2$, 回代求得 $x_1=0.5$, 该结果具有较高的精度.

例 2.2 提示我们, 可以通过方程组的同解变换 (交换两个方程) 来避免 Gauss 消去法遇到小主元的情况.

具体而言, 假设已完成了 $k-1$ 次消元过程 ($2\leqslant k\leqslant n$), 此时原方程组变为 $\boldsymbol{A}^{(k)}\boldsymbol{x}=\boldsymbol{b}^{(k)}$, 检查系数矩阵 $\boldsymbol{A}^{(k)}$ 中第 k 列 k 行到第 n 行的元素 $a_{kk}^{(k)}, a_{k+1,k}^{(k)}, \cdots, a_{nk}^{(k)}$, 从中挑选出绝对值最大者, 称之为第 k 步的**列主元**. 设主元位于第 $l(k)$ ($k\leqslant l(k)\leqslant n$) 个方程, 即 $\left|a_{l(k),k}^{(k)}\right| = \max\limits_{k\leqslant i\leqslant n}\left|a_{ik}^{(k)}\right|$. 若 $l(k)=k$, 则以 $a_{kk}^{(k)}$ 作为主元; 否则, 先将第 $l(k)$ 个方程与第 k 个方程交换位置 (即交换增广矩阵 $\left[\boldsymbol{A}^{(k)}|\boldsymbol{b}^{(k)}\right]$ 第 k 行与第 $l(k)$ 行), 使得新的 $a_{kk}^{(k)}$ 成为主元, 然后再开始消元. 该操作过程称作**选 (列) 主元**, 消元过程中每一步都选择列主元就称为**列主元 Gauss 消去法**.

一般情况下, 列主元方法可以达到较高的精度要求. 但是, 如果要求更高的精度或者系数矩阵近似奇异, 还可以采用**全主元法**. 所谓全主元就是扩大选主元的范围, 对于系数矩阵 $\boldsymbol{A}^{(k)}$, 选取其中第 k 行到第 n 行以及第 k 列到第 n 列组成的 $(n-k+1)\times(n-k+1)$ 子矩阵中的主元 $a_{l(k),m(k)}^{(k)}=\max\limits_{k\leqslant i,j\leqslant n}\left|a_{ij}^{(k)}\right|$, 称其为**全主元**. 此时交换 $\left[\boldsymbol{A}^{(k)}|\boldsymbol{b}^{(k)}\right]$ 的第 k 行与第 $l(k)$ 行, 以及 $\boldsymbol{A}^{(k)}$ 的第 k 列与第 $m(k)$ 列, 使主元位置元素的绝对值在相应子矩阵中最大, 然后再进行第 k 步消元过程. 在全主元法中, 由于有列交换, 因此未知量的次序发生了改变, 当消元完成后还需进行未知量的顺序调整或还原.

由于全主元法需要很多寻址、排序以及元素交换等操作, 而目前这些操作所耗时间与算术运算相比差距不大, 因此, 线性方程组求解一般都采用列主元法.

2.4 矩阵的三角分解法

对于矩阵 $\boldsymbol{A}$, 若能求得下三角矩阵 $\boldsymbol{L}$ 和上三角矩阵 $\boldsymbol{U}$, 使得 $\boldsymbol{A}=\boldsymbol{LU}$, 则称对矩阵 $\boldsymbol{A}$ 进行了**三角分解**, 三角分解也称 LU **分解**. 在得到矩阵 $\boldsymbol{A}$ 的 LU 分解之后, 求解线性方程组 $\boldsymbol{Ax}=\boldsymbol{b}$ 将变得非常便捷. 本节我们将会看到, 解方程组的 Gauss 消去法本身就是对 $\boldsymbol{A}$ 进行了三角分解.

本节首先介绍一般矩阵的三角分解 (Doolittle (杜利特尔) 分解) 法, 在此基础上介绍对称矩阵的 Cholesky (楚列斯基) 分解以及三对角线性方程组的解法.

2.4.1 Doolittle 分解法

矩阵的三角分解源于 Gauss 消去法的矩阵表示. 事实上, 由线性代数知识知, 对矩阵 $\boldsymbol{A}$ 实施一次初等行变换相当于用一个初等矩阵左乘矩阵 $\boldsymbol{A}$. 具体说来, 在第 1 步 Gauss 消元过程

$$\boldsymbol{A}^{(1)}\boldsymbol{x}=\boldsymbol{b}^{(1)}\rightarrow\boldsymbol{A}^{(2)}\boldsymbol{x}=\boldsymbol{b}^{(2)}$$

中, $\boldsymbol{A}^{(2)},\boldsymbol{b}^{(2)}$ 分别是用矩阵

$$\boldsymbol{L}_1=\begin{bmatrix}1&0&0&\cdots&0&0\\-l_{21}&1&0&\cdots&0&0\\-l_{31}&0&1&\cdots&0&0\\\vdots&\vdots&\vdots&&\vdots&\vdots\\-l_{n-1,1}&0&0&\cdots&1&0\\-l_{n1}&0&0&\cdots&0&1\end{bmatrix}$$

左乘 $\boldsymbol{A}^{(1)}, \boldsymbol{b}^{(1)}$ 的结果, 其中 $l_{k1} = \dfrac{a_{k1}^{(1)}}{a_{11}^{(1)}}, k = 2, 3, \cdots, n$.

类似地, 第 k 步 Gauss 消元过程可以表示成

$$\boldsymbol{A}^{(k)}\boldsymbol{x} = \boldsymbol{b}^{(k)} \to \boldsymbol{A}^{(k+1)}\boldsymbol{x} = \boldsymbol{b}^{(k+1)}, \tag{2.29}$$

其中, $\boldsymbol{A}^{(k+1)} = \boldsymbol{L}_k\boldsymbol{A}^{(k)}, \boldsymbol{b}^{(k+1)} = \boldsymbol{L}_k\boldsymbol{b}^{(k)}, k = 1, 2, \cdots, n-1$, $\boldsymbol{L}_k$ 和 $\boldsymbol{L}_k^{-1}$ 是对单位矩阵的第 k 列分别作如下修正得到:

$$\boldsymbol{L}_k = \begin{bmatrix} 1 & \cdots & \overbrace{0}^{k列} & \cdots & 0 & 0 \\ \vdots & & \vdots & & \vdots & \vdots \\ 0 & \cdots & 1 & \cdots & 0 & 0 \\ 0 & \cdots & -l_{k+1,k} & \cdots & 0 & 0 \\ \vdots & & \vdots & & \vdots & \vdots \\ 0 & \cdots & -l_{nk} & \cdots & 0 & 1 \end{bmatrix}, \quad \boldsymbol{L}_k^{-1} = \begin{bmatrix} 1 & 0 & \overbrace{0}^{k列} & \cdots & 0 & 0 \\ \vdots & & \vdots & & \vdots & \vdots \\ 0 & \cdots & 1 & \cdots & 0 & 0 \\ 0 & \cdots & l_{k+1,k} & \cdots & 0 & 0 \\ \vdots & & \vdots & & \vdots & \vdots \\ 0 & \cdots & l_{nk} & \cdots & 0 & 1 \end{bmatrix},$$

其中 $l_{ik} = \dfrac{a_{ik}^{(k)}}{a_{kk}^{(k)}}, i = k+1, k+2, \cdots, n$. 记 $\boldsymbol{l}_k = (0, \cdots, 0, l_{k+1,k}, \cdots, l_{nk})^{\mathrm{T}}, k = 1, 2, \cdots, n-1$, $\boldsymbol{e}_k$ 是第 k 个坐标向量, $\boldsymbol{I}$ 是 n 阶单位矩阵, 则 $\boldsymbol{L}_k, \boldsymbol{L}_k^{-1}$ 可以表示为

$$\begin{aligned} \boldsymbol{L}_k &= \boldsymbol{I} - \boldsymbol{l}_k \cdot \boldsymbol{e}_k^{\mathrm{T}}, \\ \boldsymbol{L}_k^{-1} &= \boldsymbol{I} + \boldsymbol{l}_k \cdot \boldsymbol{e}_k^{\mathrm{T}}. \end{aligned} \tag{2.30}$$

容易推导得

$$\begin{aligned} \boldsymbol{L}_{n-1}\boldsymbol{L}_{n-2}\cdots\boldsymbol{L}_2\boldsymbol{L}_1\boldsymbol{A} &= \boldsymbol{A}^{(n)} \triangleq \boldsymbol{U}, \\ \boldsymbol{L}_{n-1}\boldsymbol{L}_{n-2}\cdots\boldsymbol{L}_2\boldsymbol{L}_1\boldsymbol{b} &= \boldsymbol{b}^{(n)}, \end{aligned} \tag{2.31}$$

其中 $\boldsymbol{U}$ 是线性方程组经 Gauss 消去法化简后对应的系数矩阵, $\boldsymbol{A}^{(n)}$ 是对角线上元素为 $a_{11}^{(1)}, a_{22}^{(2)}, \cdots, a_{nn}^{(n)}$ 的上三角矩阵.

由于乘积 $\boldsymbol{L}_{n-1}\boldsymbol{L}_{n-2}\cdots\boldsymbol{L}_2\boldsymbol{L}_1$ 是单位下三角矩阵, 因此其逆矩阵

$$\boldsymbol{L} = [\boldsymbol{L}_{n-1}\boldsymbol{L}_{n-2}\cdots\boldsymbol{L}_2\boldsymbol{L}_1]^{-1} = \boldsymbol{L}_1^{-1}\boldsymbol{L}_2^{-1}\cdots\boldsymbol{L}_{n-2}^{-1}\boldsymbol{L}_{n-1}^{-1}, \tag{2.32}$$

也是单位下三角矩阵, 且 $i < j$ 时, $\boldsymbol{e}_i^{\mathrm{T}}\boldsymbol{l}_j = 0$. 因此由 (2.30) 与 (2.32) 可知

$$\boldsymbol{L} = \boldsymbol{L}_1^{-1}\boldsymbol{L}_2^{-1}\cdots\boldsymbol{L}_{n-1}^{-1} = (\boldsymbol{I} + \boldsymbol{l}_1 \cdot \boldsymbol{e}_1^{\mathrm{T}}) \cdot (\boldsymbol{I} + \boldsymbol{l}_2 \cdot \boldsymbol{e}_2^{\mathrm{T}}) \cdots (\boldsymbol{I} + \boldsymbol{l}_{n-1} \cdot \boldsymbol{e}_{n-1}^{\mathrm{T}})$$

$$= \boldsymbol{I} + \sum_{k=1}^{n-1} \boldsymbol{l}_k \cdot \boldsymbol{e}_k^{\mathrm{T}} = \begin{bmatrix} 1 & & & \\ l_{21} & 1 & & \\ \vdots & & \ddots & \\ l_{n1} & \cdots & l_{n,n-1} & 1 \end{bmatrix}. \tag{2.33}$$

于是, 由 (2.31) 与 (2.33) 有

$$\boldsymbol{A} = \boldsymbol{L} \cdot \boldsymbol{U} = \begin{bmatrix} 1 & & & \\ l_{21} & 1 & & \\ \vdots & & \ddots & \\ l_{n1} & \cdots & l_{n,n-1} & 1 \end{bmatrix} \cdot \begin{bmatrix} a_{11}^{(1)} & a_{12}^{(1)} & \cdots & a_{1n}^{(1)} \\ & a_{22}^{(2)} & \cdots & a_{2m}^{(2)} \\ & & \ddots & \vdots \\ & & & a_{nn}^{(n)} \end{bmatrix}. \tag{2.34}$$

(2.34) 式即为矩阵 $\boldsymbol{A}$ 的一个 LU 分解. 我们可以将上述过程总结成如下的定理.

定理 2.8 设 $\boldsymbol{A} = (a_{ij}) \in \mathbb{R}^{n\times n}$ 非奇异, 且 $\boldsymbol{A}$ 的顺序主子式 $\Delta_i \neq 0, i = 1, 2, \cdots, n-1$, 则存在唯一的单位下三角矩阵 $\boldsymbol{L}$ 和上三角矩阵 $\boldsymbol{U}$, 使得 $\boldsymbol{A} = \boldsymbol{LU}$.

证明 存在性已由 Gauss 消去法得到, 下面只需证明唯一性.

假设 $\boldsymbol{A}$ 有两种不同的分解

$$\boldsymbol{A} = \boldsymbol{L}_1\boldsymbol{U}_1 = \boldsymbol{L}_2\boldsymbol{U}_2, \tag{2.35}$$

其中 $\boldsymbol{L}_1, \boldsymbol{L}_2$ 为单位下三角矩阵, $\boldsymbol{U}_1, \boldsymbol{U}_2$ 为上三角矩阵. 由条件知 $\boldsymbol{U}_2$ 可逆, 于是由 (2.35) 得到

$$\boldsymbol{L}_1^{-1}\boldsymbol{L}_2 = \boldsymbol{U}_1\boldsymbol{U}_2^{-1}, \tag{2.36}$$

在 (2.36) 中左端为一个单位下三角矩阵, 而右端为上三角矩阵, 所以必有

$$\boldsymbol{L}_1^{-1}\boldsymbol{L}_2 = \boldsymbol{U}_1\boldsymbol{U}_2^{-1} = \boldsymbol{I}.$$

此即 $\boldsymbol{L}_1 = \boldsymbol{L}_2, \boldsymbol{U}_1 = \boldsymbol{U}_2$, 唯一性得证. ■

将 $\boldsymbol{A}$ 分解为单位下三角矩阵 $\boldsymbol{L}$ 与上三角矩阵 $\boldsymbol{U}$ 的乘积 $\boldsymbol{A} = \boldsymbol{LU}$, 也称为 $\boldsymbol{A}$ **的 Doolittle 分解**.

前面我们从 Gauss 消去法的角度建立了矩阵 $\boldsymbol{A}$ 的 Doolittle 分解, 下面直接从 Doolittle 分解的定义出发给出另一种计算矩阵 $\boldsymbol{L}, \boldsymbol{U}$ 的递推算法.

设 $\boldsymbol{A} = \boldsymbol{LU}$, 其中

$$\boldsymbol{L} = \begin{bmatrix} 1 & & & \\ l_{21} & 1 & & \\ \vdots & & \ddots & \\ l_{n1} & \cdots & l_{n,n-1} & 1 \end{bmatrix}, \quad \boldsymbol{U} = \begin{bmatrix} u_{11} & u_{12} & \cdots & u_{1n} \\ & u_{22} & \cdots & u_{2m} \\ & & \ddots & \vdots \\ & & & u_{nn} \end{bmatrix}.$$

可以采用递推方法求矩阵 $\boldsymbol{L}$ 与 $\boldsymbol{U}$, 步骤为:

(1) 首先求出矩阵 $\boldsymbol{U}$ 的第 1 行, 由此得到矩阵 $\boldsymbol{L}$ 的第 1 列;

(2) 若已经得到矩阵 $\boldsymbol{U}$ 的前 $k-1$ 行与 $\boldsymbol{L}$ 的前 $k-1$ 列, 则下一步首先求出矩阵 $\boldsymbol{U}$ 的第 k 行, 由此求出矩阵 $\boldsymbol{L}$ 的第 k 列, 直到 $k=n$ 时, 结束.

下面给出具体的计算过程.

利用矩阵乘法, 有

$$\begin{aligned} a_{1j} &= u_{1j}, \quad j=1,2,\cdots,n, \\ a_{i1} &= l_{i1}u_{11}, \quad i=2,3,\cdots,n. \end{aligned}$$

从而

$$\begin{aligned} u_{1j} &= a_{1j}, \quad j=1,2,\cdots,n, \\ l_{i1} &= \frac{a_{i1}}{u_{11}}, \quad i=2,3,\cdots,n. \end{aligned} \tag{2.37}$$

这样我们就求出了 $\boldsymbol{U}$ 的第 1 行与 $\boldsymbol{L}$ 的第 1 列的全部元素.

若已经得到矩阵 $\boldsymbol{U}$ 的前 $k-1$ 行与 $\boldsymbol{L}$ 的前 $k-1$ 列的全部元素, 则有下列形式:

$$\begin{bmatrix} a_{11} & a_{12} & \cdots & a_{1n} \\ a_{21} & a_{22} & \cdots & a_{2n} \\ \vdots & \vdots & & \vdots \\ a_{n1} & a_{n2} & \cdots & a_{nn} \end{bmatrix} \to \begin{bmatrix} u_{11} & u_{12} & \cdots & \cdots & \cdots & \cdots & u_{1n} \\ l_{21} & u_{22} & & & & & \vdots \\ \vdots & l_{32} & \ddots & & & & \vdots \\ \vdots & \vdots & \ddots & u_{k-1,k-1} & \cdots & \cdots & u_{k-1,n} \\ \vdots & \ddots & & l_{k,k-1} & a_{kk} & \cdots & a_{kn} \\ \vdots & \vdots & \ddots & \vdots & \vdots & & \vdots \\ l_{n1} & l_{n2} & \cdots & l_{n,k-1} & a_{nk} & \cdots & a_{nn} \end{bmatrix}.$$

下面考虑计算矩阵 $\boldsymbol{U}$ 的第 k 行与 $\boldsymbol{L}$ 的第 k 列的元素. 利用矩阵乘法, 先计算 $\boldsymbol{A}$ 的第 k 行的后 $n-k+1$ 个元素, 得到

$$a_{kj} = \sum_{m=1}^{k} l_{km}u_{mj} = \sum_{m=1}^{k-1} l_{km}u_{mj} + u_{kj}, \quad j=k,k+1,\cdots,n,$$

由此得 $\boldsymbol{U}$ 的第 k 行的元素

$$u_{kj} = a_{kj} - \sum_{m=1}^{k-1} l_{km}u_{mj}, \quad j=k,k+1,\cdots,n. \tag{2.38}$$

再计算 $\boldsymbol{A}$ 的第 k 列的后 $n-k$ 个元素, 得到

$$a_{ik}=\sum_{m=1}^{k} l_{im}u_{mk}=\sum_{m=1}^{k-1} l_{im}u_{mk}+l_{ik}u_{kk},\quad i=k+1,k+2,\cdots,n.$$

由此得到 $\boldsymbol{L}$ 的第 k 列元素

$$l_{ik}=\frac{1}{u_{kk}}\left(a_{ik}-\sum_{m=1}^{k-1} l_{im}u_{mk}\right),\quad i=k+1,k+2,\cdots,n \text{ 且 } k\neq n. \tag{2.39}$$

至此, 我们就得到了矩阵 $\boldsymbol{A}$ 的 LU 分解.

需要说明的是, LU 分解过程中只需要存储一个 $n\times n$ 的矩阵. 上述算法每次将 $\boldsymbol{A}$ 的子矩阵的一列 (或一行) 更新成 $\boldsymbol{L}$ 的一列 (或 $\boldsymbol{U}$ 的一行) 即可, 不需要额外的存储空间.

可以应用该分解求解线性方程组. 将方程组 $\boldsymbol{Ax}=\boldsymbol{b}$ 等价化为求解两个三角线性方程组的问题:

$$\boldsymbol{Ly}=\boldsymbol{b},\quad \boldsymbol{Ux}=\boldsymbol{y}.$$

首先求解下三角方程组 $\boldsymbol{Ly}=\boldsymbol{b}$ 得 $\boldsymbol{y}$; 再求解上三角线性方程组 $\boldsymbol{Ux}=\boldsymbol{y}$ 就得到 $\boldsymbol{x}$.

Doolittle 分解法需要的算术运算量与 Gauss 消去法基本相同. 与之相比其优势主要体现在, 求解系数矩阵相同而右端向量 $\boldsymbol{b}$ 不同的线性方程组 $\boldsymbol{Ax}=\boldsymbol{b}_i$ 时, 一旦 $\boldsymbol{A}$ 的 LU 分解完成后, 每解一个线性方程组 $\boldsymbol{Ax}^{(i)}=\boldsymbol{b}_i$ 仅需要 $O(n^2)$ 次算术运算. 同时, 在进行 LU 分解时, 还可以直接得到矩阵 $\boldsymbol{A}$ 的行列式 $\det(\boldsymbol{A})=\prod_{i=1}^{n}u_{ii}$.

例 2.4 用 Doolittle 分解法求解方程组

$$\begin{bmatrix}2&1&1\\1&3&2\\1&2&2\end{bmatrix}\begin{bmatrix}x_1\\x_2\\x_3\end{bmatrix}=\begin{bmatrix}4\\6\\5\end{bmatrix}.$$

解 先用 (2.37), (2.38) 与 (2.39) 求出 $u_{11}=2,u_{12}=1,u_{13}=1,l_{21}=\frac{1}{2},l_{31}=\frac{1}{2},u_{22}=\frac{5}{2},u_{23}=\frac{3}{2},l_{32}=\frac{3}{5},u_{33}=\frac{3}{5}$, 故有

$$
\boldsymbol{L}=\begin{bmatrix}1 & & \\ \frac{1}{2} & 1 & \\ \frac{1}{2} & \frac{3}{5} & 1\end{bmatrix},\quad \boldsymbol{U}=\begin{bmatrix}2 & 1 & 1\\ & \frac{5}{2} & \frac{3}{2}\\ & & \frac{3}{5}\end{bmatrix}.
$$

由 $\boldsymbol{Ly}=\boldsymbol{b}$ 解得 $\boldsymbol{y}=\left(4,4,\frac{3}{5}\right)^{\mathrm{T}}$, 再由 $\boldsymbol{Ux}=\boldsymbol{y}$ 求出原方程组的解 $\boldsymbol{x}=(1,1,1)^{\mathrm{T}}$.

如果将 Doolittle 分解中的单位下三角矩阵改为下三角矩阵 $\tilde{\boldsymbol{L}}$, 上三角矩阵改为单位上三角矩阵 $\tilde{\boldsymbol{U}}$, 当定理 2.8 的条件满足时, 采用类似的递推方法可以得到另一种三角分解 $\boldsymbol{A}=\tilde{\boldsymbol{L}}\tilde{\boldsymbol{U}}$, 称为 **Crout** (克劳特) **分解.** 易知, Crout 分解与 Doolittle 分解没有本质区别, 其递推算法留作练习.

2.4.2 Cholesky 分解法

前面研究的 Doolittle 分解与 Crout 分解都建立在矩阵的所有顺序主子式不为 0 的条件下. 若系数矩阵可逆, 但是定理 2.8 的条件不满足, 或者顺序主子式很接近 0, 此时会导致无法计算或者计算结果不可靠. 事实上, 在前面已经讲到, 可以采用列主元法进行消元, 交换系数矩阵不同的行, 这种操作可以借助置换矩阵的概念用矩阵语言来描述.

定义 2.7 对于任意向量 $\boldsymbol{x}=(x_1,x_2,\cdots,x_n)^{\mathrm{T}}$, 如果矩阵 $\boldsymbol{P}$ 满足 $\boldsymbol{Px}=(x_{i_1},x_{i_2},\cdots,x_{i_n})^{\mathrm{T}}$, 其中 $i_1,i_2,\cdots,i_n$ 为 $1,2,\cdots,n$ 的一个排列, 则称 $\boldsymbol{P}$ 为**置换矩阵** (**或排列矩阵**).

易知, 对矩阵实施行交换等价于用一个置换矩阵左乘这个矩阵, 从而得到下列定理.

定理 2.9 设矩阵 $\boldsymbol{A}$ 可逆, 则存在置换矩阵 $\boldsymbol{P}$, 以及元素绝对值不大于 1 的单位下三角矩阵 $\boldsymbol{L}$ 以及上三角矩阵 $\boldsymbol{U}$, 使得

$$
\boldsymbol{PA}=\boldsymbol{LU}.
$$

注意到在列主元消去法中, 对任意 $k=1,2,\cdots,n-1$, 总有 $\left|a_{ik}^{(k)}\right|\leqslant\left|a_{kk}^{(k)}\right|$, $i=k+1,k+2,\cdots,n$, 因此 $|l_{ik}|=\left|\dfrac{a_{ik}^{(k)}}{a_{kk}^{(k)}}\right|\leqslant 1$. 具体证明过程请读者自行完成.

前面我们讨论了矩阵可逆条件下的三角分解问题. 在实际应用中, 对称矩阵是一种常见矩阵. 对于实对称正定矩阵, 我们可以建立一种称之为 Cholesky 分解的三角分解方法. 与一般矩阵三角分解方法相比, Cholesky 分解可以减少接近一半的算术运算量与存储量.

首先建立一个关于实对称矩阵三角分解的定理.

定理 2.10　若 $\boldsymbol{A}\in\mathbb{R}^{n\times n}$ 对称且 $\boldsymbol{A}$ 的所有顺序主子式不为 0, 则 $\boldsymbol{A}$ 可以唯一分解为 $\boldsymbol{A}=\boldsymbol{L}\boldsymbol{D}\boldsymbol{L}^{\mathrm{T}}$, 其中 $\boldsymbol{L}$ 为单位下三角矩阵, $\boldsymbol{D}$ 为对角矩阵.

证明　由定理 2.8 知, 存在唯一的单位下三角阵 $\boldsymbol{L}$ 和上三角阵 $\boldsymbol{U}$ 使得 $\boldsymbol{A}=\boldsymbol{L}\boldsymbol{U}$, 其中 $\boldsymbol{U}$ 的对角线上元素 $u_{ii}\neq 0$, 故

$$
\boldsymbol{U}=\begin{bmatrix} u_{11} & u_{12} & \cdots & u_{1n} \\ & u_{22} & \cdots & u_{2n} \\ & & \ddots & \vdots \\ & & & u_{nn} \end{bmatrix}=\begin{bmatrix} u_{11} & & & \\ & u_{22} & & \\ & & \ddots & \\ & & & u_{nn} \end{bmatrix}\begin{bmatrix} 1 & \dfrac{u_{12}}{u_{11}} & \cdots & \dfrac{u_{1n}}{u_{11}} \\ & 1 & \cdots & \dfrac{u_{2n}}{u_{22}} \\ & & \ddots & \vdots \\ & & & 1 \end{bmatrix}
$$

$$
=\boldsymbol{D}\tilde{\boldsymbol{U}},
$$

其中 $\boldsymbol{D}=\operatorname{diag}\{u_{11},u_{22},\cdots,u_{nn}\}, \boldsymbol{A}=\boldsymbol{L}\boldsymbol{D}\tilde{\boldsymbol{U}}$, $\tilde{\boldsymbol{U}}$ 为单位上三角矩阵. 由矩阵的对称性 $\boldsymbol{A}=\boldsymbol{A}^{\mathrm{T}}=\tilde{\boldsymbol{U}}^{\mathrm{T}}(\boldsymbol{D}\boldsymbol{L}^{\mathrm{T}})$ 以及 LU 分解的唯一性知, $\tilde{\boldsymbol{U}}=\boldsymbol{L}^{\mathrm{T}}$. 因此有 $\boldsymbol{A}=\boldsymbol{L}\boldsymbol{D}\boldsymbol{L}^{\mathrm{T}}$. ■

定理 2.11　若 $\boldsymbol{A}\in\mathbb{R}^{n\times n}$ 为实对称正定, 则存在唯一的对角元全正的下三角矩阵 $\boldsymbol{L}$, 使 $\boldsymbol{A}$ 分解为

$$
\boldsymbol{A}=\boldsymbol{L}\boldsymbol{L}^{\mathrm{T}}. \tag{2.40}
$$

这种分解称为 **Cholesky 分解.**

证明　利用定理 2.10 知, 存在分解 $\boldsymbol{A}=\tilde{\boldsymbol{L}}\boldsymbol{D}\tilde{\boldsymbol{L}}^{\mathrm{T}}$, 其中 $\tilde{\boldsymbol{L}}$ 为单位下三角矩阵, $\boldsymbol{D}=\operatorname{diag}\{d_1,d_2,\cdots,d_n\}$. 由于 $\boldsymbol{A}$ 正定, 故它的顺序主子式

$$
\Delta_k=u_{11}u_{22}\cdots u_{kk}=d_1d_2\cdots d_k>0,\quad k=1,2,\cdots,n.
$$

由此推出 $d_k>0, k=1,2,\cdots,n$. 记 $\boldsymbol{D}^{\frac{1}{2}}=\operatorname{diag}\left\{\sqrt{d_{11}},\sqrt{d_{22}},\cdots,\sqrt{d_{nn}}\right\}$, 则有 $\boldsymbol{A}=\tilde{\boldsymbol{L}}\boldsymbol{D}^{\frac{1}{2}}\boldsymbol{D}^{\frac{1}{2}}\tilde{\boldsymbol{L}}^{\mathrm{T}}$, 记 $\boldsymbol{L}=\tilde{\boldsymbol{L}}\boldsymbol{D}^{\frac{1}{2}}$, 则 $\boldsymbol{L}$ 为对角元全正的下三角矩阵, 且有

$$
\boldsymbol{A}=\left(\tilde{\boldsymbol{L}}\boldsymbol{D}^{\frac{1}{2}}\right)\left(\boldsymbol{D}^{\frac{1}{2}}\tilde{\boldsymbol{L}}^{\mathrm{T}}\right)=\left(\tilde{\boldsymbol{L}}\boldsymbol{D}^{\frac{1}{2}}\right)\left(\tilde{\boldsymbol{L}}\boldsymbol{D}^{\frac{1}{2}}\right)^{\mathrm{T}}=\boldsymbol{L}\boldsymbol{L}^{\mathrm{T}}.
$$

这就证明了定理的结论成立. ■

现在再来讨论 Cholesky 分解的计算.

矩阵 $\boldsymbol{L}$ 的元素可以按行计算, 并且存放到矩阵 $\boldsymbol{A}$ 相应的位置上. 今设从第 1 到第 $k-1$ 行的元素均已算出, 现在来计算 $\boldsymbol{L}$ 的第 k 行元素 $l_{k1},l_{k2},\cdots,l_{kk}$. 根

据关系 $\boldsymbol{A}=\boldsymbol{L}\boldsymbol{L}^{\mathrm{T}}$, 比较两边对应的元素, 有

$$\begin{aligned} l_{ii} &= \sqrt{a_{ii}-\sum_{k=1}^{i-1} l_{ik}^2}, \quad i=1,2,\cdots,n, \\ l_{ji} &= \frac{1}{l_{ii}}\left(a_{ji}-\sum_{k=1}^{i-1} l_{jk}l_{ik}\right), \quad j=i+1,i+2,\cdots,n. \end{aligned} \tag{2.41}$$

由 $\boldsymbol{A}$ 的正定性可以证明 (2.41) 的平方根运算是有意义的.

计算对称正定矩阵的 Cholesky 分解时, 对角线元素需要开平方, 为了避免这一缺陷, 可将 $\boldsymbol{A}$ 分解为 $\boldsymbol{A}=\boldsymbol{L}\boldsymbol{D}\boldsymbol{L}^{\mathrm{T}}$, 其中 $\boldsymbol{L}$ 为单位下三角矩阵. 这种方法称为**改进的平方根法**, 相关算法的推导与 Cholesky 分解算法类似, 留给读者作为练习.

利用 Cholesky 分解求解对称正定线性方程组 $\boldsymbol{A}\boldsymbol{x}=\boldsymbol{b}$ 的步骤为

(1) 对 $\boldsymbol{A}$ 进行 Cholesky 分解: $\boldsymbol{A}=\boldsymbol{L}\boldsymbol{L}^{\mathrm{T}}$.

(2) 求解方程组 $\boldsymbol{L}\boldsymbol{y}=\boldsymbol{b}$; $\boldsymbol{L}^{\mathrm{T}}\boldsymbol{x}=\boldsymbol{y}$, 具体过程为

$$y_1=\frac{b_1}{l_{11}}, \quad y_i=\frac{1}{l_{ii}}\left(b_i-\sum_{k=1}^{i-1} l_{ik}y_k\right), \quad i=2,3,\cdots, \tag{2.42}$$

$$x_n=\frac{y_n}{l_{nn}}, \quad x_i=\frac{1}{l_{ii}}\left(y_i-\sum_{k=i+1}^{n} l_{ki}x_k\right), \quad i=n-1,n-2,\cdots,2,1. \tag{2.43}$$

Cholesky 分解的算术运算量与存储量均大约为 Gauss 消去法的一半.

例 2.5 用 Cholesky 分解法求解线性方程组

$$\begin{bmatrix} 6 & 7 & 5 \\ 7 & 13 & 8 \\ 5 & 8 & 6 \end{bmatrix}\begin{bmatrix} x_1 \\ x_2 \\ x_3 \end{bmatrix}=\begin{bmatrix} 9 \\ 10 \\ 9 \end{bmatrix}. \tag{2.44}$$

解 系数矩阵 $\boldsymbol{A}$ 的对称性显然, 先验证其正定性.

$$\Delta_1=6>0, \quad \Delta_2=\begin{vmatrix} 6 & 7 \\ 7 & 13 \end{vmatrix}=29>0, \quad \Delta_3=\det\boldsymbol{A}=25>0,$$

故 $\boldsymbol{A}$ 正定.

对 $\boldsymbol{A}$ 作 Cholesky 分解, 求得 $l_{11}=2.4495$, $l_{21}=2.8577$, $l_{31}=2.0412$, $l_{22}=2.1985$, $l_{32}=0.9856$, $l_{33}=0.9285$, 即

$$\boldsymbol{L}=\begin{bmatrix} 2.4495 & & \\ 2.8577 & 2.1985 & \\ 2.0412 & 0.9856 & 0.9285 \end{bmatrix}.$$

求解 $\boldsymbol{Ly}=\boldsymbol{b}$, 得 $\boldsymbol{y}=(3.6742,-0.2273,1.8570)^{\mathrm{T}}$, 再由 $\boldsymbol{L}^{\mathrm{T}}\boldsymbol{x}=\boldsymbol{y}$, 解得

$$\boldsymbol{x}=(1.0000,-1.0000,2.0000)^{\mathrm{T}}.$$

2.4.3 三对角方程组的追赶法

设矩阵 $\boldsymbol{A}=(a_{ij})\in\mathbb{R}^{m\times n}$, 若 $a_{ij}=0$ 对任何 $i>j+p$ 成立, 我们就称 $\boldsymbol{A}$ 具有下带宽 p; 如果 $a_{ij}=0$ 对任何 $j>i+q$ 成立, 则称 $\boldsymbol{A}$ 具有上带宽 q, 这样的矩阵称为带宽为 $p+q+1$ 的带状矩阵. 可以证明, 若带状矩阵的所有顺序主子式非 0, 则它可以分解为带宽为 $q+1$ 的单位下三角矩阵 $\boldsymbol{L}$ 和带宽为 $p+1$ 的上三角矩阵 $\boldsymbol{U}$ 的乘积 [4].

三对角矩阵是最常见的带状矩阵之一, 许多的科学计算问题都可以转化为求解下列三对角线性方程组

$$\begin{bmatrix} a_1 & b_1 & & & \\ c_2 & a_2 & b_2 & & \\ & \ddots & \ddots & \ddots & \\ & & c_{n-1} & a_{n-1} & b_{n-1} \\ & & & c_n & a_n \end{bmatrix}\begin{bmatrix} x_1 \\ x_2 \\ \vdots \\ x_n \end{bmatrix}=\begin{bmatrix} f_1 \\ f_2 \\ \vdots \\ f_n \end{bmatrix}. \tag{2.45}$$

本节所介绍的追赶法的实质就是 Gauss 消去法与三角分解法在特殊矩阵条件下的应用. 事实上, 对系数矩阵作 Crout 分解, 设

$$\begin{aligned}&\begin{bmatrix} a_1 & b_1 & & & \\ c_2 & a_2 & b_2 & & \\ & \ddots & \ddots & \ddots & \\ & & c_{n-1} & a_{n-1} & b_{n-1} \\ & & & c_n & a_n \end{bmatrix}\\ =&\begin{bmatrix} l_1 & & & & \\ d_2 & l_2 & & & \\ & \ddots & \ddots & & \\ & & d_{n-1} & l_{n-1} & \\ & & & d_n & l_n \end{bmatrix}\begin{bmatrix} 1 & r_1 & & & \\ & 1 & r_2 & & \\ & & \ddots & \ddots & \\ & & & 1 & r_{n-1} \\ & & & & 1 \end{bmatrix},\end{aligned} \tag{2.46}$$

其中 $|a_1|>|b_1|,|a_n|>|c_n|,|a_i|>|b_i|+|c_i|,i=2,3,\cdots,n-1$. 易知

$$\begin{aligned}&l_1=a_1,\quad r_1=\frac{b_1}{a_1},\quad d_i=c_i,\quad i=2,3,\cdots,n;\\&l_i=a_i-d_ir_{i-1},\quad r_i=\frac{b_i}{l_i},\quad i=2,3,\cdots,n.\end{aligned} \tag{2.47}$$

将 (2.46) 回代到 (2.45) 式, 得到下列递推式

$$\begin{aligned} &y_1=\frac{f_1}{l_1},\quad y_i=\frac{1}{l_i}(f_i-d_iy_{i-1}),\quad i=2,3,\cdots,n;\\ &x_n=y_n,\quad x_i=y_i-r_ix_{i+1},\quad i=n-1,n-2,\cdots,2,1. \end{aligned} \tag{2.48}$$

按照上述公式求解三对角线性方程组就称为**追赶法**. 其中计算 r_i, l_i, y_i 称为“追”, 回代过程求 x_i 称为“赶”. 追赶法总共需要 $8n-6$ 次算术运算 (包括乘除法与加减法的和).

2.5 误差分析

设线性方程组

$$\boldsymbol{Ax}=\boldsymbol{b} \tag{2.49}$$

有唯一解. 由于舍入误差的影响, 该方程组的系数矩阵 $\boldsymbol{A}$ 和右端向量 $\boldsymbol{b}$ 总是不可避免地带有一定的误差, 解因此会产生误差.

例 2.6 方程组

$$\begin{bmatrix} 1 & 4\\ 2 & 8.0001 \end{bmatrix}\begin{bmatrix} x_1\\ x_2 \end{bmatrix}=\begin{bmatrix} 5\\ 10.00025 \end{bmatrix}$$

的精确解为 $\boldsymbol{x}=(1,1)^{\mathrm{T}}$. 如果 $\boldsymbol{A}$ 与 $\boldsymbol{b}$ 产生微小的扰动, 例如变为

$$\begin{bmatrix} 1 & 4\\ 2 & 7.9999 \end{bmatrix}\begin{bmatrix} \hat{x}_1\\ \hat{x}_2 \end{bmatrix}=\begin{bmatrix} 5\\ 10.0002 \end{bmatrix},$$

则其解相应地变为 $\hat{\boldsymbol{x}}=\left(15,-\frac{5}{2}\right)^{\mathrm{T}}$. 这表明 $\boldsymbol{A}$ 与 $\boldsymbol{b}$ 的微小扰动会引起方程组的解产生较大的变化, 所谓“差之毫厘, 失之千里”. 一般情况下, 如果解向量对系数矩阵和右端项的扰动很敏感, 则称其为“病态”系统, 否则称为良态系统.

现在我们讨论 $\boldsymbol{A}$ 与 $\boldsymbol{b}$ 的扰动对线性方程组 (2.49) 的解 $\boldsymbol{x}$ 产生影响的原因以及影响程度等问题.

2.5.1 右端项的扰动

设方程组的右端项 $\boldsymbol{b}$ 存在扰动 $\delta\boldsymbol{b}$, 系数矩阵 $\boldsymbol{A}$ 没有扰动, 引起解 $\boldsymbol{x}$ 产生的扰动为 $\delta\boldsymbol{x}$, 即

$$\boldsymbol{A}(\boldsymbol{x}+\delta\boldsymbol{x})=\boldsymbol{b}+\delta\boldsymbol{b}. \tag{2.50}$$

(2.50) 减去 (2.49) 得到

$$A\delta x = \delta b, \quad \delta x = A^{-1}\delta b.$$

故有

$$\|\delta x\| \leqslant \|A^{-1}\| \cdot \|\delta b\|. \tag{2.51}$$

又由 (2.49) 可以得到

$$\|b\| = \|Ax\| \leqslant \|A\| \cdot \|x\|, \tag{2.52}$$

由 (2.51) 与 (2.52) 两式, 解的相对误差满足

$$\frac{\|\delta x\|}{\|x\|} \leqslant \|A^{-1}\| \cdot \frac{\|\delta b\|}{\|x\|} \leqslant \|A^{-1}\| \cdot \|A\| \cdot \frac{\|\delta b\|}{\|b\|}.$$

从上述不等式可以看出, 当右端项产生扰动时, 解扰动的敏感程度由与 A 相关的常数 $\|A\| \cdot \|A^{-1}\|$ 决定. 因此, 有以下定理.

定理 2.12 若 A 为非奇异矩阵, 线性方程组 (2.49) 右端向量 b 存在扰动 δb 时对应的线性方程组为 (2.50), 则有

$$\frac{\|\delta x\|}{\|x\|} \leqslant \|A^{-1}\| \cdot \|A\| \cdot \frac{\|\delta b\|}{\|b\|}. \tag{2.53}$$

2.5.2 系数矩阵的扰动

设 A 的扰动量为 δA 而 b 无扰动, 则对应的线性方程组为

$$(A + \delta A)(x + \delta x) = b. \tag{2.54}$$

为了分析系数矩阵扰动对线性方程组解的影响, 还需建立下面的引理.

引理 2.2 (Banach (巴拿赫) 引理) 设 $B \in \mathbb{R}^{n\times n}$, $\|B\| < 1$, 则 $I \pm B$ 非奇异且

$$\|(I \pm B)^{-1}\| \leqslant \frac{1}{1 - \|B\|}. \tag{2.55}$$

证明 用反证法. 假定 $I \pm B$ 奇异, 则齐次线性方程组 $(I \pm B)x = 0$ 有非零解, 即存在非零 $\tilde{x} \in \mathbb{R}^n$ 使得 $\tilde{x} = \pm B\tilde{x}$, 因此有

$$\frac{\|B\tilde{x}\|}{\|\tilde{x}\|} = 1.$$

另一方面, $\|B\| = \max\limits_{x\neq 0} \dfrac{\|Bx\|}{\|x\|} \geqslant \dfrac{\|B\tilde{x}\|}{\|\tilde{x}\|} = 1$, 这与假设 $\|B\| < 1$ 矛盾. 故 $I \pm B$ 非奇异.

由于 $(\boldsymbol{I}\pm\boldsymbol{B})(\boldsymbol{I}\pm\boldsymbol{B})^{-1}=\boldsymbol{I}$, 即 $(\boldsymbol{I}\pm\boldsymbol{B})^{-1}\pm\boldsymbol{B}(\boldsymbol{I}\pm\boldsymbol{B})^{-1}=\boldsymbol{I}$, 因此有 $(\boldsymbol{I}\pm\boldsymbol{B})^{-1}=\boldsymbol{I}\mp\boldsymbol{B}(\boldsymbol{I}\pm\boldsymbol{B})^{-1}$. 取范数得到 $\left\|(\boldsymbol{I}\pm\boldsymbol{B})^{-1}\right\|\leqslant 1+\|\boldsymbol{B}\|\cdot\left\|(\boldsymbol{I}\pm\boldsymbol{B})^{-1}\right\|$. 由此知 (2.55) 成立. ■

在线性方程组 (2.54) 中, 若 $\left\|\boldsymbol{A}^{-1}\right\|\cdot\|\delta\boldsymbol{A}\|<1$, 则可得到下述定理.

定理 2.13 若 $\boldsymbol{A}$ 为非奇异矩阵, 线性方程组 (2.49) 系数矩阵 $\boldsymbol{A}$ 有扰动 $\delta\boldsymbol{A}$ 时对应的线性方程组为 (2.54). 若 $\left\|\boldsymbol{A}^{-1}\right\|\cdot\|\delta\boldsymbol{A}\|<1$, 则

$$\frac{\|\delta\boldsymbol{x}\|}{\|\boldsymbol{x}\|}\leqslant\frac{\|\boldsymbol{A}^{-1}\|\cdot\|\boldsymbol{A}\|\cdot\dfrac{\|\delta\boldsymbol{A}\|}{\|\boldsymbol{A}\|}}{1-\|\boldsymbol{A}^{-1}\|\cdot\|\boldsymbol{A}\|\cdot\dfrac{\|\delta\boldsymbol{A}\|}{\|\boldsymbol{A}\|}}\tag{2.56}$$

成立.

证明 (2.54) 减去 (2.49) 得到

$$(\boldsymbol{A}+\delta\boldsymbol{A})\delta\boldsymbol{x}=-\delta\boldsymbol{A}\cdot\boldsymbol{x},\quad \delta\boldsymbol{x}=-(\boldsymbol{A}+\delta\boldsymbol{A})^{-1}\delta\boldsymbol{A}\cdot\boldsymbol{x}=-(\boldsymbol{I}+\boldsymbol{A}^{-1}\delta\boldsymbol{A})^{-1}\boldsymbol{A}^{-1}\delta\boldsymbol{A}\cdot\boldsymbol{x},\tag{2.57}$$

由 (2.57) 可得

$$\|\delta\boldsymbol{x}\|\leqslant\left\|(\boldsymbol{I}+\boldsymbol{A}^{-1}\delta\boldsymbol{A})^{-1}\right\|\cdot\left\|\boldsymbol{A}^{-1}\right\|\cdot\|\delta\boldsymbol{A}\|\cdot\|\boldsymbol{x}\|,\tag{2.58}$$

再由引理 2.2, 可得

$$\left\|(\boldsymbol{I}+\boldsymbol{A}^{-1}\delta\boldsymbol{A})^{-1}\right\|\leqslant\frac{1}{1-\|\boldsymbol{A}^{-1}\|\cdot\|\delta\boldsymbol{A}\|},\tag{2.59}$$

因此, 由 (2.58) 与 (2.59) 可得

$$\frac{\|\delta\boldsymbol{x}\|}{\|\boldsymbol{x}\|}\leqslant\frac{\|\boldsymbol{A}^{-1}\|\cdot\|\delta\boldsymbol{A}\|}{1-\|\boldsymbol{A}^{-1}\|\cdot\|\delta\boldsymbol{A}\|}\leqslant\frac{\|\boldsymbol{A}^{-1}\|\cdot\|\boldsymbol{A}\|\cdot\dfrac{\|\delta\boldsymbol{A}\|}{\|\boldsymbol{A}\|}}{1-\|\boldsymbol{A}^{-1}\|\cdot\|\boldsymbol{A}\|\cdot\dfrac{\|\delta\boldsymbol{A}\|}{\|\boldsymbol{A}\|}}.$$

定理成立. ■

对于更一般的情况, 类似于定理 2.13 的证明过程, 我们有下面的结论.

定理 2.14 设 $\boldsymbol{A}$ 为非奇异矩阵, 线性方程组 (2.49) 系数矩阵 $\boldsymbol{A}$ 和 $\boldsymbol{b}$ 的扰动分别是 $\delta\boldsymbol{A}$ 和 $\delta\boldsymbol{b}$. 若 $\left\|\boldsymbol{A}^{-1}\right\|\cdot\|\delta\boldsymbol{A}\|<1$, 则

$$\frac{\|\delta\boldsymbol{x}\|}{\|\boldsymbol{x}\|}\leqslant\frac{\|\boldsymbol{A}^{-1}\|\cdot\|\boldsymbol{A}\|}{1-\|\boldsymbol{A}^{-1}\|\cdot\|\boldsymbol{A}\|\cdot\dfrac{\|\delta\boldsymbol{A}\|}{\|\boldsymbol{A}\|}}\left(\frac{\|\delta\boldsymbol{A}\|}{\|\boldsymbol{A}\|}+\frac{\|\delta\boldsymbol{b}\|}{\|\boldsymbol{b}\|}\right)\tag{2.60}$$

成立, 其中 $\boldsymbol{x}$ 与 $\delta\boldsymbol{x}$ 分别满足 $\boldsymbol{A}\boldsymbol{x}=\boldsymbol{b},(\boldsymbol{A}+\delta\boldsymbol{A})(\boldsymbol{x}+\delta\boldsymbol{x})=\boldsymbol{b}+\delta\boldsymbol{b}$.

从定理 2.12、定理 2.13 与定理 2.14 我们都能看到, 求解线性方程组时, 其解的扰动范围都与 $\|\boldsymbol{A}^{-1}\|\cdot\|\boldsymbol{A}\|$ 有关, 我们称之为条件数.

定义 2.8 若 $\boldsymbol{A}$ 为非奇异矩阵, 称 $\|\boldsymbol{A}^{-1}\|\cdot\|\boldsymbol{A}\|$ 为矩阵 $\boldsymbol{A}$ 的**条件数**, 记为 $\mathrm{cond}(\boldsymbol{A})$ 或 $\kappa(\boldsymbol{A})$. 条件数的值与矩阵范数的选择有关. 特别地, 对于常见的矩阵范数 $\|\cdot\|_p, p=1,2,\cdots,+\infty$, 对应的矩阵条件数记为 $\mathrm{cond}_p(\boldsymbol{A})$.

下面的定理表述了条件数的一个几何特征.

定理 2.15 设 $\boldsymbol{A}$ 非奇异, 则

$$\min\left\{\frac{\|\delta\boldsymbol{A}\|_2}{\|\boldsymbol{A}\|_2}:\det(\boldsymbol{A}+\delta\boldsymbol{A})=0\right\}=\frac{1}{\|\boldsymbol{A}^{-1}\|_2\cdot\|\boldsymbol{A}\|_2}=\frac{1}{\kappa(\boldsymbol{A})},\tag{2.61}$$

因此非奇异矩阵偏离奇异矩阵的程度可以由 $\dfrac{1}{\kappa(\boldsymbol{A})}$ 来刻画, 条件数越大则系数矩阵就越 $\boldsymbol{A}$ 接近于奇异.

证明 只需要证明 $\min\{\|\delta\boldsymbol{A}\|_2:\det(\boldsymbol{A}+\delta\boldsymbol{A})=0\}=\dfrac{1}{\|\boldsymbol{A}^{-1}\|_2}$ 即可.

若 $\|\delta\boldsymbol{A}\|_2<\dfrac{1}{\|\boldsymbol{A}^{-1}\|_2}$, 则 $1>\|\delta\boldsymbol{A}\|_2\|\boldsymbol{A}^{-1}\|_2\geqslant\|\boldsymbol{A}^{-1}\delta\boldsymbol{A}\|_2$. 由引理 2.2 的证明推出 $\boldsymbol{I}+\boldsymbol{A}^{-1}\delta\boldsymbol{A}$ 非奇异, 因而 $\boldsymbol{A}+\delta\boldsymbol{A}$ 非奇异. 这说明满足定理条件时, 必有 $\|\delta\boldsymbol{A}\|_2\geqslant\dfrac{1}{\|\boldsymbol{A}^{-1}\|_2}$.

下面证明, 存在向量 $\boldsymbol{x}$ 使上面的等式成立. 利用 $\|\boldsymbol{A}^{-1}\boldsymbol{x}\|_2=\max\limits_{\|\boldsymbol{x}\|_2=1}\|\boldsymbol{A}^{-1}\boldsymbol{x}\|_2$, 存在某个 $\boldsymbol{x}$ 满足 $\|\boldsymbol{x}\|_2=1$ 且 $\|\boldsymbol{A}^{-1}\|_2=\|\boldsymbol{A}^{-1}\boldsymbol{x}\|_2$. 对此 $\boldsymbol{x}$, 设 $\boldsymbol{y}=\dfrac{\boldsymbol{A}^{-1}\boldsymbol{x}}{\|\boldsymbol{A}^{-1}\boldsymbol{x}\|_2}$, 则 $\|\boldsymbol{y}\|_2=1$. 构造 $\delta\boldsymbol{A}=-\dfrac{\boldsymbol{x}\boldsymbol{y}^{\mathrm{T}}}{\|\boldsymbol{A}^{-1}\|_2}$, 则

$$\begin{aligned}\|\delta\boldsymbol{A}\|_2&=\max_{\|\boldsymbol{z}\|_2=1}\frac{\|\boldsymbol{x}\boldsymbol{y}^{\mathrm{T}}\boldsymbol{z}\|_2}{\|\boldsymbol{A}^{-1}\|_2}=\max_{\|\boldsymbol{z}\|_2=1}\frac{|\boldsymbol{y}^{\mathrm{T}}\boldsymbol{z}|\cdot\|\boldsymbol{x}\|_2}{\|\boldsymbol{A}^{-1}\|_2}=\max_{\|\boldsymbol{z}\|_2=1}\frac{|\boldsymbol{y}^{\mathrm{T}}\boldsymbol{z}|}{\|\boldsymbol{A}^{-1}\|_2}\\&=\max_{\|\boldsymbol{z}\|_2=1}|\boldsymbol{y}^{\mathrm{T}}\boldsymbol{z}|\frac{1}{\|\boldsymbol{A}^{-1}\|_2}.\end{aligned}$$

在上式中, 当且仅当存在某个非零常数 λ 使得 $\boldsymbol{z}^*=\lambda\boldsymbol{y}$ 时, $\max\limits_{\|\boldsymbol{z}\|_2=1}|\boldsymbol{y}^{\mathrm{T}}\boldsymbol{z}|=|\boldsymbol{y}^{\mathrm{T}}\boldsymbol{z}^*|$ 成立. 由于 $\|\boldsymbol{y}\|_2=\|\boldsymbol{z}^*\|_2=1$, 故有 $|\lambda|=1$ 以及 $\max\limits_{\|\boldsymbol{z}\|_2=1}|\boldsymbol{y}^{\mathrm{T}}\boldsymbol{z}|=|\lambda|\cdot\|\boldsymbol{y}\|_2^2=1$. 因此

$$\|\delta\boldsymbol{A}\|_2=\frac{1}{\|\boldsymbol{A}^{-1}\|_2}.$$

此时

$$(\boldsymbol{A}+\delta\boldsymbol{A})\boldsymbol{y}=\boldsymbol{A}\boldsymbol{y}-\frac{\boldsymbol{x}\boldsymbol{y}^{\mathrm{T}}\boldsymbol{y}}{\|\boldsymbol{A}^{-1}\|_2}=\frac{\boldsymbol{x}}{\|\boldsymbol{A}^{-1}\|_2}-\frac{\boldsymbol{x}}{\|\boldsymbol{A}^{-1}\|_2}=0.$$

所以 $\boldsymbol{A}+\delta\boldsymbol{A}$ 是奇异的. ■

从前面的讨论易知, 条件数 $\mathrm{cond}(\boldsymbol{A})$ 的值越大, 解的相对误差也越大. 因此, $\mathrm{cond}(\boldsymbol{A})$ 的值反映了解对初始数据变化的敏感程度. 条件数很大的线性方程组称为病态方程组, 否则称为良态方程组. 在例 2.6 中, $\|\boldsymbol{A}\|_\infty=10.0001$, 而

$$\boldsymbol{A}^{-1}=\begin{bmatrix}80001 & -40000\\ -20000 & 10000\end{bmatrix},\quad \|\boldsymbol{A}^{-1}\|_\infty=120001,$$

于是 $\mathrm{cond}(\boldsymbol{A})_\infty=\|\boldsymbol{A}\|_\infty\cdot\|\boldsymbol{A}^{-1}\|_\infty=1201210.01$, 该条件数较大, 有可能导致方程组病态. 这也部分揭示了例 2.6 中系数矩阵与右端项的微小扰动对解影响很大的原因.

例 2.7 Hilbert (希尔伯特) 矩阵定义为

$$\boldsymbol{H}_n=\begin{bmatrix}1 & \frac{1}{2} & \frac{1}{3} & \cdots & \frac{1}{n}\\ \frac{1}{2} & \frac{1}{3} & \frac{1}{4} & \cdots & \frac{1}{n+1}\\ \frac{1}{3} & \frac{1}{4} & \frac{1}{5} & \cdots & \frac{1}{n+2}\\ \vdots & \vdots & \vdots & & \vdots\\ \frac{1}{n} & \frac{1}{n+1} & \frac{1}{n+2} & \cdots & \frac{1}{2n-1}\end{bmatrix},$$

它是一个对称正定矩阵. 但当 $n\geqslant 3$ 时, 它是一个著名的病态矩阵. 其条件数 $\kappa_2(\boldsymbol{A})\approx \mathrm{e}^{3.5n}$, 随着矩阵阶数 n 的增加, 其条件数呈指数级迅速增加, 因此, 高阶 Hilbert 矩阵的病态程度非常严重.

通过前面的讨论我们可以看到, 线性方程组是否病态是由系数矩阵的条件数决定的. 对于严重病态的线性方程组, 即使用数值稳定的算法, 也未必能算出可靠的解.

由于系数矩阵是否病态由条件数决定, 而矩阵的条件数需要求 $\boldsymbol{A}^{-1}$, 这相当于要求解线性方程组. 因此, 直接根据条件数的大小判定方程组是否病态是困难的. 下面给出几个方程组可能病态的直观判断依据.

(1) 在选主元消元时出现小主元;

(2) 在计算过程中出现行 (或列) 几乎线性相关或三角分解中对角元出现近似为零的元素;

(3) 系数矩阵 $\boldsymbol{A}$ 的元素的数量级相差非常大且无规律;

(4) 近似解 $\tilde{\boldsymbol{x}}$ 的范数 $\|\tilde{\boldsymbol{x}}\|$ 很大.

对于病态方程组我们并非就无能为力. 例如可以采取下列措施设法提高解的精度:

(1) 采用更高精度运算, 以减少舍入误差, 降低病态因素对解的影响.

(2) 对方程组进行预处理以改善系数矩阵的条件数, 即选取非奇异矩阵 $\boldsymbol{P},\boldsymbol{Q}\in\mathbb{R}^{n\times n}$, 将线性方程组等价变形为 $\boldsymbol{PAQ}(\boldsymbol{Q}^{-1}\boldsymbol{x})=\boldsymbol{Pb}$, 其中 $\mathrm{cond}(\boldsymbol{PAQ})\ll\mathrm{cond}(\boldsymbol{A})$. 为简便起见, 计算时常选择 $\boldsymbol{P},\boldsymbol{Q}$ 为特殊矩阵, 例如, 对角矩阵或三角矩阵. 当矩阵 $\boldsymbol{A}$ 中元素的数量级相差很大时, 设 $p_i=\max\limits_{1\leqslant k\leqslant n}|a_{ik}|,1\leqslant i\leqslant n$, 可以考虑取 $\boldsymbol{P}=\mathrm{diag}\{p_1^{-1},p_2^{-1},\cdots,p_n^{-1}\},\boldsymbol{Q}=\boldsymbol{I}$.

例 2.8　分别按照下面 (1) 与 (2) 的要求, 用列主元法求解方程组

$$\begin{bmatrix}1&10^6\\1&1\end{bmatrix}\begin{bmatrix}x_1\\x_2\end{bmatrix}=\begin{bmatrix}10^6\\2\end{bmatrix}.$$

(1) 分别采用十进制三位浮点数与十进制六位浮点数;

(2) 将系数矩阵进行预处理改善其条件数, 用十进制三位浮点数计算.

解　线性方程组的精确解为

$$x_1=\frac{10^6}{10^6-1}=1.00000100000\cdots,\quad x_2=\frac{10^6-2}{10^6-1}=0.9999989999\cdots.$$

(1) 若采用十进制三位浮点数以及列主元消去法计算得

$$\begin{cases}1.00x_1+10^6\times1.00x_2=10^6\times1.00,\\1.00x_1+\qquad\quad 1.00x_2=2\times1.00,\end{cases}$$

$$\begin{cases}1.00x_1+10^6\times1.00x_2=10^6\times1.00,\\\qquad\qquad-10^6\times1.00x_2=-10^6\times1.00.\end{cases}$$

回代计算得 $x_1=0,x_2=1$, 求解结果严重失真. 这是由方程组病态导致的.

事实上, 注意到

$$\boldsymbol{A}=\begin{bmatrix}1&10^6\\1&1\end{bmatrix},\quad \boldsymbol{A}^{-1}=\frac{1}{10^6-1}\begin{bmatrix}-1&10^6\\1&-1\end{bmatrix},$$

故有

$$\mathrm{cond}_\infty(\boldsymbol{A}) = \frac{(1+10^6)^2}{10^6-1} \gg 1.$$

这表明方程组是病态的.

若采用十进制六位浮点数以及列主元法计算, 则有

$$\begin{cases} 1.000\,00x_1 + 10^6 \times 1.000\,00x_2 = 10^6 \times 1.000\,00, \\ 1.000\,00x_1 + \qquad\quad 1.000\,00x_2 = 2 \times 1.000\,00, \end{cases}$$

$$\begin{cases} 1.000\,00x_1 + 10^6 \times 1.000\,00x_2 = 10^6 \times 1.000\,00, \\ \qquad\qquad -10^5 \times 9.99\,999x_2 = -10^5 \times 9.99\,998. \end{cases}$$

回代解得 $x_2 = 0.999\,999, x_1 = 1.000\,000$, 求解精度是很高的.

(2) 系数矩阵第一行中元素 1 与 10^6 相差较大, 取矩阵 $\boldsymbol{P} = \begin{bmatrix} 10^{-6} & 0 \\ 0 & 1 \end{bmatrix}$, $\boldsymbol{Q} = \boldsymbol{I}$, 将原方程组转化为等价的方程组 $\boldsymbol{PAx} = \boldsymbol{Pb} = \hat{\boldsymbol{b}}$, 它的系数矩阵以及逆矩阵分别为

$$\hat{\boldsymbol{A}} = \boldsymbol{PA} = \begin{bmatrix} 10^{-6} & 1 \\ 1 & 1 \end{bmatrix}, \quad \hat{\boldsymbol{A}}^{-1} = \frac{1}{1-10^{-6}} \begin{bmatrix} -1 & 1 \\ 1 & -10^{-6} \end{bmatrix}.$$

故有

$$\mathrm{cond}_\infty(\hat{\boldsymbol{A}}) = \frac{4}{1-10^{-6}} \ll \mathrm{cond}_\infty(\boldsymbol{A}).$$

对方程组 $\boldsymbol{PAx} = \boldsymbol{Pb} = \hat{\boldsymbol{b}}$ 采用十进制三位浮点数计算:

$$\begin{cases} 10^{-6} \times 1.00x_1 + 1.00x_2 = 1.00, \\ \qquad\quad 1.00x_1 + 1.00x_2 = 2 \times 1.00. \end{cases}$$

首先选主元:

$$\begin{cases} \qquad\quad 1.00x_1 + 1.00x_2 = 2 \times 1.00, \\ 10^{-6} \times 1.00x_1 + 1.00x_2 = 1.00. \end{cases}$$

接着消元:

$$\begin{cases} 1.00x_1 + 1.00x_2 = 2 \times 1.00, \\ \qquad\qquad 1.00x_2 = 1.00. \end{cases}$$

回代求解得到 $x_2 = 1.00, x_1 = 1.00$, 和 (1) 中选取十进制三位浮点数的计算结果相比, 精度有很大的提高.

第 2 章评注

本章介绍了求解线性方程组的 Gauss 消去法, 并且在此基础上介绍了矩阵的 LU 分解及其几种特殊的衍生形式: $\boldsymbol{LDL}^{\mathrm{T}}$ 分解和 Cholesky 分解. Gauss 消去法或者矩阵的直接求解方法一般只适用于小规模稠密线性方程组, 但是矩阵分解为线性方程组的求解, 以及更一般的矩阵计算和矩阵分析提供了更加灵活的方法.

除了本书介绍的最基础的 LU 分解之外, 在矩阵理论和数据科学中常用的矩阵分解还有奇异值分解 SVD, QR 分解等. 对一些具有特殊结构的矩阵 (例如 Vandermonde (范德蒙德) 矩阵、Toeplitz (特普利茨) 矩阵等) 的分解也构成了应用数学和计算数学领域的重要研究问题. 由于这部分内容已经超出一般线性方程组求解的范畴, 本书没有进行介绍, 感兴趣的读者可以参考 [4—7] 进行拓展学习.

习　题　2

1. 试分别画出单位圆 $C_p = \left\{\boldsymbol{x} \in \mathbb{R}^2, \|\boldsymbol{x}\|_p = 1\right\}, p = 1, 2, +\infty$ 的图形.

2. 设 $\boldsymbol{x} \in \mathbb{R}^n$, 试证明:

(1) $\dfrac{\|\boldsymbol{x}\|_1}{\sqrt{n}} \leqslant \|\boldsymbol{x}\|_2 \leqslant \|\boldsymbol{x}\|_1$;

(2) $\|\boldsymbol{x}\|_\infty \leqslant \|\boldsymbol{x}\|_2 \leqslant \sqrt{n}\,\|\boldsymbol{x}\|_\infty$;

(3) $\dfrac{\|\boldsymbol{x}\|_1}{n} \leqslant \|\boldsymbol{x}\|_2 \leqslant \|\boldsymbol{x}\|_1$.

3. 设 $\boldsymbol{u}, \boldsymbol{v}$ 分别为 m 维与 n 维实向量, 定义秩 1 矩阵 $\boldsymbol{A} = \boldsymbol{u}\boldsymbol{v}^{\mathrm{T}}$(向量的外积), 证明: $\|\boldsymbol{A}\|_2 = \|\boldsymbol{u}\|_2 \|\boldsymbol{v}\|_2$ 成立. 该结论对于 F-范数是否仍然成立? 证明或者给出反例说明你的结论.

4. 用 Gauss 消去法解方程组

$$\begin{bmatrix} 4 & 2 & 1 \\ 1 & 4 & 2 \\ 2 & 1 & 4 \end{bmatrix} \begin{bmatrix} x_1 \\ x_2 \\ x_3 \end{bmatrix} = \begin{bmatrix} 1 \\ -1 \\ 0 \end{bmatrix}.$$

5. 列主元消去法解方程组

$$\begin{bmatrix} 0 & 2 & 1 \\ 1 & 1 & 0 \\ 2 & 3 & 2 \end{bmatrix} \begin{bmatrix} x_1 \\ x_2 \\ x_3 \end{bmatrix} = \begin{bmatrix} 1 \\ -1 \\ 4 \end{bmatrix}.$$

6. 用 LU 分解法解矩阵方程

$$\begin{bmatrix} 1 & 2 & 3 \\ 4 & 7 & 10 \\ 5 & 0 & 5 \end{bmatrix} \boldsymbol{X} = \begin{bmatrix} 3 & 2 & 1 \\ 2 & 3 & 2 \\ 1 & 1 & 3 \end{bmatrix}.$$

7. 用追赶法 (分别采用 Doolittle 分解与 Crout 分解) 解三对角方程组

$$\begin{bmatrix} 2 & -1 & & \\ 1 & 3 & -1 & \\ & 1 & 2 & 1 \\ & & 1 & 2 \end{bmatrix} \boldsymbol{x} = \begin{bmatrix} 1 \\ 0 \\ 1 \\ 0 \end{bmatrix}.$$

8. 用 Cholesky 分解法解方程组

$$\begin{bmatrix} 3 & 1 & & & \\ 1 & 4 & 2 & & \\ & 2 & 5 & -1 & \\ & & -1 & 6 & 1 \\ & & & 1 & 7 \end{bmatrix} \boldsymbol{x} = \begin{bmatrix} 1 \\ 0 \\ 1 \\ 1 \\ 0 \end{bmatrix}.$$

9. 方程组 $\boldsymbol{Ax} = \boldsymbol{b}$ 经过一次 Gauss 消元后, 系数矩阵 $\boldsymbol{A}$ 变为 $\begin{bmatrix} a_{11} & \boldsymbol{c} \\ \boldsymbol{0} & \boldsymbol{A}_2 \end{bmatrix}$, 其中 $\boldsymbol{c} = (a_{12}, a_{13}, \cdots, a_{1n})^{\mathrm{T}}$, $\boldsymbol{A}_2$ 为 $n-1$ 阶矩阵, 证明:

(1) 当 $\boldsymbol{A}$ 对称正定时, $\boldsymbol{A}_2$ 也对称正定;

(2) 当 $\boldsymbol{A}$ 对角占优时, $\boldsymbol{A}_2$ 也对角占优;

(3) 当 $\boldsymbol{A}$ 对称正定时, $\boldsymbol{A}$ 的绝对值的最大元素必在对角线上.

10. 对于矩阵 $\boldsymbol{A} = (a_{ij}) \in \mathbb{R}^{n\times n}$, 试推导 Crout 分解的计算过程.

11. 证明置换矩阵 $\boldsymbol{P}$ 的下列定义是等价的:

(1) 任给向量 $\boldsymbol{x} = (x_1, x_2, \cdots, x_n)^{\mathrm{T}}$, 矩阵 $\boldsymbol{P}$ 满足 $\boldsymbol{Px} = (x_{i_1}, x_{i_2}, \cdots, x_{i_n})^{\mathrm{T}}$, 其中 $i_1, i_2, \cdots, i_n$ 为 $1, 2, \cdots, n$ 的一个排列;

(2) 矩阵 $\boldsymbol{P}$ 中每一行与每一列中只有一个元素为 1, 其他元素为 0;

(3) 单位矩阵经过若干次行列交换后得到矩阵 $\boldsymbol{P}$.

12. 证明定理 2.9.

13. 在三对角线性方程组 (2.45) 中, 如果满足

$$|a_1| > |b_1| > 0, \quad |a_i| \geqslant |b_i| + |c_i|, \quad b_i c_i \neq 0, \quad i = 2, 3, \cdots, n-1, \quad |a_n| > |c_n| > 0,$$

则称 $\boldsymbol{A}$ 为对角占优的三对角矩阵. 试分析对角占优三对角线性方程组的追赶法的数值稳定性.

14. 已知 $\boldsymbol{Ax} = \boldsymbol{b}$ 的精确解为 $\boldsymbol{x} = (10^4, 10^4)^{\mathrm{T}}$, 其中

$$\boldsymbol{A} = \begin{bmatrix} 1 & -0.9999 \\ 1.0001 & -1 \end{bmatrix}, \quad \boldsymbol{b} = \begin{bmatrix} 1 \\ 1 \end{bmatrix}.$$

(1) 计算条件数 $\|\boldsymbol{A}\|_\infty \cdot \|\boldsymbol{A}^{-1}\|_\infty$;

(2) 分别取 $\hat{\boldsymbol{x}}_1 = (1, 0)^{\mathrm{T}}, \hat{\boldsymbol{x}}_2 = (10^4 + 0.5, 10^4 - 0.5)^{\mathrm{T}}$, 计算它们的残量 $\boldsymbol{r} = \boldsymbol{b} - \boldsymbol{A}\hat{\boldsymbol{x}}$. 本题结果说明了什么问题?

15. 设 $\boldsymbol{A} \in \mathbb{R}^{n\times n}$ 的 LU 分解为 $\boldsymbol{A}=\boldsymbol{LU}$, 其中 $\boldsymbol{L}$ 的任一元素 $|l_{ij}|\leqslant 1$, 又设 $\boldsymbol{a}_i^{\mathrm{T}}, \boldsymbol{u}_i^{\mathrm{T}}$ 分别表示 $\boldsymbol{A}$ 和 $\boldsymbol{U}$ 的第 i 行, 试验证

$$\boldsymbol{u}_i^{\mathrm{T}}=\boldsymbol{a}_i^{\mathrm{T}}-\sum_{j=1}^{i-1} l_{ij}\boldsymbol{u}_j^{\mathrm{T}},$$

并利用上述结论证明 $\|\boldsymbol{U}\|_\infty \leqslant 2^{n-1}\|\boldsymbol{A}\|_\infty$.

16. 设 $\boldsymbol{A}$ 为非奇异矩阵, $\hat{\boldsymbol{x}}$ 是方程组 $\boldsymbol{Ax}=\boldsymbol{b}$ 的近似解, 其中 $\boldsymbol{b}\neq\mathbf{0}$, 残量 $\boldsymbol{r}=\boldsymbol{b}-\boldsymbol{A}\hat{\boldsymbol{x}}$, 证明:

$$\frac{\|\boldsymbol{x}-\hat{\boldsymbol{x}}\|}{\|\boldsymbol{x}\|}\leqslant \operatorname{cond}(\boldsymbol{A})\frac{\|\boldsymbol{r}\|}{\|\boldsymbol{b}\|}.$$

17. 已知 $\boldsymbol{A}$ 为非奇异矩阵.

(1) 设 λ_i 为矩阵 $\boldsymbol{A}^{\mathrm{T}}\boldsymbol{A}$ 的特征值, 证明:

$$\operatorname{cond}_2(\boldsymbol{A})=\sqrt{\operatorname{cond}_2(\boldsymbol{A}^{\mathrm{T}}\boldsymbol{A})}=\sqrt{\frac{\max\limits_{1\leqslant i\leqslant n}\lambda_i}{\min\limits_{1\leqslant i\leqslant n}\lambda_i}}.$$

(2) 求 $(n+1)\times(n+1)$ 矩阵 $\boldsymbol{A}$ 的条件数 $\operatorname{cond}_2(\boldsymbol{A})$, 其中 ε 是参数:

$$\boldsymbol{A}=\begin{bmatrix} 1 & 1 & \cdots & 1\\ \varepsilon & 0 & \cdots & 0\\ 0 & \varepsilon & \cdots & 0\\ \vdots & \vdots & & \vdots\\ 0 & 0 & \cdots & \varepsilon \end{bmatrix}.$$

上机实验题

1. 编写列主元法解线性方程组的程序.
2. 编写矩阵 LU 分解的程序.
3. 编写正定矩阵 Cholesky 分解的程序.
4. 编写追赶法解三对角线性方程组的程序.
5. 若矩阵沿平行对角线方向上的元素相等, 则称之为 Toeplitz 矩阵. 若 Toeplitz 矩阵 $\boldsymbol{T}_n=(a_{ij})_{1\leqslant i,j\leqslant n}$ 满足 $a_{ij}=\begin{cases}2n, & i=j,\\ 1, & i\neq j,\end{cases}$ 对于 $n=10,20,50,100,1000$,

(1) 编写程序计算 Toeplitz 矩阵的条件数 $\|\boldsymbol{T}_n\|_p, p=1,2,+\infty$;

(2) 分别用 Gauss 消去法与列主元法求解线性方程组 $\boldsymbol{T}_n\boldsymbol{x}=\boldsymbol{b}$, 其中 $\boldsymbol{b}=(1,0,0,\cdots,0,0,1)^{\mathrm{T}}$, 并估计相对误差.

6. 对于 $4\leqslant n\leqslant 11$,

(1) 编写计算 Hilbert 矩阵的条件数 $\|\boldsymbol{H}_n\|_p, p=1,2,+\infty$ 的程序;

(2) 分别编写用列主元法与 Cholesky 法求解线性方程组 $\boldsymbol{H}_n\boldsymbol{x}=\boldsymbol{b}$ 的程序, 其中 $\boldsymbol{b}=(1,0,0,\cdots,0,0,1)^{\mathrm{T}}$, 并估计相对误差.

第 3 章　线性方程组的迭代法

3.1　引　　言

在第 2 章中, 我们已经讨论了线性方程组的直接解法. 对于中小型的线性方程组, 直接法因为具有精度高、速度快等特点, 是一种广为采用的方法. 随着人们对自然界认知要求越来越高, 在诸如数值天气预报、核武器爆炸的仿真试验等问题研究中, 常常遇到的是大型或超大规模线性方程组的求解, 另外很多场合我们遇到的方程组还具有稀疏 (也即方程组的系数矩阵中绝大多数元素为零或接近零) 特性. 并且随着信息科学领域数据量的急剧增长, 线性方程组的规模还在不断增长, 其稀疏特性越来越明显, 大规模稀疏线性方程组求解越来越常见. 如果采用上一章的高斯消去法, 计算过程中很难保持原有的稀疏结构, 同时也给存储带来很大的难度. 如果求解过程中要求保持稀疏特性的同时还要满足数值稳定性, 则还需要大量的搜索操作与行列交换操作. 随着计算机性能的不断提升, 搜索、数据交换与算术运算相比, 所耗时间占比过大. 因此高斯消去法一般不适合求解大规模稀疏线性方程组. 而迭代法只有固定的矩阵与向量乘法运算, 因而可以保持矩阵稀疏性不变, 同时还具有存储量少、程序结构简单等特点, 所以迭代法已经成为求解大规模线性方程组的主要方法.

另一方面, 迭代法的产生也是很自然的. 对于一些有一定难度的数学问题, 人们首先想到的也许就是 “猜”(尤其是当你用已有方法解决不了时), 这是人类与生俱来的习惯, 因而 “猜” 也是一种非常常见的手段. “猜” 的过程用数学语言描述就是: 首先设定一个初值 (猜测值), 如 $\boldsymbol{x}^{(0)}$, 看看其是否为原问题的解; 如果是, 则求解完成; 否则, 通过初值以及某种计算规则找到一个新的估计解, 记为 $\boldsymbol{x}^{(1)}$, 再来看看其是否为原问题的解; 如是, 则求解完成, 否则, 按照上述同样的方式产生 $\boldsymbol{x}^{(2)}$; 继续下去, 得到一个序列 $\{\boldsymbol{x}^{(k)}\}$; 如果该序列快速收敛且其极限即为原问题的解, 这个过程就是一个可以成功求解原问题的迭代法.

本章旨在介绍求解线性方程组的迭代算法, 并分析迭代序列的收敛性. 重点描述三种经典算法的迭代格式: Jacobi (雅可比) 迭代, Gauss-Seidel (高斯-赛德尔) 迭代和超松弛迭代, 并在系数矩阵满足实对称正定、严格对角占优等特定条件下, 对这三种经典算法的收敛性进行讨论.

3.2　一般迭代格式及其收敛性

为了分析线性方程组迭代格式的收敛性, 我们首先介绍 $\mathbb{R}^n$ 中向量序列的收敛性.

定义 3.1　设 $\boldsymbol{x}^{(k)}=(x_1^{(k)},x_2^{(k)},\cdots,x_n^{(k)})^{\mathrm{T}}\in\mathbb{R}^n, k=1,2,\cdots$ 为 $\mathbb{R}^n$ 中的一个向量序列, 如果存在 $\boldsymbol{x}=(x_1,x_2,\cdots,x_n)^{\mathrm{T}}$, 使得对任意 $i=1,2,\cdots,n$,

$$\lim_{k\to\infty} x_i^{(k)}=x_i$$

成立, 则称向量序列 $\{\boldsymbol{x}^{(k)}\}$ **收敛**于 $\boldsymbol{x}$, 记为 $\lim\limits_{k\to\infty}\boldsymbol{x}^{(k)}=\boldsymbol{x}$.

类似地, 若矩阵序列 $\boldsymbol{A}^{(k)}=(a_{ij}^{(k)})\in\mathbb{R}^{n\times n}, k=1,2,\cdots$ 满足 $\lim\limits_{k\to\infty}a_{ij}^{(k)}=a_{ij}$, $i,j=1,2,\cdots,n$, 则称矩阵序列 $\{\boldsymbol{A}^{(k)}\}$ **收敛**到 $\boldsymbol{A}=(a_{ij})\in\mathbb{R}^{n\times n}$, 记为 $\lim\limits_{k\to\infty}\boldsymbol{A}^{(k)}=\boldsymbol{A}$.

利用 ∞-范数的定义, 容易证明: 向量序列 $\{\boldsymbol{x}^{(k)}\}$ 收敛到向量 $\boldsymbol{x}$ 的充要条件是

$$\lim_{k\to\infty}\left\|\boldsymbol{x}^{(k)}-\boldsymbol{x}\right\|_\infty=0.$$

再利用有限维空间范数的等价性, 可以建立如下向量序列收敛性定理.

定理 3.1　设向量序列 $\{\boldsymbol{x}^{(k)}\}\subseteq\mathbb{R}^n$, 则 $\{\boldsymbol{x}^{(k)}\}$ 收敛到 $\boldsymbol{x}\in\mathbb{R}^n$ 的充分必要条件是, 对于 $\mathbb{R}^n$ 的任意范数 $\|\cdot\|$ 均有

$$\lim_{k\to\infty}\left\|\boldsymbol{x}^{(k)}-\boldsymbol{x}\right\|=0. \tag{3.1}$$

现在我们讨论一般迭代格式的构造、收敛性以及收敛速度等问题.

设 $\boldsymbol{A}\in\mathbb{R}^{n\times n}$ 为非奇异矩阵, 考虑下列线性方程组

$$\boldsymbol{A}\boldsymbol{x}=\boldsymbol{b}. \tag{3.2}$$

迭代格式构造方法的本质是, 从第 k 步已经得到的迭代向量 $\boldsymbol{x}^{(k)}$ 出发, 设计一种求第 $k+1$ 步向量 $\boldsymbol{x}^{(k+1)}$ 的方法, 使得迭代序列 $\boldsymbol{x}^{(k)}$ 尽快收敛到方程组 (3.2) 的解. 直接对 (3.2) 建立迭代格式是困难的, 如果我们将矩阵 $\boldsymbol{A}$ 分解为矩阵 $\boldsymbol{M}$ 与 $\boldsymbol{N}$ 的差:

$$\boldsymbol{A}=\boldsymbol{M}-\boldsymbol{N},$$

其中 $\boldsymbol{M}$ 为非奇异矩阵, 则线性方程组 (3.2) 变为

$$\boldsymbol{M}\boldsymbol{x}=\boldsymbol{N}\boldsymbol{x}+\boldsymbol{b},$$

即

$$x = M^{-1}Nx + M^{-1}b.$$

若记

$$B = M^{-1}N, \quad f = M^{-1}b,$$

则线性方程组 (3.2) 可以表示为下面的等价形式

$$x = Bx + f. \tag{3.3}$$

由此可以自然地构造**迭代格式**

$$x^{(k+1)} = Bx^{(k)} + f, \quad k = 0, 1, 2, \cdots, \tag{3.4}$$

其中 B 称为**迭代矩阵**. 如果对于任意初始向量 $x^{(0)}$, 按照 (3.4) 得到的向量序列 $\{x^{(k)}\}$ 收敛到 x^*, 则 x^* 一定是线性方程组 (3.2) 的解.

定义 3.2 若迭代法 (3.4) 生成的序列 $\{x^{(k)}\}$ 对任意 $x^{(0)} \in \mathbb{R}^n$ 满足

$$\lim_{k\to\infty} x^{(k)} = x^*, \tag{3.5}$$

则称迭代格式 (3.4) 是**收敛**的, 否则称之为**发散**的.

迭代格式 (3.4) 是否收敛与初始向量 $x^{(0)}$ 无关, 取决于迭代矩阵 B 的性质.

例 3.1 给定方程组

$$\begin{cases} 9x_1 + x_2 + 2x_3 = 9, \\ -x_1 + 12x_2 + 5x_3 + 3x_4 = 21, \\ 2x_1 - x_2 - 10x_3 - 5x_4 = 5, \\ -3x_2 + x_3 + 8x_4 = 1. \end{cases} \tag{3.6}$$

它的精确解为 $x = (1, 2, -1, 1)^{\mathrm{T}}$. 取初始向量 $x^{(0)} = (x_1^{(0)}, x_2^{(0)}, x_3^{(0)}, x_4^{(0)})^{\mathrm{T}}$, $x^{(k)} = (x_1^{(k)}, x_2^{(k)}, x_3^{(k)}, x_4^{(k)})^{\mathrm{T}}, k = 1, 2, 3, \cdots$ 满足如下的迭代格式:

$$\begin{cases} x_1^{(k+1)} = \dfrac{1}{9}(-x_2^{(k)} - 2x_3^{(k)} + 9), \\ x_2^{(k+1)} = \dfrac{1}{12}(x_1^{(k)} - 5x_3^{(k)} - 3x_4^{(k)} + 21), \\ x_3^{(k+1)} = -\dfrac{1}{10}(-2x_1^{(k)} + x_2^{(k)} + 5x_4^{(k)} + 5), \\ x_4^{(k+1)} = \dfrac{1}{8}(3x_2^{(k)} - x_3^{(k)} + 1). \end{cases} \tag{3.7}$$

则迭代矩阵 $\boldsymbol{B}$ 与 $\boldsymbol{f}$ 分别为

$$\boldsymbol{B}=\begin{bmatrix} 0 & -\frac{1}{9} & -\frac{2}{9} & 0 \\ \frac{1}{12} & 0 & -\frac{5}{12} & -\frac{1}{4} \\ \frac{1}{5} & -\frac{1}{10} & 0 & -\frac{1}{2} \\ 0 & \frac{3}{8} & -\frac{1}{8} & 0 \end{bmatrix},\quad \boldsymbol{f}=\begin{bmatrix} 1 \\ \frac{7}{4} \\ -\frac{1}{2} \\ \frac{1}{8} \end{bmatrix}.$$

若取初始向量 $\boldsymbol{x}^{(0)}=(0,0,0,0)^{\mathrm{T}}$, 按 (3.7) 迭代的计算结果如表 3.1 所示. 预定的迭代精度为 $\varepsilon=10^{-3}$, 也即当 $\left\|\boldsymbol{x}^{(k)}-\boldsymbol{x}^{(k-1)}\right\|_{\infty}=\max\limits_{1\leqslant i\leqslant 4}\left|x_i^{(k)}-x_i^{(k-1)}\right|<\varepsilon$ 时, 迭代终止. 从表 3.1 可以看出, 计算过程中迭代 10 次即可满足要求.

表 3.1　迭代格式 (3.7) 的数值计算结果

k	$x_1^{(k)}$	$x_2^{(k)}$	$x_3^{(k)}$	$x_4^{(k)}$	$\left\|\boldsymbol{x}^{(k)}-\boldsymbol{x}^{(k-1)}\right\|_{\infty}$
1	1.0000	1.7500	−0.5000	0.1250	1.7500
2	0.9167	2.0104	−0.5375	0.8438	0.7188
3	0.8961	1.8394	−0.9396	0.9461	0.4021
4	1.0044	1.9796	−0.9778	0.9322	0.1402
5	0.9973	2.0081	−0.9632	0.9896	0.0574
6	0.9909	1.9870	−0.9961	0.9984	0.0329
7	1.0006	1.9980	−0.9997	0.9947	0.0110
8	1.0002	2.0013	−0.9970	0.9992	0.0046
9	0.9992	1.9990	−0.9997	1.0001	0.0027
10	1.0001	1.9998	−1.0001	0.9996	8. 5477e−04

现在我们讨论一般迭代格式 (3.4) 收敛的条件.

若 $\lim\limits_{k\to\infty}\boldsymbol{x}^{(k)}=\boldsymbol{x}^*$, 对迭代格式 (3.4) 两边取极限很容易直接验证 $\boldsymbol{x}^*$ 是方程组 (3.2) 的解. 记 $\boldsymbol{e}_k=\boldsymbol{x}^{(k)}-\boldsymbol{x}^*$, 由 (3.4) 减去等式 $\boldsymbol{x}^*=\boldsymbol{B}\boldsymbol{x}^*+\boldsymbol{f}$ 得到

$$\boldsymbol{e}_{k+1}=\boldsymbol{x}^{(k+1)}-\boldsymbol{x}^*=\boldsymbol{B}(\boldsymbol{x}^{(k)}-\boldsymbol{x}^*)=\boldsymbol{B}\boldsymbol{e}_k,\quad k=0,1,2,\cdots,$$

由此递推立得

$$\boldsymbol{e}_k=\boldsymbol{B}^k\boldsymbol{e}_0,\quad k=1,2,\cdots,\tag{3.8}$$

其中 $\boldsymbol{e}_0=\boldsymbol{x}^{(0)}-\boldsymbol{x}^*$ 为初始误差, 与 k 无关. 这表明 $\lim\limits_{k\to\infty}\boldsymbol{x}^{(k)}=\boldsymbol{x}^*$ 等价于, 对于任意 $\boldsymbol{e}_0\in\mathbb{R}^n$,

$$\lim_{k\to\infty}\boldsymbol{e}_k=\lim_{k\to\infty}\boldsymbol{B}^k\boldsymbol{e}_0=\boldsymbol{0}.$$

由 $\boldsymbol{e}_0$ 的任意性知 $\lim\limits_{k\to\infty}\boldsymbol{B}^k=\boldsymbol{0}$. 由此得到下面的定理.

定理 3.2 迭代格式 (3.4) 收敛的充分必要条件是 $\lim\limits_{k\to\infty}\boldsymbol{B}^k=\boldsymbol{0}$.

现在的问题是, 矩阵 $\boldsymbol{B}$ 满足什么条件才能保证 $\lim\limits_{k\to\infty}\boldsymbol{B}^k=\boldsymbol{0}$ 呢?

由定理 2.5 知, 对于矩阵 $\boldsymbol{B}$ 的任意一种从属范数 $\|\cdot\|$, 谱半径 $\rho(\boldsymbol{B})\leqslant\|\boldsymbol{B}\|$, 因此有 $(\rho(\boldsymbol{B}))^k=\rho(\boldsymbol{B}^k)\leqslant\left\|\boldsymbol{B}^k\right\|$. 故当 $\lim\limits_{k\to\infty}\boldsymbol{B}^k=\boldsymbol{0}$ 时, 必有 $\lim\limits_{k\to\infty}(\rho(\boldsymbol{B}))^k=0$, 从而有 $\rho(\boldsymbol{B})<1$.

反之, 若 $\rho(\boldsymbol{B})<1$, 则存在 $\varepsilon>0$ 使得 $\rho(\boldsymbol{B})+\varepsilon<1$. 由定理 2.5(2), 存在从属范数 $\|\cdot\|_\varepsilon$ 使得 $\|\boldsymbol{B}\|_\varepsilon\leqslant\rho(\boldsymbol{B})+\varepsilon<1$ 成立. 于是 $\lim\limits_{k\to\infty}\|\boldsymbol{B}\|_\varepsilon^k=0$. 又 $\left\|\boldsymbol{B}^k\right\|_\varepsilon\leqslant\|\boldsymbol{B}\|_\varepsilon^k$, 从而有 $\lim\limits_{k\to\infty}\left\|\boldsymbol{B}^k\right\|_\varepsilon=0$, 即 $\lim\limits_{k\to\infty}\boldsymbol{B}^k=\boldsymbol{0}$. 为此有下面的定理.

定理 3.3 迭代格式 (3.4) 收敛的充分必要条件是

$$\rho(\boldsymbol{B})<1, \tag{3.9}$$

其中 $\rho(\boldsymbol{B})$ 为矩阵 $\boldsymbol{B}$ 的谱半径.

例 3.2 讨论例 3.1 中迭代格式 (3.7) 的收敛性.

解 注意到迭代矩阵

$$\boldsymbol{B}=\begin{bmatrix}0&-\dfrac{1}{9}&-\dfrac{2}{9}&0\\[2mm]\dfrac{1}{12}&0&-\dfrac{5}{12}&-\dfrac{1}{4}\\[2mm]\dfrac{1}{5}&-\dfrac{1}{10}&0&-\dfrac{1}{2}\\[2mm]0&\dfrac{3}{8}&-\dfrac{1}{8}&0\end{bmatrix}$$

为四阶矩阵, 对应的特征多项式是一个四次方程, 求相应的特征根有一定难度. 另一方面, 不难求出 $\|\boldsymbol{B}\|_\infty=\dfrac{4}{5}<1$, 由于 $\rho(\boldsymbol{B})\leqslant\|\boldsymbol{B}\|$ 对于任意范数 $\|\cdot\|$ 都成立, 故 $\rho(\boldsymbol{B})<1$, 迭代法 (3.7) 收敛.

上面的例子表明, 对于较大规模的线性方程组, 通过直接计算谱半径来判断其收敛性常常是很困难的. 这是因为谱半径的计算需要求解矩阵的特征值, 而求特征值的难度往往远超线性方程组求解的难度. 因此, 通常的做法是利用矩阵谱半径与矩阵范数的关系 $\rho(\boldsymbol{B})\leqslant\|\boldsymbol{B}\|$, 通过验证迭代矩阵 $\boldsymbol{B}$ 的某种范数 (例如, $\|\boldsymbol{B}\|_p, p=1,\infty$ 等) 小于 1 作为判断收敛性的依据 (注意这是充分但非必要条件), 进一步地, 还可以通过矩阵范数来估计迭代误差.

定理 3.4　若迭代矩阵 $\boldsymbol{B}$ 的某种矩阵范数满足 $\|\boldsymbol{B}\| = r < 1$, 则迭代格式 (3.4) 收敛, 且有如下误差估计:

$$\left\|\boldsymbol{x}^{(k)} - \boldsymbol{x}^*\right\| \leqslant \frac{r^k}{1-r}\left\|\boldsymbol{x}^{(1)} - \boldsymbol{x}^{(0)}\right\|. \tag{3.10}$$

证明　若 $\lim\limits_{k\to\infty} \boldsymbol{x}^{(k)} = \boldsymbol{x}^*$, 由迭代格式 (3.4) 知

$$\left\|\boldsymbol{x}^{(k+1)} - \boldsymbol{x}^*\right\| \leqslant \|\boldsymbol{B}\| \cdot \left\|\boldsymbol{x}^{(k)} - \boldsymbol{x}^*\right\| = r\left\|\boldsymbol{x}^{(k)} - \boldsymbol{x}^*\right\|.$$

于是

$$\begin{aligned}\left\|\boldsymbol{x}^{(k+1)} - \boldsymbol{x}^{(k)}\right\| &= \left\|(\boldsymbol{x}^{(k+1)} - \boldsymbol{x}^*) - (\boldsymbol{x}^{(k)} - \boldsymbol{x}^*)\right\| \\ &\geqslant \left\|\boldsymbol{x}^{(k)} - \boldsymbol{x}^*\right\| - \left\|\boldsymbol{x}^{(k+1)} - \boldsymbol{x}^*\right\| \\ &\geqslant (1-r)\left\|\boldsymbol{x}^{(k)} - \boldsymbol{x}^*\right\|,\end{aligned}$$

故有

$$\left\|\boldsymbol{x}^{(k)} - \boldsymbol{x}^*\right\| \leqslant \frac{1}{1-r}\left\|\boldsymbol{x}^{(k+1)} - \boldsymbol{x}^{(k)}\right\|. \tag{3.11}$$

又由于

$$\begin{aligned}\left\|\boldsymbol{x}^{(k+1)} - \boldsymbol{x}^{(k)}\right\| &\leqslant \|\boldsymbol{B}\| \cdot \left\|\boldsymbol{x}^{(k)} - \boldsymbol{x}^{(k-1)}\right\| \leqslant \|\boldsymbol{B}\|^2 \cdot \left\|\boldsymbol{x}^{(k-1)} - \boldsymbol{x}^{(k-2)}\right\| \leqslant \cdots \\ &\leqslant \|\boldsymbol{B}\|^k \cdot \left\|\boldsymbol{x}^{(1)} - \boldsymbol{x}^{(0)}\right\| = r^k \cdot \left\|\boldsymbol{x}^{(1)} - \boldsymbol{x}^{(0)}\right\|,\end{aligned} \tag{3.12}$$

将 (3.12) 代入 (3.11) 知, (3.10) 成立. ■

由定理 3.4 的证明过程, 还可以得到下面的推论.

推论 3.1　若迭代矩阵 $\boldsymbol{B}$ 的某种矩阵范数满足 $\|\boldsymbol{B}\| = r < 1$, 则迭代格式 (3.4) 满足

$$\left\|\boldsymbol{x}^{(k)} - \boldsymbol{x}^*\right\| \leqslant \frac{1}{1-r}\left\|\boldsymbol{x}^{(k+1)} - \boldsymbol{x}^{(k)}\right\| \leqslant \frac{r}{1-r}\left\|\boldsymbol{x}^{(k)} - \boldsymbol{x}^{(k-1)}\right\|. \tag{3.13}$$

由定理 3.4 可知, 若迭代格式 (3.4) 收敛, 那么 r 越小, 收敛速度越快. 另一方面, 当 r 非常接近于 1 时, 舍入误差可能导致收敛速度降低, 甚至出现发散的情况. 因此, 迭代矩阵的设计应该以其范数值尽量小为原则.

另外, 在实际计算过程中, 对于指定的精度 ε, 我们可以用 $\left\|\boldsymbol{x}^{(k)} - \boldsymbol{x}^{(k-1)}\right\| < \varepsilon$ 作为迭代终止的条件 (根据 (3.13) 式). 这也可以解释在例 3.1 中我们为什么以 $\left\|\boldsymbol{x}^{(k)} - \boldsymbol{x}^{(k-1)}\right\|_\infty = \max\limits_{1\leqslant i\leqslant 4}\left|x_i^{(k)} - x_i^{(k-1)}\right| < \varepsilon$ 作为迭代终止的条件.

3.3 几种经典迭代算法

在前一节中, 我们对一般的迭代格式及其收敛性进行了初步的讨论, 本节将顺次描述三种解线性方程组的经典迭代算法.

3.3.1 Jacobi 迭代法

首先考察三阶线性方程组

$$\begin{cases} a_{11}x_1 + a_{12}x_2 + a_{13}x_3 = b_1, \\ a_{21}x_1 + a_{22}x_2 + a_{23}x_3 = b_2, \\ a_{31}x_1 + a_{32}x_2 + a_{33}x_3 = b_3. \end{cases} \tag{3.14}$$

假设 $a_{ii} \neq 0, i = 1, 2, 3$, 在上述方程组中保留对角分量, 其余的项移到右端, 方程两端除以对角元, 得到如下的等价形式

$$\begin{cases} x_1 = (b_1 - a_{12}x_2 - a_{13}x_3)/a_{11}, \\ x_2 = (b_2 - a_{21}x_1 - a_{23}x_3)/a_{22}, \\ x_3 = (b_3 - a_{31}x_1 - a_{32}x_2)/a_{33}. \end{cases}$$

如果当前已经得到第 k 次近似解 $x_1^{(k)}, x_2^{(k)}, x_3^{(k)}$, 将其代入到方程组的右端, 可以得到第 $k+1$ 步的近似解

$$\begin{cases} x_1^{(k+1)} = (b_1 - a_{12}x_2^{(k)} - a_{13}x_3^{(k)})/a_{11}, \\ x_2^{(k+1)} = (b_2 - a_{21}x_1^{(k)} - a_{23}x_3^{(k)})/a_{22}, \\ x_3^{(k+1)} = (b_3 - a_{31}x_1^{(k)} - a_{32}x_2^{(k)})/a_{33}, \end{cases} \tag{3.15}$$

其中 $k = 0, 1, 2, \cdots$, 称 (3.15) 为求解方程组 (3.14) 的 **Jacobi 迭代格式**.

将上述方法推广到一般情形. 设 n 阶线性方程组 (3.2) 的对角元素 $a_{ii} \neq 0$, $i = 1, 2, \cdots, n$, 从中分离出对角元素, 在第 i 个方程的左端仅保留对角元 $a_{ii}x_i$, 其余的项移到右端, 方程两端除以对角元, 得到如下的等价形式

$$x_i = \frac{1}{a_{ii}}\left(b_i - \sum_{\substack{j=1 \\ j\neq i}}^{n} a_{ij}x_j\right), \quad i = 1, 2, 3, \cdots, n. \tag{3.16}$$

依据上述等价形式可以建立迭代格式

$$x_i^{(k+1)} = \frac{1}{a_{ii}}\left(b_i - \sum_{\substack{j=1 \\ j\neq i}}^{n} a_{ij}x_j^{(k)}\right), \quad i = 1, 2, 3, \cdots, n. \tag{3.17}$$

称迭代式 (3.17) 为 **Jacobi 迭代法的分量形式**.

Jacobi 迭代分量形式的优点是便于编程计算.

为了研究 Jacobi 迭代法的收敛性, 还需要将分量形式转化为形如 (3.4) 的矩阵形式.

将方程组 (3.2) 中的系数矩阵 $\boldsymbol{A}=(a_{ij})\in\mathbb{R}^{n\times n}$ 分解为

$$\boldsymbol{A}=\boldsymbol{D}-\boldsymbol{L}-\boldsymbol{U}, \tag{3.18}$$

其中 $\boldsymbol{D}=\mathrm{diag}\{a_{11},a_{22},\cdots,a_{nn}\}$ 为 $\boldsymbol{A}$ 的对角元素组成的对角矩阵,

$$\boldsymbol{L}=-\begin{bmatrix} 0 & & & & \\ a_{21} & 0 & & & \\ \vdots & \vdots & \ddots & & \\ a_{n-1,1} & a_{n-1,2} & \cdots & 0 & \\ a_{n1} & a_{n2} & \cdots & a_{n,n-1} & 0 \end{bmatrix},$$

$$\boldsymbol{U}=-\begin{bmatrix} 0 & a_{12} & a_{13} & \cdots & a_{1n} \\ & 0 & a_{23} & \cdots & a_{2n} \\ & & \ddots & & \vdots \\ & & & 0 & a_{n-1,n} \\ & & & & 0 \end{bmatrix}.$$

$-\boldsymbol{L},-\boldsymbol{U}$ 分别为 $\boldsymbol{A}$ 的严格下三角矩阵与严格上三角矩阵. 在 Jacobi 迭代格式中, 要求 $a_{ii}\neq 0, i=1,2,\cdots,n$, 此时 $\boldsymbol{D}$ 非奇异. 于是方程组 (3.2) 等价变形为

$$\boldsymbol{x}=\boldsymbol{D}^{-1}(\boldsymbol{L}+\boldsymbol{U})\boldsymbol{x}+\boldsymbol{D}^{-1}\boldsymbol{b},$$

由此得到矩阵形式的 Jacobi 迭代格式

$$\boldsymbol{x}^{(k+1)}=\boldsymbol{B}_{\mathrm{J}}\boldsymbol{x}^{(k)}+\boldsymbol{f}, \tag{3.19}$$

其中 $\boldsymbol{B}_{\mathrm{J}}=\boldsymbol{D}^{-1}(\boldsymbol{L}+\boldsymbol{U}),\boldsymbol{f}=\boldsymbol{D}^{-1}\boldsymbol{b}$, $\boldsymbol{B}_{\mathrm{J}}$ 称为 **Jacobi 迭代矩阵**.

事实上, 例 3.1 采用的迭代格式即为 Jacobi 迭代.

从 Jacobi 迭代过程我们不难发现, 每一次迭代都是计算固定的迭代矩阵 $\boldsymbol{B}_{\mathrm{J}}$ 和近似向量 $\boldsymbol{x}^{(k)}$ 的乘积, 是一种简单的重复运算, 特别适合计算机编程实现. 在实际计算过程中, 需要设置两组工作单元 $\boldsymbol{x}^{(k)}$ 与 $\boldsymbol{x}^{(k+1)}$, 为方便起见, 一般取 $\left\|\boldsymbol{x}^{(k+1)}-\boldsymbol{x}^{(k)}\right\|_{\infty}<\varepsilon$ 作为迭代终止的条件.

3.3.2 Gauss-Seidel 迭代法

与 Jacobi 迭代法不同, Gauss-Seidel 迭代法在对方程组 (3.2) 进行等价变形时, 左端保留下三角部分, 而不是像 Jacobi 迭代那样仅保留对角部分, 进而设计出相应的迭代格式.

首先仍然考察三阶线性方程组的情形. 将方程组的左端保留下三角部分, 而将其余项移到右端, 即

$$\begin{cases} a_{11}x_1 = b_1 - a_{12}x_2 - a_{13}x_3, \\ a_{21}x_1 + a_{22}x_2 = b_2 - a_{23}x_3, \\ a_{31}x_1 + a_{32}x_2 + a_{33}x_3 = b_3. \end{cases}$$

利用上式设计迭代格式为

$$\begin{cases} a_{11}x_1^{(k+1)} = b_1 - a_{12}x_2^{(k)} - a_{13}x_3^{(k)}, \\ a_{21}x_1^{(k+1)} + a_{22}x_2^{(k+1)} = b_2 - a_{23}x_3^{(k)}, \\ a_{31}x_1^{(k+1)} + a_{32}x_2^{(k+1)} + a_{33}x_3^{(k+1)} = b_3, \end{cases} \quad k = 0, 1, 2, \cdots. \tag{3.20}$$

当第 k 次近似解 $x_i^{(k)}, i = 1, 2, 3$ 算出后, 上面的方程组可以看成关于 $x_i^{(k+1)}$, $i = 1, 2, 3$ 的下三角线性方程组. 如果 $a_{ii} \neq 0, i = 1, 2, 3$, 可以用向前代入方法得到第 $k+1$ 次近似解

$$\begin{cases} x_1^{(k+1)} = (b_1 - a_{12}x_2^{(k)} - a_{13}x_3^{(k)})/a_{11}, \\ x_2^{(k+1)} = (b_2 - a_{21}x_1^{(k+1)} - a_{23}x_3^{(k)})/a_{22}, \\ x_3^{(k+1)} = (b_3 - a_{31}x_1^{(k+1)} - a_{32}x_2^{(k+1)})/a_{33}, \end{cases} \quad k = 0, 1, 2, \cdots, \tag{3.21}$$

(3.21) 就称为求解方程组 (3.14) 的 **Gauss-Seidel 迭代格式**, 有时简写为 **G-S 迭代格式**.

下面简要分析 Gauss-Seidel 迭代与 Jacobi 迭代的关系.

在 Jacobi 迭代过程中, 每一步的计算都是将 $\boldsymbol{x}^{(k)} = (x_1^{(k)}, x_2^{(k)}, x_3^{(k)})^{\mathrm{T}}$ 代入 (3.15) 式中计算出 $x_i^{(k+1)}, i = 1, 2, 3$ 的值, 直到所有 $\boldsymbol{x}^{(k+1)}$ 的分量都计算出来以后, 才不需要中间变量 $\boldsymbol{x}^{(k)}$. 但是, 不难发现在计算 $\boldsymbol{x}^{(k+1)}$ 的第 i 个分量 $x_i^{(k+1)}$ 时, 分量 $x_1^{(k+1)}, x_2^{(k+1)}, \cdots, x_{i-1}^{(k+1)}$ 已经算出. 若迭代过程收敛, 从直观上来看, 下一次得到的近似向量 $\boldsymbol{x}^{(k+1)}$ 应该比上一次的计算结果 $\boldsymbol{x}^{(k)}$ 更接近于精确解 $\boldsymbol{x}^*$. Gauss-Seidel 迭代法正是基于这一思想, 充分利用新的信息 $x_j^{(k+1)}, j = 1, 2, \cdots, i-1$ 以取代 Jacobi 迭代格式 (3.15) 中的 $x_j^{(k)}, j = 1, 2, \cdots, i-1$. 由于 Gauss-Seidel 迭代利用了新的中间结果, 在一定条件下, Gauss-Seidel 迭代的收敛速度可以比 Jacobi 迭代更快.

不难将上述三阶线性方程组的 Gauss-Seidel 迭代过程推广到一般 n 阶的情形. 具体做法是左端保留原方程组中下三角部分, 将其余的项移到右端, 得到如下的等价形式

$$\sum_{j=1}^{i} a_{ij}x_j = b_i - \sum_{j=i+1}^{n} a_{ij}x_j, \quad i=1,2,3,\cdots,n,$$

由此设计出迭代格式

$$\sum_{j=1}^{i} a_{ij}x_j^{(k+1)} = b_i - \sum_{j=i+1}^{n} a_{ij}x_j^{(k)}, \quad i=1,2,3,\cdots,n.$$

当第 k 次近似解 $x_i^{(k)}, i=1,2,3,\cdots,n$ 算出后, 上面的方程组可以看成关于 $x_i^{(k+1)}, i=1,2,3,\cdots,n$ 的下三角线性方程组, 用自上而下逐步向前代入方法求得第 $k+1$ 步的近似解

$$x_1^{(k+1)} \to x_2^{(k+1)} \to \cdots \to x_{i-1}^{(k+1)} \to x_i^{(k+1)} \to \cdots \to x_n^{(k+1)}.$$

具体的计算公式为

$$x_i^{(k+1)} = \frac{1}{a_{ii}}\left(b_i - \sum_{j=1}^{i-1} a_{ij}x_j^{(k+1)} - \sum_{j=i+1}^{n} a_{ij}x_j^{(k)}\right), \quad i=1,2,3,\cdots,n, \tag{3.22}$$

这就是求解方程组 (3.2) 的 **Gauss-Seidel 迭代法的分量形式**.

与 Jacobi 迭代法一样, 上述分量格式便于编程计算, 但是很难从分量形式 (3.22) 式直接分析其收敛性. 因此, 我们考虑将其表示为矩阵形式.

将线性方程组 (3.2) 等价表示为

$$(\boldsymbol{D}-\boldsymbol{L})\boldsymbol{x} = \boldsymbol{U}\boldsymbol{x} + \boldsymbol{b}, \tag{3.23}$$

其中 $\boldsymbol{D}, \boldsymbol{L}, \boldsymbol{U}$ 的含义与 (3.18) 相同.

当 $a_{ii} \neq 0, i=1,2,\cdots,n$ 时, $\det(\boldsymbol{D}-\boldsymbol{L}) = \det \boldsymbol{D} \neq 0$, 故 $\boldsymbol{D}-\boldsymbol{L}$ 非奇异. 由 (3.23) 可以直接建立 Gauss-Seidel 迭代的矩阵格式

$$\boldsymbol{x}^{(k+1)} = \boldsymbol{B}_{\mathrm{G}}\boldsymbol{x}^{(k)} + \boldsymbol{f}, \quad k=0,1,2,\cdots, \tag{3.24}$$

其中 $\boldsymbol{B}_{\mathrm{G}} = (\boldsymbol{D}-\boldsymbol{L})^{-1}\boldsymbol{U}, \boldsymbol{f} = (\boldsymbol{D}-\boldsymbol{L})^{-1}\boldsymbol{b}$, $\boldsymbol{B}_{\mathrm{G}}$ 称为 **Gauss-Seidel 迭代法的迭代矩阵**. Gauss-Seidel 迭代法也简称为 **G-S 迭代法**.

由 (3.22) 或 (3.24) 式可知, 尽管 G-S 迭代法与 Jacobi 迭代法一样, 在每一次迭代的计算过程中都只需要计算一次矩阵与向量的乘法, 但是由于 G-S 迭代法与

Jacobi 迭代法相比有一个优点, 即一旦求出未知量 x_i 的第 $k+1$ 次近似值 $x_i^{(k+1)}$, 旧值 $x_i^{(k)}$ 在以后的计算中便失去使用价值, 因而可将新值 $x_i^{(k+1)}$ 存放到旧值 $x_i^{(k)}$ 所占单元内, 因此整个计算过程只需要设置一组工作单元.

例 3.3 用 G-S 迭代法求解线性方程组 (3.6), 并与例 3.1 比较计算结果.

解 求解 (3.6) 的 G-S 迭代公式为

$$\begin{cases} x_1^{(k+1)} = \dfrac{1}{9}(9 - x_2^{(k)} - 2x_3^{(k)}), \\ x_2^{(k+1)} = \dfrac{1}{12}(21 + x_1^{(k+1)} - 5x_3^{(k)} - 3x_4^{(k)}), \\ x_3^{(k+1)} = \dfrac{1}{10}(5 - 2x_1^{(k+1)} + x_2^{(k+1)} + 5x_4^{(k)}), \\ x_4^{(k+1)} = \dfrac{1}{8}(1 + 3x_2^{(k+1)} - x_3^{(k+1)}). \end{cases} \tag{3.25}$$

取初值 $\boldsymbol{x}^{(0)} = (0,0,0,0)^{\mathrm{T}}$ 进行迭代, 计算结果见表 3.2 所示, 与表 3.1 所列出的 Jacobi 迭代计算结果相比, 可以明显看出, 在此例中 G-S 迭代需要的迭代计算步数更少. ■

表 3.2 迭代格式 (3.25) 的数值计算结果

k	$x_1^{(k)}$	$x_2^{(k)}$	$x_3^{(k)}$	$x_4^{(k)}$	$\left\|\boldsymbol{x}^{(k)} - \boldsymbol{x}^{(k-1)}\right\|_\infty$
1	1.0000	1.8333	−0.4833	0.8729	1.8333
2	0.9037	1.8085	−0.9366	0.9202	0.4532
3	1.0072	1.9941	−0.9581	0.9926	0.1856
4	0.9913	1.9837	−0.9964	0.9934	0.0383
5	1.0010	2.0002	−0.9965	0.9996	0.0165
6	0.9992	1.9986	−0.9998	0.9994	0.0033
7	1.0001	2.0001	−0.9997	1.0000	0.0015
8	0.9999	1.9999	−1.0000	1.0000	2.9224e−04

前面介绍的两种迭代算法中, 由于 G-S 迭代法充分利用了新的信息, 在一般情况下它的计算速度快于 Jacobi 迭代法. 需要说明的是, 这一结论并不总成立, 有可能出现 G-S 迭代比 Jacobi 迭代收敛速度慢的情况, 甚至出现 Jacobi 迭代收敛, 而 G-S 迭代发散的例子 (见课后习题 3).

3.3.3 逐次超松弛迭代法 (SOR 迭代法)

使用迭代法求解线性方程组时, 每次迭代都是计算矩阵与向量的乘积, 总的计算量取决于迭代过程需要的次数, 迭代次数决定了迭代法的收敛速度. 如果收敛速度过慢, 则会使得计算量过大而失去使用价值. 因此, 人们一直希望能够对现有迭代格式进行加速以降低迭代步数、减少计算量. 逐次超松弛 (successive-over-relaxation, SOR) 迭代就是一种对 G-S 迭代的加速方法.

超松弛是一种应用非常广泛的加速技术, 其基本思想是利用已经计算出来的近似解进行加权平均以提高迭代过程的收敛速度.

仍然以三阶线性方程组的求解为例说明 SOR 迭代法的基本思想.

假设已经有第 k 步的近似解 $\boldsymbol{x}^{(k)}$, 通过 G-S 迭代求出一个中间近似解 $\tilde{\boldsymbol{x}}^{(k+1)}$:

$$\begin{cases} \tilde{x}_1^{(k+1)} = \dfrac{1}{a_{11}}\left(b_1 - a_{12}x_2^{(k)} - a_{13}x_3^{(k)}\right), \\ \tilde{x}_2^{(k+1)} = \dfrac{1}{a_{22}}\left(b_2 - a_{21}\tilde{x}_1^{(k+1)} - a_{23}x_3^{(k)}\right), \qquad k = 0,1,2,\cdots, \\ \tilde{x}_3^{(k+1)} = \dfrac{1}{a_{33}}\left(b_3 - a_{31}\tilde{x}_1^{(k+1)} - a_{32}\tilde{x}_2^{(k+1)}\right), \end{cases}$$

再由 $\boldsymbol{x}^{(k)}$ 与 $\tilde{\boldsymbol{x}}^{(k+1)}$ 加权平均得到第 $k+1$ 步的近似解

$$x_i^{(k+1)} = \omega\tilde{x}_i^{(k+1)} + (1-\omega)x_i^{(k)}, \quad i = 1,2,3,$$

其中权值 $\omega > 0$ 称为**松弛因子**, 上述式子也称为**松弛公式**. 特别地, 当 $0 < \omega < 1$ 时, 称之为**低松弛公式**; 当 $\omega > 1$ 时, 称之为**超松弛公式**; 当 $\omega = 1$ 时则为 Gauss-Seidel 迭代公式.

对于一般 n 阶的线性方程组 (3.2), 设其系数矩阵的对角元素均非零, 我们可以将 SOR 迭代的步骤描述如下.

假设当前已经得到第 k 步的近似解 $\boldsymbol{x}^{(k)}$. 则第 $k+1$ 步, 对于 $i = 1,2,3,\cdots,n$, 分迭代和松弛两个子步骤计算,

(1) 迭代: $\tilde{x}_i^{(k+1)} = \dfrac{1}{a_{ii}}\left(b_i - \sum\limits_{j=1}^{i-1} a_{ij}x_j^{(i+1)} - \sum\limits_{j=i+1}^{n} a_{ij}x_j^{(k)}\right)$.

(2) 松弛: $\boldsymbol{x}^{(k+1)} = \omega\tilde{\boldsymbol{x}}^{(k+1)} + (1-\omega)\boldsymbol{x}^{(k)}$.

当松弛因子 $\omega = 1$ 时, 松弛迭代法退化为 G-S 迭代法, 因此, 松弛迭代法可以看成 G-S 迭代法的推广. 如果迭代序列 $\{\boldsymbol{x}^{(k)}\}$ 收敛, 我们可以不严格地认为新的迭代值 $\tilde{\boldsymbol{x}}^{(k+1)}$ 比 $\boldsymbol{x}^{(k)}$ 更接近于精确解 $\boldsymbol{x}^*$, 在将两者加权平均得到 $\boldsymbol{x}^{(k+1)}$ 时, $\tilde{\boldsymbol{x}}^{(k+1)}$ 的权重 ω 应该更大, 因此松弛因子倾向于取值 $\omega > 1$.

将两个子步骤合并, 可以得到求解线性方程组的 SOR 迭代算法的分量形式. 给定初始值 $(x_1^{(0)}, x_2^{(0)}, \cdots, x_n^{(0)})^{\mathrm{T}}$, 对于 $k = 0,1,2,\cdots$,

$$x_i^{(k+1)} = (1-\omega)x_i^{(k)} + \frac{\omega}{a_{ii}}\left(b_i - \sum_{j=1}^{i-1} a_{ij}x_j^{(k+1)} - \sum_{j=i+1}^{n} a_{ij}x_j^{(k)}\right), \quad i = 1,2,3,\cdots,n. \tag{3.26}$$

SOR 迭代法具有计算公式简单、编制程序容易、存储量少等优点, 非常适合于求解大规模稀疏线性方程组. 松弛因子的引入为我们设计收敛速度更快的迭代算法提供了可能. 通过下例我们将看到, 选择合适的松弛因子 ω 可以显著提高 SOR 迭代法的收敛速度, 因此, SOR 迭代法的关键是选取适当的松弛因子 ω.

例 3.4 用 SOR 迭代法求解下列方程组

$$\begin{cases} -4x_1 + x_2 + x_3 + x_4 = 1, \\ x_1 - 4x_2 + x_3 + x_4 = 1, \\ x_1 + x_2 - 4x_3 + x_4 = 1, \\ x_1 + x_2 + x_3 - 4x_4 = 1, \end{cases} \tag{3.27}$$

其中精度取 $\varepsilon = 0.5 \times 10^{-5}$.

解 取初始向量 $\boldsymbol{x}^{(0)} = (0,0,0,0)^{\mathrm{T}}$, SOR 迭代格式为

$$\begin{cases} x_1^{(k+1)} = x_1^{(k)} - \dfrac{1}{4}\omega\left(1 + 4x_1^{(k)} - x_2^{(k)} - x_3^{(k)} - x_4^{(k)}\right), \\ x_2^{(k+1)} = x_2^{(k)} - \dfrac{1}{4}\omega\left(1 - x_1^{(k+1)} + 4x_2^{(k)} - x_3^{(k)} - x_4^{(k)}\right), \\ x_3^{(k+1)} = x_3^{(k)} - \dfrac{1}{4}\omega\left(1 - x_1^{(k+1)} - x_2^{(k+1)} + 4x_3^{(k)} - x_4^{(k)}\right), \\ x_4^{(k+1)} = x_4^{(k)} - \dfrac{1}{4}\omega\left(1 - x_1^{(k+1)} - x_2^{(k+1)} - x_3^{(k+1)} + 4x_4^{(k)}\right), \end{cases} \quad k = 0,1,2,\cdots. \tag{3.28}$$

表 3.3 列出了选取不同的松弛因子 ω 所需的迭代次数. 其中, 若执行迭代次数超过 1000 次, 则认为迭代发散, 用 "—" 表示.

表 3.3 SOR 迭代法求解方程组 (3.27) 的迭代次数 k

ω	0.8	0.9	1.0	1.1	1.2	1.3	1.4	1.5	1.6	1.7	1.8	1.9	2.0	2.1
k	33	27	22	18	13	12	16	20	26	37	58	122	—	—

从表 3.3 我们可以看出, 对于例 3.4, SOR 的最佳松弛因子在 1.3 附近. 当 $\omega = 1.3$ 时只需要 12 次迭代, 少于表中所列其他取值的情况. 而当 $\omega = 2$ 以上时, 迭代式发散. 这说明, 在 SOR 迭代法中, 松弛因子的选择非常重要, 恰当的松弛因子会使 SOR 迭代法的收敛速度大大加快.

为了便于讨论 SOR 迭代法的收敛性, 我们同样地建立 SOR 迭代法的矩阵形式.

利用 $\boldsymbol{A} = \boldsymbol{D} - \boldsymbol{L} - \boldsymbol{U}$, 直接将分量形式 (3.26) 改写成向量形式:

$$\boldsymbol{x}^{(k+1)} = (1-\omega)\boldsymbol{x}^{(k)} + \omega\boldsymbol{D}^{-1}\left(\boldsymbol{b} + \boldsymbol{L}\boldsymbol{x}^{(k+1)} + \boldsymbol{U}\boldsymbol{x}^{(k)}\right).$$

对上式进行整理得到 SOR 迭代法的矩阵形式

$$\boldsymbol{x}^{(k+1)}=(\boldsymbol{D}-\omega\boldsymbol{L})^{-1}\left[(1-\omega)\boldsymbol{D}+\omega\boldsymbol{U}\right]\boldsymbol{x}^{(k)}+\omega(\boldsymbol{D}-\omega\boldsymbol{L})^{-1}b\triangleq\boldsymbol{B}_\omega\boldsymbol{x}^{(k)}+\boldsymbol{f},\tag{3.29}$$

其中 $\boldsymbol{B}_\omega=(\boldsymbol{D}-\omega\boldsymbol{L})^{-1}\left[(1-\omega)\boldsymbol{D}+\omega\boldsymbol{U}\right]$ 称为 **SOR 迭代矩阵**, $\boldsymbol{f}=\omega(\boldsymbol{D}-\omega\boldsymbol{L})^{-1}\boldsymbol{b}$.

3.4　几种经典迭代法的收敛性

在 3.2 节中, 我们讨论了一般迭代格式的收敛性, 3.3 节则介绍了线性方程组的三种典型迭代格式, 本节将具体地针对 Jacobi 迭代、G-S 迭代以及 SOR 迭代格式, 在系数矩阵为严格对角占优以及实对称正定等条件下, 分别讨论其收敛性.

定义 3.3 (严格对角占优矩阵)　若矩阵 $\boldsymbol{A}\in\mathbb{R}^{n\times n}$ 的每行中, 对角元素的绝对值都严格大于该行其他元素的绝对值之和, 即

$$|a_{ii}|>\sum_{j=1,j\neq i}^{n}|a_{ij}|,\quad i=1,2,3,\cdots,n,\tag{3.30}$$

则称矩阵 $\boldsymbol{A}$ 是**严格行对角占优**的. 类似地可以定义**严格列对角占优矩阵**. 矩阵按行或列严格对角占优时, 统称为**严格对角占优矩阵**.

引理 3.1　若矩阵 $\boldsymbol{A}$ 是严格对角占优的, 则 $\boldsymbol{A}$ 非奇异.

证明　由于矩阵 $\boldsymbol{A}$ 与其转置矩阵 $\boldsymbol{A}^{\mathrm{T}}$ 有相同的奇异性, 且矩阵 $\boldsymbol{A}$ 按列严格对角占优等价于矩阵 $\boldsymbol{A}^{\mathrm{T}}$ 按行严格对角占优, 因此, 只需证明 $\boldsymbol{A}$ 按行严格对角占优时非奇异即可.

反设严格行对角占优矩阵 $\boldsymbol{A}$ 是奇异矩阵, 则齐次方程

$$\boldsymbol{Ax}=\boldsymbol{0}$$

存在非零解 $\boldsymbol{x}$. 特别地, 取 $|x_i|=\|\boldsymbol{x}\|_\infty=\max\limits_{1\leqslant k\leqslant n}|x_k|\neq 0$, 则由上式得到

$$a_{ii}x_i=-\sum_{j=1,j\neq i}^{n}a_{ij}x_j,$$

故有

$$|a_{ii}|=\left|\sum_{j=1,j\neq i}^{n}a_{ij}\frac{x_j}{x_i}\right|\leqslant\sum_{j=1,j\neq i}^{n}|a_{ij}|\cdot\left|\frac{x_j}{x_i}\right|\leqslant\sum_{j=1,j\neq i}^{n}|a_{ij}|,$$

与矩阵按行严格对角占优矛盾. 因此假设错误, 定理 3.1 的结论成立. ■

定理 3.5 设系数矩阵 $\boldsymbol{A}$ 的对角元素 $a_{ii} \neq 0, i = 1, 2, \cdots, n$, 且 SOR 迭代法 (3.29) 收敛, 则必有松弛因子

$$0 < \omega < 2. \tag{3.31}$$

证明 设 SOR 迭代法收敛, 根据迭代法收敛的充分必要条件可知, $\rho(\boldsymbol{B}_\omega) < 1$. 设 $\boldsymbol{B}_\omega$ 的特征值为 $\lambda_1, \lambda_2, \cdots, \lambda_n$, 则

$$|\det(\boldsymbol{B}_\omega)| = |\lambda_1 \lambda_2 \cdots \lambda_n| \leqslant (\rho(\boldsymbol{B}_\omega))^n,$$

于是

$$|\det(\boldsymbol{B}_\omega)| \leqslant (\rho(\boldsymbol{B}_\omega))^n < 1.$$

又

$$\det(\boldsymbol{B}_\omega) = \det\left((\boldsymbol{D} - \omega \boldsymbol{L})^{-1}\right) \det\left((1-\omega)\boldsymbol{D} + \omega \boldsymbol{U}\right) = (1-\omega)^n,$$

所以 $|\omega - 1| < 1$, 由此知 $0 < \omega < 2$ 成立. ■

该定理说明采用 SOR 迭代求解一般线性方程组 (3.2) 时, 只有取松弛因子 $\omega \in (0, 2)$ 才可能收敛.

由于 G-S 迭代法是 SOR 迭代法中取 $\omega = 1$ 的特例, 因此, 下面关于收敛性的讨论主要考虑 Jacobi 迭代法和 SOR 迭代法. 事实上, 对于严格对角占优线性方程组, 我们有如下结论.

定理 3.6 若系数矩阵 $\boldsymbol{A}$ 严格对角占优, 则求解线性方程组 (3.2) 时有下列结论:

(1) Jacobi 迭代法收敛;

(2) 当 $0 < \omega \leqslant 1$ 时, SOR 迭代法收敛.

证明 (1) 首先讨论行严格对角占优时 Jacobi 迭代法的收敛性.

Jacobi 迭代矩阵的特征多项式为

$$\det(\lambda \boldsymbol{I} - \boldsymbol{B}_{\mathrm{J}}) = \det(\lambda \boldsymbol{I} - \boldsymbol{D}^{-1}(\boldsymbol{L} + \boldsymbol{U})) = \det(\boldsymbol{D}^{-1}) \det(\lambda \boldsymbol{D} - \boldsymbol{L} - \boldsymbol{U}).$$

记 $\boldsymbol{J}_{\boldsymbol{D}} = \lambda \boldsymbol{D} - \boldsymbol{L} - \boldsymbol{U} = (c_{ij})$, 易知

$$c_{ij} = \begin{cases} \lambda a_{ii}, & i = j, \\ a_{ij}, & i \neq j. \end{cases}$$

若 $|\lambda| \geqslant 1$, 利用矩阵 $\boldsymbol{A}$ 的严格对角占优的假设, 有

$$|c_{ii}| = |\lambda| \cdot |a_{ii}| > |\lambda| \cdot \sum_{j=1, j\neq i}^{n} |a_{ij}| \geqslant \sum_{j=1, j\neq i}^{n} |a_{ij}| = \sum_{j=1, j\neq i}^{n} |c_{ij}|.$$

这说明矩阵 $\boldsymbol{J_D}$ 也是严格对角占优的, 因此 $\boldsymbol{J_D}$ 非奇异, $\det(\lambda \boldsymbol{I} - \boldsymbol{B}_{\mathrm{J}}) \neq 0$, 这就证明了 Jacobi 迭代矩阵 $\boldsymbol{B}_{\mathrm{J}}$ 的所有特征值均满足 $|\lambda| < 1$, 所以 Jacobi 迭代法一定收敛.

(2) 对于 SOR 迭代法, 其迭代矩阵为 $\boldsymbol{B}_\omega = (\boldsymbol{D} - \omega \boldsymbol{L})^{-1}[(1-\omega)\boldsymbol{D} + \omega \boldsymbol{U}]$, 对应的特征多项式为

$$\begin{aligned}\det(\lambda \boldsymbol{I} - \boldsymbol{B}_\omega) &= \det(\boldsymbol{D} - \omega \boldsymbol{L})^{-1} \det\left(\lambda(\boldsymbol{D} - \omega \boldsymbol{L}) - (1-\omega)\boldsymbol{D} - \omega \boldsymbol{U}\right) \\ &= \det(\boldsymbol{D} - \omega \boldsymbol{L})^{-1} \det\left((\lambda - 1 + \omega)\boldsymbol{D} - \lambda\omega \boldsymbol{L} - \omega \boldsymbol{U}\right).\end{aligned}$$

记 $\boldsymbol{G} = (\lambda - 1 + \omega)\boldsymbol{D} - \lambda\omega \boldsymbol{L} - \omega \boldsymbol{U} = (g_{ij})_{n\times n}$, 其中

$$g_{ij} = \begin{cases} (\lambda - 1 + \omega)a_{ii}, & i = j, \\ \lambda\omega a_{ij}, & i > j, \\ \omega a_{ij}, & i < j. \end{cases}$$

注意到 $0 < \omega \leqslant 1$, 如果 $|\lambda| \geqslant 1$, 则有

$$\begin{aligned}&|\lambda + \omega - 1| \cdot |a_{ii}| - \sum_{j=1}^{i-1} |\lambda\omega| \cdot |a_{ij}| - \sum_{j=i+1}^{n} |\omega| \cdot |a_{ij}| \\ \geqslant\ & (|\lambda| + \omega - 1)\,|a_{ii}| - |\lambda|\,\omega \cdot \sum_{j=1}^{i-1} |a_{ij}| - \omega \sum_{j=i+1}^{n} |a_{ij}| \\ >\ & (|\lambda| + \omega - 1)\left(\sum_{j=1}^{i-1} |a_{ij}| + \sum_{j=i+1}^{n} |a_{ij}|\right) - |\lambda|\,\omega \cdot \sum_{j=1}^{i-1} |a_{ij}| - \omega \sum_{j=i+1}^{n} |a_{ij}| \\ =\ & (|\lambda| - 1)(1 - \omega) \sum_{j=1}^{i-1} |a_{ij}| + (|\lambda| - 1) \sum_{j=i+1}^{n} |a_{ij}| \geqslant 0.\end{aligned}$$

上述不等式表明矩阵 $\boldsymbol{G}$ 是严格对角占优的. 这说明, 当 $0 < \omega \leqslant 1$ 时, $|\lambda| \geqslant 1$ 不可能是 $\boldsymbol{B}_\omega$ 的特征值, 因此有 $\rho(\boldsymbol{B}_\omega) < 1$, SOR 迭代法收敛. ∎

由于 G-S 迭代法是 SOR 迭代法中取 $\omega = 1$ 的特例, 由定理 3.6, 我们可以得到下列推论.

推论 3.2 当系数矩阵 $\boldsymbol{A}$ 严格对角占优时, Gauss-Seidel 迭代法收敛.

若系数矩阵 $\boldsymbol{A}$ 是实对称正定矩阵, 则有下面的结果.

定理 3.7 设 $\boldsymbol{A}$ 是实对称正定矩阵, 则

(1) 当 $0 < \omega < 2$ 时, SOR 迭代法收敛;

(2) Jacobi 迭代法收敛的充分必要条件为 $\boldsymbol{A}$ 及 $2\boldsymbol{D}-\boldsymbol{A}$ 均为正定矩阵, 其中 $\boldsymbol{D}=\mathrm{diag}\{a_{11},a_{22},\cdots,a_{nn}\}$.

证明 (1) 设 λ 是 $\boldsymbol{B}_\omega$ 的任一特征值, 在定理条件下只需证明 $|\lambda|<1$ 即可.

事实上, 设 $\boldsymbol{x}$ 为对应于 λ 的特征向量, 即

$$\boldsymbol{B}_\omega\boldsymbol{x}=\lambda\boldsymbol{x},\quad \boldsymbol{x}\neq\boldsymbol{0},$$

此即

$$((1-\omega)\boldsymbol{D}+\omega\boldsymbol{U})\,\boldsymbol{x}=\lambda(\boldsymbol{D}-\omega\boldsymbol{L})\boldsymbol{x}.$$

两边与 $\boldsymbol{x}$ 作数量积得

$$(((1-\omega)\boldsymbol{D}+\omega\boldsymbol{U})\,\boldsymbol{x},\boldsymbol{x})=\lambda\,((\boldsymbol{D}-\omega\boldsymbol{L})\boldsymbol{x},\boldsymbol{x})\,.$$

于是

$$\lambda=\frac{(\boldsymbol{D}\boldsymbol{x},\boldsymbol{x})-\omega(\boldsymbol{D}\boldsymbol{x},\boldsymbol{x})+\omega(\boldsymbol{U}\boldsymbol{x},\boldsymbol{x})}{(\boldsymbol{D}\boldsymbol{x},\boldsymbol{x})-\omega(\boldsymbol{L}\boldsymbol{x},\boldsymbol{x})}.$$

由 $\boldsymbol{x}\neq\boldsymbol{0}$ 以及 $\boldsymbol{A}$ 正定有

$$(\boldsymbol{D}\boldsymbol{x},\boldsymbol{x})=\sum_{i=1}^{n}a_{ii}\left|x_i\right|^2\equiv\sigma>0.$$

记 $-(\boldsymbol{L}\boldsymbol{x},\boldsymbol{x})=\alpha+\mathrm{i}\beta$. 由于 $\boldsymbol{A}=\boldsymbol{A}^{\mathrm{T}}$, 所以 $\boldsymbol{U}=\boldsymbol{L}^{\mathrm{T}}$, 进而有

$$-(\boldsymbol{U}\boldsymbol{x},\boldsymbol{x})=-(\boldsymbol{x},\boldsymbol{L}\boldsymbol{x})=-\overline{(\boldsymbol{L}\boldsymbol{x},\boldsymbol{x})}=\alpha-\mathrm{i}\beta,$$

$$0<(\boldsymbol{A}\boldsymbol{x},\boldsymbol{x})=((\boldsymbol{D}-\boldsymbol{L}-\boldsymbol{U})\boldsymbol{x},\boldsymbol{x})=\sigma+2\alpha.$$

故

$$\lambda=\frac{(\sigma-\omega\sigma-\alpha\omega)+\mathrm{i}\omega\beta}{(\sigma+\alpha\omega)+\mathrm{i}\omega\beta}.$$

从而

$$|\lambda|^2=\frac{(\sigma-\omega\sigma-\alpha\omega)^2+\omega^2\beta^2}{(\sigma+\alpha\omega)^2+\omega^2\beta^2}.$$

当 $0<\omega<2$ 时,

$$(\sigma-\omega\sigma-\alpha\omega)^2-(\sigma+\alpha\omega)^2=\omega\sigma(\sigma+2\alpha)(\omega-2)<0,$$

即有 $|\lambda|<1$. 故 SOR 迭代法收敛.

(2) 由已知条件知 $\boldsymbol{D}$ 为实对称正定矩阵. 对任意 $\alpha \in \mathbb{R}$, 记 $\boldsymbol{D}^{\alpha} = \mathrm{diag}\{a_{11}^{\alpha}, a_{22}^{\alpha}, \cdots, a_{nn}^{\alpha}\}$. 则 Jacobi 迭代法的迭代矩阵为

$$\boldsymbol{B}_{\mathrm{J}} = \boldsymbol{D}^{-1}(\boldsymbol{D}-\boldsymbol{A}) = \boldsymbol{I} - \boldsymbol{D}^{-1}\boldsymbol{A} = \boldsymbol{D}^{-\frac{1}{2}}\left(\boldsymbol{I} - \boldsymbol{D}^{-\frac{1}{2}}\boldsymbol{A}\boldsymbol{D}^{-\frac{1}{2}}\right)\boldsymbol{D}^{\frac{1}{2}}.$$

由于 $\boldsymbol{A}$ 为对称矩阵, 则 $\boldsymbol{D}^{-\frac{1}{2}}\boldsymbol{A}\boldsymbol{D}^{-\frac{1}{2}}, \boldsymbol{I} - \boldsymbol{D}^{-\frac{1}{2}}\boldsymbol{A}\boldsymbol{D}^{-\frac{1}{2}}, 2\boldsymbol{I} - \boldsymbol{D}^{-\frac{1}{2}}\boldsymbol{A}\boldsymbol{D}^{-\frac{1}{2}}$ 均为对称矩阵, 它们的特征值均为实数. $\boldsymbol{B}_{\mathrm{J}}$ 与 $\boldsymbol{I} - \boldsymbol{D}^{-\frac{1}{2}}\boldsymbol{A}\boldsymbol{D}^{-\frac{1}{2}}$ 相似, 其特征值也全为实数.

先证必要性. 若 Jacobi 迭代法收敛, 则由定理 3.3 知 $\rho(\boldsymbol{B}_{\mathrm{J}})<1$, 设 $\boldsymbol{D}^{-\frac{1}{2}}\boldsymbol{A}\boldsymbol{D}^{-\frac{1}{2}}$ 的特征值为 μ, 则 $\boldsymbol{B}_{\mathrm{J}}$ 的特征值为 $1-\mu$, 有 $|1-\mu| < 1$, 即 $\mu \in (0,2)$. 故 $\boldsymbol{D}^{-\frac{1}{2}}\boldsymbol{A}\boldsymbol{D}^{-\frac{1}{2}}$ 正定. 而对任意 $\boldsymbol{x} \notin \mathbb{R}^n, \boldsymbol{x} \neq \boldsymbol{0}$, 有

$$\left(\boldsymbol{D}^{-\frac{1}{2}}\boldsymbol{A}\boldsymbol{D}^{-\frac{1}{2}}\boldsymbol{x}, \boldsymbol{x}\right) = \left(\boldsymbol{A}\boldsymbol{D}^{-\frac{1}{2}}\boldsymbol{x}, \boldsymbol{D}^{-\frac{1}{2}}\boldsymbol{x}\right) > 0,$$

从而 $\boldsymbol{A}$ 正定. 又 $2\boldsymbol{I}-\boldsymbol{D}^{-\frac{1}{2}}\boldsymbol{A}\boldsymbol{D}^{-\frac{1}{2}}$ 的特征值为 $2-\mu \in (0,2)$, 因此 $2\boldsymbol{I}-\boldsymbol{D}^{-\frac{1}{2}}\boldsymbol{A}\boldsymbol{D}^{-\frac{1}{2}}$ 也是正定矩阵, 由

$$2\boldsymbol{D} - \boldsymbol{A} = \boldsymbol{D}^{\frac{1}{2}}\left(2\boldsymbol{I} - \boldsymbol{D}^{-\frac{1}{2}}\boldsymbol{A}\boldsymbol{D}^{-\frac{1}{2}}\right)\boldsymbol{D}^{\frac{1}{2}}$$

可知 $2\boldsymbol{D} - \boldsymbol{A}$ 亦正定.

再证充分性. 由 $\boldsymbol{A}$ 正定可知 $\boldsymbol{D}^{-\frac{1}{2}}\boldsymbol{A}\boldsymbol{D}^{-\frac{1}{2}}$ 正定, 其特征值均大于 0. 故 $\boldsymbol{I} - \boldsymbol{D}^{-\frac{1}{2}}\boldsymbol{A}\boldsymbol{D}^{-\frac{1}{2}}$ 的特征值皆小于 1, 即 $\boldsymbol{B}_{\mathrm{J}}$ 的特征值小于 1. 又因 $2\boldsymbol{D} - \boldsymbol{A}$ 正定, 可知 $\boldsymbol{D}^{-\frac{1}{2}}(2\boldsymbol{D} - \boldsymbol{A})\boldsymbol{D}^{-\frac{1}{2}}$ 正定, 其特征值大于 0, 故 $\boldsymbol{I} - \boldsymbol{D}^{-\frac{1}{2}}(2\boldsymbol{D} - \boldsymbol{A})\boldsymbol{D}^{-\frac{1}{2}}$ 的特征值小于 1, 又由于

$$-\boldsymbol{B}_{\mathrm{J}} = \boldsymbol{D}^{-1}\boldsymbol{A} - \boldsymbol{I} = \boldsymbol{I} - \left(2\boldsymbol{I} - \boldsymbol{D}^{-1}\boldsymbol{A}\right) = \boldsymbol{D}^{-\frac{1}{2}}\left(\boldsymbol{I} - \boldsymbol{D}^{-\frac{1}{2}}(2\boldsymbol{D} - \boldsymbol{A})\boldsymbol{D}^{-\frac{1}{2}}\right)\boldsymbol{D}^{\frac{1}{2}},$$

从而 $-\boldsymbol{B}_{\mathrm{J}}$ 的特征值也小于 1, 因此有 $\rho(\boldsymbol{B}_{\mathrm{J}}) < 1$, 故 Jacobi 迭代法收敛. ■

例 3.5　分别采用 Jacobi 迭代法、G-S 迭代法以及 SOR 迭代法求解方程组 $\boldsymbol{A}\boldsymbol{x} = \boldsymbol{b}$, 判断其收敛性, 其中矩阵 $\boldsymbol{A}$ 分别为

(1) $\boldsymbol{A} = \begin{bmatrix} 2 & 1 & -1 \\ 1 & 3 & 2 \\ -1 & 2 & 5 \end{bmatrix}$;

(2) $\boldsymbol{A} = \begin{bmatrix} 1 & 0.5 & 0.5 \\ 0.5 & 1 & 0.5 \\ 0.5 & 0.5 & 1 \end{bmatrix}$;

$$(3)\ \boldsymbol{A}=\begin{bmatrix}2 & \lambda_1 & & & & \\ \mu_2 & 2 & \lambda_2 & & & \\ & \mu_3 & 2 & \lambda_3 & & \\ & & \ddots & \ddots & \ddots & \\ & & & \mu_{n-2} & 2 & \lambda_{n-2} \\ & & & & \mu_{n-1} & 2\end{bmatrix},\ 0<\lambda_1<2,\ 0<\mu_{n-1}<2,$$

$\lambda_i>0,\ \mu_i>0, i=2,3,\cdots,n-2; \lambda_i+\mu_i=1, i=2,3,\cdots,n-2.$

解 (1) 显然矩阵 $\boldsymbol{A}$ 对称, 其顺序主子式满足

$$\Delta_1=2>0,\quad \Delta_2=5>0,\quad \Delta_3=10>0,$$

故矩阵 $\boldsymbol{A}$ 是实对称正定矩阵. 又

$$2\boldsymbol{D}-\boldsymbol{A}=\begin{bmatrix}2 & -1 & 1\\ -1 & 3 & -2\\ 1 & -2 & 5\end{bmatrix}$$

也是实对称矩阵, 且其顺序主子式满足

$$\Delta_1=2>0,\quad \Delta_2=5>0,\quad \Delta_3=18>0,$$

故 $2\boldsymbol{D}-\boldsymbol{A}$ 也是正定矩阵. 由定理 3.7(2) 知, Jacobi 迭代法收敛, SOR 迭代法在 $0<\omega<2$ 时也收敛, 因而 G-S 迭代法收敛.

(2) 易验证 $\boldsymbol{A}$ 对称正定, 但是 $\det(2\boldsymbol{D}-\boldsymbol{A})=0$, 故 $2\boldsymbol{D}-\boldsymbol{A}$ 不是正定矩阵, 由定理 3.7 知, Jacobi 迭代法发散, 但是当 $0<\omega<2$ 时, SOR 迭代法收敛.

(3) 易验证 $\boldsymbol{A}$ 为严格行对角占优矩阵, 故 Jacobi 迭代法与 $0<\omega\leqslant 1$ 时的 SOR 迭代法均收敛.

例 3.6 对于方程组

$$\begin{cases} x_1-4x_2+x_3+x_4=1,\\ -4x_1+x_2+x_3+x_4=1,\\ x_1+x_2+x_3-4x_4=1,\\ x_1+x_2-4x_3+x_4=1, \end{cases}$$

试写出一个有收敛性保证的迭代格式.

解 在上述方程组中, 分别交换第一和第二以及第三和第四个方程的次序, 得到下列方程组

$$\begin{cases} -4x_1 + x_2 + x_3 + x_4 = 1, \\ x_1 - 4x_2 + x_3 + x_4 = 1, \\ x_1 + x_2 - 4x_3 + x_4 = 1, \\ x_1 + x_2 + x_3 - 4x_4 = 1. \end{cases}$$

此时的系数矩阵

$$\boldsymbol{A} = \begin{bmatrix} -4 & 1 & 1 & 1 \\ 1 & -4 & 1 & 1 \\ 1 & 1 & -4 & 1 \\ 1 & 1 & 1 & -4 \end{bmatrix}$$

是严格对角占优的, 故 Jacobi 迭代法与 $0 < \omega \leqslant 1$ 时的 SOR 迭代法均收敛. 相应的迭代格式分别为

$$\begin{cases} x_1^{(k+1)} = -\frac{1}{4}(1 - x_2^{(k)} - x_3^{(k)} - x_4^{(k)}), \\ x_2^{(k+1)} = -\frac{1}{4}(1 - x_1^{(k)} - x_3^{(k)} - x_4^{(k)}), \\ x_3^{(k+1)} = -\frac{1}{4}(1 - x_1^{(k)} - x_2^{(k)} - x_4^{(k)}), \\ x_4^{(k+1)} = -\frac{1}{4}(1 - x_1^{(k)} - x_2^{(k)} - x_3^{(k)}), \end{cases} \quad k = 0, 1, 2, \cdots$$

与

$$\begin{cases} x_1^{(k+1)} = x_1^{(k)} - \frac{1}{4}\omega(1 + 4x_1^{(k)} - x_2^{(k)} - x_3^{(k)} - x_4^{(k)}), \\ x_2^{(k+1)} = x_2^{(k)} - \frac{1}{4}\omega(1 - x_1^{(k+1)} + 4x_2^{(k)} - x_3^{(k)} - x_4^{(k)}), \\ x_3^{(k+1)} = x_3^{(k)} - \frac{1}{4}\omega(1 - x_1^{(k+1)} - x_2^{(k+1)} + 4x_3^{(k)} - x_4^{(k)}), \\ x_4^{(k+1)} = x_4^{(k)} - \frac{1}{4}\omega(1 - x_1^{(k+1)} - x_2^{(k+1)} - x_3^{(k+1)} + 4x_4^{(k)}), \end{cases} \quad k = 0, 1, 2, \cdots.$$

第 3 章评注

本章介绍了解线性方程组几种经典迭代算法: Jacobi 迭代、Gauss-Seidel 迭代和逐次超松弛迭代. 迭代法是求解大规模稀疏线性方程组的主要方法, 在科学

与工程计算中应用十分普遍, 但是本章介绍的仅仅是几种最基本的方法. 许多方法充分利用了系数矩阵的特殊结构, 可以获得更高的求解效率, 例如求解实对称线性方程组的最速下降法、共轭梯度法等. 另外, 本章没有特别讨论病态线性方程组的求解方法, 事实上, 病态线性系统求解是数值分析中十分重要的研究内容, 往往也是工程技术中极具挑战的难点和关键所在. 对于这类问题, 一种常用的策略是预条件方法, 也即将问题转化为一个 (近似) 等价的良态问题进行求解, 关于预条件子的构造有许多研究工作, 感兴趣的读者可以参考文献 [8]. 此外, 对于大规模线性方程组, 如何结合计算机结构, 使得存储、计算和通信代价都尽可能节省, 直接影响迭代算法的实际执行效率, 关心该主题的读者可以参阅数值线性代数相关书籍并了解 LAPACK, ScaLAPACK 等数值计算软件包.

最后需要指出的是, 方程 (组) 的求解和最优化问题求解密切相关. 例如, 第 2 章和第 3 章讨论的主题是线性方程组求解, 在某些条件下对应于求二次优化问题的稳定点; 下一章将介绍的非线性方程 (组) 则与一般的光滑优化之间存在紧密联系.

习 题 3

1. 对方程组

$$\begin{bmatrix} 5 & 2 & 2 \\ 2 & 5 & 4 \\ 2 & 4 & 5 \end{bmatrix} \begin{bmatrix} x_1 \\ x_2 \\ x_3 \end{bmatrix} = \begin{bmatrix} 1 \\ 1 \\ 0 \end{bmatrix},$$

分别判断用 Jacobi 迭代法与 G-S 迭代法求解此方程组的收敛性.

2. 给定方程组

$$\begin{bmatrix} 2 & -1 & 1 \\ 1 & 1 & 1 \\ 1 & 1 & -2 \end{bmatrix} \begin{bmatrix} x_1 \\ x_2 \\ x_3 \end{bmatrix} = \begin{bmatrix} 1 \\ 1 \\ 0 \end{bmatrix},$$

证明: 求解该方程组的 Jacobi 迭代法发散而 G-S 迭代法收敛.

3. 给定方程组

$$\begin{bmatrix} 1 & 2 & -2 \\ 1 & 1 & 1 \\ 2 & 2 & 1 \end{bmatrix} \begin{bmatrix} x_1 \\ x_2 \\ x_3 \end{bmatrix} = \begin{bmatrix} 1 \\ 1 \\ 0 \end{bmatrix},$$

证明: 求解该方程组的 Jacobi 迭代法收敛而 G-S 迭代法发散.

4. 设 $\boldsymbol{A} \in \mathbb{R}^{2\times 2}$, 且 $a_{ii} \neq 0, i = 1, 2$. 证明: 求解线性方程组 $\boldsymbol{Ax} = \boldsymbol{b}$ 的 Jacobi 迭代法与 G-S 迭代法同时收敛或同时发散.

5. 设矩阵 $\boldsymbol{A}$ 为

$$\boldsymbol{A} = \begin{bmatrix} 1 & a & a \\ a & 1 & a \\ a & a & 1 \end{bmatrix},$$

且求解方程组 $\boldsymbol{Ax}=\boldsymbol{b}$ 的 Jacobi 迭代法收敛, 试求实数 a 的取值范围.

6. 设

$$\boldsymbol{A}=\begin{bmatrix}3 & 0 & -2\\ 0 & 2 & 1\\ -2 & 1 & 2\end{bmatrix},$$

分别用 Jacobi 迭代法与 G-S 迭代法求解方程组 $\boldsymbol{Ax}=\boldsymbol{b}$, 并比较两者的收敛速度.

7. 设求解方程组 $\boldsymbol{Ax}=\boldsymbol{b}$ 的简单迭代法

$$\boldsymbol{x}^{(k+1)}=\boldsymbol{Bx}^{(k)}+\boldsymbol{g},\quad k=0,1,2,\cdots$$

收敛. 证明: 当 $0<\omega<1$ 时, 迭代法

$$\boldsymbol{x}^{(k+1)}=[(1-\omega)\boldsymbol{I}+\omega\boldsymbol{B}]\boldsymbol{x}^{(k)}+\omega\boldsymbol{g},\quad k=0,1,2,\cdots$$

也收敛.

8. 设 $\boldsymbol{B}$ 为正交矩阵, $\boldsymbol{A}=2\boldsymbol{I}-\boldsymbol{B}$. 证明: 求解方程组 $\boldsymbol{A}^{\mathrm{T}}\boldsymbol{Ax}=\boldsymbol{b}$ 的 G-S 迭代法收敛.

9. 设 $\boldsymbol{A}$ 为实对称正定矩阵, 证明: 对于 Jacobi 松弛迭代法 (JOR 迭代法)

$$\boldsymbol{x}^{(k+1)}=\boldsymbol{x}^{(k)}-\omega\boldsymbol{D}^{-1}(\boldsymbol{b}-\boldsymbol{Ax}^{(k)}),\quad k=0,1,2,\cdots,$$

总存在某个 $\omega>0$, 使得 JOR 迭代法收敛.

10. 设 $\boldsymbol{A}$ 为实对称正定矩阵, 求解方程组 $\boldsymbol{Ax}=\boldsymbol{b}$ 的迭代公式为

$$\boldsymbol{x}^{(k+1)}=\boldsymbol{x}^{(k)}+\omega(\boldsymbol{b}-\boldsymbol{Ax}^{(k)}),\quad k=0,1,2,\cdots.$$

证明: 当松弛因子 ω 满足 $0<\omega<2/\rho(\boldsymbol{A})$ 时, 上述迭代法收敛, 其中 $\rho(\boldsymbol{A})$ 表示 $\boldsymbol{A}$ 的谱半径.

上机实验题

1. 试编写用 Jacobi 迭代法和 G-S 迭代法求解线性方程组 $\boldsymbol{Ax}=\boldsymbol{b}$ 的程序, 并求解下列方程组

(1) $\begin{bmatrix}7 & -1 & 2\\ 2 & 8 & 3\\ 1 & -3 & 9\end{bmatrix}\begin{bmatrix}x_1\\ x_2\\ x_3\end{bmatrix}=\begin{bmatrix}1\\ 2\\ 1\end{bmatrix}$;

(2) $\begin{bmatrix}8 & -2 & 1 & 3\\ 1 & 9 & 2 & -1\\ 2 & 1 & 10 & 3\\ -3 & -1 & 1 & 11\end{bmatrix}\begin{bmatrix}x_1\\ x_2\\ x_3\\ x_4\end{bmatrix}=\begin{bmatrix}1\\ 0\\ -1\\ 0\end{bmatrix}$.

其中初始向量分别为 $\boldsymbol{x}^{(0)}=(0,0,1)^{\mathrm{T}}$ 与 $\boldsymbol{x}^{(0)}=(0,0,0,0)^{\mathrm{T}}$, 迭代终止条件为

$$\left\|\boldsymbol{x}^{(k+1)}-\boldsymbol{x}^{(k)}\right\|_{\infty}<10^{-6}.$$

2. 试编写用 Jacobi 迭代法和 G-S 迭代法求解 n 阶 Hilbert 线性方程组 $\boldsymbol{H}_n\boldsymbol{x}=\boldsymbol{b}$ 的标准程序, 其中 $\boldsymbol{b}$ 为任意非零向量,

$$\boldsymbol{H}_n=\begin{bmatrix} 1 & \dfrac{1}{2} & \dfrac{1}{3} & \cdots & \dfrac{1}{n} \\ \dfrac{1}{2} & \dfrac{1}{3} & \dfrac{1}{4} & \cdots & \dfrac{1}{n+1} \\ \dfrac{1}{3} & \dfrac{1}{4} & \dfrac{1}{5} & \cdots & \dfrac{1}{n+2} \\ \vdots & \vdots & \vdots & & \vdots \\ \dfrac{1}{n} & \dfrac{1}{n+1} & \dfrac{1}{n+2} & \cdots & \dfrac{1}{2n-1} \end{bmatrix},\quad n=3,4,\cdots,10,$$

迭代终止条件为 $\left\|\boldsymbol{x}^{(k+1)}-\boldsymbol{x}^{(k)}\right\|_\infty<10^{-6}$, 并尝试分析迭代法的收敛性.

3. 试编写用 SOR 迭代法求解线性方程组 $\boldsymbol{A}\boldsymbol{x}=\boldsymbol{b}$ 的标准程序, 并求解下列方程组:

$$\begin{bmatrix} 8 & 1 & 2 & 3 \\ 1 & 9 & 2 & 2 \\ 2 & 2 & 10 & -1 \\ 3 & 2 & -1 & 11 \end{bmatrix}\begin{bmatrix} x_1 \\ x_2 \\ x_3 \\ x_4 \end{bmatrix}=\begin{bmatrix} 1 \\ 0 \\ -1 \\ 1 \end{bmatrix},$$

其中初始向量为 $\boldsymbol{x}^{(0)}=(0,0,0,0)^{\mathrm{T}}$, 迭代终止条件为 $\left\|\boldsymbol{x}^{(k+1)}-\boldsymbol{x}^{(k)}\right\|_\infty<10^{-5}$, 比较松弛因子分别取 $\omega=0.50,\omega=1.00,\omega=1.50$ 时所需要的迭代次数.

第 4 章 非线性方程求解的迭代法

4.1 引　　言

在科学与工程实践中人们经常遇到求解函数方程 $f(x) = 0$ 的问题, 其中 $f(x)$ 是多元向量值函数, 其解 x^* 称为该方程的**根**, 或函数 $f(x)$ 的零点. 特别地, 当 f 是 $\mathbb{R}^n \to \mathbb{R}^n$ 的线性映射时, $f(x) = 0$ 即为第 3 章讨论的线性方程组. 本章为简明起见, 我们假设 f 是一元非线性实值函数, 重点讨论相应的非线性方程求根问题. 另外, 若不做特殊说明, 我们总是假设 f 是连续函数. 本章基于实分析方法讨论方程求根问题, 因此仅限于讨论实根的求解问题.

对于非线性方程, 可能出现没有根、单根、有限个根或者无限个根等各种情况. 例如, 方程 $\sin x = 2$ 没有根, $\sin x = x$ 有单根, $x^4 - 1 = 0$ 有两个实根 ± 1, 而方程 $\tan x - x = 0$ 有无穷多个根. 为此, 我们首先给出重根的概念.

对于一般的函数方程 $f(x) = 0$, 与多项式方程类似, 设 $f(x)$ 可以分解为

$$f(x) = (x - x^*)^m g(x),$$

其中 m 为正的自然数, $g(x^*) \neq 0$, 此时, 称 x^* 是函数 $f(x)$ 的 m **重零点**, 或方程 $f(x) = 0$ 的 m **重根**. 易知, 若 $g(x)$ 足够光滑, 则 x^* 是方程 $f(x) = 0$ 的 m 重根的充分必要条件是

$$f(x^*) = f'(x^*) = \cdots = f^{(m-1)}(x^*) = 0, \quad f^{(m)}(x^*) \neq 0.$$

数学史上人们对代数方程, 即 $f(x)$ 是多项式的方程

$$a_0 x^n + a_1 x^{n-1} + \cdots + a_{n-1} x + a_n = 0\,, \quad a_i \in \mathbb{R}, \quad a_0 \neq 0, \quad n \geqslant 1$$

有过系统而深入的研究, 相关结果对于数学的发展影响深远.

实际问题中产生的很多方程都不能简单地用多项式来描述, 对于用非多项式描述的方程称之为**超越方程**, 如三角方程、指数方程、对数方程等. 例如在光的衍射理论中, 需要求解 $x - \tan x = 0$; 在行星轨道计算中, 对轨道参数 a 和 b, 需要求解 $x - a\sin x = b$; 对疾病传播问题以及单变量的最优化问题, 通常要求解形如 $f'(x) = 0$ 的方程. 这些都是典型的非线性方程.

非线性方程中, 除了极少数简单方程的根具有解析式表达外, 一般方程的根都无法或难以用解析式表示. 即便有时可以用手工严格求解, 也难以保证计算效率. 因此有必要考虑如何寻求它的近似解, 即用计算机来求出误差满足需求的数值解, 这就是本章将要讨论的非线性方程的数值求解方法. 具体而言, 人们往往避开借助公式的直接法, 转而利用间接方法. 采取的策略通常是 "从粗到精". 所谓 "粗", 就是将所讨论的求根范围划分成若干个子区间, 使根限制在子区间内, 对方程的根实现隔离; 而 "精" 则是指从每一个隔离子区间出发, 在其中选取一个 "初始值", 按照某种迭代方法逐次逼近, 使之逐步精确化. 这就是方程求解的间接法. 在求解非线性方程根的间接法中, 迭代法是一种最为常见的方法, 本章重点介绍求根的迭代法.

4.2 搜 索 法

4.2.1 逐步搜索法

如上所述, 非线性方程求根的第一步就是对根的位置进行初步估计. 最简单易行的方法就是画出函数的粗略图形, 并根据图形给出根分布的大致范围. 例如, 考虑代数方程

$$f(x) = x^3 - x^2 - 3x + 3 = 0. \tag{4.1}$$

图 4.1 画出了函数 $y = f(x)$ 的图像, 由图可以看出, 区间 $[-2, 0]$, $[0, 1.5]$, $[1.5, 2]$ 内都含有方程 $f(x) = 0$ 的根, 因此均可以作为根的隔离区间.

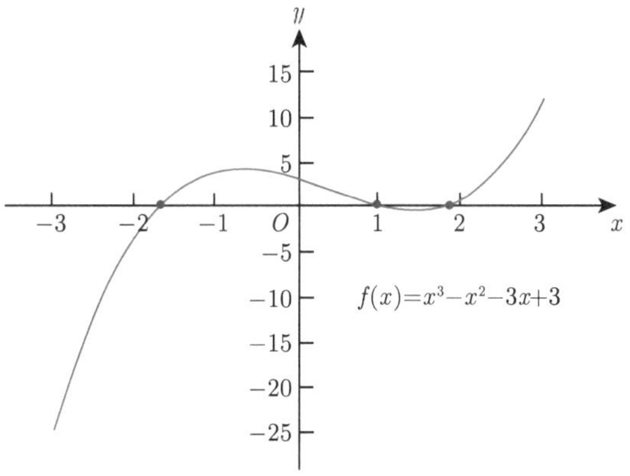

图 4.1 函数 $f(x) = x^3 - x^2 - 3x + 3$ 在 $[-3, 3]$ 上的图像

除了上面的图像法外, 对根进行隔离的另一个有效方法是**逐步搜索法**. 具体做法是, 从区间左端点 $x = a$ 出发, 按照某个给定的步长 h 一步步向右端进行根的

搜索. 在搜索时检查 $f(x)$ 在 $\tilde{x}$ 与 $\tilde{x}+h$ 处取值是否同号, 若出现 $f(\tilde{x})\cdot f(\tilde{x}+h)\leqslant 0$, 则认定在 $[\tilde{x},\tilde{x}+h]$ 内存在 $f(x)=0$ 的根. 例如, 对于函数 $f(x)=x^3-x^2-3x+3$, 如果取步长 $h=1$, 表 4.1 给出了 f 在 $[-4,4]$ 上的一系列取值. 观察可以发现, 区间 $[-2,-1]$ 满足 $f(-2)\cdot f(-1)<0$, 因此至少包含方程 $f(x)=0$ 的一个根. 另外, $f(1)=0$, 故 $x=1$ 是 f 的一个零点, 至于大于 0 的点 x_i, 由于均有 $f(x_i)>0$, 无法判断在区间 $[0,+\infty)$ 内方程 $f(x)=0$ 是否有根. 事实上, 上述三次方程已经确定有两个实根, 它必定还有一个实根. 为了求出该实根的范围需要进一步缩短步长 h. 例如, 取 $h=0.5$, 限制在区间 $[-2,2]$ 内搜索, 函数 $f(x)$ 的相应数值见表 4.2, 从表 4.2 可以看出, 区间 $[1.5,2]$ 内还包含方程 $f(x)=0$ 的另一个实根, 从而可以分别以区间 $[-2,-1],[1.5,2]$ 作为求根的初始区间.

表 4.1　$f(x)=x^3-x^2-3x+3$ 在 $[-4,4]$ 上取 h 为 1 时的函数值

x	−4	−3	−2	−1	0	1	2	3	4
$f(x)$	−65	−24	−3	4	3	0	1	12	39

表 4.2　$f(x)=x^3-x^2-3x+3$ 在 $[-2,2]$ 上取 h 为 0.5 时的函数值

x	−2	−1.5	−1	−0.5	0	0.5	1	1.5	2
$f(x)$	−3	1.875	4	4.125	3	1.375	0	−0.375	1

逐步搜索法非常简单、容易操作, 但是在精度要求较高时, 需要步长 h 充分小, 导致计算量过大. 因此, 逐步搜索法主要用于根的隔离.

4.2.2　二分法

现在讨论搜索法中最常见的二分法.

假定通过逐步搜索法确定 $[a,b]$ 是方程 $f(x)=0$ 的一个有根区间, 满足 $f(a)\cdot f(b)<0$ 以及方程 $f(x)=0$ 在区间 $[a,b]$ 只有一个根. 可以通过所谓的二分法, 对有根区间进行逐次二分来估计根的取值.

首先假设 $a_0=a,b_0=b$, 取区间 $[a_0,b_0]$ 的中点 $x_0=\dfrac{a_0+b_0}{2}$, 计算 $f(x_0)$. 若 $f(x_0)=0$, 则 x_0 为所求的根; 否则若 $f(x_0)\cdot f(a_0)<0$, 则令 $a_1=a_0,b_1=x_0$, 反之, 令 $a_1=x_0,b_1=b_0$. 这样就将有根区间更新为 $[a_1,b_1]$, 其中 $[a_1,b_1]\subseteq[a_0,b_0]$, 且区间长度 $b_1-a_1=\dfrac{b_0-a_0}{2}=\dfrac{b-a}{2}$. 如图 4.2(a) 所示.

重复上述过程, 设已经得到区间序列 $[a_{n-1},b_{n-1}]\subseteq[a_{n-2},b_{n-2}]\subseteq\cdots\subseteq[a_1,b_1]\subseteq[a_0,b_0]$, 其中 $b_{n-1}-a_{n-1}=(b-a)/2^{n-1}$, $f(x)=0$ 在 $[a_{n-1},b_{n-1}]$ 内有一个根, 且 $f(a_{n-1})\cdot f(b_{n-1})<0$. 取 $x_{n-1}=(a_{n-1}+b_{n-1})/2$, 若 $f(x_{n-1})=0$, 则 x_{n-1} 即为所求的根; 否则若 $f(x_{n-1})\cdot f(a_{n-1})<0$, 则令 $a_n=a_{n-1},b_n=x_{n-1}$,

反之, 令 $a_n = x_{n-1}, b_n = b_{n-1}$, 此时区间 $[a_n, b_n] \subseteq [a_{n-1}, b_{n-1}]$, 且区间长度 $b_n - a_n = (b-a)/2^n$. 如此反复二分下去, 即可得出一系列的有根区间

$$[a_n, b_n] \subseteq [a_{n-1}, b_{n-1}], \quad n = 1, 2, \cdots, \tag{4.2}$$

其中每个区间的长度都是前一个区间长度的一半, 因此 n 次二分后区间 $[a_n, b_n]$ 的长度为

$$b_n - a_n = \frac{b-a}{2^n}. \tag{4.3}$$

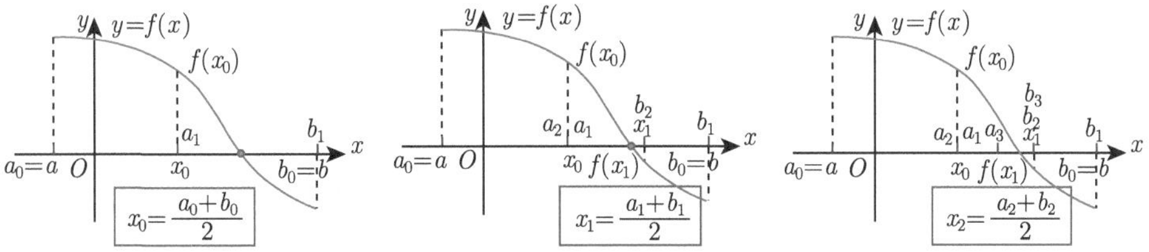

(a) 更新有根区间为$[a_1, b_1]$ (b) 更新有根区间为$[a_2, b_2]$ (c) 更新有根区间为$[a_3, b_3]$

图 4.2 二分法求根示意图

对于给定精度 ε 或者函数值的容许误差 δ, 若 $\dfrac{b-a}{2^n} < \varepsilon$ 或 $|f(x_n)| < \delta$, 则取 $x^* \approx x_n$ 作为方程 $f(x) = 0$ 的近似根.

例 4.1 利用二分法求方程 $f(x) = x^3 - 10x^2 + 5 = 0$ 在区间 $[0.6, 0.8]$ 内的根.

解 由于 $f(0.6) = 1.616 > 0$, $f(0.8) = -0.888 < 0$, 故方程 $f(x) = 0$ 在区间 $[0.6, 0.8]$ 内有根. 若精度要求 $|f(x^*)| < 10^{-4}$ 或 $\dfrac{0.2}{2^n} < 10^{-3}$, 利用二分法计算的结果如表 4.3 所示.

因此, $x = 0.73458$ 为满足精度 $\varepsilon < 10^{-4}$ 的方程 $f(x) = 0$ 的近似根.

二分法具有编程简单的优点. 但是, 二分法只适合求奇数重的实根, 不能用于求重数为偶数以及复数的根 (为什么? 请思考), 而且当两个零点非常接近时, 也可能出现漏根的情况. 另外, 当函数 $y = f(x)$ 不连续时, 不能直接使用 $f(a)\cdot f(b) < 0$ 来隔离根所在的区间. 例如, 对于函数方程 $f(x) = x - \tan x = 0$, 它的奇异点为 $\left\{\dfrac{2n-1}{2}\pi : n \in \mathbb{Z}\right\}$, 在奇异点的两侧, 函数 $f(x)$ 的符号会发生改变, 但位于奇异点两侧较小的区域内方程 $f(x) = 0$ 没有根. 注意到函数 $f(x) = x - \tan x$ 在区间 $\left[\dfrac{2n-1}{2}\pi, \dfrac{2n+1}{2}\pi\right]$ 内单调下降且连续, 且

$$\lim_{x \to \frac{2n-1}{2}\pi^+} f(x) = +\infty, \qquad \lim_{x \to \frac{2n+1}{2}\pi^-} f(x) = -\infty. \tag{4.4}$$

表 4.3　二分法求 $f(x)=x^3-10x^2+5=0$ 在 [0.6,0.8] 内的根

n	x_n	$f(x_n)$	$[a_n, b_n]$
	0.6	1.616	—
0	0.8	−0.888	[0.6, 0.8]
1	$(0.6+0.8)/2=0.7$	0.443	[0.7, 0.8]
2	$(0.7+0.8)/2=0.75$	−0.203	[0.7, 0.75]
3	$(0.7+0.75)/2=0.725$	0.125	[0.725, 0.75]
4	$(0.75+0.725)/2=0.7375$	−0.038	[0.725, 0.7375]
5	$(0.7375+0.725)/2=0.73125$	0.044	[0.73125, 0.7375]
6	$(0.7375+0.73125)/2=0.73438$	0.003	[0.73438, 0.7375]
7	$(0.7375+0.73438)/2=0.73594$	−0.017	[0.73438, 0.73594]
8	$(0.73594+0.73438)/2=0.73516$	−0.007	[0.73438, 0.73516]
9	$(0.73516+0.73438)/2=0.73477$	−0.002	[0.73438, 0.73477]
10	$(0.73477+0.73438)/2=0.73458$	0.000	—

因此, 可以以区间 $\left[\frac{2n-1}{2}\pi, \frac{2n+1}{2}\pi\right]$ 作为初始区间利用二分法得到方程 $f(x)=0$ 的根. 例如求该方程 $f(x)=0$ 在区间 $[0,20]$ 内的根时, 显然 $x=0$ 是该方程的根, 对于其他的根, 选择初始区间 $\left[\frac{2n-1}{2}\pi, \frac{2n+1}{2}\pi\right]$, $n=1,2,3,4,5$ 进行搜索, 可以得到根的近似值分别为 4.49341, 7.72525, 10.90412, 14.06619, 17.22076.

4.2.3　骑墙法

骑墙法 (Ridder 法) 是二分法的一种加速方法. 设 $[x_1,x_2]$ 是方程 $f(x)=0$ 的一个有根区间且 $f(x_1)f(x_2)<0$. 按照二分法计算出区间 $[x_1,x_2]$ 的中点 x_3, 区间长度为 $2h$, 如图 4.3 所示. 引入函数

$$g(x)=f(x)\mathrm{e}^{(x-x_1)Q}, \tag{4.5}$$

其中 Q 是待定常数. 下面通过使得三个点 $(x_1,g(x_1)),(x_2,g(x_2)),(x_3,g(x_3))$ 在一条直线上来决定常数 Q 的值.

如图 4.3 所示, 记 $g_i=g(x_i), f_i=f(x_i), i=1,2,3$, 利用 (4.5) 式得到

$$g_1=f_1,\quad g_2=f_2\mathrm{e}^{2hQ},\quad g_3=f_3\mathrm{e}^{hQ}, \tag{4.6}$$

其中 $h=(x_2-x_1)/2$. 由于三个点位于一条直线上, 故有 $g_3=(g_1+g_2)/2$, 即

$$f_3\mathrm{e}^{hQ}=\frac{1}{2}(f_1+f_2\mathrm{e}^{2hQ}).$$

上式为关于 e^{hQ} 的二次方程, 其解为

$$\mathrm{e}^{hQ}=\frac{f_3\pm\sqrt{f_3^2-f_1f_2}}{f_2}. \tag{4.7}$$

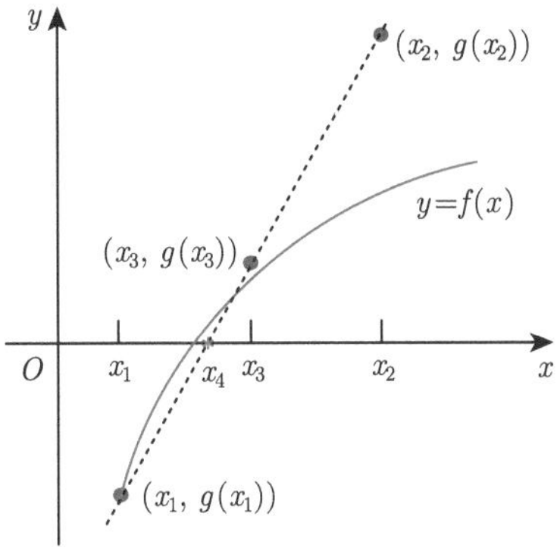

图 4.3 骑墙法示意图

设 x_4 为过三点 $(x_1, g(x_1)), (x_2, g(x_2)), (x_3, g(x_3))$ 的直线与 x 轴交点的横坐标, 易知

$$x_4 = x_3 - g_3\frac{x_3 - x_1}{g_3 - g_1} = x_3 - f_3\mathrm{e}^{hQ}\frac{x_3 - x_1}{f_3\mathrm{e}^{hQ} - g_1}.$$

将 (4.7) 式的 e^{hQ} 代入上式计算得

$$x_4 = x_3 \pm (x_3 - x_1)\frac{f_3}{\sqrt{f_3^2 - f_1 f_2}}. \tag{4.8}$$

在 (4.8) 式中, 若 $f_1 > f_2$, 则 $\pm$ 取正号, 否则取负号. 计算出 x_4 后, 则可产生一个新的包含方程根的区间.

对新区间反复实施上述过程直到 x_4 稳定在某一个固定值附近, 即 x_4 可以作为方程根的近似值.

骑墙法有一些非常有用的性质:

(1) 如果根包含在区间 $[x_1, x_2]$ 内, 则这样得到的 x_4 一定属于区间 $[x_1, x_2]$, 因此, 算法是可靠的;

(2) 骑墙法对于函数 $f(x)$ 的导数不能求或难求的方程求根问题非常有效;

(3) 可以证明骑墙法迭代过程二次收敛 (二次收敛的概念见定义 4.2), 理论上快于二分法或后面讨论的割线法.

例 4.2 利用骑墙法求解例 4.1.

解 初始区间 $[x_1, x_2]$=[0.6, 0.8], $f_1 = 1.6160, f_2 = -0.8880$.

(1) 第一次迭代.

首先利用二分法得到中点值 $x_3 = 0.7, f_3 = 0.4430$. 由于 $f_1 > f_2$, 利用骑墙法计算得到

$$c = \sqrt{f_3^2 - f_1 f_2} = 1.2738, \quad x_4 = x_3 + (x_3 - x_1)\frac{f_3}{c} = 0.7348, \quad f_4 = -0.0026.$$

因此, 更新方程有根区间为 $[x_3, x_4]$, 并进行下列赋值:

$$x_1 \leftarrow x_3 = 0.7, \quad f_1 \leftarrow f_3 = 0.4430;$$
$$x_2 \leftarrow x_4 = 0.7348, \quad f_2 \leftarrow f_4 = -0.0026.$$

上述值构成下一次迭代的初始值.

(2) 第二次迭代.

$$x_3 = (x_1 + x_2)/2 = 0.7174, \quad f_3 = 0.2226, \quad c = \sqrt{f_3^2 - f_1 f_2} = 0.2252.$$

由于 $f_1 > f_2$, 利用骑墙法计算得到

$$x_4 = x_3 + (x_3 - x_1)\frac{f_3}{c} = 0.7346, \quad f_4 = 0.7346^3 - 10(0.7346)^2 + 5 = 0.0000.$$

根的近似值取 $x^* \approx 0.7346$ 时, 至少有四位有效数字.

4.3　迭代法及其收敛性

4.3.1　不动点迭代法

在上一节中, 我们讨论了非线性方程求根的搜索法, 其中, 作为二分法加速技术的骑墙法实质上包含了一个迭代过程. 这一节, 我们讨论迭代法解非线性方程 $f(x) = 0$ 的一般框架.

例 4.3　用迭代法求解例 4.1.

解　与第 3 章解线性方程组的迭代法一样, 为了产生迭代序列, 我们需要对原方程进行等价变形, 即将非线性方程 $f(x) = x^3 - 10x^2 + 5 = 0$ 等价地变为 $x = \varphi(x)$ 的形式. 例如, 可以将方程改写为如下的等价形式:

$$x = \frac{1}{\sqrt{10}} \cdot \sqrt{x^3 + 5}. \tag{4.9}$$

如果用 $x_0 = 0.75$ 作为初值代入 (4.9) 的右端, 得到

$$x_1 = \frac{1}{\sqrt{10}} \cdot \sqrt{x_0^3 + 5}. \tag{4.10}$$

计算结果表明 x_1 并不是根的一个高精度近似 (此时 x_1 与 x_0 偏差较大). 如果再将 x_1 作为新的初值代入 (4.9) 的右端, 得到

$$x_2 = \frac{1}{\sqrt{10}} \cdot \sqrt{x_1^3 + 5}.$$

由于 x_2 与 x_1 偏差仍然较大, 再取 x_2 重复上述步骤, 如此继续下去, 得到下面的迭代过程

$$x_{k+1}=\frac{1}{\sqrt{10}}\cdot\sqrt{x_k^3+5},\quad k=0,1,2,\cdots. \tag{4.11}$$

表 4.4 列出了各步迭代的计算结果. 可以看出, 如果只取 4 位有效数字, 则迭代值 x_5 与 x_4 相同. 此时无须继续迭代, 得到所求近似根为 $x^*\approx 0.7346$.

表 4.4 例 4.3 的各步计算结果

k	x_k	k	x_k
0	0.7500	4	0.7346
1	0.7363	5	0.7346
2	0.7348	6	0.7346
3	0.7346		

需要指出的是, 例 4.3 中方程 $f(x)=0$ 的等价形式 $x=\varphi(x)$ 不是唯一的. 例如, 我们还可以写出如下的等价形式:

$$x=\varphi_2(x)=\sqrt[3]{10x^2-5},\quad x=\varphi_3(x)=\frac{1}{3}[3x-x^3+10x^2-5],\cdots.$$

下面我们考虑最一般的情形. 将方程 $f(x)=0$ 写成等价形式

$$x=\varphi(x). \tag{4.12}$$

根据等价性, x^* 为方程 $f(x)=0$ 根的充分必要条件是 x^* 满足 $x^*=\varphi(x^*)$. 这时我们也称 x^* 为函数 $\varphi(x)$ 的**不动点**. 这样, 求解方程 $f(x)=0$ 根的问题, 就等价地转化为求函数 $\varphi(x)$ 的不动点问题. 而不动点问题可以通过如下迭代过程来求解.

给定初始点 x_0, 构造迭代式

$$x_{k+1}=\varphi(x_k),\quad k=0,1,2,\cdots, \tag{4.13}$$

则 (4.13) 称为**不动点迭代** (或 Picard (皮卡) 迭代、简单迭代、逐次迭代), $\varphi(x)$ 称为**迭代函数**.

从例 4.3 我们已经看到, 不动点迭代函数 $\varphi(x)$ 的取法不唯一, 下面的例子说明, 对于同一个方程, 选取不同的迭代函数得到的迭代序列的收敛性可能是不同的.

例 4.4 用不动点迭代求方程 $x^3+x^2-8=0$ 在区间 $[1,2]$ 内的根.

解法 1 将方程等价变形为 $x = 2\left(\frac{1}{2}x - x^3 - x^2 + 8\right)$, 构造迭代格式

$$x_{k+1} = \varphi_1(x_k) = 2\left(\frac{1}{2}x_k - x_k^3 - x_k^2 + 8\right), \quad k = 0, 1, 2, \cdots.$$

解法 2 将方程等价变形为 $x = \sqrt[3]{8 - x^2}$, 迭代格式为

$$x_{k+1} = \varphi_2(x_k) = \sqrt[3]{8 - x_k^2}, \quad k = 0, 1, 2, \cdots.$$

解法 3 将方程等价变形为 $x = x - \frac{x^3 + x^2 - 8}{3x^2 + 2x}$, 迭代格式为

$$x_{k+1} = \varphi_3(x_k) = x_k - \frac{x_k^3 + x_k^2 - 8}{3x_k^2 + 2x_k}, \quad k = 0, 1, 2, \cdots.$$

解法 4 原方程两端除以 x, 变为 $x^2 + x - \frac{8}{x} = 0$, 等价变形为 $x = \sqrt{\frac{8}{x} - x}$, 得到迭代格式

$$x_{k+1} = \varphi_4(x_k) = \sqrt{\frac{8}{x_k} - x_k}, \quad k = 0, 1, 2, \cdots.$$

取初始值 $x_0 = 1.5$, 用以上四种迭代格式进行计算, 结果如表 4.5 所示.

表 4.5 例 4.4 中四种迭代格式的计算结果

k	解法 1	解法 2	解法 3	解法 4
1	6.2500	1.7915	1.7436	1.9579
2	−544.1563	1.6857	1.7166	1.4588
3	3.2166e+08	1.7278	1.7162	2.0063
4		1.7116	1.7162	1.4076
5		1.7180		2.0678
6		1.7155		1.3420
7		1.7165		2.1493
8		1.7161		1.2542
9		1.7162		2.2638
10		1.7162		1.1270
				2.4436
				0.9112
				2.8051
				0.2163

从表 4.5 的结果可见, 解法 1 和解法 4 得到的迭代序列发散, 解法 2 和解法 3 得到的序列收敛. 在两种收敛的迭代格式中, 解法 3 收敛得更快. 也就是说, 求

解同一个方程的不动点迭代是否收敛以及收敛速度如何, 与迭代函数 $\varphi(x)$ 密切相关. 下面根据函数 $\varphi(x)$ 的性质介绍迭代收敛的一般性理论.

4.3.2 不动点迭代的收敛性

首先我们来解释不动点迭代的几何意义.

方程 $x=\varphi(x)$ 的根 x^* 可以看成直线 $y=x$ 与曲线 $y=\varphi(x)$ 交点的横坐标, 如图 4.4 所示. 按照迭代法 (4.13) 由 x_k 求出 x_{k+1} 的过程, 相当于过曲线 $y=\varphi(x)$ 上的点 $(x_k,\varphi(x_k))$ 作与 x 轴的平行线与直线 $y=x$ 相交, 交点的横坐标即为 $x_{k+1}=\varphi(x_k)$. 图 4.4 的 4 个子图给出了几种迭代函数的常见情形. 由图可见, 迭代产生的序列 $\{x_k\}$ 并不总是收敛的, 收敛与否看上去与曲线 $y=\varphi(x)$ 在 x^* 附近的变化率有关.

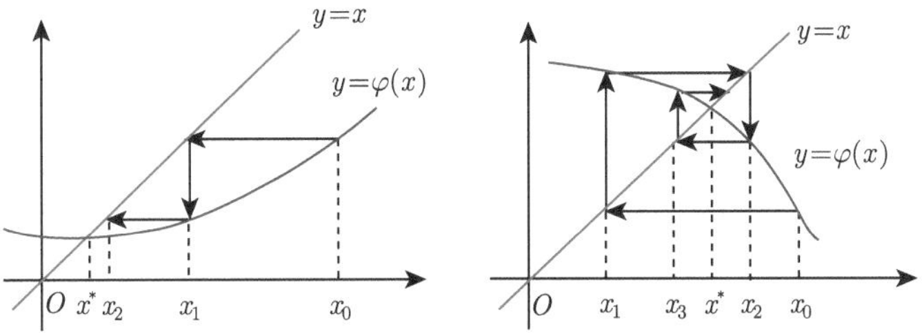

(a) $\varphi(x)$在 x^* 附近变化较慢(迭代收敛)

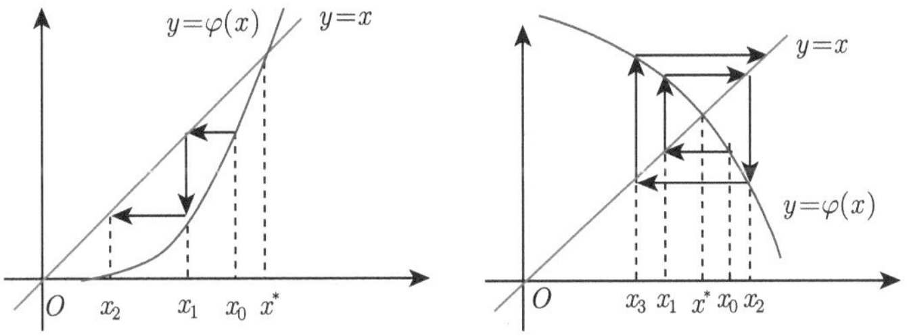

(b) $\varphi(x)$在 x^* 附近变化较快(迭代发散)

图 4.4 不动点迭代收敛性示意图

根据上述直观分析, 下面给出不动点迭代的收敛定理.

定理 4.1 设函数 $\varphi\in C[a,b]$ 是 $[a,\,b]$ 上的**压缩映射**, 也即

(1) 对于任意 $x\in[a,b]$, $a\leqslant\varphi(x)\leqslant b$;

(2) 存在常数 $0<L<1$, 对任意 $x,y\in[a,b]$, 有

$$|\varphi(x)-\varphi(y)|\leqslant L\,|x-y|\,. \tag{4.14}$$

则下列结论成立:

(1) 函数 φ 在 $[a,b]$ 上存在唯一的不动点 x^*;

(2) 对于任意 $x_0 \in [a,b]$, 不动点迭代 $x_{k+1} = \varphi(x_k)$ 产生的序列 $\{x_k\}$ 收敛到 x^*, 且有误差估计式

$$|x_k - x^*| \leqslant \frac{L^k}{1-L} |x_1 - x_0|. \tag{4.15}$$

证明 (1) 首先证明压缩映射 φ 在 $[a,\ b]$ 上存在唯一不动点.

构造函数 $F(x) = x - \varphi(x)$. 由 $a \leqslant \varphi(x) \leqslant b$ 知 $F(a) \leqslant 0, F(b) \geqslant 0$. 若 $F(a) = 0$ 或 $F(b) = 0$ 成立, 则 a 或 b 即为函数 $\varphi(x)$ 的不动点; 否则, $F(a) < 0, F(b) > 0$, 函数 $F(x)$ 在两个端点异号. 利用连续函数的性质, 必存在 $a < x^* < b$, 使 $F(x^*) = 0$, 即 x^* 为函数 $\varphi(x)$ 在 $[a,b]$ 上的不动点.

再来证明不动点的唯一性. 若 $\varphi(x)$ 有两个不动点 $x_1^*, x_2^* \in [a,b]$, 则

$$|x_1^* - x_2^*| = |\varphi(x_1^*) - \varphi(x_2^*)| \leqslant L |x_1^* - x_2^*| < |x_1^* - x_2^*|.$$

假设错误, 故不动点唯一.

(2) 接着证明不动点迭代 $x_{k+1} = \varphi(x_k)$ 产生的序列 $\{x_k\}$ 收敛到 x^*.

根据定理条件,

$$|x_k - x^*| = |\varphi(x_{k-1}) - \varphi(x^*)| \leqslant L |x_{k-1} - x^*| \leqslant \cdots \leqslant L^k |x_0 - x^*|. \tag{4.16}$$

由于 $0 < L < 1$, 所以 $\lim\limits_{k\to\infty} x_k = x^*$.

(3) 下面来证明 (4.15) 式.

因为

$$\begin{aligned} |x_{n+k} - x_{n+k-1}| &= |\varphi(x_{n+k-1}) - \varphi(x_{n+k-2})| \leqslant L |x_{n+k-1} - x_{n+k-2}| \\ &\leqslant \cdots \leqslant L^{n+k-1} |x_1 - x_0|, \end{aligned} \tag{4.17}$$

所以对于任意正整数 m, 有

$$\begin{aligned} |x_{k+m} - x_k| &\leqslant |x_{k+m} - x_{k+m-1}| + |x_{k+m-1} - x_{k+m-2}| + \cdots + |x_{k+1} - x_k| \\ &\leqslant (1 + L + L^2 + \cdots + L^{m-1}) |x_{k+1} - x_k| \\ &= \frac{1-L^m}{1-L} |x_{k+1} - x_k|. \end{aligned}$$

上面不等式两端令 $m \to \infty$, 并利用 $\lim\limits_{k\to\infty} x_k = x^*$ 以及 (4.17) 得

$$|x_k - x^*| \leqslant \frac{1}{1-L} |x_{k+1} - x_k| \leqslant \frac{L^k}{1-L} |x_1 - x_0|.$$ ■

从 (4.16) 不难看出, L 越小, 迭代收敛越快. 另一方面, 在利用定理 4.1 分析迭代的收敛性时, 验证条件 (4.14) 以及按照 (4.15) 式估计精度时都需要 L 的值, 这在一般情况下有一定难度. 当迭代函数 φ 在区间 $[a,b]$ 上可微且导函数容易计算时, 可以根据导函数估计 L, 从而使收敛性的讨论变得更加容易.

推论 4.1　若 φ 在区间 $[a,b]$ 上可微, 将定理 4.1 的条件 (4.15) 式改为

$$\max_{a\leqslant x\leqslant b}|\varphi'(x)|\leqslant L<1, \tag{4.18}$$

则

(1) 定理 4.1 中的结论全部成立;

(2) 下列不等式成立:

$$|x_k-x^*|\leqslant\frac{L}{1-L}|x_k-x_{k-1}|. \tag{4.19}$$

下面以例 4.4 的解法 1 为例, 利用定理 4.1 或推论 4.1 的结论来分析迭代的收敛性.

此时迭代函数 $\varphi_1(x)=x-2x^3-2x^2+16$, $\varphi_1'(x)=1-6x^2-4x$, 找不到包含 x^* 的区间 $[a,b]$, 使得 $\varphi_1(x)$ 满足 $|\varphi_1'(x)|\leqslant L<1$, 故不能利用定理 4.1 或推论以保证迭代的收敛性.

对于 $\varphi_2(x)=\sqrt[3]{8-x^2}$, $\varphi_2'(x)=-\dfrac{2x}{3}(8-x^2)^{-\frac{2}{3}}$. 对于有根区间 $[0.5,1]$ 中的任意 x, $|\varphi_2'(x)|<1$ 严格成立, 故解法 2 的迭代过程收敛.

对于 $\varphi_3(x)$, 设 $f(x)=x^3+x^2-8$, 则 $\varphi_3(x)=x-\dfrac{x^3+x^2-8}{3x^2+2x}=x-\dfrac{f(x)}{f'(x)}$. 因此, $\varphi_3'(x)=\dfrac{f(x)f''(x)}{(f'(x))^2}=\dfrac{2f(x)(3x+1)}{(f'(x))^2}$. 注意到在 $x^*=0.7346$ 附近, 存在常数 $c>0$ 使得 $\left|\dfrac{2(3x+1)}{(f'(x))^2}\right|\leqslant c$. 由于 $f(x^*)=0$, 故有 $\varphi_3'(x^*)=0$. 由函数 $\varphi_3(x)$ 的连续性知, 存在区间 $[a,b]$, 使得 $|\varphi_3'(x)|\leqslant L<1$ 成立, 故解法 3 的迭代过程也收敛.

对于解法 4, $\varphi_4(x)=\sqrt{\dfrac{8}{x}-x}$. 由于 $|\varphi_4'(x^*)|>1$, 找不到区间 $[a,b]$ 使其满足 $|\varphi_4'(x)|<1$, 因此相应的迭代也没有收敛性保证. 这些理论分析结果与表 4.5 所示的数值计算结果是一致的.

需要说明的是, 定理 4.1 或推论 4.1 都是不动点迭代收敛的充分条件. 当定理的条件不满足时, 并不能就判定迭代发散. 有些情况下, 可以通过缩小有根区间使得原本不满足的条件变得可以满足. 此外, 根据推论中的 (4.19) 式, 可以通过 $|x_k-x_{k-1}|$ 的大小来判定近似根 x_k 与 x^* 的接近程度.

4.3.3 局部收敛性与收敛阶

例 4.5　已知 $a>0$, 考察开方运算 $\sqrt{a}$ 也即求解 $x^2-a=0$ 的迭代法

$$x_{k+1}=\frac{1}{2}\left(x_k+\frac{a}{x_k}\right),\quad k=0,1,2,\cdots \tag{4.20}$$

的收敛性, 其中 $x_0>0$.

解　利用基本不等式知, $x_k\geqslant\sqrt{a}, k\geqslant 1$ 对于任意初始值 $x_0>0$ 成立. 因此

$$x_{k+1}-x_k=\frac{1}{2}\left(\frac{a-x_k^2}{x_k}\right)\leqslant 0,$$

对 $k\geqslant 1$ 总成立, 由此知序列 $\{x_k\}_{k\geqslant 1}$ 是一个单调递减、下界为 $\sqrt{a}$ 的正数列. 因此序列 $\{x_k\}_{k\geqslant 1}$ 恒收敛, 与初始值的选取无关 (除了 $x_0>0$ 的限制条件外).

例 4.6　设计不用除法求解方程 $f(x)=\dfrac{1}{x}-c=0$ ($c>0$ 为整数) 的迭代法, 并讨论其收敛性.

解　不难看出, 本题的本质是设计一个避开除法运算, 只采用加减乘运算求倒数 $\dfrac{1}{c}$ 的迭代过程.

对于给定的初始值 $x_0>0$, 取 $\varphi(x)=x(2-cx)$, 得到迭代序列

$$x_{k+1}=x_k(2-cx_k),\quad k=0,1,2,\cdots, \tag{4.21}$$

若上述迭代过程收敛, 易知其必收敛到方程 $f(x)=\dfrac{1}{x}-c=0$ 的根 $\dfrac{1}{c}$. 下面分析迭代收敛的条件.

直接计算知

$$\begin{aligned} c\left(x_{k+1}-\frac{1}{c}\right)&=-\left[c\left(x_k-\frac{1}{c}\right)\right]^2=-\left[c\left(x_{k-1}-\frac{1}{c}\right)\right]^{2^2}\\ &=-\left[c\left(x_0-\frac{1}{c}\right)\right]^{2^{k+1}}. \end{aligned} \tag{4.22}$$

从上式容易看出, 若 $x_0\neq\dfrac{1}{c}$, 则当且仅当 $0<c\left|x_0-\dfrac{1}{c}\right|<1$, 即 $0<x_0<\dfrac{2}{c}$ 时, 迭代 (4.21) 收敛, 否则发散. ■

对于例 4.5, 在整个区间 $(0,+\infty)$ 上的任意初始值都可以保证其收敛性, 我们将这种收敛称作**全局收敛**. 而例 4.6 构造的迭代格式只有当初值在根的某个邻域

内才能保证收敛, 这种收敛则称作**局部收敛**. 一般来说, 获得全局收敛性要比局部收敛性困难, 这往往要求求解的问题具备某些特殊的性质. 这里我们更加关心的是 φ 在不动点 x^* 附近的局部收敛性问题.

定义 4.1 若存在 φ 的不动点 x^* 的一个 δ 闭邻域 $N(x^*) = [x^* - \delta, x^* + \delta]$, 对任意的 $x_0 \in N(x^*)$, 不动点迭代 (4.13) 产生的序列 $\{x_k\} \subset N(x^*)$ 且收敛于 x^*, 则称迭代 (4.13) **局部收敛**.

定理 4.2 设 x^* 为 φ 的不动点, $\varphi'(x)$ 在 x^* 的某个闭邻域 $N(x^*)$ 连续且 $|\varphi'(x)| < 1$, 则迭代 (4.13) 局部收敛.

证明 由于在 $N(x^*) = [x^* - \delta, x^* + \delta]$ 内有 $|\varphi'(x)| < 1$, 根据连续函数的性质, 存在 $0 < L < 1$, 当 $x \in N(x^*)$ 时, 有

$$|\varphi'(x)| \leqslant L,$$

且在 x 与 x^* 之间存在 ξ, 使得

$$|\varphi(x) - x^*| = |\varphi(x) - \varphi(x^*)| = |\varphi'(\xi)|\,|x - x^*| \leqslant L\,|x - x^*| < |x - x^*| \leqslant \delta,$$

即

$$x^* - \delta \leqslant \varphi(x) \leqslant x^* + \delta.$$

这表明, 对一切 $x \in N(x^*)$, 有 $\varphi(x) \in N(x^*)$ 成立. 利用定理 4.1, 迭代法 (4.13) 对于一切 $x_0 \in N(x^*)$ 收敛, 这就证明了 (4.13) 的局部收敛性. ■

到目前为止我们已经讨论了不动点迭代的收敛性, 包括全局收敛性和局部收敛性. 下面进一步讨论收敛速度, 收敛阶是度量收敛速度的重要指标.

定义 4.2 设序列 $\{x_k\}$ 收敛到 x^*, 记 $e_k = x_k - x^*$, 若存在实数 $p \geqslant 1, c > 0$, 使得

$$\lim_{k\to\infty} \frac{|e_{k+1}|}{|e_k|^p} = c, \tag{4.23}$$

则称 $\{x_k\}$ p **阶收敛**. 特别地, 当 $p = 1$ 时称为**线性收敛**; 当 $p > 1$ 时称为**超线性收敛**; 当 $p = 2$ 时称为**平方收敛**或**二次收敛**.

p 的大小反映了迭代法的收敛快慢. p 越大, $\{x_k\}$ 收敛到 x^* 的速度就越快. 因此, 收敛阶是迭代法收敛速度的一种度量指标.

定理 4.3 设 x^* 是 $\varphi(x)$ 的不动点, 整数 $p > 1$, $\varphi(x)$ 的 p 阶导数 $\varphi^{(p)}(x)$ 在 x^* 的邻域内连续, 且有

$$\varphi'(x^*) = \cdots = \varphi^{(p-1)}(x^*) = 0, \quad \varphi^{(p)}(x^*) \neq 0, \tag{4.24}$$

则由迭代法 (4.13) 产生的序列 $\{x_k\}$ 在 x^* 的邻域内是 p 阶收敛的, 且有

$$\lim_{k\to\infty}\frac{|e_{k+1}|}{|e_k|^p}=\frac{\left|\varphi^{(p)}(x^*)\right|}{p!}. \tag{4.25}$$

证明 由于 $p>1$, 故 $\varphi'(x^*)=0$. 利用定理 4.2 知序列 $\{x_k\}$ 局部收敛. 设 $x_0\neq x^*$, 在 $x=x^*$ 附近对 φ 作 Taylor 展开, 得

$$\begin{aligned}x_{k+1}-x^*&=\varphi(x_k)-\varphi(x^*)\\&=\varphi(x^*+(x_k-x^*))-\varphi(x^*)\\&=\varphi'(x^*)(x_k-x^*)+\frac{1}{2!}\varphi''(x^*)(x_k-x^*)^2+\cdots\\&\quad+\frac{1}{(p-1)!}\varphi^{(p-1)}(x^*)(x_k-x^*)^{p-1}+\frac{1}{p!}\varphi^{(p)}(\xi_k)(x_k-x^*)^p,\end{aligned}$$

其中 ξ_k 介于 x^* 与 x_k 之间. 由 (4.24) 式, 利用 $x_k\to x^*$, 得到

$$\lim_{k\to\infty}\frac{|e_{k+1}|}{|e_k|^p}=\frac{|\varphi^{(p)}(x^*)|}{p!}\neq 0$$

成立.

当 $1\leqslant i<p$ 时, 由

$$\frac{|e_{k+1}|}{|e_k|^i}=\frac{|e_{k+1}|}{|e_k|^p}\cdot|e_k|^{p-i},$$

以及 $x_k\to x^*$ 知 $|e_k|^{p-i}\to 0$, $k\to\infty$. 故有

$$\lim_{k\to\infty}\frac{|e_{k+1}|}{|e_k|^i}=\lim_{k\to\infty}\frac{|e_{k+1}|}{|e_k|^p}\cdot\lim_{k\to\infty}|e_k|^{p-i}=0.$$ ■

我们再来看例 4.4 中解法 2 与解法 3 的收敛阶. 直接计算知 $\varphi_2'(x^*)\neq 0$, $\varphi_3'(x^*)=0, \varphi_3''(x^*)\neq 0$, 故解法 2 与解法 3 分别是线性收敛与平方收敛的. 在相同的精度要求下, 解法 3 需要的计算量比算法 2 更小, 效率更高. 下一节我们将会看到, 解法 3 对应于一种特殊的迭代格式——Newton 迭代.

4.3.4 Newton 迭代法

Newton 迭代法是非线性方程求根的一种常用而高效的方法, 下面通过从 x_0 出发计算 x_1 的过程来说明 Newton 迭代法的基本原理.

设 x_0 是根 x^* 的一个猜测值, 希望下一步的 $x_1 = x_0 + \Delta$ 更接近于方程 $f(x) = 0$ 的根 x^*, 即

$$f(x_0 + \Delta) \approx 0.$$

设 f'' 在 x^* 的邻域内存在, 对于 x^*, 利用 Taylor 公式, 有

$$f(x^*) = f(x_0) + f'(x_0)(x^* - x_0) + \frac{1}{2}f''(\xi)(x^* - x_0)^2 = 0,$$

其中 ξ 介于 x_0 与 x^* 之间.

考虑到 x_0 是 x^* 的近似, 在上式中取前两项作为主部近似 $f(x^*)$, 得到近似线性方程

$$f(x_0) + f'(x_0)(x^* - x_0) \approx 0.$$

如果 $f'(x_0) \neq 0$, 令所得 x^* 的近似值为 x_1, 也即

$$f(x_0) + f'(x_0)(x_1 - x_0) = f(x_0) + f'(x_0)\Delta = 0.$$

求得 $\Delta = -\dfrac{f(x_0)}{f'(x_0)}$, 从而更新的近似值为

$$x_1 = x_0 - \frac{f(x_0)}{f'(x_0)}.$$

上述过程可以迭代地进行下去. 一般地, 得到下列迭代序列

$$x_{k+1} = x_k - \frac{f(x_k)}{f'(x_k)}, \quad k = 0, 1, 2, \cdots, \tag{4.26}$$

这就是著名的 **Newton 迭代法**, 简称 Newton 法.

Newton 迭代法具有明显的几何意义. 从几何的角度来看, $f(x) = 0$ 的根 x^* 表示曲线 $y = f(x)$ 与 x 轴 $(y = 0)$ 交点的横坐标 (如图 4.5 所示). 设 x_k 为根 x^* 的某个近似值, 过曲线 $y = f(x)$ 上横坐标 x_k 的点 P_k 作切线, 则切线方程为 $y = f(x_k) + f'(x_k)(x - x_k)$, 该切线与 x 轴交点的横坐标为 $x_{k+1} = x_k - \dfrac{f(x_k)}{f'(x_k)}$, 这正是 Newton 法下一步的迭代值. 由于这种几何背景, Newton 法又称为 **Newton 切线法**.

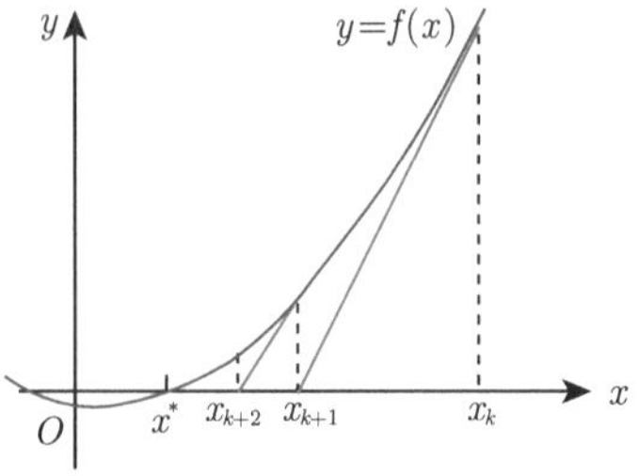

图 4.5　Newton 法的几何解释

迭代式 (4.26) 是从 Taylor 展开式中去掉非线性项近似得到的. 因此, 从分析的角度来看, Newton 法体现了对非线性函数 $f(x)$ 线性化的思想. 而从图 4.5 不难看出, Newton 法是将曲线与 x 轴的交点问题近似转化为直线 (切线) 与 x 轴交点的问题而得到的. 因此, 从几何角度来看, 这体现了 "以直代曲" 的思想.

下面我们讨论 Newton 法的收敛性.

定理 4.4　设函数 $f(x)$ 有二阶连续导数, x^* 是方程 $f(x)=0$ 的单根, 则由 Newton 法产生的序列 $x_{k+1}=x_k-\dfrac{f(x_k)}{f'(x_k)}, k=0,1,2,\cdots$ 局部收敛到 x^*, 且收敛阶至少是二阶. 进一步地, 若 $f''(x^*)\neq 0$, 则恰好二阶收敛.

证明　Newton 迭代的函数为

$$\varphi(x)=x-\frac{f(x)}{f'(x)}.$$

由题设, $f(x^*)=0$, 故 $\varphi(x^*)=x^*$, 此即 x^* 为 $\varphi(x)$ 的不动点. 又由于 $f(x)$ 有二阶连续导数, 因此

$$\varphi'(x)=1-\frac{f'(x)f'(x)-f(x)f''(x)}{[f'(x)]^2}=\frac{f(x)f''(x)}{[f'(x)]^2}.$$

注意到 x^* 是方程 $f(x)=0$ 的单根, 所以 $f(x^*)=0, f'(x^*)\neq 0$, 从而有 $\varphi'(x^*)=0$, 由定理 4.2 知, Newton 法是局部收敛的. 进一步地, 由定理 4.3,

$$\lim_{k\to\infty}\frac{|e_{k+1}|}{|e_k|^2}=\frac{|f''(x^*)|}{2\,|f'(x^*)|},$$

其中 $e_k=x_k-x^*$. 这说明 Newton 法至少二阶收敛. 特别地, 当 $f''(x^*)\neq 0$ 时, $\dfrac{|f''(x^*)|}{2|f'(x^*)|}\neq 0$, 此时收敛阶恰好为二阶. ■

定理 4.4 给出的 Newton 法的局部收敛性表明, 当初值足够接近方程的根时 (接近程度 δ 由 f 及 x^* 决定), Newton 法具有较快的收敛速度. 因此, Newton

法对初始值的选取具有一定的要求. 在实际应用中, 有的问题对初值要求不高或者可以提供接近于根的初值, 而有的问题则很难确定使 Newton 迭代收敛的初值. 图 4.6 对后者做了直观图示, 其中在图 4.6(a), (b) 中, 迭代点在 x_0, x_1 之间来回振荡; 在图 4.6(c) 中, 迭代过程则发散. 因此, 我们需要对函数 $f(x)$ 的性质做进一步研究, 以指导初始值的选取. 例如, 我们发现若函数 $f(x)$ 在某个区间内同时满足单调性、凹凸性以及函数值异号等性质时, 就可以得到 Newton 法在该区间内的全局收敛性.

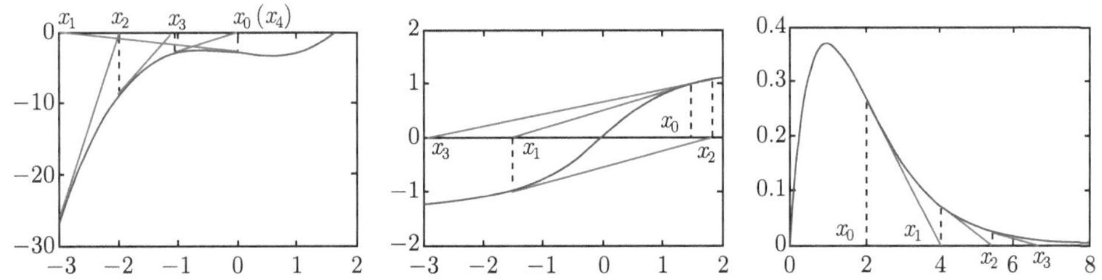

(a) 迭代序列振荡　(b) 迭代序列振荡　(c) 迭代序列发散

图 4.6　Newton 迭代的收敛性依赖于初值的选择

定理 4.5　设函数 $f(x)$ 在区间 $[a, b]$ 内有二阶导数, 且满足下列条件:

(1) $f(a)f(b) < 0$;

(2) $f'(x) \neq 0$, $f''(x)$ 不变号, $x \in [a, b]$;

(3) 初始值 x_0 满足 $f(x_0)f''(x_0) \geqslant 0$.

则由 Newton 法产生的序列 $\{x_k\}$ 单调收敛到 f 在区间 $[a, b]$ 内的唯一实根 x^*.

在定理 4.5 中, 条件 (1) 保证方程 $f(x) = 0$ 至少有一个根. 条件 (2) 说明函数 $f'(x)$ 不变号, f 只有单调递增 ($f'(x) > 0$) 或单调递减 ($f'(x) < 0$) 两种情况. 因此, 方程 $f(x) = 0$ 在区间 (a, b) 内有唯一根. 而条件 (3) 则可以保证迭代序列 $\{x_k\}$ 在区间 $[a, b]$ 内单调收敛, 定理 4.5 的详细证明留给读者完成.

下面我们来讨论 Newton 法的简单应用.

首先回到例 4.5 与例 4.6 的开方与求倒数运算的迭代法. 易知, 上述两个例子采用的都是 Newton 法. 现在进一步讨论上述例子的收敛性和收敛阶.

在例 4.5 中, 方程的根为 $x^* = \sqrt{a}$, 迭代函数是 $\varphi(x) = \dfrac{1}{2}\left(x + \dfrac{a}{x}\right)$. 由于 $\varphi'(x^*) = \dfrac{1}{2}\left(1 - \dfrac{a}{x^{*2}}\right) = 0$, $\varphi''(x^*) = \dfrac{a}{4x^{*3}} \neq 0$, 利用定理 4.4 知, 方程求根的 Newton 法二阶收敛. 又由于对任意的 $x > 0$, 都有 $f'(x) = 2x > 0$, $f''(x) = 2 > 0$, 定理 4.5 的条件 (2) 和 (3) 均满足. 而定理 4.5 中的条件 (3) 要求 $f(x_0)f''(x_0) = 2(x_0^2 - a) \geqslant 0$, 即 $x_0 \geqslant \sqrt{a}$ 时, Newton 法收敛, 比例 4.5 中得到的

Newton 法收敛范围 $x_0 > 0$ 有所缩小. 这也说明定理 4.5 只是一个充分而非必要条件.

在例 4.6 中, 由 (4.22) 式已经知道, Newton 法求正整数的倒数时也是二阶收敛, 这一点通过定理 4.4 同样可以验证. 由于此时迭代函数为 $\varphi(x) = x(2 - cx)$, $\varphi'(x) = 2(1 - cx), \varphi''(x) = -2c$, 故有 $\varphi'(x^*) = 0, \varphi''(x^*) \neq 0$. 因此, 例 4.6 中的 Newton 法二阶收敛. 另一方面, 由于例 4.6 中函数 $f(x) = \dfrac{1}{x} - c$, 易知定理 4.6 中的条件 (2) 和 (3) 满足, 而由条件 (3) 推出初值 x_0 满足 $0 < x_0 < \dfrac{1}{c}$, 同样将例 4.6 中得到的初值取值范围 $0 < x_0 < \dfrac{2}{c}$ 减少了一半.

例 4.7　用 Newton 法求方程 $9x^2 - \sin x - 1 = 0$ 在区间 $[0, 1]$ 内的根.

解　由于 $f(x) = 9x^2 - \sin x - 1$ 满足

$$f(0.3) = -0.19 - \sin 0.3 < 0, \quad f(1) = 8 - \sin 1 > 0,$$

且在区间 [0.3, 1] 上有

$$f'(x) = 18x - \cos x \geqslant 5.4 - 1 > 0, \quad f''(x) = 18 + \sin x \geqslant 18 > 0,$$

因此定理 4.5 的条件 (1),(2) 与 (3) 均满足.

另外, 取 $x_0 = 0.4$ 知 $f(0.4) = 0.44 - \sin 0.4 > 0$, $f(x_0)f''(x_0) > 0$, 故 Newton 法收敛. 按照 Newton 法前 4 步的计算结果如表 4.6 所示. 由表 4.6 可见, 第 3 次迭代与第 4 次迭代的结果在小数点后 14 位均相同, 故可取根的近似值为 $x^* \approx 0.39184690700265$.

表 4.6　例 4.7 的数值计算结果

k	x_k
0	0.4
1	0.39194423490290
2	0.39184692120359
3	0.39184690700265
4	0.39184690700265

4.3.5　割线法

用 Newton 法求根时需要计算导函数 $f'(x)$ 的值, 当导函数不易直接计算时, 可以过两点 $P_{k-1}(x_{k-1}, f(x_{k-1})), P_k(x_k, f(x_k))$ 作函数曲线 $y = f(x)$ 的割线. 记

$$L_k(x) = f(x_k) + \frac{f(x_k) - f(x_{k-1})}{x_k - x_{k-1}}(x - x_{k-1}).$$

以割线 $L_k(x)$ 代替函数 $f(x)$, 改用差商 $\dfrac{f(x_k)-f(x_{k-1})}{x_k-x_{k-1}}$ 代替导函数 $f'(x_k)$, 代入 Newton 迭代公式得到迭代公式

$$x_{k+1}=x_k-\frac{f(x_k)}{f(x_k)-f(x_{k-1})}(x_k-x_{k-1}). \tag{4.27}$$

上述过程如图 4.7 所示. 容易看出, 割线 $\overline{P_{k-1}P_k}$ 与 x 轴交点的横坐标 x_{k+1} 即为式 (4.27) 的值. 因此, 迭代法 (4.27) 也称为割线法.

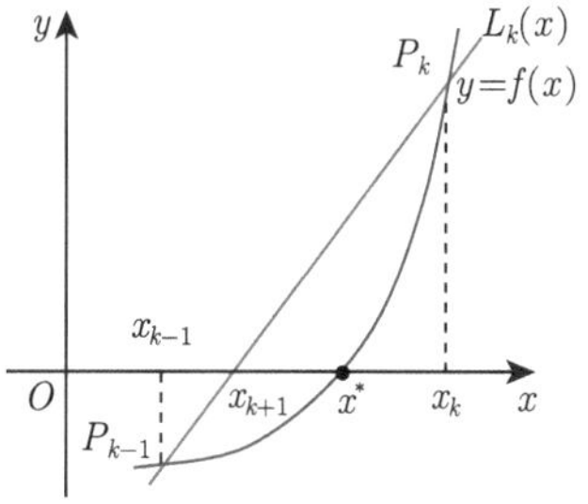

图 4.7 割线法示意图

在用割线法计算 x_{k+1} 时, 需要知道 x_{k-1}, x_k 两个近似值, 因此割线法开始时需要提供两个初始值 x_0 与 x_1. 这类方法通常称为两步法.

由于割线法与简单迭代法的迭代格式不同, 其收敛性的讨论要复杂一些, 但是可以证明迭代式 (4.27) 是超线性收敛的, 且收敛阶 $p=\dfrac{1+\sqrt{5}}{2}\approx 1.618$ (留作读者练习或思考). 从收敛阶的角度来看, 尽管割线法具有较快的收敛速度, 但略慢于 Newton 迭代法.

4.3.6 迭代法加速收敛技术

一般说来, 要得到二次收敛阶是不容易的. 本节考虑如何对一个线性收敛的迭代方法进行加速, 使之收敛得更快.

设求解方程 $f(x)=0$ 的一种简单迭代法为

$$x_{k+1}=\varphi(x_k), \quad k=0,1,2,\cdots.$$

与线性方程组的松弛法思想相同, 非线性方程求根的松弛法不是将 $\varphi(x_k)$ 作为下一步的迭代值, 而是将其作为预估值 $\tilde{x}_{k+1}$, 与上一步得到的近似值 x_k 进行线性组合得到下一步的迭代值:

$$x_{k+1}=(1-\omega)x_k+\omega\tilde{x}_{k+1}, \tag{4.28}$$

其中 ω 为松弛因子. 不难看出, 当 $\omega = 1$ 时, (4.28) 就是之前的简单迭代. 下面需要选择合适的松弛因子, 使得上式中的 x_{k+1} 比 x_k 和 $\varphi(x_k)$ 更接近于方程 $f(x) = 0$ 的根.

现在讨论松弛因子 ω 的选取.

松弛法的迭代函数为 $\phi(x) = (1-\omega)x + \omega\varphi(x)$, 由于 $\phi'(x) = 1 - \omega + \omega\varphi'(x)$, 根据定理 4.3 的讨论, 松弛法具有平方收敛的条件是对所求的根 x^* 满足

$$0 = \phi'(x^*) = 1 - \omega + \omega\varphi'(x^*),$$

即

$$\omega = \frac{1}{1-\varphi'(x^*)}. \tag{4.29}$$

从上式可以看出, 松弛法主要对迭代法发散或线性收敛的情况适用, 对高阶 (阶数 $\geqslant 2$) 收敛的迭代法没有加速作用, 因为此时 $\varphi'(x^*) = 0$.

由于根 x^* 未知, 所以 (4.29) 式中给出的松弛因子难以直接确定. 一种直接的思路是在 (4.29) 式中采用猜测值 x_k 代替根 x^*, 于是松弛因子写为

$$\omega_k = \frac{1}{1-\varphi'(x_k)}. \tag{4.30}$$

这样松弛公式 (4.28) 变为

$$x_{k+1} = -\frac{\varphi'(x_k)}{1-\varphi'(x_k)}x_k + \frac{\varphi(x_k)}{1-\varphi'(x_k)}. \tag{4.31}$$

注意到加速公式 (4.31) 需要提供函数 $\varphi(x)$ 的导数信息, $\varphi'(x_k)$ 往往不方便计算. 如果其导数值在所考察的范围内变化不大, 就可以用导数的近似常数 L 代替 $\varphi'(x_k)$, 得到简化的松弛公式

$$x_{k+1} = -\frac{L}{1-L}x_k + \frac{\tilde{x}_{k+1}}{1-L},$$

其中 $\tilde{x}_{k+1} = \varphi(x_k)$. 上述加速公式算法简单, 但是仍然含有导数相关的信息 L, 有时仍不便使用.

为了避免利用导数信息, 类似于割线法, 可以设

$$\varphi'(x_k) \approx \frac{\varphi(x_{k+1}) - \varphi(x_k)}{x_{k+1} - x_k} = \frac{\tilde{x}_{k+2} - \tilde{x}_{k+1}}{x_{k+1} - x_k}.$$

这时松弛因子 (4.30) 变为

$$\omega_k = -\frac{x_{k+1} - x_k}{\tilde{x}_{k+2} + x_k - x_{k+1} - \tilde{x}_{k+1}},$$

由此得到的松弛法迭代公式

$$x_{k+1} = x_k - \frac{(x_{k+1} - x_k)^2}{\tilde{x}_{k+2} + x_k - x_{k+1} - \tilde{x}_{k+1}}.$$

将上式中的 $\tilde{x}_{k+2}$ 用 x_{k+2} 替代, 并且记加速后的序列为 $\{\hat{x}_k\}$, 则有下面的加速公式:

$$\hat{x}_k = x_k - \frac{(x_{k+1} - x_{k-1})^2}{x_{k+2} - 2x_{k+1} + x_k}. \tag{4.32}$$

(4.32) 通常称为 **Aitken** (艾特肯) **加速**.

前面已经说过, 松弛后的序列 $\{\hat{x}_k\}$ 比松弛前的序列 $\{x_k\}$ 更快收敛到 x^*. 下面的定理对这个结论给出了严格表述.

定理 4.6 设序列 $\{x_k\}$ 线性收敛到 x^*, 且存在正整数 N, 当 $n > N$ 时, $x_n > x^*$, 则 Aitken 加速后的序列 $\{\hat{x}_k\}$ 满足

$$\lim_{k\to\infty} \frac{\hat{x}_k - x^*}{x_k - x^*} = 0.$$

也就是说, $\{\hat{x}_k\}$ 比 $\{x_k\}$ 更快收敛到 x^*.

作为特殊的不动点迭代法, 采用松弛法对 Newton 迭代进行加速时还可以得到一些 Newton 法的变形.

我们知道, Newton 法的收敛性对初值有较强的依赖性, 如果迭代初值选取不好, 可能出现迭代收敛慢或发散的情况. 此时, 可以通过设置松弛因子, 保证函数值 $|f(x)|$ 在迭代过程中单调下降地趋于 0, 因此要求每一次迭代得到的 x_k 与下一步迭代的 x_{k+1} 满足 $|f|$ 下降的条件:

$$|f(x_{k+1})| < |f(x_k)|\,.$$

该方法也称为 **Newton 下山法**.

下山法的设计可以通过松弛来完成. 具体做法是, 首先计算 x_k 经 Newton 迭代一步产生的预测值

$$\tilde{x}_{k+1} = x_k - \frac{f(x_k)}{f'(x_k)}.$$

再对 x_k 与 $\tilde{x}_{k+1}$ 进行松弛:

$$x_{k+1} = (1-\omega_k)x_k + \omega_k\tilde{x}_{k+1} = x_k - \omega_k\frac{f(x_k)}{f'(x_k)}. \tag{4.33}$$

在上式中, ω_k 称为**下山因子**. 由于没有一个通用算法去寻找满足 $|f(x_{k+1})| < |f(x_k)|$ 的下山因子 ω_k, 一般尝试性做法是: 设 ω_k 的取值范围是 $0 < \omega_k \leqslant 1$, 从

$\omega = 1$ 开始依次减半进行计算, 直到 $|f(x_{k+1})| < |f(x_k)|$ 成立, 则称 "下山成功", 这时转入下一步迭代. 如果找不到这样的 ω_k, 则需要重新设置初始值开始新一轮迭代.

下山法是围绕初始值的选取进行讨论的, 而前面描述的 Newton 迭代法收敛性定理均假设求方程的单根. 如果 x^* 是方程 $f(x)=0$ 的 $m\ (m \geqslant 2)$ 重根, 设

$$f(x) = (x-x^*)^m g(x), \quad g(x^*) \neq 0.$$

此时, Newton 法的迭代函数可以写为

$$\varphi(x) = x - \frac{f(x)}{f'(x)} = x - \frac{(x-x^*)g(x)}{mg(x)+(x-x^*)g'(x)}.$$

容易推出 $\varphi'(x^*) = 1 - \dfrac{1}{m}$, 因此有 $\varphi'(x^*) = 1 - \dfrac{1}{m} \in \left[\dfrac{1}{2}, 1\right)$. 这说明有重根时 Newton 法仅一阶收敛.

如果使用松弛迭代, 由 (4.33) 式, 相应的迭代函数为

$$\varphi(x) = x - \omega\frac{f(x)}{f'(x)} = x - \omega\frac{(x-x^*)g(x)}{mg(x)+(x-x^*)g'(x)}.$$

此时

$$\varphi'(x^*) = 1 - \frac{\omega}{m}.$$

如果将松弛因子取为 $\omega = m$, 则 $\varphi'(x^*) = 0$. 这样构造出来的迭代格式

$$x_{k+1} = x_k - m\frac{f(x_k)}{f'(x_k)}, \quad k=0,1,2,\cdots \tag{4.34}$$

就是二阶收敛方法.

采用松弛法可以实现求方程重根的 Newton 法的加速, 但略为遗憾的是, (4.34) 中的迭代过程需要事先知道方程根的重数, 这往往很难确定. 为了克服这一弊端, 可以设法构造新的函数 $g(x)=0$, 使 x^* 是 $g(x)=0$ 的单根, 此时再利用 Newton 迭代就是二阶方法 (参见习题 9).

例 4.8 用 Newton 下山法求解方程 $x^3 - x - 1 = 0$.

解 令函数 $f(x) = x^3 - x - 1$, 于是 $f'(x) = 3x^2 - 1$. Newton 下山法的迭代格式为

$$x_{k+1} = x_k - \omega_k\frac{x_k^3 - x_k - 1}{3x_k^2 - 1}.$$

取初值 $x_0 = 0.6$, 计算结果如表 4.7 所示. ■

表 4.7 例 4.8 的数值计算结果

k	ω_k	x_k	$f(x_k)$
0		0.60000	−1.384000
1	1	17.89998	5716.420
	0.5	9.249990	781.2007
	0.25	4.924995	113.5336
	0.125	2.762498	17.31921
	0.0625	1.681249	2.070965
	0.03125	1.140624	−0.6566446
2	1	1.366814	0.1866414
3	1	1.326280	6.67072e−03
4	1	1.324720	9.83527e−06
5	1	1.324718	1.75958e−07

容易分析知, 方程 $x^3 - x - 1 = 0$ 有一个实根、两个复根. Newton 下山法最后收敛于实根. 若要求其复根, 则必须从复数初值开始, 设计合适的迭代算法. 因为篇幅的限制这里不做进一步介绍, 感兴趣的读者可以参考文献 [9] 中的相关内容.

4.4 非线性方程组的 Newton 法

本节考虑求解由包含 n 个未知数的 n 个方程构成的非线性方程组

$$\begin{cases} f_1(x_1, x_2, \cdots, x_n) = 0, \\ f_2(x_1, x_2, \cdots, x_n) = 0, \\ \qquad \cdots\cdots \\ f_n(x_1, x_2, \cdots, x_n) = 0, \end{cases} \tag{4.35}$$

其中 $f_1, f_2, \cdots, f_n$ 为变量 $x_1, x_2, \cdots, x_n$ 的连续函数. 采用向量的记号, 设 $\boldsymbol{x} = (x_1, x_2, \cdots, x_n)^{\mathrm{T}} \in \mathbb{R}^n$, (4.35) 式中每个方程可以写成分量形式

$$f_i(\boldsymbol{x}) = 0, \quad i = 1, 2, 3, \cdots,$$

再引入向量函数 $\boldsymbol{f}$

$$\boldsymbol{f}(\boldsymbol{x}) = (f_1(\boldsymbol{x}), f_2(\boldsymbol{x}), \cdots, f_n(\boldsymbol{x}))^{\mathrm{T}},$$

(4.35) 式就写成 $\boldsymbol{f}(\boldsymbol{x}) = \mathbf{0}$.

非线性方程组 (4.35) 的求解难度远大于单个非线性方程根. 最基本的事实是, 非线性方程组的解是向量, 不像非线性方程那样可以进行根的隔离, 保证迭代过程收敛的初值也更难选择. 求解非线性方程组的最常用的方法仍然是 Newton 法,

只要初始值选取得当, 则可以保证迭代快速收敛. 因此, 我们这里只讨论解非线性方程组的 Newton 法.

与非线性方程的 Newton 法一样, 首先对多变量函数 $f_i(\boldsymbol{x})$ 实施 Taylor 展开, 并进行线性化处理, 具体做法是

$$f_i(\boldsymbol{x}+\Delta\boldsymbol{x}) = f_i(\boldsymbol{x}) + \sum_{j=1}^{n}\frac{\partial f_i}{\partial x_j}\Delta x_j + O(\|\Delta\boldsymbol{x}\|^2), \quad i=1,2,3,\cdots,n, \tag{4.36a}$$

其中 $\Delta\boldsymbol{x} = (\Delta x_1, \Delta x_2, \cdots, \Delta x_n)^{\mathrm{T}}$. 忽略余项 $O(\|\Delta\boldsymbol{x}\|^2)$, 则 (4.36a) 式又可以近似表示为

$$\boldsymbol{f}(\boldsymbol{x}+\Delta\boldsymbol{x}) = \boldsymbol{f}(\boldsymbol{x}) + \boldsymbol{J}(\boldsymbol{x})\Delta\boldsymbol{x}, \tag{4.36b}$$

其中 $\boldsymbol{J}(\boldsymbol{x}) \in \mathbb{R}^{n\times n}$ 是向量值函数 $\boldsymbol{f}$ 在 $\boldsymbol{x}$ 处的 Jacobi 矩阵:

$$\boldsymbol{J}(\boldsymbol{x}) = \boldsymbol{J}(x_1, x_2, \cdots, x_n) = \begin{bmatrix} \dfrac{\partial f_1}{\partial x_1} & \dfrac{\partial f_1}{\partial x_2} & \cdots & \dfrac{\partial f_1}{\partial x_n} \\ \dfrac{\partial f_2}{\partial x_1} & \dfrac{\partial f_2}{\partial x_2} & \cdots & \dfrac{\partial f_2}{\partial x_n} \\ \vdots & \vdots & & \vdots \\ \dfrac{\partial f_n}{\partial x_1} & \dfrac{\partial f_n}{\partial x_2} & \cdots & \dfrac{\partial f_n}{\partial x_n} \end{bmatrix}. \tag{4.37}$$

假设 $\boldsymbol{x}$ 是方程组 $\boldsymbol{f}(\boldsymbol{x}) = \boldsymbol{0}$ 的一个近似解, $\boldsymbol{x}+\Delta\boldsymbol{x}$ 是待求的更高精度的解. 为了求得校正量 $\Delta\boldsymbol{x}$, 在 (4.36b) 式中令

$$\boldsymbol{f}(\boldsymbol{x}+\Delta\boldsymbol{x}) = \boldsymbol{f}(\boldsymbol{x}) + \boldsymbol{J}(\boldsymbol{x})\Delta\boldsymbol{x} = \boldsymbol{0},$$

则得到一个关于 $\Delta\boldsymbol{x}$ 的线性方程组

$$\boldsymbol{J}(\boldsymbol{x})\Delta\boldsymbol{x} = -\boldsymbol{f}(\boldsymbol{x}). \tag{4.38}$$

根据以上推导, 得到求解非线性方程组 (4.35) 的 Newton 迭代公式为

$$\boldsymbol{x}^{(k+1)} = \boldsymbol{x}^{(k)} - \boldsymbol{J}^{-1}(\boldsymbol{x}^{(k)})\boldsymbol{f}(\boldsymbol{x}^{(k)}), \quad k=0,1,2,\cdots, \tag{4.39}$$

其中 $\boldsymbol{x}^{(0)} = (x_1^{(0)}, x_2^{(0)}, \cdots, x_n^{(0)})^{\mathrm{T}}$ 是初始近似解向量.

可以证明, 当 Jacobi 矩阵 $\boldsymbol{J}(\boldsymbol{x})$ 满足一定的条件时, Newton 法平方收敛. 但是 (4.39) 式存在计算复杂等问题. 每作一次迭代, 都要求矩阵 $\boldsymbol{J}(\boldsymbol{x}^{(k)})$ 的逆矩阵.

为了减少运算, 可以对 Newton 法进行简化. 例如, 将 $\boldsymbol{J}(\boldsymbol{x}^{(k)})$ 恒取成 $\boldsymbol{J}(\boldsymbol{x}^{(0)})$, 从而得到简化的 Newton 法:

$$\boldsymbol{x}^{(k+1)}=\boldsymbol{x}^{(k)}-\boldsymbol{J}^{-1}(\boldsymbol{x}^{(0)})\boldsymbol{f}(\boldsymbol{x}^{(k)}),\quad k=0,1,2,\cdots. \tag{4.40}$$

还有一种更接近 Newton 法且可以节省部分工作量的方法, 即求一次 $\boldsymbol{J}^{-1}(\boldsymbol{x}^{(k)})$ 后, 连续作几步迭代再更新 $\boldsymbol{J}^{-1}(\boldsymbol{x}^{(k)})$, 于是 (4.40) 式可以改写为

$$\boldsymbol{x}^{(k+1)}=\boldsymbol{x}^{(k)}-\boldsymbol{J}^{-1}(\boldsymbol{x}^{(r(k))})\boldsymbol{f}(\boldsymbol{x}^{(k)}),\quad k=0,1,2,\cdots, \tag{4.41}$$

其中 $r(k)<k$ 为整数, 且 $\lim\limits_{k\to\infty}r(k)=\infty$.

除了对 Jacobi 矩阵求逆进行简化外, 与非线性方程求根的 Newton 法一样, 很多时候还希望能够避免导数运算. 方程组的情况下需要 n^2 次 (偏) 导数的运算, 可以采用有限差分代近似偏导数. 例如, 将 Jacobi 矩阵的第 j 列各元素改写成

$$(\boldsymbol{J}_k^h)_j=\frac{\boldsymbol{f}(\boldsymbol{x}^{(k)}+h_k^j\boldsymbol{e}_j)-\boldsymbol{f}(\boldsymbol{x}^{(k)})}{h_k^j},\quad j=1,2,3,\cdots,n,$$

其中 $h_k^j>0$ 是一个增量, $\boldsymbol{e}_j$ 为沿第 j 个方向的单位向量. 于是迭代公式 (4.39) 简化为

$$\boldsymbol{x}^{(k+1)}=\boldsymbol{x}^{(k)}-\left[\boldsymbol{J}_k^h\right]^{-1}(\boldsymbol{x}^{(r(k))})\boldsymbol{f}(\boldsymbol{x}^{(k)}),\quad k=0,1,2,\cdots. \tag{4.42}$$

与 Newton 法相比, 简化 Newton 法 (4.40), (4.41) 以及 (4.42) 的运算量大幅度减少, 但是其收敛速度则可能会变慢.

例 4.9 利用 Newton 法求圆 $x^2+y^2=3$ 与双曲线 $xy=1$ 的交点, 要求 $\|\Delta\boldsymbol{x}^{(k)}\|_\infty<10^{-5}$, 其中 $\Delta\boldsymbol{x}^{(k)}=\boldsymbol{x}^{(k+1)}-\boldsymbol{x}^{(k)}$, $\boldsymbol{x}=(x,y)^{\mathrm{T}}$.

解 将原问题转化为下列方程组:

$$\begin{cases} f_1(x,y)=x^2+y^2-3,\\ f_2(x,y)=xy-1,\end{cases}$$

用向量形式可以写成

$$\boldsymbol{f}(\boldsymbol{x})=\begin{bmatrix} x^2+y^2-3\\ xy-1\end{bmatrix},$$

其中 $\boldsymbol{x}=(x,y)^{\mathrm{T}}$. 进而易计算得到 $\boldsymbol{J}(\boldsymbol{x})=\begin{bmatrix} 2x & 2y\\ y & x\end{bmatrix}$.

首先粗略地画出两个方程的草图以确定交点的大概位置 (图 4.8), 取初始值 $\boldsymbol{x}^{(0)}=(0.5,1.5)^{\mathrm{T}}$.

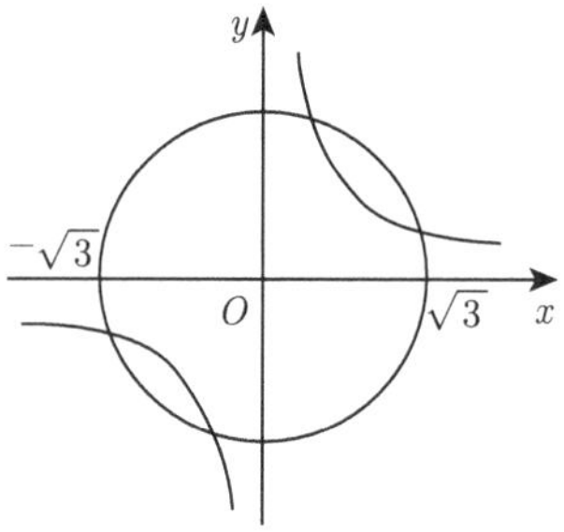

图 4.8　$x^2+y^2=3$ 与 $xy=1$ 对应的曲线

(1) 第一次迭代.

解方程 $\boldsymbol{J}(\boldsymbol{x}^{(0)})\Delta\boldsymbol{x}^{(0)}=-\boldsymbol{f}(\boldsymbol{x}^{(0)})$, 即解方程组

$$\begin{bmatrix} 1.0 & 3.0 \\ 1.5 & 0.5 \end{bmatrix} \Delta\boldsymbol{x}^{(0)} = \begin{bmatrix} 0.50 \\ 0.25 \end{bmatrix},$$

其解为 $\Delta\boldsymbol{x}^{(0)}=(0.125,0.125)^{\mathrm{T}}$ 以及 $\boldsymbol{x}^{(1)}=(0.625,1.625)^{\mathrm{T}}$.

(2) 第二次迭代.

重复第一步的做法得到方程组

$$\begin{bmatrix} 1.250 & 3.250 \\ 1.625 & 0.625 \end{bmatrix} \Delta\boldsymbol{x}^{(1)} = \begin{bmatrix} -0.031250 \\ -0.015625 \end{bmatrix},$$

其解为 $\Delta\boldsymbol{x}^{(1)}=(-0.00694,-0.00694)^{\mathrm{T}}$ 以及 $\boldsymbol{x}^{(2)}=(0.61806,1.61806)^{\mathrm{T}}$.

(3) 第三次迭代.

同样得到方程组

$$\begin{bmatrix} 1.23612 & 3.23612 \\ 1.61806 & 0.61806 \end{bmatrix} \Delta\boldsymbol{x}^{(2)} = \begin{bmatrix} -0.000116 \\ -0.000058 \end{bmatrix},$$

其解为 $\Delta\boldsymbol{x}^{(2)}=(-0.00003,-0.00003)^{\mathrm{T}}$ 以及 $\boldsymbol{x}^{(3)}=(0.61803,1.61803)^{\mathrm{T}}$

再进行一次迭代发现, 小数点后 5 位数字不发生变化. 利用如图 4.8 所示图像的对称性, 两条曲线交点坐标的近似值可取为 $\pm(0.61803,1.61803)$ 与 $\pm(1.61803,0.61803)$.

第 4 章评注

本章介绍了解非线性方程不动点迭代算法, 重点介绍了 Newton 迭代法及其变形式, 如 Newton 下山法、割线法等. 限于篇幅原因, 这里仅讨论了单实根的求解问题, 对于代数方程复根的计算, 读者可以参考 [9], 至于重根的快速求解算法, 在 [10, 11] 中有相关论述.

与单变量非线性方程相比, 多变量非线性方程组在工程技术中的应用更为普遍, 求解难度也更大. 在数据科学等很多技术领域, 常常是将非线性方程组转化为优化问题求其近似解, 这就是结构化目标函数的优化算法设计问题, 属于当前机器学习、计算机科学等多领域共同关注的数学问题. 除了本章提到的 Newton 法之外, (随机) 梯度下降法、拟 Newton 方法、信赖域方法等都是重要的研究主题, 关于它们的收敛性、执行效率等, 也是当前计算数学和运筹学中的研究热点之一.

习 题 4

1. 找出下列方程在 $x=0$ 附近的有根区间:

(1) $2x-3\tan x=0$; (2) $x-\cos x=0$;

(3) $\sin x-\mathrm{e}^{-x}=0$; (4) $3x^2-\mathrm{e}^{-x}=0$.

2. 证明方程 $x^3-x-1=0$ 在区间 $[1,2]$ 上有唯一实根, 使用二分法求其误差不大于 0.00001 的根至少需要多少次迭代?

3. 用 Newton 法解方程组 $x^2+4y^2=4, 2x^2-4x-2y=-1$, 取初始值 $(x_0,y_0)=(2,0.25)$, 精确到 $\varepsilon=10^{-6}$.

4. 判断用 Newton 法求解方程 $f(x)=\operatorname{sgn}(x)\sqrt{|x|}$ 的收敛性.

5. 证明对于任意 $x_0\in\mathbb{R}$, 迭代 $x_{k+1}=\cos x_k$ 收敛到不动点 $\varsigma=\cos\varsigma$.

6. 设有方程 $6-3x+\cos x=0$ 的迭代法:

$$x_{k+1}=2+\frac{1}{3}\cos x_k.$$

(1) 证明对任意 $x_0\in\mathbb{R}$, 均有 $\lim\limits_{k\to\infty}x_k=x^*$, 其中 x^* 为方程的根;

(2) 取 $x_0=2$, 求此迭代法的近似根, 其中误差不超过 10^{-3};

(3) 上述迭代法的收敛阶是多少? 证明你的结论.

7. 证明定理 4.5.

8. 设函数 $f(x)$ 有一阶连续导数, x^* 是方程 $f(x)=0$ 的单根. 证明: 对于常数 $c>0$, 当 $0<\dfrac{f'(x^*)}{c}<2$ 时, 迭代格式 $x_{k+1}=x_k-\dfrac{f'(x_k)}{c}, k=0,1,2,\cdots$ 局部收敛.

9. 设函数 $f(x)$ 有一阶连续导数, x^* 是方程 $f(x)=0$ 的 $m(m\geqslant 2)$ 重根, 构造函数 $g(x)=\dfrac{f(x)}{f'(x)}$. 证明: 迭代法 $x_{k+1}=x_k-\dfrac{g(x_k)}{g'(x_k)}, k=0,1,2,\cdots$ 局部收敛, 且收敛阶为 2.

10. 设 $f\in C^\infty(\mathbb{R})$, $f(x)=0$ 有实根 x^*. 考虑 Steffensen (斯蒂芬森) 迭代格式:

$$x_{k+1}=x_k-\frac{f(x_k)}{\varphi(x_k)},\quad \text{其中 } \varphi(x)=\frac{f(x+f(x))-f(x)}{f(x)}.$$

(1) 证明该方法二阶收敛;

(2) 用该方法求解非线性方程: $\mathrm{e}^{-x}-\sin x=0$.

上机实验题

1. 在区间 $[1,3]$ 上分别用二分法与骑墙法求 $f(x)=2^{-x}+\mathrm{e}^{x}+2\cos x-6$ 的零点, 并比较两种方法的收敛速度.

2. 分别利用二分法与骑墙法计算函数 $f(x)$ 在区间 $(0.5,0.7)$ 内的零点, 其中

$$f(x)=\frac{1}{(x-0.3)^2+0.01}-\frac{1}{(x-0.8)^2+0.04}.$$

要求精度达到 10^{-5}, 并比较两种方法所需要的迭代次数.

3. 分别用 Aitken 法、Newton 法以及割线法求 $\mathrm{e}^{x}\sin x-4=0$ 的根, 要求精度为 10^{-7}.

4. 用 Newton 法求解方程组

$$\begin{cases}\sin x+3\cos y-2=0,\\ \cos x-\sin y+0.2=0.\end{cases}$$

第 5 章　多项式插值

5.1 引　　言

在工程技术应用中, 经常需要计算与下列数表 (表 5.1) 相关的问题.

表 5.1　插值问题处理的数表

观测点	x_0	x_1	$\cdots$	x_{n-2}	x_{n-1}	x_n
观测值	y_0	y_1	$\cdots$	y_{n-2}	y_{n-1}	y_n

其中 $x_0, x_1, x_2, \cdots, x_n$ 称为**节点**. 不失一般性, 本章假设 $a = x_0 < x_1 < \cdots < x_n = b$. 并假设上述数表所对应的函数关系为 $y = f(x)$, 也即有 $y_i = f(x_i), i = 0, 1, 2, \cdots, n$. 来源于工程实践中的函数 $y = f(x)$ 一般对应实际物理过程, 其形式往往比较复杂, 难以写出它的显式表达式, 因此通常以离散的形式通过上述数表进行描述. 为了对函数 $y = f(x)$ 进行刻画和分析, 常常需要找一个性质较好 (例如连续、光滑等)、形式较简单的函数 $y = \varphi(x)$ 对其进行近似. 本章要重点介绍的插值就是一种函数近似的方法.

具体说来, 插值问题就是要求在 $n+1$ 个节点 $x_0, x_1, x_2, \cdots, x_n$ 处, 函数 $y = \varphi(x)$ 与 $y = f(x)$ 的函数值均相等, 即

$$\varphi(x_i) = f(x_i), \quad i = 0, 1, 2, \cdots, n. \tag{5.1}$$

此时我们也称曲线 $\varphi(x)$ 通过 $n+1$ 个数据点 $(x_i, y_i), i = 0, 1, 2, \cdots, n$.

对插值问题的研究源于生产实践, 有着悠久的历史. 我国古代天文学家在制定历法时曾使用插值法, 例如, 隋朝刘焯所著的《皇极历》[12] 使用了二次插值技术, 元朝朱世杰所著的《四元玉鉴》[13] 引入了高次内插公式. 随着微积分的产生, 直到 17 世纪, Newton 等才建立起等距节点上一般的内插公式. 我国古代数学家关于插值法的研究远早于西方.

与插值紧密相关的另一种函数近似方法是曲线拟合. 曲线拟合不要求拟合函数 $\psi(x)$ 在观测点处与 $f(x)$ 完全相等, 而是要求 $\psi(x)$ 与 $f(x)$ 之差在某种范数意义下达到最小即可. 图 5.1 显示了插值与曲线拟合的区别, 其中 $y = \varphi(x)$ 和 $y = \psi(x)$ 分别是关于给定插值数据的插值函数和拟合函数.

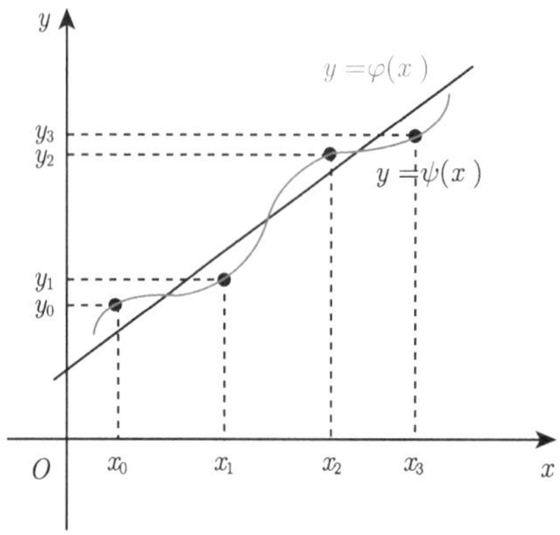

图 5.1　插值与拟合的结果对比 (彩图请扫二维码)

插值一般适用于观测数据精确无误的情况, 而曲线拟合则更适合于观测数据量大且存在噪声影响的情况. 本章主要介绍插值问题, 函数拟合或函数逼近则放在下一章介绍.

优先考虑插值函数形式简单、足够光滑的情况. 这时可选的函数包括代数多项式、三角多项式以及有理多项式等. 本章选择最基本的代数多项式作为插值函数, 介绍相应的多项式插值方法.

定义 5.1　根据给定的表 5.1, 求一个次数不超过 n 次的代数多项式

$$P_n(x) = a_n x^n + a_{n-1}x^{n-1} + \cdots + a_1 x + a_0, \tag{5.2}$$

使得

$$P_n(x_i) = y_i, \quad i = 0, 1, 2, \cdots, n \tag{5.3}$$

就是**多项式插值问题**, 其中 $x_0, x_1, x_2, \cdots, x_n$ 称为**插值节点**, $P_n(x)$ 称为关于插值数据 $(x_i, y_i), i = 0, 1, 2, 3, \cdots, n$ 的**插值多项式**. (5.3) 式就称为**多项式插值条件**.

从几何上看, 多项式插值就是对于已知曲线 $y = f(x)$ 的 $n+1$ 个点 (x_i, y_i), $i = 0, 1, 2, \cdots, n$, 求一条不超过 n 次的代数曲线 $y = P_n(x)$ 通过所有 $n+1$ 个点. 所得到的多项式 $y = P_n(x)$ 也可看作函数 $y = f(x)$ 的一个近似.

在讨论如何求插值多项式之前, 首先需要保证插值多项式存在且唯一.

定理 5.1　若给定 $n+1$ 个节点 $x_i (i = 0, 1, 2, \cdots, n)$ 互异, 则存在唯一的次数不超过 n 次的代数多项式 (5.2) 满足多项式插值条件 (5.3).

证明　从 (5.2) 式可以看出, n 次插值多项式 $P_n(x)$ 是由其系数 a_i, $i = 0, 1, 2, \cdots, n$ 决定的, 将 (5.3) 式写成如下线性方程组的形式

$$\begin{cases} a_0 + a_1x_0 + a_2x_0^2 + \cdots + a_nx_0^n = y_0, \\ a_0 + a_1x_1 + a_2x_1^2 + \cdots + a_nx_1^n = y_1, \\ a_0 + a_1x_2 + a_2x_2^2 + \cdots + a_nx_2^n = y_2, \\ \qquad\qquad \cdots\cdots \\ a_0 + a_1x_n + a_2x_n^2 + \cdots + a_nx_n^n = y_n. \end{cases} \tag{5.4}$$

线性方程组 (5.4) 的系数矩阵的行列式为 $n+1$ 阶的 Vandermonde 行列式

$$V = \begin{vmatrix} 1 & x_0 & x_0^2 & \cdots & x_0^n \\ 1 & x_1 & x_1^2 & \cdots & x_1^n \\ 1 & x_2 & x_2^2 & \cdots & x_2^2 \\ \vdots & \vdots & \vdots & & \vdots \\ 1 & x_n & x_n^2 & \cdots & x_n^n \end{vmatrix}.$$

当 $n+1$ 个节点 $x_i\ (i=0,1,2,\cdots,n)$ 互不相同时, 有 $V = \prod\limits_{0\leqslant k<l\leqslant n}(x_l - x_k) \neq 0.$ 这说明线性方程组 (5.4) 有唯一解, 即满足插值条件 (5.3) 的插值多项式 (5.2) 存在且唯一. ■

下面介绍插值多项式的计算及误差估计, 主要包括 Lagrange (拉格朗日) 插值、Newton 插值、Hermite (埃尔米特) 插值、分段低次插值、三次样条插值等.

5.2 Lagrange 插值

定理 5.1 不仅指出了插值多项式的存在唯一性, 其证明过程还提供了一种求插值多项式的方法, 这就是通过求解线性方程组 (5.4) 确定插值多项式 $P_n(x)$ 的系数. 由于 n 阶线性方程组求解的运算量一般为 $O(n^3)$, 如果考虑到 Vandermonde 矩阵的特殊结构, 采用快速算法可以使其求解的运算量降到 $O(n^2)$ 或 $O(n\log^2 n)$, 但是, 这些快速算法计算结构较复杂且对误差敏感, 从而导致计算结果可靠性得不到保障, 因此有必要寻找其他运算结构简单且结果可靠的方法.

设 $\mathbb{P}_n$ 表示次数不超过 n 的多项式集合. 容易看出 $1, x, x^2, \cdots, x^n$ 为 $\mathbb{P}_n$ 的一组基函数, 即 $\mathbb{P}_n = \operatorname{span}\{1, x, x^2, \cdots, x^n\}$, (5.2) 式中的插值多项式 $P_n(x)$ 就是 $\mathbb{P}_n$ 中的一个元素. 利用线性代数的相关知识, 有限维空间 $\mathbb{P}_n$ 的基函数有无穷多种. 因此, 还可以通过改变基函数的方式找到插值多项式的其他表示方式, 进而找到更为简洁或方便的表达形式. Lagrange 插值多项式和 Newton 插值多项式都是在这个思路下求得的.

5.2.1 Lagrange 插值多项式

插值条件 (5.3) 式只给出了插值函数在插值节点 x_i 处的值 $y_i, i=0,1,2,\cdots,n$, 如果我们能找到 $n+1$ 个不超过 n 次的插值基函数 $l_i(x), i=0,1,2,\cdots,n$, 这些基函数仅与 $y_i(0\leqslant i\leqslant n)$ 作线性组合就能表示出插值多项式, 即

$$L_n(x)=y_0l_0(x)+y_1l_1(x)+\cdots+y_nl_n(x),$$

那么插值多项式的计算将非常便捷. 下面我们将看到, 基函数 $l_i(x), i=0,1,2,\cdots,n$, 可以根据插值节点很方便地确定.

由于 $L_n(x_i)=y_i, i=0,1,2,\cdots,n$, 故有

$$\begin{bmatrix} l_0(x_0) & l_1(x_0) & \cdots & l_n(x_0) \\ l_0(x_1) & l_1(x_1) & \cdots & l_n(x_1) \\ \vdots & \vdots & & \vdots \\ l_0(x_n) & l_1(x_n) & \cdots & l_n(x_n) \end{bmatrix}\begin{bmatrix} y_0 \\ y_1 \\ \vdots \\ y_n \end{bmatrix}=\begin{bmatrix} y_0 \\ y_1 \\ \vdots \\ y_n \end{bmatrix}.$$

对于任意数据 $y_i(0\leqslant i\leqslant n)$, 上述线性方程组均有解的充分必要条件是, 其系数矩阵为单位矩阵 $\boldsymbol{I}$, 即

$$\begin{bmatrix} l_0(x_0) & l_1(x_0) & \cdots & l_n(x_0) \\ l_0(x_1) & l_1(x_1) & \cdots & l_n(x_1) \\ \vdots & \vdots & & \vdots \\ l_0(x_n) & l_1(x_n) & \cdots & l_n(x_n) \end{bmatrix}=\boldsymbol{I},$$

也即

$$l_i(x_j)=\delta_{ij}=\begin{cases} 1, & i=j, \\ 0, & i\neq j, \end{cases} \quad i,j=0,1,2,\cdots,n, \tag{5.5}$$

其中 δ_{ij} 表示 Kronecker 符号. 由条件 (5.5) 式所确定的 $n+1$ 个 n 次多项式 $l_i(x), i=0,1,2,\cdots,n$ 称为 **Lagrange 插值基函数**.

对于 $l_i(x)$, 由于其次数为 n 且有 n 个零点 $x_j, 0\leqslant j\leqslant n, j\neq i$, 故存在常数 A_i 使得

$$l_i(x)=A_i(x-x_0)(x-x_1)\cdots(x-x_{i-1})(x-x_{i+1})\cdots(x-x_n)=A_i\prod_{\substack{j=0\\ j\neq i}}^{n}(x-x_j).$$

再由 $l_i(x_i)=1$ 推得

$$A_i=\frac{1}{\prod\limits_{\substack{j=0\\j\neq i}}^{n}(x_i-x_j)}.$$

故有

$$l_i(x)=\prod_{\substack{j=0\\j\neq i}}^{n}\frac{x-x_j}{x_i-x_j},\quad i=0,1,2,\cdots,n. \tag{5.6}$$

如果记 $w_{n+1}(x)=\prod\limits_{i=0}^{n}(x-x_i)$, 则 $w'_{n+1}(x_i)=\prod\limits_{\substack{j=0\\j\neq i}}^{n}(x_i-x_j)$, 故 (5.6) 又可以表示为

$$l_i(x)=\frac{w_{n+1}(x)}{(x-x_i)w'_{n+1}(x_i)},\quad i=0,1,2,\cdots,n. \tag{5.7}$$

由 (5.6) 或 (5.7) 式定义的 $l_i(x),i=0,1,2,\cdots,n$ 所构成的 n 次多项式

$$L_n(x)=\sum_{i=0}^{n}y_il_i(x)=\sum_{i=0}^{n}y_i\frac{w_{n+1}(x)}{(x-x_i)w'_{n+1}(x_i)} \tag{5.8}$$

称为函数 $f(x)$ 的 **Lagrange 插值多项式**, 而 $l_i(x),i=0,1,2,\cdots,n$ 称为 **Lagrange 插值基函数**.

特别地, 当 $n=1$ 时, 由 (5.8) 式得到的两点 Lagrange 插值多项式 (线性插值多项式) $L_1(x)=y_0l_0(x)+y_1l_1(x)$ 是一条直线, 如图 5.2 所示, 其中

$$l_0(x)=\frac{x-x_1}{x_0-x_1},\quad l_1(x)=\frac{x-x_0}{x_1-x_0}.$$

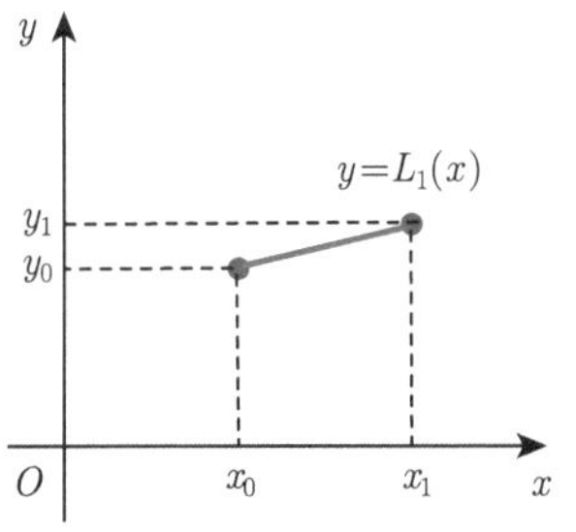

图 5.2 一次插值函数 $L_1(x)$

而当 $n=2$ 时, 由 (5.8) 式得到的三点 Lagrange 插值多项式 (二次或抛物线插值多项式) $L_2(x)=y_0l_0(x)+y_1l_1(x)+y_2l_2(x)$ 是一条抛物线, 如图 5.3 所示, 其中

$$l_0(x)=\frac{(x-x_1)(x-x_2)}{(x_0-x_1)(x_0-x_2)},\quad l_1(x)=\frac{(x-x_0)(x-x_2)}{(x_1-x_0)(x_1-x_2)},$$
$$l_2(x)=\frac{(x-x_0)(x-x_1)}{(x_2-x_0)(x_2-x_1)}.$$

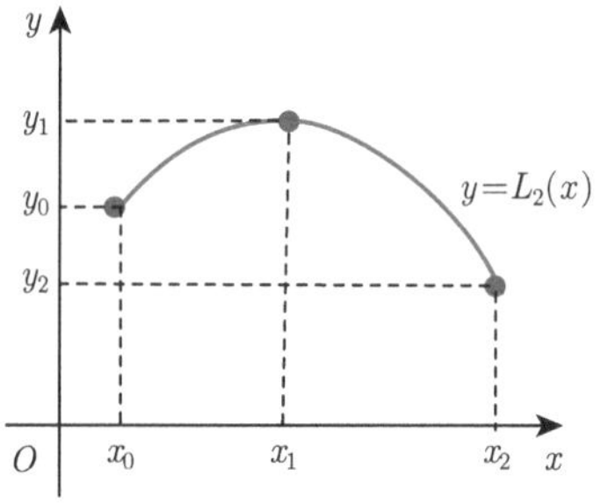

图 5.3　二次插值函数 $L_2(x)$

5.2.2　Lagrange 插值余项与误差估计

定义 5.2　设区间 $[a,b]$ 上关于 $(x_i,f(x_i)),i=0,1,2,\cdots,n$ 的 Lagrange 插值多项式为 $L_n(x)$, 则称 $R_n(x)=f(x)-L_n(x)$ 为 **Lagrange 插值余项**.

定理 5.2　设函数 $f(x)$ 在区间 $[a,b]$ 上存在 $n+1$ 阶连续导函数, 且节点 $a=x_0<x_1<x_2<\cdots<x_n=b$, $L_n(x)$ 为满足 $L_n(x_i)=f(x_i),0\leqslant i\leqslant n$ 的 n 次插值多项式, 则对任意 $x\in[a,b]$, 存在依赖于 x 的 $\xi\in[a,b]$, 使得

$$R_n(x)=f(x)-L_n(x)=\frac{f^{(n+1)}(\xi)}{(n+1)!}w_{n+1}(x).\tag{5.9}$$

证明　由于 $L_n(x_i)=f(x_i)$ 以及 $w_{n+1}(x_i)=0,0\leqslant i\leqslant n$, 故当 $x=x_i,0\leqslant i\leqslant n$ 时 $R_n(x_i)=0$, (5.9) 式成立. 下面考虑任意 $x\in[a,b],x\neq x_i$, 令

$$R_n(x)=f(x)-L_n(x)=K(x)w_{n+1}(x),\tag{5.10}$$

其中 $K(x)$ 是关于 x 的函数. 将 x 看成区间 $[a,b]$ 上的一个固定的点, 构造函数

$$F(t)=f(t)-L_n(t)-K(x)w_{n+1}(t),$$

显然有 $F(x_i)=0, i=0,1,2,\cdots,n, F(x)=0$. 这表明, 函数 $F(t)$ 在区间 $[a,b]$ 上有 $n+2$ 个零点 $x_0,x_1,\cdots,x_n,x$. 利用 Rolle (罗尔) 定理知, $F'(t)$ 在区间 $[a,b]$ 上至少有 $n+1$ 个零点. 反复利用 Rolle 定理知, $F^{(n+1)}(t)$ 在区间 $[a,b]$ 上至少有一个零点 ξ. 此时

$$0=F^{(n+1)}(\xi)=f^{(n+1)}(\xi)-(n+1)!K(x),$$

即

$$K(x)=\frac{f^{(n+1)}(\xi)}{(n+1)!}.$$

代入 (5.10) 式知 (5.9) 式的结论成立. 定理得证. ■

若 $\forall x\in[a,b], |f^{(n+1)}(x)|\leqslant M_n$ 成立, 则插值余项 $R_n(x)$ 满足

$$|R_n(x)|\leqslant\frac{M_n}{(n+1)!}\left|w_{n+1}(x)\right|. \tag{5.11}$$

例 5.1 已知特殊角 $\frac{\pi}{6},\frac{\pi}{4},\frac{\pi}{3}$ 处的正弦函数值分别为 $\frac{1}{2},\frac{\sqrt{2}}{2},\frac{\sqrt{3}}{2}$, 求出正弦函数分别过点 $\left(\frac{\pi}{6},\frac{1}{2}\right),\left(\frac{\pi}{4},\frac{\sqrt{2}}{2}\right)$ 与 $\left(\frac{\pi}{4},\frac{\sqrt{2}}{2}\right),\left(\frac{\pi}{3},\frac{\sqrt{3}}{2}\right)$ 的一次插值多项式, 以及过点 $\left(\frac{\pi}{6},\frac{1}{2}\right),\left(\frac{\pi}{4},\frac{\sqrt{2}}{2}\right),\left(\frac{\pi}{3},\frac{\sqrt{3}}{2}\right)$ 的二次插值多项式. 用插值公式近似计算 $\sin\frac{5\pi}{18}$ 并估计插值误差.

解 首先取插值节点 $\frac{\pi}{6},\frac{\pi}{4}$, 得到一次插值多项式

$$L_1(x)=\frac{1}{2}\cdot\frac{x-\frac{\pi}{4}}{\frac{\pi}{6}-\frac{\pi}{4}}+\frac{\sqrt{2}}{2}\cdot\frac{x-\frac{\pi}{6}}{\frac{\pi}{4}-\frac{\pi}{6}},$$

插值误差为

$$R_1(x)=\frac{f''(\xi_2)}{2}\left(x-\frac{\pi}{6}\right)\left(x-\frac{\pi}{4}\right)=-\frac{\sin\xi_2}{2}\left(x-\frac{\pi}{6}\right)\left(x-\frac{\pi}{4}\right),$$

其中 $\xi_2\in\left[\min\left\{\frac{\pi}{6},\frac{\pi}{4},x\right\},\max\left\{\frac{\pi}{6},\frac{\pi}{4},x\right\}\right]$. 于是

$$\sin\frac{5\pi}{18}\approx L_1\left(\frac{5\pi}{18}\right)\approx 0.77614,$$

相应的误差为 $R_1\left(\frac{5\pi}{18}\right)=-\frac{\sin\xi_2}{2}\left(\frac{5\pi}{18}-\frac{\pi}{6}\right)\left(\frac{5\pi}{18}-\frac{\pi}{4}\right)$, 根据 $\xi_2\in\left[\frac{\pi}{6},\frac{5\pi}{18}\right]\subset\left[\frac{\pi}{6},\frac{\pi}{3}\right]$ 知 $-0.00762<R_1\left(\frac{5\pi}{18}\right)<-0.01319$. 由于真值为 $\sin\frac{5\pi}{18}=0.7660444\cdots$, 实际误差为 -0.01001, 满足上面的不等式.

类似地, 取 $\frac{\pi}{4},\frac{\pi}{3}$ 为插值节点, 得一次插值多项式

$$\tilde{L}_1(x)=\frac{\sqrt{2}}{2}\frac{x-\frac{\pi}{3}}{\frac{\pi}{4}-\frac{\pi}{3}}+\frac{\sqrt{3}}{2}\frac{x-\frac{\pi}{4}}{\frac{\pi}{3}-\frac{\pi}{4}},$$

进而 $\sin\frac{5\pi}{18}\approx\tilde{L}_1\left(\frac{5\pi}{18}\right)\approx 0.76008$. 相应的误差为

$$\tilde{R}_1\left(\frac{5\pi}{18}\right)=-\frac{\sin\xi_2}{2}\left(\frac{5\pi}{18}-\frac{\pi}{4}\right)\left(\frac{5\pi}{18}-\frac{\pi}{3}\right).$$

根据 $\xi_2\in\left[\frac{\pi}{4},\frac{5\pi}{18}\right]\subset\left[\frac{\pi}{4},\frac{\pi}{3}\right]$ 可知 $0.00538<\tilde{R}_1\left(\frac{5\pi}{18}\right)<0.00660$. 实际误差为 0.00596, 满足上面的不等式.

从上面的一次插值过程我们看到, 选取节点 $\frac{\pi}{4},\frac{\pi}{3}$ 的一次插值多项式, 其精度要高于选取点 $\frac{\pi}{6},\frac{\pi}{4}$ 得到的一次插值多项式的精度. 事实上, 容易计算出 $\frac{\pi}{6}<\frac{\pi}{4}<\frac{5\pi}{18}$, 即点 $\frac{5\pi}{18}$ 位于区间 $\left[\frac{\pi}{6},\frac{\pi}{4}\right]$ 的外面, 此时的插值称为**外插**. 而 $\frac{\pi}{4}<\frac{5\pi}{18}<\frac{\pi}{3}$, 即 $\frac{5\pi}{18}$ 位于区间 $\left[\frac{\pi}{4},\frac{\pi}{3}\right]$ 的内部, 此时的插值称为**内插**. 一般情况下, 内插公式的精度要高于外插公式的精度, 这正是第二种一次插值公式精度高于第一种一次插值公式精度的原因.

如果取 $\frac{\pi}{6},\frac{\pi}{4},\frac{\pi}{3}$ 为插值节点, 则得到二次 (或抛物线) 插值多项式为

$$L_2(x)=\frac{\left(x-\frac{\pi}{4}\right)\left(x-\frac{\pi}{3}\right)}{\left(\frac{\pi}{6}-\frac{\pi}{4}\right)\left(\frac{\pi}{6}-\frac{\pi}{3}\right)}\frac{1}{2}+\frac{\left(x-\frac{\pi}{6}\right)\left(x-\frac{\pi}{3}\right)}{\left(\frac{\pi}{4}-\frac{\pi}{6}\right)\left(\frac{\pi}{4}-\frac{\pi}{3}\right)}\frac{\sqrt{2}}{2}+\frac{\left(x-\frac{\pi}{6}\right)\left(x-\frac{\pi}{4}\right)}{\left(\frac{\pi}{3}-\frac{\pi}{6}\right)\left(\frac{\pi}{3}-\frac{\pi}{4}\right)}\frac{\sqrt{3}}{2},$$

进而得到近似估计 $\sin\frac{5\pi}{18}\approx L_2\left(\frac{5\pi}{18}\right)\approx 0.76543$. 插值误差为

$$R_2\left(\frac{5\pi}{18}\right)=-\frac{\cos\xi_3}{6}\left(\frac{5\pi}{18}-\frac{\pi}{6}\right)\left(\frac{5\pi}{18}-\frac{\pi}{4}\right)\left(\frac{5\pi}{18}-\frac{\pi}{3}\right).$$

由 $\xi_3 \in \left[\frac{\pi}{6}, \frac{5\pi}{18}\right] \subset \left[\frac{\pi}{6}, \frac{\pi}{3}\right]$ 知, $0.00044 < R_2\left(\frac{5\pi}{18}\right) < 0.00077$. 此时的实际误差为 0.00061, 满足上述不等式.

例 5.2 要制作一个三角函数 $\cos x$ 的数学用表值, 已知表值有四位小数, 要求用线性插值引起的截断误差不超过表值的舍入误差, 试决定其最大允许步长.

解 表值四位小数即指要求达到四位有效数字, 因此舍入误差不超过 $\frac{1}{2} \times 10^{-4}$, 而截断误差是由插值引起的, 因此插值误差满足

$$R_1(x) = \frac{f''(\xi)}{2!}(x - x_{i-1})(x - x_i).$$

设最大步长为 h, 由于 $\max|f''(x)| = 1$, 因此有

$$\begin{aligned}\max_x |R_1(x)| &\leqslant \frac{1}{2}\max|f''(x)|\max_{x,i}|(x - x_{i-1})(x - x_i)| \\ &\leqslant \frac{1}{2}\max_i\left|\left(\frac{x_{i-1}+x_i}{2} - x_{i-1}\right)\left(\frac{x_{i-1}+x_i}{2} - x_i\right)\right| \leqslant \frac{1}{8}h^2,\end{aligned}$$

若 $\frac{h^2}{8} \leqslant \frac{1}{2} \times 10^{-4}$ 成立, 即当步长满足 $h \leqslant 0.002$ 时, 线性插值引起的截断误差不超过表值的舍入误差.

前面给出的两个例子都是在被插值函数 f 已知的情况下得到的. 但是在实际应用中, 若不知道函数 $f(x)$ 的具体表达式, 同时函数的连续性以及是否可导等性质也很难确定, 此时定理 5.2 不能直接使用, 下面给出一种事后估计方法对插值误差进行估计.

给定 $n+2$ 个插值节点 $x_0, x_1, \cdots, x_n, x_{n+1}$, 分别取前 $n+1$ 个节点 $x_0, x_1, \cdots, x_{n-1}, x_n$ 与后 $n+1$ 个节点 $x_1, x_2, \cdots, x_n, x_{n+1}$ 构造 n 次插值多项式 $L_n(x)$ 与 $\tilde{L}_n(x)$. 由定理 5.2, 存在 ξ_1, ξ_2 使得

$$\begin{aligned}f(x) - L_n(x) &= \frac{f^{(n+1)}(\xi_1)}{(n+1)!}(x - x_0)(x - x_1)\cdots(x - x_n), \\ f(x) - \tilde{L}_n(x) &= \frac{f^{(n+1)}(\xi_2)}{(n+1)!}(x - x_1)(x - x_2)\cdots(x - x_{n+1}).\end{aligned}$$

假设 $f^{(n+1)}(x)$ 在插值区间内变化不大, 即有 $f^{(n+1)}(\xi_1) \approx f^{(n+1)}(\xi_2)$, 于是

$$\frac{f(x) - L_n(x)}{f(x) - \tilde{L}_n(x)} \approx \frac{x - x_0}{x - x_{n+1}},$$

从而可得

$$f(x) \approx \frac{x - x_{n+1}}{x_0 - x_{n+1}} L_n(x) + \frac{x - x_0}{x_{n+1} - x_0} \tilde{L}_n(x),$$

$$f(x) - L_n(x) \approx \frac{x - x_0}{x_0 - x_{n+1}} \left(L_n(x) - \tilde{L}_n(x) \right). \tag{5.12}$$

上式表明插值多项式的误差可以近似地用两个插值多项式的差来近似估计.

5.3 Newton 插值

Lagrange 插值多项式的优点是形式简洁, 结构紧凑, 所有节点的地位都是对等的. 它的缺点是如果需要临时增加一个插值节点, 则式中已经得到的基函数需要重新计算, 这种缺乏承袭性会带来计算的浪费, 本节讨论一种具有承袭性的插值格式——Newton 插值.

5.3.1 逐步插值多项式的生成

我们知道, 前面两节所讨论的多项式插值的直接解法 (Vandermonde 线性方程组方法) 与 Lagrange 插值方法都可以看成求不同基下多项式的表示方法. 现在我们考虑新的基函数形式

$$\begin{cases} \varphi_0(x) = 1, \\ \varphi_1(x) = x - x_0, \\ \varphi_2(x) = (x - x_0)(x - x_1), \\ \qquad \cdots\cdots \\ \varphi_n(x) = (x - x_0)(x - x_1)\cdots(x - x_{n-1}). \end{cases} \tag{5.13}$$

容易验证上述函数构成不超过 n 次的多项式空间 $\mathbb{P}_n$ 的一组基函数. 因此插值多项式的表达式可以写为

$$\begin{aligned} N_n(x) &= a_0\varphi_0(x) + a_1\varphi_1(x) + \cdots + a_n\varphi_n(x) \\ &= a_0 + a_1(x - x_0) + a_2(x - x_0)(x - x_1) \\ &\quad + \cdots + a_n(x - x_0)(x - x_1)\cdots(x - x_{n-1}), \end{aligned} \tag{5.14}$$

其中 $a_i, i = 0, 1, 2, \cdots, n$ 为待定系数. 从 (5.14) 可以看出, 上述插值多项式的计算包含系数 a_i 的计算以及 (5.14) 式的计算.

下面以三阶插值多项式为例, 说明当系数 $a_i, i = 0, 1, 2, 3$ 已经求出后, 插值多项式 (5.14) 可以通过建立递推关系计算.

事实上, 当 $n=3$ 时, 逐步插值多项式可以表示为

$$\begin{aligned}N_3(x) &= a_0 + a_1(x-x_0) + a_2(x-x_0)(x-x_1) + a_3(x-x_0)(x-x_1)(x-x_2)\\ &= a_0 + (x-x_0)\left\{a_1 + (x-x_1)\left[a_2 + a_3(x-x_2)\right]\right\}.\end{aligned}$$

上式可以通过下面的递推关系得到

$$\begin{aligned}N_0(x) &= a_3,\\ N_1(x) &= a_2 + (x-x_2)N_0(x),\\ N_2(x) &= a_1 + (x-x_1)N_1(x),\\ N_3(x) &= a_0 + (x-x_0)N_2(x).\end{aligned}$$

对于一般的 n, 根据 (5.14) 式, 我们有下面的递推关系

$$N_0(x) = a_n, \quad N_k(x) = a_{n-k} + (x-x_{n-k})N_{k-1}(x), \quad k = 1,2,3,\cdots,n. \tag{5.15}$$

现在利用插值条件 $N_n(x_i) = f(x_i), i = 0,1,2,\cdots,n$, 求逐步插值多项式 $N_n(x)$ 的系数 $a_i, i=0,1,2,\cdots,n$.

将插值条件写成下列三角方程组的形式:

$$\begin{aligned}&y_0 = a_0,\\ &y_1 = a_0 + (x_1-x_0)a_1,\\ &y_2 = a_0 + (x_2-x_0)a_1 + (x_2-x_0)(x_2-x_1)a_2,\\ &\qquad\qquad\cdots\cdots\\ &y_n = a_0 + (x_n-x_0)a_1 + \cdots + (x_n-x_0)(x_n-x_1)\cdots(x_n-x_{n-1})a_n.\end{aligned} \tag{5.16}$$

从 (5.16) 式的前面三个方程直接计算得到

$$a_1 = \frac{f(x_1)-f(x_0)}{x_1-x_0}, \tag{5.17}$$

以及

$$a_2 = \frac{f(x_2)-[a_0+(x_2-x_0)a_1]}{(x_2-x_0)(x_2-x_1)} = \frac{\dfrac{f(x_2)-f(x_1)}{x_2-x_1} - \dfrac{f(x_1)-f(x_0)}{x_1-x_0}}{x_2-x_0}. \tag{5.18}$$

剩下的问题是如何计算更一般的系数 a_i, 为此需要引入差商的概念.

5.3.2 差商及其计算

所谓差商, 就是因变量的改变量与自变量的改变量相除所得的商. 下面给出高阶差商的定义.

定义 5.3 对于函数 $f(x)$, 称函数值的差 $f(x_1)-f(x_0)$ 与自变量的差 x_1-x_0 相除所得到的商为 $f(x)$ 关于 x_0,x_1 的**一阶差商**, 并记为 $f[x_0,x_1]$, 即

$$f[x_0,x_1]=\frac{f(x_1)-f(x_0)}{x_1-x_0}.$$

$f(x)$ 关于 x_0,x_1,x_2 的**二阶差商**则定义为一阶差商的差商:

$$f[x_0,x_1,x_2]=\frac{f[x_1,x_2]-f[x_0,x_1]}{x_2-x_0}.$$

一般地, $f(x)$ 关于 $x_0,x_1,\cdots,x_k$ 的 k **阶差商**定义为 $k-1$ 阶差商的差商, 即

$$f[x_0,x_1,\cdots,x_k]=\frac{f[x_1,x_2,\cdots,x_k]-f[x_0,x_1,\cdots,x_{k-1}]}{x_k-x_0}.$$

另外, 为了叙述方便, 将 $f(x)$ 关于 x_0 的零阶差商定义为函数在 x_0 的函数值, 即 $f[x_0]=f(x_0)$.

上面的差商是通过递推得到的. 事实上, 还可以通过显式表达式给出差商的表示. 例如, 对于二阶差商有

$$\begin{aligned}f[x_0,x_1,x_2]&=\frac{f[x_1,x_2]-f[x_0,x_1]}{x_2-x_0}\\&=\frac{f(x_0)}{(x_0-x_1)(x_0-x_2)}+\frac{f(x_1)}{(x_1-x_0)(x_1-x_2)}+\frac{f(x_2)}{(x_2-x_0)(x_2-x_1)},\end{aligned}$$

即函数 $f(x)$ 关于节点 x_0,x_1,x_2 的二阶差商可以直接利用函数离散值 $f(x_i),i=0,1,2$ 的线性组合来表达. 利用数学归纳法, 可以证明对于一般的 k 阶差商有

$$f[x_0,x_1,\cdots,x_k]=\sum_{i=0}^{k}\frac{f(x_i)}{\prod\limits_{\substack{j=0\\j\neq i}}^{k}(x_i-x_j)},$$

即 $f(x)$ 关于节点 $x_0,x_1,x_2,\cdots,x_k$ 的 k 阶差商可以直接利用函数离散值 $f(x_i)$, $i=0,1,2,\cdots,k$ 的线性组合来表达, 其中组合系数为

$$\frac{1}{w'_{k+1}(x_i)}=\frac{1}{\prod\limits_{\substack{j=0\\j\neq i}}^{k}(x_i-x_j)},\quad i=0,1,2,\cdots,k.$$

上述性质说明, k 阶差商的值与节点排列顺序无关, 即有

$$f[x_0, x_1, \cdots, x_k] = f[x_{i_0}, x_{i_1}, \cdots, x_{i_k}], \tag{5.19}$$

其中 $i_0, i_1, i_2, \cdots, i_k$ 是 $0, 1, 2, \cdots, k$ 的一个排列.

根据差商的递推定义, 从零阶差商或函数值 $f(x_i)$ 出发, 逐步作一阶差商运算就可以得到高一阶的差商. 对于自然数 i, 递推公式为

$$f[x_i, x_{i+1}, \cdots, x_{i+k}] = \frac{f[x_{i+1}, x_{i+2}, \cdots, x_{i+k}] - f[x_i, x_{i+1}, \cdots, x_{i+k-1}]}{x_{i+k} - x_i}. \tag{5.20}$$

分别取 $i = 0, 1, 2, \cdots, k = 1, 2, 3, \cdots$, 按照 (5.20) 式可逐列生成下列形式的差商表 (表 5.2).

表 5.2 差商计算表

x_i	$f(x_i)$	一阶差商	二阶差商	三阶差商	k 阶差商
x_0	$f(x_0)$				
x_1	$f(x_1)$	$f[x_0, x_1]$			
x_2	$f(x_2)$	$f[x_1, x_2]$	$f[x_0, x_1, x_2]$		
x_3	$f(x_3)$	$f[x_2, x_3]$	$f[x_1, x_2, x_3]$	$f[x_0, x_1, x_2, x_3]$	
$\vdots$	$\vdots$	$\vdots$	$\vdots$	$\vdots$	
x_k	$f(x_k)$	$f[x_{k-1}, x_k]$	$f[x_{k-2}, x_{k-1}, x_k]$	$f[x_{k-3}, x_{k-2}, x_{k-1}, x_k]$	$f[x_0, x_1, \cdots, x_{k-1}, x_k]$

例 5.3 已知函数曲线 $y = f(x)$ 上四个点 $(-2, -19), (0, 1), (1, 2), (2, 21)$, 试计算函数 f 关于节点 $-2, 0, 1, 2$ 的各阶差商.

解 记 $x_0 = -2, x_1 = 0, x_2 = 1, x_3 = 2$, 根据数据点及差商公式计算得到

$$f[-2, 0] = (1 - (-19)) \,/\, (0 - (-2)) = 10,$$

$$f[0, 1] = (2 - 1)/(1 - 0) = 1,$$

$$f[1, 2] = (21 - 2)/(2 - 1) = 19,$$

$$f[-2, 0, 1] = (f[0, 1] - f[-2, 0]) \,/\, (1 - (-2)) = -3,$$

$$f[0, 1, 2] = (f[1, 2] - f[0, 1]) \,/(2 - 0) = 9,$$

$$f[-2, 0, 1, 2] = (f[0, 1, 2] - f[-2, 0, 1]) \,/\, (2 - (-2)) = 3.$$

综上所得, 各阶差商如表 5.3 所示.

表 5.3　例 5.3 的差商计算表

i	x_i	$f[x_i]$	$f[x_{i-1},x_i]$	$f[x_{i-2},x_{i-1},x_i]$	$f[x_{i-3},x_{i-2},x_{i-1},x_i]$
0	−2	−19			
1	0	1	10		
2	1	2	1	−3	
3	2	21	19	9	3

5.3.3 Newton 插值多项式

根据前面的讨论, 我们可以建立 Newton 插值多项式的表达式.

定理 5.3 (5.14) 式中插值多项式的系数 $a_i(i=0,1,2,\cdots,n)$ 等于函数 $f(x)$ 关于节点 $x_0,x_1,\cdots,x_i$ 的 i 阶差商, 即

$$a_i=f[x_0,x_1,\cdots,x_{i-1},x_i],\quad i=0,1,2,\cdots,n. \tag{5.21}$$

根据 (5.21) 式, 满足 (5.14) 式的插值多项式可以写为

$$\begin{aligned}N_n(x)&=N_{n-1}(x)+f[x_0,x_1,\cdots,x_n](x-x_0)(x-x_1)\cdots(x-x_{n-1})\\&=f[x_0]+f[x_0,x_1](x-x_0)+f[x_0,x_1,x_2](x-x_0)(x-x_1)\\&\quad+\cdots+f[x_0,x_1,\cdots,x_n](x-x_0)(x-x_1)\cdots(x-x_{n-1}).\end{aligned} \tag{5.22}$$

上述插值多项式就称为 **Newton 插值公式**.

由于 Newton 插值公式中的系数是由函数 f 关于插值节点的零阶差商到 n 阶差商组成的, 根据前面的讨论, 这些系数可以通过如表 5.2 所列的数表以递推的方式得到, 因此, Newton 插值的系数可以递推地计算. 当这些系数计算出来后, 代入 (5.15) 式再一次作递推计算即可得到 Newton 插值多项式的表达式. 这就验证了 Newton 插值多项式是一种具有承袭性质的插值多项式.

根据差商的定义以及 Newton 插值的形式, 利用数学归纳法容易推出 Newton 插值的余项具有如下表达形式.

定理 5.4 Newton 插值余项满足

$$R_n(x)=f(x)-N_n(x)=f[x_0,x_1,\cdots,x_n,x]w_{n+1}(x), \tag{5.23}$$

其中 $w_{n+1}(x)=\prod\limits_{j=0}^{n}(x-x_j)$.

由于插值多项式具有唯一性, 因此 Lagrange 插值多项式 $L_n(x)$ 与 Newton 插值多项式 $N_n(x)$ 是完全相等的, 它们是同一个插值多项式在不同基下的两种不同的表达形式. 因此, Lagrange 插值多项式 $L_n(x)$ 与 Newton 插值多项式 $N_n(x)$ 的插值余项也是相等的, 结合定理 5.2 与定理 5.4 得到下面的推论.

推论 5.1 设函数 f 在区间 $[a,b]$ 上存在 $n+1$ 阶连续导函数, 且节点 $a=x_0<x_1<x_2<\cdots<x_n=b$, 则对任意 $x\in[a,b]$, 存在依赖于 x 的 $\xi\in(a,b)$, 使得

$$f[x_0,x_1,\cdots,x_n,x]=\frac{f^{(n+1)}(\xi)}{(n+1)!} \tag{5.24}$$

成立.

例 5.4 利用二阶 Newton 插值求 $\sqrt{7}$ 的近似值并估计误差.

解 令函数 $f(x)=\sqrt{x}$, 并取 $x_0=4,x_1=9,x_2=6.25$, 建立如下差商表 (表 5.4).

表 5.4 差商计算表

i	x_i	$f[x_i]$	$f[x_{i-1},x_i]$	$f[x_{i-2},x_{i-1},x_i]$
0	4	2		
1	9	3	0.2	
2	6.25	2.5	0.18182	0.00808

根据定理 5.4 知, Newton 插值多项式在 $x=7$ 处的取值为

$$N_2(7)=2+(7-4)\times0.2+(7-4)\times(7-9)\times(-0.00808)=2.64848.$$

由于 $|R_2(x)|\leqslant\dfrac{\max\limits_x\left|f^{(3)}(x)\right|}{6}\left|\prod\limits_{i=0}^{2}(x-x_i)\right|$, 在区间 $[4,9]$ 上

$$\max_x\left|f^{(3)}(x)\right|=\frac{3}{8}\left(\frac{1}{\sqrt{x}}\right)^5\Bigg|_{x=4}\approx0.011719.$$

因此, 插值误差满足 $|R_2(x)|\leqslant\dfrac{0.011719}{3!}|(7-4)(7-9)(7-6.25)|\approx0.00879$, 实际误差约为 0.5×10^{-2}, 这说明 Newton 插值估计具有较高的精度.

5.4 Hermite 插值

前面研究的插值问题是在已知某些节点函数值的情况下求插值多项式. 但是在实际中经常遇到的情况是, 在插值节点处不但已知函数值, 同时还已知函数导数值, 这时求近似多项式 $P(x)$ 就称为 **Hermite** (埃尔米特) **插值**.

下面从一个简单的例子开始, 考虑如何求得 Hermite 插值多项式.

假设有两个插值节点 x_0, x_1, 插值条件 $P^{(k)}(x_i)=f^{(k)}(x_i),i=0,1,k_0=2$, $k_1=1$. 此时可以考虑利用 $f(x)$ 在 $x=x_0$ 处的二阶泰勒展开式. 由于已知五个

条件, 故可确定求不超过四次 Hermite 插值多项式, 设其表达式为

$$P(x) = f(x_0) + f'(x_0)(x - x_0) + \frac{f''(x_0)}{2}(x - x_0)^2 + A(x - x_0)^3 + B(x - x_0)^4, \quad (5.25)$$

其中系数 A, B 待定. 由 $P(x_1) = f(x_1), P'(x_1) = f'(x_1)$ 得到关于 A, B 的线性方程组

$$\begin{cases} A + (x_1 - x_0)B = \dfrac{1}{(x_1 - x_0)^3}\left[f(x_1) - \displaystyle\sum_{k=0}^{2}\frac{f^{(k)}(x_0)}{k!}(x_1 - x_0)^k\right], \\ 3A + 4(x_1 - x_0)B = \dfrac{1}{(x_1 - x_0)^2}\left[f'(x_1) - \displaystyle\sum_{k=0}^{1} f^{(k+1)}(x_0)(x_1 - x_0)^k\right]. \end{cases}$$

记

$$E_1 = \frac{1}{(x_1 - x_0)^3}\left[f(x_1) - \sum_{k=0}^{2}\frac{f^{(k)}(x_0)}{k!}(x_1 - x_0)^k\right],$$

$$E_2 = \frac{1}{(x_1 - x_0)^2}\left[f'(x_1) - \sum_{k=0}^{1} f^{(k+1)}(x_0)(x_1 - x_0)^k\right].$$

求解上述线性方程组得

$$A = 4E_1 - E_2, \quad B = \frac{E_2 - 3E_1}{x_1 - x_0},$$

代入 (5.25) 式即得所求的四次 Hermite 插值多项式 $P(x)$.

再考虑一个特殊的例子. 已知函数 $f \in C[a, b]$, 求满足条件 $P(x_k) = f(x_k)$, $x_k \in (a, b), k = 0, 1, 2$ 及 $P'(x_1) = f'(x_1)$ 的插值多项式 $P(x)$ 及其余项的表达式.

该问题含四个条件, 故可确定不超过三次的插值多项式 $P(x)$. 又 $P(x)$ 通过点 $(x_i, f(x_i)), i = 1, 2, 3$, 首先利用 Newton 插值多项式将其表示为

$$\begin{aligned} P(x) &= f(x_0) + f[x_0, x_1](x - x_0) \\ &\quad + f[x_0, x_1, x_2](x - x_0)(x - x_1) + A(x - x_0)(x - x_1)(x - x_2), \end{aligned} \quad (5.26)$$

上式中 A 为待定常数. 对上式两端求导并利用条件 $P'(x_1) = f'(x_1)$ 解得

$$A = \frac{f'(x_1) - f[x_0, x_1] - f[x_0, x_1, x_2](x_1 - x_0)}{(x_1 - x_0)(x_1 - x_2)},$$

代入 (5.26) 就得到多项式 $P(x)$ 的表达式.

设余项 $R(x)=f(x)-P(x)$, 现在我们再来考虑余项的表达式. 由于函数在 x_1 既有函数值信息, 也有导数值信息, 比照 Lagrange 插值余项的形式, 设

$$R(x)=k(x)(x-x_0)(x-x_1)^2(x-x_2),$$

其中 $k(x)$ 为待定函数. 又对任意 $x, x\neq x_0, x_1$, 构造辅助函数

$$\psi(t)=f(t)-P(t)-k(x)(t-x_0)(t-x_1)^2(t-x_2).$$

显然, $\psi(x)=0, \psi(x_i)=0, i=0,1,2$ 以及 $\psi'(x_1)=0$, 这说明函数 $\psi(t)$ 在开区间 (a,b) 内有四个零点 (二重根算两个零点). 反复利用 Rolle 定理知, $\psi^{(4)}(t)$ 在 (a,b) 内至少有一个零点 ξ, 即 $\exists\xi\in(a,b)$, 使得 $\psi^{(4)}(\xi)=f^{(4)}(\xi)-4!k(x)=0$. 于是

$$k(x)=\frac{1}{4!}f^{(4)}(\xi).$$

因此余项表达式为

$$R(x)=\frac{1}{4!}f^{(4)}(\xi)(x-x_0)(x-x_1)^2(x-x_2), \tag{5.27}$$

其中 ξ 位于 x 和 x_0, x_1, x_2 所界定的区间内. 不难发现余项表达式对于 $x=x_0, x_1$ 的情形依然成立.

上面两个例子讨论了含函数值以及导数值条件下的 Hermite 插值多项式的求法. 事实上, 由于导数条件的引入, Hermite 插值多项式涉及的内容变得非常丰富, 上述例子只有两个节点, 属于比较特殊的情况, 下面我们讨论包含 $n+1$ 个节点的一种经典情形, 也是很多相关教材上介绍的 Hermite 插值.

已知 $f(x_i)=f_i, f'(x_i)=f_i'$, 其中 $x_i, i=0,1,2,\cdots,n$ 互不相同. 求 $H_{2n+1}\in\mathbb{P}_{2n+1}$, 满足插值条件:

$$H_{2n+1}(x_i)=f_i,\quad H_{2n+1}'(x_i)=f_i',\quad i=0,1,2,\cdots,n. \tag{5.28}$$

我们称 $H_{2n+1}(x)$ 为函数 $y=f(x)$ 关于节点 $x_i, i=0,1,2,\cdots,n$ 的 **Hermite 插值多项式**.

下面我们利用与 Lagrange 插值公式类似的构造性方法, 证明 Hermite 插值多项式的存在性并给出具体的插值公式.

定理 5.5 满足 (5.28) 式的 Hermite 插值公式存在且唯一.

证明 设所求的 $2n+1$ 次插值多项式的表达式为

$$H_{2n+1}(x)=h_{n,0}(x)f_0+\cdots+h_{n,n}(x)f_n+\tilde{h}_{n,0}(x)f_0'+\cdots+\tilde{h}_{n,n}(x)f_n', \tag{5.29}$$

其中 $h_{n,0}(x),\cdots,h_{n,n}(x),\tilde{h}_{n,0}(x),\cdots,\tilde{h}_{n,n}(x)$ 为 **Hermite 插值基函数**, 它们满足下列条件:

(i) $h_{n,0}(x),\cdots,h_{n,n}(x),\tilde{h}_{n,0}(x),\cdots,\tilde{h}_{n,n}(x)\in\mathbb{P}_{2n+1}$.

(ii) $h_{n,i}(x_j)=\delta_{i,j},h'_{n,i}(x_j)=0,i,j=0,1,2,\cdots,n;$

$\tilde{h}_{n,i}(x_j)=0,\tilde{h}'_{n,i}(x_j)=\delta_{i,j},i,j=0,1,2,\cdots,n.$

下面根据条件 (5.28) 推导基函数的表达式. 首先求基函数 $h_{n,0}(x),\cdots,h_{n,n}(x)$.

由条件 (ii), 当 $j\neq i$ 时, x_j 为 $h_{n,i}(x)$ 的二阶零点, 故 $h_{n,i}(x)$ 含有因子 $(x-x_j)^2,j\neq i$. 因此可设

$$h_{n,i}(x)=(ax+b)l_{n,i}^2(x),$$

其中 $l_{n,i}(x)=\prod\limits_{\substack{j=0\\ j\neq i}}^{n}\dfrac{x-x_j}{x_i-x_j},i=0,1,2,\cdots,n$ 为 **Lagrange 基函数**. 又 $h_{n,i}(x)$ 满足约束条件 $h_{n,i}(x_i)=1,h'_{n,i}(x_i)=0$, 故可建立方程组

$$\begin{cases} h_{n,i}(x_i)=(ax_i+b)l_{n,i}^2(x_i)=1,\\ h'_{n,i}(x_i)=2(ax_i+b)l_{n,i}(x_i)l'_{n,i}(x_i)+al_{n,i}^2(x_i)=0.\end{cases}$$

将 $l_{n,i}(x_i)=1$ 代入上面的方程组, 解得 $a=-2l'_{n,i}(x_i),b=1+2x_il'_{n,i}(x_i)$. 于是得到

$$h_{n,i}(x)=\left[1-2l'_{n,i}(x_i)(x-x_i)\right]l_{n,i}^2(x). \tag{5.30}$$

接着考虑基函数 $\tilde{h}_{n,i}(x)$ 的计算.

由约束条件 (ii) 知, x_i 为其一阶零点, 而当 $j\neq i$ 时, x_j 为 $\tilde{h}_{n,i}(x)$ 的二阶零点, 故有

$$\tilde{h}_{n,i}(x)=c(x-x_i)l_{n,i}^2(x).$$

又 $\tilde{h}'_{n,i}(x_i)=1$, 结合前面两个式子得到 $cl_{n,i}^2(x_i)=1$, 因此 $c=1$, 于是

$$\tilde{h}_{n,i}(x)=(x-x_i)l_{n,i}^2(x). \tag{5.31}$$

用反证法容易证明, 满足 (5.28) 式的 Hermite 插值多项式是唯一的. 因此满足 (5.28) 式的 Hermite 插值多项式 $H_{2n+1}(x)$ 的表达式为

$$H_{2n+1}(x)=\sum_{i=0}^{n}\left[1-2l'_{n,i}(x_i)(x-x_i)\right]l_{n,i}^2(x)f_i+\sum_{i=0}^{2}(x-x_i)l_{n,i}^2(x)f'_i, \tag{5.32}$$

其中

$$l_{n,i}(x) = \prod_{\substack{j=0 \\ j \neq i}}^{n} \frac{x - x_j}{x_i - x_j}, \quad i = 0, 1, 2, \cdots, n.$$ ■

另外, 采用类似于 Lagrange 插值余项的推导方法, 可以证明以下定理.

定理 5.6 设 $f(x) \in C^{2n+2}[a,b]$, 对任意 $x \in [a,b]$, 存在 $\xi_x \in (a,b)$ 使得

$$R_{2n+1}(x) = f(x) - H_{2n+1}(x) = \frac{1}{(2n+2)!} f^{(2n+2)}(\xi_x) w_{n+1}^2(x), \tag{5.33}$$

其中 $w_{n+1}(x) = \prod_{j=0}^{n} (x - x_j)$.

特别地, 若取 $n = 1$, 根据 (5.32) 式可以计算得到三次 Hermite 插值多项式为

$$\begin{aligned} H_3(x) = &\left(1 + 2\frac{x - x_0}{x_1 - x_0}\right) \frac{(x - x_1)^2}{(x_0 - x_1)^2} f_0 + \left(1 + 2\frac{x - x_1}{x_0 - x_1}\right) \frac{(x - x_0)^2}{(x_1 - x_0)^2} f_1 \\ &+ (x - x_0) \frac{(x - x_1)^2}{(x_0 - x_1)^2} f_0' + (x - x_1) \frac{(x - x_0)^2}{(x_1 - x_0)^2} f_1'. \end{aligned} \tag{5.34}$$

若 $f(x) \in C^4[x_0, x_1]$, 其余项为

$$R_3(x) - f(x) - H_3(x) - \frac{1}{4!} f^{(4)}(\xi)(x - x_0)^2 (x - x_1)^2,$$

其中 $\xi \in (a,b)$.

例 5.5 已知 $f(x) = \sqrt[3]{x}, x_0 = 1, x_1 = 8$, 试用两点三次 Hermite 插值法计算 $f(4)$ 的近似值.

解 易知 $f(x_0) = 1, f(x_1) = 2, f'(x_0) = \frac{1}{3}, f'(x_1) = \frac{1}{12}$, 利用两点三次 Hermite 多项式插值公式 (5.34) 计算得到

$$H_3(x) = \frac{2544 + 1783x - 222x^2 + 11x^3}{4116}.$$

$H_3(4) \approx 1.65889$ 可以作为 $\sqrt[3]{4}$ 的近似值. 图 5.4 画出了 $y = f(x)$ 与 $y = H_3(x)$ 在区间 $[1,8]$ 上的曲线, 由图可见两者非常接近.

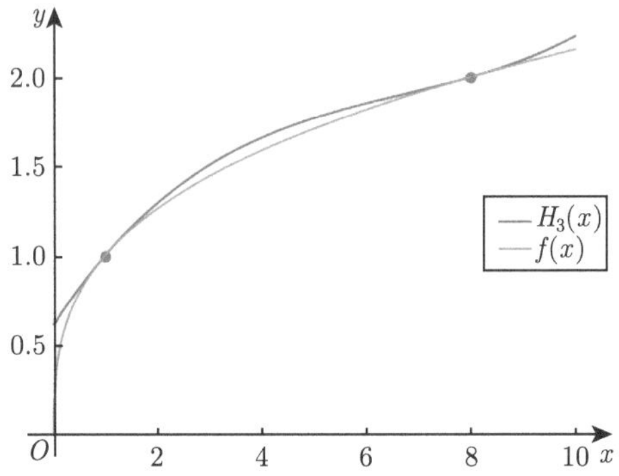

图 5.4 $f(x) = \sqrt[3]{x}$ 在 [1, 8] 上的 Hermite 插值多项式曲线 (彩图请扫二维码)

5.5 分段低次插值

5.5.1 Runge 现象

5.2节和5.3节给出了插值余项表达式$R_n(x)=f(x)-P_n(x)=\dfrac{f^{(n+1)}(\xi)}{(n+1)!}w_{n+1}(x)$, 其中 $\xi \in [a,b]$ 依赖于 x. 该余项是否随着插值节点数的增加而趋于 0? 换句话说, 如果 n 足够大, 是否就有插值多项式 $P_n(x)$ 与函数 f 足够接近? 回答是否定的. 我们首先看 Runge (龙格) 1901 年给出的一个例子.

例 5.6 对于函数

$$f(x) = \frac{1}{1+25x^2}, \quad x \in [-1,1],$$

取任意正整数 n, 等距插值节点 $x_i = -1+ih, h = \dfrac{2}{n}, i = 0,1,2,\cdots,n$, 则 $f(x)$ 的 n 次插值多项式为

$$P_n(x) = \sum_{j=0}^{n}\left[\frac{1}{1+25x_j^2}\prod_{\substack{i=0\\ i\neq j}}^{n}\frac{(x-x_i)}{(x_j-x_i)}\right].$$

图 5.5 给出了 $n = 2,4,6,8,10$ 时, 插值多项式 $P_n(x)$ 与函数 $f(x)$ 的图像. 可以看出, 在 0 附近插值效果最好, 在靠近 1 或 -1 时, 误差会随着 n 的增大而变得越来越大.

事实上, 可以证明, 当 $|x| \leqslant 0.726$ 时, $\lim\limits_{n\to\infty} P_n(x) = f(x)$ 成立, 而当 $|x| \geqslant 0.727$ 时, $P_n(x)$ 随着 n 增大其图像变得剧烈振荡, 并不趋于 $f(x)$ 对应点的值, 这一现象称为 **Runge 现象**.

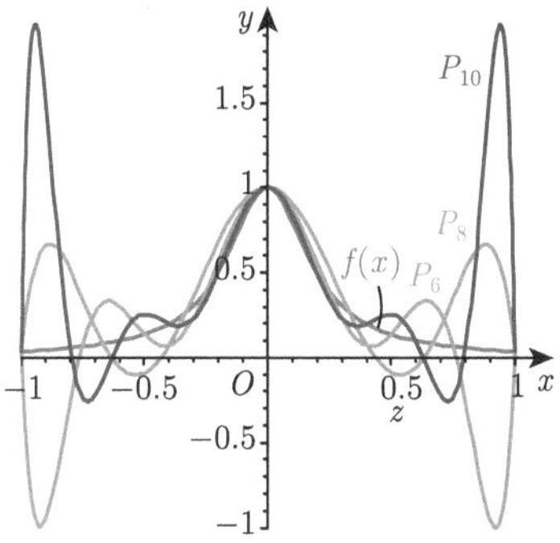

图 5.5 Runge 现象 (彩图请扫二维码)

1916 年, Bernstein 给出了一个更简洁的例子. 在区间 $[-1,1]$ 上取等距点 $x_i^{(n)}=-1+\dfrac{2i}{n}(i=0,1,2,\cdots,n)$ 作为插值节点, 对于函数 $f(x)=|x|$ 的 n 次插值多项式 $P_n(x)$, 仅对 $x=-1,0,1$ 有 $\lim\limits_{n\to\infty}P_n(x)=f(x)$ 成立.

在长期的实践过程中人们发现, 当插值区间较小且插值多项式的次数不超过 6 时, 插值效果一般都比较好, 随着插值多项式次数的增加有时其插值精度反而会下降. 因此, 为了克服高次插值有可能带来的问题, 当插值节点数较大时, 通常不采用高次插值, 而改用分段低次插值, 即将插值区间分成若干个小区间, 在每个小区间上进行低次插值. 实践表明, 当观测数据分成若干小区间时, 尽管低次插值有可能出现插值函数欠光滑的问题, 但是可以避免 Runge 现象, 得到较高精度的近似. 这正是下一节要介绍的内容.

5.5.2 分段线性插值

分段插值的实质就是将所考察的函数逐段用低次多项式近似. 分段插值方法的处理过程分两步完成, 首先对所插值区间 $[a,b]$ 作分割

$$a=x_0<x_1<x_2<\cdots<x_n=b,$$

在每个小区间 $[x_i,x_{i+1}],i=0,1,2,\cdots,n-1$ 上过点 $(x_i,f(x_i)),(x_{i+1},f(x_{i+1}))$ 作线性插值

$$L_1^{(i)}(x)=f(x_i)\frac{x-x_{i+1}}{x_i-x_{i+1}}+f(x_{i+1})\frac{x-x_i}{x_{i+1}-x_i},\quad x_i\leqslant x\leqslant x_{i+1}. \tag{5.35}$$

再将每个小区间的线性插值函数连接起来, 就得到了以 $a=x_0<x_1<\cdots<x_n$ 为节点的分段线性插值函数 $L_1(x)$, 其表达式为

$$L_1(x)=\begin{cases}L_1^{(0)}(x), & x_0\leqslant x<x_1,\\ L_1^{(1)}(x), & x_1\leqslant x<x_2,\\ \cdots & \cdots\\ L_1^{(n-1)}(x), & x_{n-1}\leqslant x\leqslant x_n.\end{cases}\tag{5.36}$$

我们称 (5.35) 与 (5.36) 构成的插值多项式为**分段线性插值多项式**. 从几何上看, 分段线性插值就是用相邻插值节点的线段连接起来的一条折线来逼近曲线 $y=f(x)$, 如图 5.6 所示.

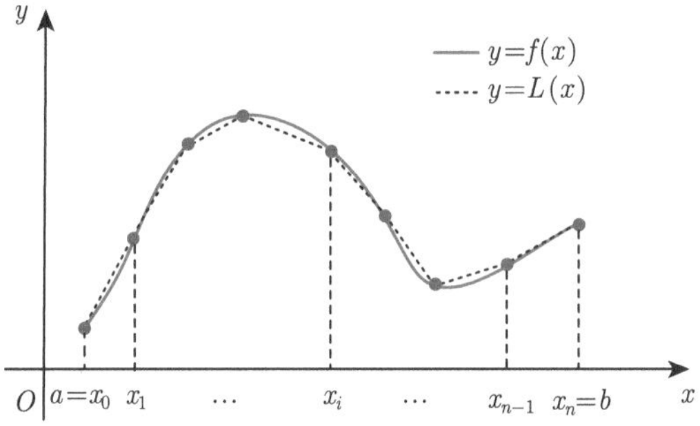

图 5.6　分段线性插值 $L_1(x)$ 与被插值函数 $f(x)$ 示意

记 $h=\max\limits_{0\leqslant i\leqslant n-1}(x_{i+1}-x_i)$, $M_2=\max\limits_{a\leqslant x\leqslant b}|f''(x)|$. 对任意 $x\in[a,b]$, 必存在 i, 使得 $x\in[x_i,x_{i+1}]$, 于是

$$f(x)-L_1(x)=f(x)-L_1^{(i)}(x)=\frac{f^{(2)}(\xi)}{2}(x-x_i)(x-x_{i+1}),\quad \xi\in[x_i,x_{i+1}].$$

因此有

$$|f(x)-L_1(x)|=\frac{\left|f^{(2)}(\xi)\right|}{2}\left|(x-x_i)(x-x_{i+1})\right|\leqslant\frac{M_2}{8}h^2.$$

这表明, 当分割区间长度趋于 0 时, 分段线性插值函数 $L_1(x)$ 一致收敛到 $f(x)$.

类似地, 我们很容易将分段线性插值推广到其他分段低次插值的情况, 如分段二次插值以及分段三次插值等.

分段低次插值 (次数不超过 3) 函数的求法简单、计算量小, 且具有较好的收敛性与数值稳定性. 但其缺点是不能保证插值函数在节点处的导数存在或导数连续, 难以满足工程实践中对光滑函数的要求.

5.6 三次样条函数

早在 1946 年, 美国数学家 I. J. Schoenberg (舍恩伯格) 就将样条引入到数学的研究中. 但是, 直到 20 世纪 60 年代, 由于航空、航海、机械制造等工程设计的需求, 样条函数方法才受到足够的重视. 今天, 样条函数方法已经成为数值分析的一个重要内容. 在外形设计乃至计算机辅助设计等许多领域, 样条函数都被认为是一种十分有效的数学工具.

早期绘图员在进行绘图设计时, 首先将所给的数据点绘制在平面上, 再用压铁迫使富有弹性的细长条 (称之为 “样条”) 弯曲, 通过指定这些数据点, 最后调整样条使其成为具有光滑外形的曲线. 应用力学理论中的挠度进行分析, 在挠度不大的情况下, 样条曲线在相邻的两个节点之间, 可以用次数不超过三次的多项式进行描述. 所以从数学上看, 样条函数就是光滑的分段低次多项式.

样条函数的特点是, 它既是充分光滑的, 同时又由若干条曲线拼接而成, 因此具有一定的分段特性. 光滑性保证了外形曲线平滑优美, 而分段特点又使它能转折自如地被灵活应用.

5.6.1 三次样条函数

定义 5.4 对于区间 $[a,b]$ 上的一组节点 $a=x_0<x_1<x_2<\cdots<x_n=b$, 若函数 $S(x)$ 满足下列条件:

(1) $S(x)$ 在 $[a,b]$ 上有二阶连续导函数.

(2) $S(x)$ 在每个小区间 $[x_i,x_{i+1}]$, $i=0,1,2,\cdots,n-1$ 上是不超过三次的多项式,

则称 $S(x)$ 是节点为 $x_0,x_1,\cdots,x_n$ 的**三次样条函数**.

特别地, 若 $S(x)$ 还满足插值条件

(3) $S(x_i)=f(x_i), i=0,1,2,\cdots,n$,

则称 $S(x)$ 是 $f(x)$ 在 $[a,b]$ 上关于节点 $x_0,x_1,\cdots,x_n$ 的**三次样条插值函数**.

例 5.7 设

$$S(x)=\begin{cases} 2x^3+ax^2+bx+c, & 0\leqslant x<1,\\ x^3+2x+1, & 1\leqslant x\leqslant 2 \end{cases}$$

是以 0, 1, 2 为节点的三次样条函数, 求 a,b,c 的值.

解 由于 $S(x)$ 在 $[0,2]$ 上有二阶连续导函数, 故 $S(x),S'(x),S''(x)$ 在节点 $x_1=1$ 处连续, 由此得

$$\begin{cases} 2+a+b+c=4,\\ 6+2a+b=5,\\ 12+2a=6. \end{cases}$$

解之得 $a=-3, b=5, c=0$. 因此

$$S(x)=\begin{cases}2x^3-3x^2+5x, & 0\leqslant x<1,\\ x^3+2x+1, & 1\leqslant x\leqslant 2\end{cases}$$

为区间 $[0,2]$ 上的三次样条函数.

根据定义 5.4, $S(x)$ 在每个区间 $[x_i, x_{i+1}]$ 上都是一个不超过三次的多项式, 设

$$S(x)=S_i(x)=a_ix^3+b_ix^2+c_ix+d_i,\quad x\in[x_i,x_{i+1}],\quad i=0,1,2,\cdots,n-1. \tag{5.37}$$

(5.37) 式中共有 $4n$ 个待定系数需要确定, 因此需要 $4n$ 个条件. 另一方面, 由定义 5.4(1), 在内节点 $x_1, x_2, \cdots, x_{n-1}$ 上需满足的条件可表示为

$$\begin{cases}S(x_i-0)=S(x_i+0),\\ S'(x_i-0)=S'(x_i+0), \quad i=1,2,3,\cdots,n-1.\\ S''(x_i-0)=S''(x_i+0),\end{cases} \tag{5.38}$$

该方程提供了 $3n-3$ 个条件, 另外加上插值条件 $S(x_i)=y_i, i=0,1,2,\cdots,n$, 一共可以得到 $4n-2$ 个条件, 唯一确定三次样条插值函数 $S(x)$ 还缺两个条件. 可以根据工程实践的不同要求, 通过添加两个边界条件进行补充. 下面讨论三次样条插值的构造.

5.6.2 三次样条插值的构造方法

按照上一节的分析, 可以利用 (5.37), (5.38) 式并添加两个边界条件, 建立一个 $4n$ 阶线性方程组, 通过解线性方程组求出 $a_i, b_i, c_i, d_i, i=0,1,2,\cdots,n-1$ 进而得到样条插值函数 $S(x)$, 但是这种做法计算量较大. 本节介绍一种计算量少、形式简洁的三对角线性方程组解法.

记 $h_i=x_{i+1}-x_i, i=0,1,2,\cdots,n-1, S''(x_i)=M_i, i=0,1,2,\cdots,n, S(x)$ 在区间 $[x_i,x_{i+1}]$ 上的表达式记为 $S_i(x), i=0,1,2,\cdots,n-1$. 利用 Lagrange 线性插值公式, 我们有

$$S_i''(x)=M_il_i(x)+M_{i+1}l_{i+1}(x),$$

其中

$$l_i(x)=\frac{x-x_{i+1}}{x_i-x_{i+1}}=-\frac{x-x_{i+1}}{h_i},\quad l_{i+1}(x)=\frac{x-x_i}{x_{i+1}-x_i}=\frac{x-x_i}{h_i},\quad h_i=x_{i+1}-x_i.$$

因此有

$$S_i''(x)=-M_i\frac{x-x_{i+1}}{h_i}+M_{i+1}\frac{x-x_i}{h_i}.$$

关于变量 x 对上式积分两次得到

$$S_i(x) = \frac{-M_i(x-x_{i+1})^3 + M_{i+1}(x-x_i)^3}{6h_i} + Cx + D,$$

其中 C, D 分别为第一次与第二次积分时得到的积分常数. 引入常数 A, B 使得 $C = A - B, D = -Ax_{i+1} + Bx_i$, 则可以将 $S_i(x)$ 写为

$$S_i(x) = \frac{-M_i(x-x_{i+1})^3 + M_{i+1}(x-x_i)^3}{6h_i} + A(x-x_{i+1}) - B(x-x_i). \tag{5.39}$$

在 (5.39) 中令 $x = x_i$ 并利用 $S_i(x_i) = f(x_i)$ 得到

$$A = \frac{M_i h_i}{6} - \frac{f(x_i)}{h_i},$$

类似得到

$$B = \frac{M_{i+1} h_i}{6} - \frac{f(x_{i+1})}{h_i}.$$

将 A, B 的值代入 (5.39) 有

$$\begin{aligned} S_i(x) = &\frac{-M_i(x-x_{i+1})^3 + M_{i+1}(x-x_i)^3}{6h_i} + \left(\frac{M_i h_i}{6} - \frac{f(x_i)}{h_i}\right)(x-x_{i+1}) \\ &- \left(\frac{M_{i+1} h_i}{6} - \frac{f(x_{i+1})}{h_i}\right)(x-x_i), \quad x \in [x_i, x_{i+1}]. \end{aligned} \tag{5.40}$$

(5.40) 式称为三次样条函数的 **$\boldsymbol{M}$ 表达式**.

由 (5.40) 式知, 只要求出 $M_0, M_1, \cdots, M_n$, 则三次样条插值多项式就完全确定. 下面利用 $S(x)$ 导函数的连续性讨论 $M_0, M_1, \cdots, M_n$ 的求法.

对 (5.40) 两端关于 x 求导, 得

$$\begin{aligned} S_i'(x) = &\frac{-M_i(x-x_{i+1})^2 + M_{i+1}(x-x_i)^2}{2h_i} + \left(\frac{M_i h_i}{6} - \frac{f(x_i)}{h_i}\right) \\ &- \left(\frac{M_{i+1} h_i}{6} - \frac{f(x_{i+1})}{h_i}\right), \quad x \in [x_i, x_{i+1}]. \end{aligned}$$

令 $x = x_i + 0$, 得到右导数

$$S_i'(x_i + 0) = f[x_i, x_{i+1}] - \left(\frac{M_i}{3} + \frac{M_{i+1}}{6}\right) h_i, \tag{5.41}$$

令 $x = x_{i+1} - 0$, 得到左导数

$$S_i'(x_{i+1}-0) = f[x_i, x_{i+1}] + \left(\frac{M_{i+1}}{3} + \frac{M_i}{6}\right) h_i. \tag{5.42}$$

因此有

$$S_{i-1}'(x_i-0) = f[x_{i-1}, x_i] + \left(\frac{M_i}{3} + \frac{M_{i-1}}{6}\right) h_{i-1}.$$

对于内点 $x_i, 1 \leqslant i \leqslant n-1$, 利用连续性 $S_i'(x_i+0) = S_{i-1}'(x_i-0)$ 可得到

$$f[x_i, x_{i+1}] - \left(\frac{M_i}{3} + \frac{M_{i+1}}{6}\right) h_i = f[x_{i-1}, x_i] + \left(\frac{M_i}{3} + \frac{M_{i-1}}{6}\right) h_{i-1},$$

将上式整理得

$$\mu_i M_{i-1} + 2M_i + \lambda_i M_{i+1} = d_i, \quad i = 1, 2, \cdots, n-1, \tag{5.43}$$

其中

$$\mu_i = \frac{h_{i-1}}{h_{i-1}+h_i}, \quad \lambda_i = 1 - \mu_i, \quad d_i = 6f[x_{i-1}, x_i, x_{i+1}]. \tag{5.44}$$

由于力学上梁的弯矩与二次导数有关, 方程组 (5.43) 也称为**三弯矩方程组**. 注意到它是含 $n+1$ 个变量 $M_0, M_1, \cdots, M_n$ 的 $n-1$ 阶线性方程组, 还需要加上两个边界条件才能确定其唯一解.

下面根据左右两端的一阶与二阶导数值的情况, 分两种边界条件讨论样条插值函数的求法.

条件 1　假设左右两端的二次导数给定, 即 $S''(x_0) = M_0, S''(x_n) = M_n$ 已知 (特别地, 若 $M_0 = M_n = 0$, 则称之为**自然边界**, 所对应的样条称为**自然样条**), 此时 $n-1$ 个未知量 $M_i, i = 1, 2, 3, \cdots, n-1$ 对应于下列三对角线性方程组:

$$\begin{bmatrix} 2 & \lambda_1 & & & \\ \mu_2 & 2 & \lambda_2 & & \\ & \mu_3 & 2 & \ddots & \\ & & \ddots & \ddots & \lambda_{n-2} \\ & & & \mu_{n-1} & 2 \end{bmatrix} \begin{bmatrix} M_1 \\ M_2 \\ \vdots \\ M_{n-2} \\ M_{n-1} \end{bmatrix} = \begin{bmatrix} d_1 - \mu_1 M_0 \\ d_2 \\ \vdots \\ d_{n-2} \\ d_{n-1} - \lambda_{n-1} M_n \end{bmatrix}. \tag{5.45}$$

条件 2　假设左右两端的导数值已知, 即 $S'(x_0) = m_0, S'(x_n) = m_n$ 已知, 在

(5.41) 与 (5.42) 式中分别令 $i=0$ 与 $i=n$, 得到方程组

$$\begin{aligned} 2M_0+M_1&=\frac{6}{h_0}(f[x_0,x_1]-m_0)=d_0,\\ M_{n-1}+2M_n&=\frac{6}{h_{n-1}}(m_n-f[x_{n-1},x_n])=d_n. \end{aligned} \tag{5.46}$$

综合 (5.43) 与 (5.46) 式, 得到 $n+1$ 阶三对角线性方程组

$$\begin{bmatrix} 2 & 1 & & & & \\ \mu_1 & 2 & \lambda_1 & & & \\ & \mu_2 & 2 & \lambda_2 & & \\ & & \ddots & \ddots & \ddots & \\ & & & \mu_{n-2} & 2 & \lambda_{n-1} \\ & & & & 1 & 2 \end{bmatrix}\begin{bmatrix} M_0\\ M_1\\ M_2\\ \vdots\\ M_{n-1}\\ M_n \end{bmatrix}=\begin{bmatrix} d_0\\ d_1\\ d_2\\ \vdots\\ d_{n-1}\\ d_n \end{bmatrix}. \tag{5.47}$$

两种条件下都可以求出全部 $M_0,M_1,\cdots,M_n$, 进而完全确定三次样条插值多项式.

例 5.8 设函数

$$f(x)=\frac{1}{1+25x^2},\quad x\in[-1,1],$$

取等距插值节点 $x_i=-1+ih,h=\dfrac{1}{5},i=0,1,2,\cdots,10$. 设在这些节点处的函数值以及左右两个端点 $x=-1$ 与 $x=1$ 的导数值已经给出, 按照样条函数方法进行插值, 求解 9 阶线性方程组 (5.47), 计算结果如表 5.5 所示 (由于函数的对称性只列出右半端的值). 从表 5.5 可以看到, 样条插值可以有效地避免 Runge 现象.

例 5.9 已知离散数值表 (表 5.6), 取 $M_0=M_4=0$, 构造三次样条函数并近似计算 $f(1.5)$ 的值.

解 上述 5 个节点等距, 步长为 $h=1$, 利用方程组 (5.45) 式得到

$$\begin{cases} 4M_1+\ \ M_2=6\times(0-2\times1+0)=-12,\\ M_1+4M_2+\ \ M_3=6\times(1-2\times0+1)=12,\\ M_2+4M_3=6\times(0-2\times1+0)=-12, \end{cases}$$

解得 $M_1=M_3=-\dfrac{30}{7},M_2=\dfrac{36}{7}$. 由于 $x=1.5$ 位于第 0 个与第 1 个节点之间, 考虑 (5.40) 式中 $i=0$ 的情形, 得到

$$S_0(x)=\frac{M_1(x-1)^3}{6}+-f(1)(x-2)-\left(\frac{M_1}{6}-f(2)\right)(x-1),\quad x\in[1,2].$$

再将 $x = 1.5$ 代入上式有 $f(1.5) \approx S_0(1.5) = 0.7679$.

表 5.5　例 5.8 的计算结果

x	$f(x)$	$S_3(x)$	x	$f(x)$	$S_3(x)$
0	1.000 00	1.000 00	0.56	0.113 12	0.113 66
0.06	0.917 43	0.940 90	0.60	0.100 00	0.100 00
0.10	0.800 00	0.843 40	0.66	0.084 10	0.084 26
0.16	0.609 76	0.643 16	0.70	0.075 47	0.076 06
0.20	0.500 00	0.500 00	0.76	0.064 77	0.065 56
0.26	0.371 75	0.316 50	0.80	0.058 82	0.058 82
0.30	0.307 69	0.235 35	0.86	0.051 31	0.048 42
0.36	0.235 85	0.188 78	0.90	0.047 60	0.042 48
0.40	0.200 00	0.200 00	0.96	0.041 60	0.037 58
0.46	0.158 98	0.241 45	1.00	0.038 46	0.038 46
0.50	0.137 93	0.137 91			

表 5.6　例 5.9 给定的插值数据表

x_i	1	2	3	4	5
$f(x_i)$	0	1	0	1	0

图 5.7 给出了例 5.9 中得到的三次样条插值函数的图像, 它由四段三次函数拼接而成, 但是很难看出图像拼接的痕迹, 这也直观显示了三次样条函数是充分光滑的.

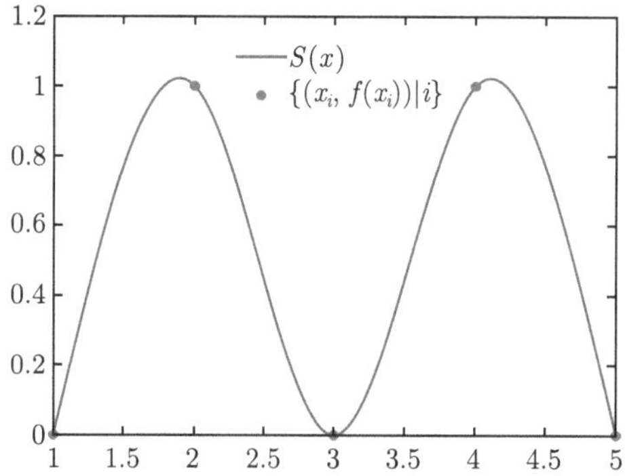

图 5.7　例 5.9 中三次样条函数图像

例 5.10　给定离散数值表 (表 5.7), 以及 $m_0 = m_3 = 0$, 构造三次样条函数并近似计算 $f(2.6)$ 的值.

表 5.7 例 5.10 给定的插值数据表

x	0	1	2	3
$f(x)$	1	1	0.5	1

解 根据方程 (5.47), 首先要求系数矩阵及其右端项 $d_i, i = 0,1,2,3$. 由 (5.44) 与 (5.46) 可得

$$h_i = 1,\ i = 0,1,2, \qquad \mu_1 = \mu_2 = \lambda_1 = \lambda_2 = \frac{1}{2},$$

$$d_1 = 6f[x_0,x_1,x_2] = -1.5, \qquad d_2 = 6f[x_1,x_2,x_3] = 3,$$

$$d_0 = \frac{6}{h_0}(f[x_0,x_1] - m_0) = 0, \quad d_3 = \frac{6}{h_2}(m_3 - f[x_2,x_3]) = -3.$$

于是由 (5.47) 得到方程组

$$\begin{bmatrix} 2 & 1 & & \\ 0.5 & 2 & 0.5 & \\ & 0.5 & 2 & 0.5 \\ & & 1 & 2 \end{bmatrix}\begin{bmatrix} M_0 \\ M_1 \\ M_2 \\ M_3 \end{bmatrix} = \begin{bmatrix} 0 \\ -1.5 \\ 3 \\ -3 \end{bmatrix}.$$

解之得 $M_0 = \frac{4}{5}, M_1 = -\frac{8}{5}, M_2 = \frac{13}{5}, M_3 = -\frac{14}{5}$. 将其代入 (5.40) 得到三次样条函数表达式.

由于 $2.6 \subset [2,3]$, 在 (5.40) 中取 $i = 2$, 由

$$S_2(x) = \frac{-M_2(x-3)^3 + M_3(x-2)^3}{6} + \left(\frac{M_2}{6} - f(2)\right)(x-3)$$
$$- \left(\frac{M_3}{6} - f(3)\right)(x-2),$$

计算得 $f(2.6) \approx S_2(2.6) = 0.83293$.

从前面的三个例子我们看到, 样条插值方法不仅精度高、数值稳定性好, 而且只需要求解三对角的线性方程组, 因此运算量也非常小. 另外, 观察方程组 (5.45) 与 (5.47) 知, 这两个方程组的系数矩阵都是严格对角占优的, 因此采用第 3 章介绍的追赶法、Jacobi 迭代法或 Gauss-Seidel 迭代法求解都能保证快速、高精度且有非常好的数值稳定性.

第 5 章评注

函数插值是研究复杂函数的重要手段, 是数值分析的基础性方法, 插值方法在工程技术领域也有非常广泛而重要的应用. 本章着重介绍了基于多项式的函数插值, 包括 Lagrange 插值、Newton 插值、Hermite 插值、分段低次插值、三次样条函数插值等. 其中 Lagrange 插值形式简洁, 结构紧凑, 而 Newton 插值具有承袭性, 即增加新的插值节点不用重新计算基函数. 采用高次多项式插值可能产生 Runge 现象, 导致函数逼近不稳定以及精度下降, 因此可采用分段低次插值或三次样条插值. 样条函数插值既具有分段低次特性, 又能保持一定的光滑性, 被广泛应用于工程实践中.

在函数或数据逼近中, 除了本章介绍的多项式之外, 还可以采用三角函数、有理函数等其他函数. 当函数具有周期性时, 使用基于三角函数的插值或拟合往往更合适, 计算中还可以利用快速傅里叶变换 (FFT) 实现加速. 有关三角逼近和 FFT 快速计算可参见下一章以及 [14, 15].

需要说明的是, 多项式一般不宜用来逼近非光滑函数, 而基于有理函数的有理逼近则具有更快的收敛速度, 例如采用有理逼近来近似 $[-1,1]$ 上的绝对值函数, 可实现根指数的收敛速度. 有理逼近包括 Padé 逼近、AAA 算法等, 更详细的论述可参见 [16, 17].

习 题 5

1. (1) 求过点 $(-1.00,2.00),(1.50,2.80)$ 与 $(1.50,2.80),(3.10,6.00)$ 的分段线性插值函数 $L_1(x)$, 并求 $L_1(1.2),L_1(2.5)$ 的值;

(2) 求过点 $(-1.00,2.00),(1.50,2.80),(3.10,6.00)$ 的二次插值函数 $L_2(x)$, 并分别计算 $L_2(-1.5),L_2(2.5)$ 的值.

2. 分别利用线性与二次 Lagrange 插值计算 $\sqrt[3]{12}$ 的近似值并估计误差.

3. 已知正切函数在特殊角 $\frac{\pi}{6},\frac{\pi}{4},\frac{\pi}{3}$ 处的值分别为 $\frac{\sqrt{3}}{3},1,\sqrt{3}$, 求出正切函数过插值点 $\left(\frac{\pi}{6},\frac{\sqrt{3}}{3}\right)$ 与 $\left(\frac{\pi}{4},1\right)$ 的一次插值多项式以及过插值点 $\left(\frac{\pi}{6},\frac{\sqrt{3}}{3}\right)$, $\left(\frac{\pi}{4},1\right)$ 与 $\left(\frac{\pi}{3},\sqrt{3}\right)$ 的二次插值多项式. 用上述两个插值多项式分别近似计算 $\tan\frac{3\pi}{16}$ 并估计误差.

4. 设 $x_i,i=0,1,2,\cdots,n$ 为 $n+1$ 个互异的插值节点, $l_i(x),i=0,1,2,\cdots,n$ 为 n 次 Lagrange 插值基函数. 证明:

(1) $\sum\limits_{i=0}^{n}x_i^k l_i(x)=x^k,k=1,2,3,\cdots,n;$

(2) $\sum\limits_{i=0}^{n}(x-x_i)^k l_i(x)=0,k=0,1,2,\cdots,n;$

(3) $\sum_{i=0}^{n} l_i(0)x_i^k = \begin{cases} 1, & k=0, \\ 0, & k=1,2,3,\cdots,n, \\ (-1)^n x_0x_1\cdots x_n, & k=n+1. \end{cases}$

5. 设 $f(x)$ 在区间 $[a,b]$ 上二阶导函数连续, 证明:

$$\max_{a\leqslant x\leqslant b}\left|f(x)-\left[f(a)+\frac{f(b)-f(a)}{b-a}(x-a)\right]\right|\leqslant\frac{1}{8}(b-a)^2\max_{a\leqslant x\leqslant b}|f''(x)|.$$

6. 设 $f(x)=2x^6+5x^5-3x^2+100$, 计算

(1) $f[2^0,2^1,2^2,\cdots,2^6]$;　　(2) $f[7^0,7^1,7^2,\cdots,7^7]$.

7. 已知多项式 $y=f(x)$ 的数值如下表:

x_i	−2	1	4	−1	3	−4
y_i	−1	2	59	4	24	−53

利用 Newton 插值法确定该多项式的次数.

8. 利用 Newton 插值求出过下列点的多项式:

x_i	−3	2	−1	3	1
y_i	0	5	−4	12	0

9. 分别求满足习题 2 与习题 3 条件的 Newton 插值多项式.

10. 采用线性插值的方法, 制作有 5 位小数近似值的对数函数 $\ln x$ 的函数值表, 要求引起的截断误差不超过表值的舍入误差, 求其最大允许步长.

11. 证明推论 5.1.

12. 给出下列数表, 构造分段线性插值函数, 并计算 $f(1.050)$ 和 $f(1.212)$ 的近似值:

x_i	1.000	1.101	1.150	1.210
$f(x_i)$	0.001	5.002	4.101	7. 901

13. 考虑多项式 $z=P(x,y)=a+bx+cy$.

(1) 若 $z=P(x,y)$ 经过三个点 $(1,1,5),(2,1,3)$ 与 $(1,2,9)$, 求 a,b,c 的值;

(2) 是否存在 a,b,c 使得 $z=P(x,y)$ 同时经过三个点 $(1,2,5),(3,2,7)$ 与 $(1,2,0)$, 说明理由.

14. 确定参数 a,b,c 的值, 使得函数

$$S(x)=\begin{cases} -\dfrac{13}{4}x^3+15x^2-\dfrac{81}{4}x+\dfrac{19}{2}, & 1\leqslant x\leqslant 2, \\ \dfrac{11}{4}x^3+ax^2+bx+c, & 2<x\leqslant 3 \end{cases}$$

构成区间 $[1,3]$ 上的样条函数.

15. 求出经过下列数据点的三次自然样条函数:

x_i	0	1	2
y_i	0	2	1

16. 给定数据表

x_i	1	2	3	4	5
y_i	13	15	12	9	4

求出过上述数据点的三次自然样条插值函数 $S(x)$ 并计算 $S(3.5)$.

17. 求出经过下列数据点的三次自然样条 $S(x)$:

x_i	0.2	0.4	0.6	0.8	1.0
y_i	1.150	0.855	0.377	−0.266	−1.049

并求出函数 $S(x)=0$ 的根.

上机实验题

1. 已知数表

x	−2.0	−0.1	−1.5	0.5	−0.6	2.2	1.0	1.8
y	2.2796	1.0025	1.6467	1.0635	1.0920	2.6291	1.2661	1.9896

(1) 编写 Lagrange 插值多项式标准程序, 据此数表计算插值多项式, 并估计函数在 1.3 处的值;

(2) 编写一到七次 Newton 插值多项式标准程序, 据此数表计算 $x=1.1, 1.2$ 以及 1.3 时函数的值.

2. 在区间 $[-1,1]$ 上取等距点 $x_i^{(n)}=-1+\frac{2i}{n}, i=0,1,2,\cdots,n$ 作为插值节点, 对于函数 $f(x)=|x|$, 编制求 n 次 Lagrange 插值多项式 $L_n(x)$ 的标准程序, 并分析插值误差以及 $n\to\infty$ 时插值多项式的收敛性.

3. 设函数

$$f(x)=\frac{1}{a^2+25x^2},\quad x\in[-1,1],$$

其中 a 为参数. 对于任意正整数 n, 采用等距插值节点 $x_i=-1+ih, h=\frac{2}{n}, i=0,1,2,\cdots,n$.

(1) 针对不同的参数 a 和 n, 编写 Lagrange 插值程序, 比较 $f(x)$ 与插值函数的图像, 观察 Lagrange 插值的 Runge 现象;

(2) 针对不同的参数 a 和 n, 设 $x=-1$ 以及 $x=1$ 处的导数值给定, 编写求样条插值函数的程序, 比较 $f(x)$ 与样条插值函数的精度.

4. 下表给出了球面的阻力系数 C_D 作为 Reynolds (雷诺) 数 Re 的函数时部分数据:

Re	0.2	2	20	200	2000	20000
C_D	103	13.9	2.72	0.800	0.401	0.433

编制三次自然样条标准程序, 画出样条函数的曲线, 并计算出 $Re = 5, 50, 500$ 以及 5000 时, C_D 的近似值.

第 6 章　多项式拟合与最佳逼近

6.1　引　　言

上一章所介绍的插值方法是一种用简单函数 (多项式) 逼近复杂函数的方法, 要求插值函数在插值节点上与被插函数的值相等 (有时还要求若干阶导数值也相等). 我们同时也看到, 对于某些定义在闭区间 $[a,b]$ 上的连续可导函数 $f(x)$, 当节点数 $n \to \infty$ 时, 等距插值的多项式序列 $P_n(x)$ 未必一致收敛于 $f(x)$, 这就是 Runge 现象. 人们甚至发现, 在任意插值集合上, 都存在连续函数 $f(x)$, 其插值多项式不一致收敛于 $f(x)$[18]. 这就说明, 对于某些连续函数而言, 插值未必是很好的逼近方法. 上述事实启发我们寻求更好的函数逼近方法. 另一方面, 1885 年 Weierstrass (魏尔斯特拉斯) 给出了如下逼近定理.

定理 6.1 (Weierstrass 定理)　设函数 $f \in C[a,b]$, 则对于任意 $\varepsilon > 0$, 一定存在一个 N 次代数多项式 $P_N(x)$, 其中正整数 N 的值与 ε 有关, 使得

$$\max_{a \leqslant x \leqslant b} |P_N(x) - f(x)| < \varepsilon$$

成立.

在许多数学分析教材中都能找到上述 Weierstrass 定理的证明, 其中最著名的当属 1912 年 Bernstein (伯恩斯坦) 通过构造 Bernstein 多项式给出的一个构造性证明 [19]. 但是, Bernstein 多项式收敛速度较慢, 较少应用于实际计算. 因此有必要研究其他多项式序列 $\{P_n(x)\}$, 使其可以快速逼近函数 $f(x)$.

本章主要基于多项式讨论函数的最佳平方逼近与最佳一致逼近. 作为插值与函数逼近的过渡, 下面首先介绍离散数据的最小二乘拟合.

6.2　最小二乘拟合

6.2.1　拟合曲线

数据拟合在科学和工程中有着广泛的应用. 在人们的生产实践中, 为了对某些现象进行近似刻画, 经常需要记录通过实验观测到的一些看似杂乱无章的数据. 假设这些数据可以表示为平面上的 $n+1$ 个的点 (x_i, y_i), $i = 1, 2, 3, \cdots, n$, 其中 $x_i \neq x_j, i \neq j$, 希望从中找出 x 与 y 的变化规律, 即寻求一个简单曲线 $y = f(x)$,

使之在某种度量准则下与所有数据点 (x_i, y_i), $i = 1, 2, 3, \cdots, n$ 在整体上吻合得最好, 这就是曲线拟合问题.

前面我们介绍的插值方法就是一种预测数据变化规律的数值方法, 但是直接用来解决这里的拟合问题往往存在不足. 首先, 实际应用中的数据 (x_i, y_i) 大都是通过实验或观测得到的, 这些数据本身通常带有测量误差, 或者受到环境的干扰带有噪声, 其中个别数据的误差还可能很大, 如图 6.1 所示, 有两个点出现严重偏离, 其他大部分数据均位于一条直线的附近. 如果采用插值则会使拟合曲线保留并放大现有的误差或噪声, 同时, 振荡剧烈的非线性多项式拟合曲线也与实际情况不符. 事实上, 在实际操作时, 上述两个严重偏离的点通常称为**奇异点**或**野值**, 需要特殊处理 (如去掉或单独处理等).

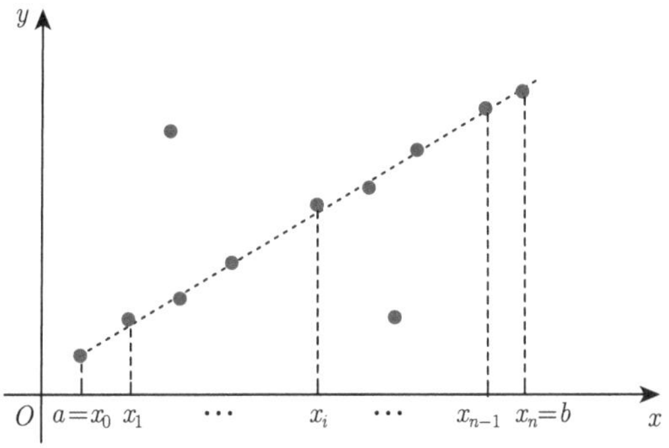

图 6.1 测量数据近似分布在一条直线上, 其中有两个点存在严重偏离

其次, 测量数据有可能量多而且散乱, 如图 6.2 所示, 在一个小区间内有大量的测量数据, 而整个数据的分布呈近似直线的形态, 如果使用插值方法求经过所有的数据点, 将明显偏离真实规律, 缺乏应用价值.

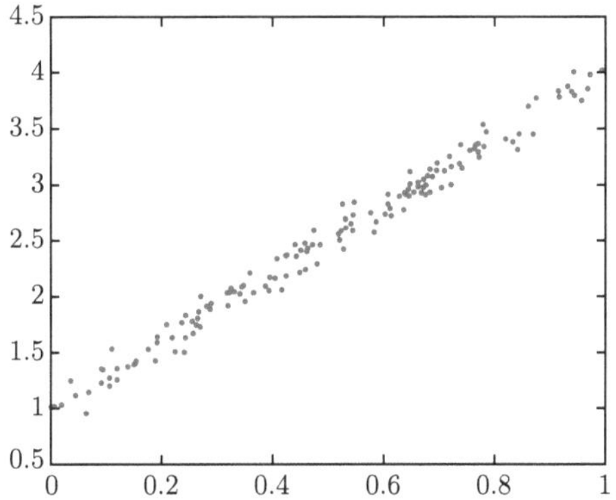

图 6.2 测量数据近似分布在一条直线上, 数据多且散乱

另外, 在一些实际问题中, 拟合曲线可能是固定的, 例如, 要在某地的多个居民小区间修一条笔直的公路, 设居民小区位置为 $(x_i, y_i), i = 1, 2, 3, \cdots, n$, 则公路对应的拟合曲线为直线 $f(x) = Ax+B$. 如图 6.3 所示, 由于任何直线 $f(x) = Ax+B$ 都不可能经过所有的点 $(x_i, y_i), i = 1, 2, 3, \cdots, n$, 由此带来的问题是: 如何修公路 (即选择直线 $f(x) = Ax + B$) 使其到各居民区的 "距离" 最短?

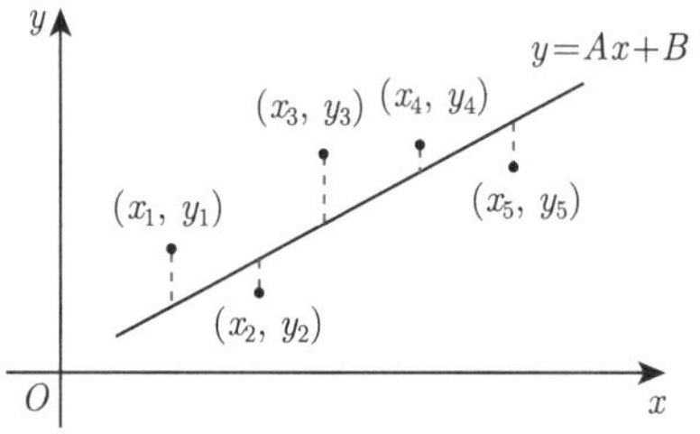

图 6.3 多个居民点之间修建公路的方案示意图

定义 6.1 对于给定的数据点 (x_i, y_i), $i = 1, 2, 3, \cdots, n$, 拟合曲线 $f(x)$ 在 x_i 处的误差 (又称**偏差**或**残差**) 定义为

$$\delta_i = |f(x_i) - y_i|, \quad i = 1, 2, 3, \cdots, n.$$

拟合曲线 $f(x)$ 与数据点 (x_i, y_i), $i = 1, 2, 3, \cdots, n$ 的整体误差定义为向量 $\boldsymbol{E} = (\delta_1, \delta_2, \cdots, \delta_n)^{\mathrm{T}}$ 的某种范数.

比较常用的范数为 (6.1) 所示的 Minkowski (闵可夫斯基) 范数

$$\|\boldsymbol{E}\|_p = \left(\sum_{i=1}^{n} |\delta_i|^p\right)^{\frac{1}{p}} = \left(\sum_{i=1}^{n} |f(x_i) - y_i|^p\right)^{\frac{1}{p}}, \quad 1 \leqslant p \leqslant \infty, \tag{6.1}$$

其中较为常见的有下面三种范数:

(1) $p = 1$

$$E_1 = \sum_{i=1}^{n} |f(x_i) - y_i|; \tag{6.2}$$

(2) $p = 2$

$$E_2 = \left(\sum_{i=1}^{n} (f(x_i) - y_i)^2\right)^{\frac{1}{2}}; \tag{6.3}$$

(3) $p = \infty$

$$E_\infty = \max_{1 \leqslant i \leqslant n} |f(x_i) - y_i|. \tag{6.4}$$

$\dfrac{1}{n}E_1$ 也称作平均误差, $\dfrac{1}{n}E_2^2$ 也称作均方误差, $E\infty$ 也称作最大误差.

因此, 最优拟合曲线就是对于 (6.1) 式中给定的 $p \geqslant 1$, 使 $\|\boldsymbol{E}\|_p$ 达到最小时对应的函数曲线 $y = f(x)$. 特别地, 在 (6.2) 最小的假设下, 由于表达式中含绝对值, 得到的函数一般不可微, 需要用到非光滑优化理论求解, 存在一定的难度. 在取最大误差 (6.4) 的情况下, 所确定的参数使得最大误差达到最小, 称之为**最大最小问题**, 属于最优一致逼近的范畴, 这类问题的求解一般难度也较大. 最后考虑取 (6.3) 的情况, 由于此时可以采用较简单的微分学方法求出最优值, 因而被广泛采用, 相应的拟合方法也称为**最小二乘法**.

最小二乘法是由德国数学家 Gauss 与法国数学家 Legendre (勒让德) 在 1800 年前后几乎同时独立提出的, 最小二乘法已经成为统计学中估计回归参数的最基本方法, 在运筹学、逼近论、控制论以及信号处理与图像处理中都有广泛的应用.

本节主要讨论如何利用最小二乘法构造拟合函数.

6.2.2 最小二乘多项式拟合

设拟合函数 $f(x)$ 有 m 个待定参数 $a_1, a_2, \cdots, a_m$, 即

$$f(x) = g(x, a_1, a_2, \cdots, a_m),$$

其中参数的个数 m 小于数据点数 n. (6.3) 可以写为

$$S(a_1, a_2, \cdots, a_m) = \sum_{i=1}^{n} (f(x_i) - y_i)^2. \tag{6.5}$$

于是最小二乘拟合变为, 求参数 $a_1, a_2, \cdots, a_m$ 使 (6.5) 达到最小. 这也可以转化为令函数 $S(a_1, a_2, \cdots, a_m)$ 关于每个参数 a_i 的偏导为 0, 即

$$\frac{\partial S}{\partial a_i} = 0, \quad i = 1, 2, 3, \cdots, m, \tag{6.6}$$

由此设法解出参数 $a_1, a_2, \cdots, a_m$.

注意到方程 (6.6) 关于未知量 a_i 很可能是非线性的, 从而求解可能比较困难. 为此, 拟合函数经常取为某些特殊函数 $f_j(x)$ 的线性组合

$$f(x) = a_1 f_1(x) + a_2 f_2(x) + \cdots + a_m f_m(x),$$

这样 (6.6) 的求解会相对比较便捷, 特别地, 若取 $f_j(x) = x^{j-1}$, $j = 1, 2, 3, \cdots, m$, 则得到的是多项式拟合. 下面将详细描述求解过程.

当 $n < m$ 时, 拟合曲线有无穷多条, 不满足唯一性的条件. 当 $n = m$ 时, 拟合曲线可以经过所有的数据点, 此时为插值问题. 当 $n > m$ 时, 可以利用最小二乘方法建立拟合曲线, 此时, 拟合曲线偏离观测数据的程度可以采用 (6.3) 或 (6.5) 来度量. 根据前面的讨论, 现在首先给出几种比较简单常用的拟合曲线的构造方法.

6.2.2.1　线性拟合

定理 6.2　给定一组拟合数据 (x_i, y_i), $i = 1, 2, 3, \cdots, n$, 则拟合直线

$$f(x) = a + bx, \tag{6.7}$$

使 (6.5) 达到最小时, 有

$$b = \frac{\displaystyle\sum_{i=1}^{n} y_i(x_i - \bar{x})}{\displaystyle\sum_{i=1}^{n} x_i(x_i - \bar{x})}, \quad a = \bar{y} - \bar{x}b, \tag{6.8}$$

其中 $\bar{x} = \dfrac{1}{n}\displaystyle\sum_{i=1}^{n} x_i, \bar{y} = \dfrac{1}{n}\displaystyle\sum_{i=1}^{n} y_i$.

证明　使均方误差达到最小, 即求解

$$\min_{a,b} S(a,b) = \min_{a,b} \sum_{i=1}^{n} (a + bx_i - y_i)^2.$$

将 $S(a,b) = \displaystyle\sum_{i=1}^{n} (a + bx_i - y_i)^2$ 看成关于变量 a, b 的二元函数, 令

$$\frac{\partial S(a,b)}{\partial a} = 0, \quad \frac{\partial S(a,b)}{\partial b} = 0, \tag{6.9}$$

得到

$$\begin{cases} \dfrac{\partial S(a,b)}{\partial a} = 2\displaystyle\sum_{i=1}^{n} (a + bx_i - y_i) = 0, \\ \dfrac{\partial S(a,b)}{\partial b} = 2\displaystyle\sum_{i=1}^{n} (a + bx_i - y_i)x_i = 0, \end{cases}$$

即

$$\begin{cases} na + \left(\displaystyle\sum_{i=1}^{n} x_i\right) b = \displaystyle\sum_{i=1}^{n} y_i, \\ \left(\displaystyle\sum_{i=1}^{n} x_i\right) a + \left(\displaystyle\sum_{i=1}^{n} x_i^2\right) b = \displaystyle\sum_{i=1}^{n} x_i y_i \end{cases}$$

或

$$\begin{bmatrix} n & \sum_{i=1}^{n} x_i \\ \sum_{i=1}^{n} x_i & \sum_{i=1}^{n} x_i^2 \end{bmatrix} \begin{bmatrix} a \\ b \end{bmatrix} = \begin{bmatrix} \sum_{i=1}^{n} y_i \\ \sum_{i=1}^{n} x_i y_i \end{bmatrix}. \tag{6.10}$$

(6.10) 称为**法方程**, 解此法方程得

$$a = \frac{\left(\sum_{i=1}^{n} y_i \sum_{i=1}^{n} x_i^2\right) - \sum_{i=1}^{n} x_i \sum_{i=1}^{n} x_i y_i}{n\sum_{i=1}^{n} x_i^2 - \left(\sum_{i=1}^{n} x_i\right)^2}, \quad b = \frac{n\sum_{i=1}^{n} x_i y_i - \sum_{i=1}^{n} x_i \sum_{i=1}^{n} y_i}{n\sum_{i=1}^{n} x_i^2 - \left(\sum_{i=1}^{n} x_i\right)^2}.$$

记均值

$$\bar{x} = \frac{1}{n}\sum_{i=1}^{n} x_i, \quad \bar{y} = \frac{1}{n}\sum_{i=1}^{n} y_i.$$

则法方程的解可以写为

$$a = \frac{\bar{y}\sum_{i=1}^{n} x_i^2 - \bar{x}\sum_{i=1}^{n} x_i y_i}{\sum_{i=1}^{n} x_i^2 - n\bar{x}^2}, \quad b = \frac{\sum_{i=1}^{n} x_i y_i - \bar{x}\sum_{i=1}^{n} y_i}{\sum_{i=1}^{n} x_i^2 - n\bar{x}^2}. \tag{6.11}$$

由于 (6.11) 中分子与分母中两项的数可能非常接近, 因此直接实施减法时可能对舍入误差敏感. 为了克服这一潜在的缺陷, 将其写成如下的等价形式:

$$b = \frac{\sum_{i=1}^{n} (y_i - \bar{y})(x_i - \bar{x})}{\sum_{i=1}^{n} (x_i - \bar{x})^2}, \quad a = \bar{y} - \bar{x}b.$$

例 6.1 已知一组实验数据如表 6.1, 求它的一次拟合函数 $y = ax + b$, 并计算其标准差.

表 6.1 给定的实验数据表

x	0.0	1.0	2.0	2.5	3.0
y	2.9	3.7	4.1	4.4	5.0

解　设线性拟合函数为 $f(x)=a+bx$, 利用表 6.1 中的数据, 直接计算得

$$\sum_{i=1}^{5} x_i = 0.0+1.0+2.0+2.5+3.0=8.5,$$

$$\sum_{i=1}^{5} x_i^2 = 0.0+1.0+4.0+6.25+9.0=20.25,$$

$$\sum_{i=1}^{5} y_i = 2.9+3.7+4.1+4.4+5.0=20.1,$$

$$\sum_{i=1}^{5} x_i y_i = 37.9,$$

代入线性方程组 (6.10) 解得 $a=2.9267, b=0.6431$, 故拟合函数为

$$f(x)=2.9267+0.6431x.$$

为了计算标准差, 我们首先计算残差平方和

$$S=\sum_{i=1}^{5}(y_i-f(x_i))^2=0.06936.$$

进而得到标准差为

$$\sigma=\sqrt{\frac{S}{5-2}}=\sqrt{\frac{0.06936}{3}}=0.1520.$$

需要说明的是, 如果希望避免解线性方程组 (6.10), 也可以利用 $\bar{x}=\frac{1}{5}\sum_{i=1}^{5}x_i=1.7$, $\bar{y}=\frac{1}{5}\sum_{i=1}^{5}y_i=4.02$ 以及 (6.11) 直接计算同样得到拟合函数.

6.2.2.2　线性组合拟合

考虑使用函数列 $\{f_j(x)\}_{1\leqslant j\leqslant m}$ 的线性组合作为拟合函数 $f(x)$, 设

$$f(x)=a_1f_1(x)+a_2f_2(x)+\cdots+a_mf_m(x)=\sum_{j=1}^{m}a_jf_j(x), \tag{6.12}$$

其中每个函数 $f_j(x)$ 都是预先给定的, 称为**基函数**. 将上式代入 (6.5) 得

$$S(a_1,a_2,\cdots,a_m)=\sum_{i=1}^{n}\left[y_i-\sum_{j=1}^{m}a_jf_j(x_i)\right]^2,$$

进而有

$$\frac{\partial S}{\partial a_k}=-2\left\{\sum_{i=1}^{n}\left[y_i-\sum_{j=1}^{m}a_jf_j(x_i)\right]f_k(x_i)\right\}=0,\quad k=1,2,3,\cdots,m.$$

上式中交换求和顺序整理得到

$$\sum_{j=1}^{m}\left[\sum_{i=1}^{n}f_j(x_i)f_k(x_i)\right]a_j=\sum_{i=1}^{n}f_k(x_i)y_i,\quad k=1,2,3,\cdots,m.$$

这是关于系数 $a_1,a_2,\cdots,a_m$ 的线性方程组, 写成矩阵形式为

$$\boldsymbol{A}\boldsymbol{x}=\boldsymbol{b}, \tag{6.13a}$$

其中 $\boldsymbol{x}=(a_1,a_2,\cdots,a_m)^{\mathrm{T}}$, 系数矩阵 $\boldsymbol{A}=(a_{kj})_{1\leqslant k,j\leqslant n}$ 与右端向量 $\boldsymbol{b}$ 分别是

$$a_{kj}=\sum_{i=1}^{n}f_j(x_i)f_k(x_i),\quad b_k=\sum_{i=1}^{n}f_k(x_i)y_i. \tag{6.13b}$$

易知 (6.13a) 中的系数矩阵是实对称矩阵. 另外, 可以证明, 当函数列 $\{f_j(x)\}_{1\leqslant j\leqslant m}$ 线性无关时, 系数矩阵 $\boldsymbol{A}$ 还是正定的, 此时可以利用 $\boldsymbol{A}$ 的 Cholesky 分解直接求解, 或采用 Jacobi 迭代法以及 Gauss-Seidel 迭代法进行迭代求解.

作为线性组合拟合方法的应用, 下面讨论多项式拟合方法. 也即设 $f(x)=\sum_{i=1}^{m}a_{i-1}x^{i-1}$, 此时基函数为 $f_j(x)=x^{j-1},j=1,2,3,\cdots,m$, (6.13b) 可写为

$$a_{kj}=\sum_{i=1}^{n}x_i^{k+j-2},\quad b_k=\sum_{i=1}^{n}x_i^{k-1}y_i$$

或

$$\boldsymbol{A}=\begin{bmatrix} n & \sum x_i & \sum x_i^2 & \cdots & \sum x_i^{m-1}\\ \sum x_i & \sum x_i^2 & \sum x_i^3 & \cdots & \sum x_i^m\\ \vdots & \vdots & \vdots & & \vdots\\ \sum x_i^{m-1} & \sum x_i^m & \sum x_i^{m+1} & \cdots & \sum x_i^{2m-2}\end{bmatrix},\quad \boldsymbol{b}=\begin{bmatrix}\sum y_i\\ \sum x_iy_i\\ \vdots\\ \sum x_i^{m-1}y_i\end{bmatrix},$$

其中 $\sum$ 表示求和 $\sum_{i=1}^{n}$. 需要注意的是, 当 m 较大时, 多项式拟合的法方程可能变得非常病态, 而且高次多项式拟合函数还可能继承或放大数据噪声, 因此在实际应用中均推荐采用低次多项式拟合, 一般拟合多项式的次数不超过 6 次. 图 6.4 给出了对于 6 个数据点 (* 表示) 分别采用 2 次到 5 次多项式拟合的结果, 可以看出, 随着次数增大, 拟合曲线振荡会变得越来越剧烈, 随之会降低拟合的数值稳定性.

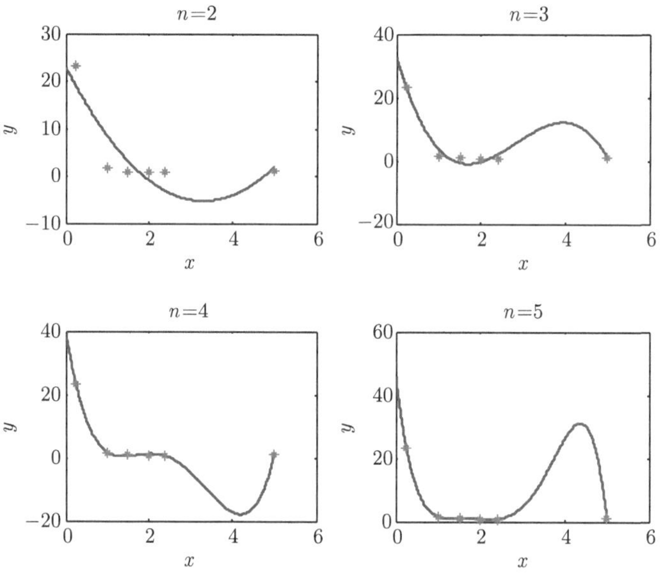

图 6.4　对于给定的 6 个数据点, 分别选择 n 次多项式拟合得到的曲线

6.2.2.3　指数函数 $a\mathrm{e}^{bx}$ 拟合

对于给定数据 (x_i, y_i), $i = 1, 2, 3, \cdots, n$, 求最小二乘指数函数 $f(x) = a\mathrm{e}^{bx}$ 拟合, 其中 $a > 0, b$ 为待求的参数.

如果直接对函数 $S(a,b) = \sum_{i=1}^{n}\left(a\mathrm{e}^{bx_i} - y_i\right)^2$ 关于 a, b 分别求偏导并令其为 0, 则得到一个求解难度较大的非线性方程组. 但是, 如果我们将对数据点 (x_i, y_i), $i = 1, 2, 3, \cdots, n$ 的拟合转变为对点 $(x_i, \ln y_i)$, $i = 1, 2, 3, \cdots, n$ 的拟合, 则可以转化为线性回归问题, 从而使得待定系数的计算变得相对简单. 此时的拟合函数变为

$$F(x) = \ln f(x) = \ln a + bx = A + Bx,$$

其中 $A = \ln a, B = b$.

例 6.2 求一个形如 $y = a\mathrm{e}^{bx}$ 的经验公式, 使它能够拟合表 6.2 的数据.

表 6.2 指数函数待拟合的数据表

x_i	1	2	3	4	5	6	7	8
y_i	15.3	20.5	27.4	36.6	49.1	65.6	87.8	117.6

解 计算 $z_i = \ln y_i$, $i = 1, 2, \cdots, 8$, 对数据 (x_i, z_i), $i = 1, 2, \cdots, 8$ 作线性拟合 $z = A + Bx$, 其中 $A = \ln a, B = b$, 相应的法方程为

$$\begin{bmatrix} 8 & 36 \\ 36 & 204 \end{bmatrix} \begin{bmatrix} A \\ B \end{bmatrix} = \begin{bmatrix} 13.0197 \\ 63.9003 \end{bmatrix},$$

解之得 $A = 2.4369$, $B = 0.2912$. 于是函数 $y = \mathrm{e}^A \mathrm{e}^{Bx} = 11.4375\mathrm{e}^{0.2913x}$ 即为所求.

上述将指数函数拟合转化为线性拟合的方法称为**线性化处理**. 事实上, 除了指数函数之外, 还有许多常见的函数进行拟合时也可以作线性化处理. 例如,

- **幂函数拟合** $y = Ax^M$, 作变换 $X = x^M, Y = y$, 变为直线拟合: $Y = AX$.
- **分式函数拟合** $y = \dfrac{x}{Ax + b}$, 作变换 $Y = \dfrac{1}{y}, X = \dfrac{1}{x}$, 变为直线拟合: $Y = bX + A$.
- **双曲拟合** $y = \dfrac{A}{x + B}$, 作变换 $Y = y, X = -xy$, 变为直线拟合: $Y = \dfrac{1}{B}X + \dfrac{A}{B}$.

需要说明的是, 经过变换后得到的拟合曲线是原最小二乘问题的一种近似解. 下面将要介绍的加权拟合方法可以使变换后的拟合曲线更好地满足均方误差极小性质.

6.2.3 加权最小二乘拟合

在生产实践中, 测量数据 (x_i, y_i), $i = 1, 2, 3, \cdots, n$ 可能是在不同的时段、不同的环境下得到的, 由于受到设备状态、环境因素的影响, 有些数据可能受到一定程度的污染, 从而出现误差, 而有些数据准确程度可能非常高, 是可信的. 因此, 我们希望可信度不同的数据在实施数据拟合时必须体现出不同的重要性, 这一点可以通过加权的方式来实现.

定义 6.2 记加权绝对误差为 $\delta_i = w_i|y_i - f(x_i)|$, 其中 w_i 为权值 (权值越大, 所对应点的信息越重要), $0 \leqslant w_i \leqslant 1$, $\sum\limits_{i=1}^{n} w_i = 1$. 定义**加权均方误差**为

$$S(a_1, a_2, \cdots, a_m) = \sum_{i=1}^{n} w_i^2 \left(f(x_i) - y_i\right)^2. \tag{6.14}$$

下面以加权线性拟合以及指数函数 $a\mathrm{e}^{bx}$ 拟合为例说明加权最小二乘拟合函数的求法.

设拟合函数为线性函数 $f(x) = a + bx$, 则 (6.14) 变为

$$S(a, b) = \sum_{i=1}^{n} w_i^2 (a + bx_i - y_i)^2.$$

在 S 的极小值点有

$$\begin{cases} \dfrac{\partial S}{\partial a} = 2\displaystyle\sum_{i=1}^{n} w_i^2 (a + bx_i - y_i) = 0, \\ \dfrac{\partial S}{\partial b} = 2\displaystyle\sum_{i=1}^{n} w_i^2 (a + bx_i - y_i) x_i = 0, \end{cases}$$

其等价形式为

$$\begin{cases} a\displaystyle\sum_{i=1}^{n} w_i^2 + \left(\sum_{i=1}^{n} w_i^2 x_i\right) b = \sum_{i=1}^{n} w_i^2 y_i, \\ \left(\displaystyle\sum_{i=1}^{n} w_i^2 x_i\right) a + \left(\sum_{i=1}^{n} w_i^2 x_i^2\right) b = \sum_{i=1}^{n} w_i^2 x_i y_i. \end{cases}$$

取加权平均值

$$\tilde{x} = \frac{\displaystyle\sum_{i=1}^{n} w_i^2 x_i}{\displaystyle\sum_{i=1}^{n} w_i^2}, \quad \tilde{y} = \frac{\displaystyle\sum_{i=1}^{n} w_i^2 y_i}{\displaystyle\sum_{i=1}^{n} w_i^2},$$

则系数 a, b 的值分别为

$$b = \frac{\displaystyle\sum_{i=1}^{n} w_i^2 (y_i - \tilde{y})(x_i - \tilde{x})}{\displaystyle\sum_{i=1}^{n} w_i^2 (x_i - \tilde{x})^2}, \quad a = \tilde{y} - \tilde{x} b. \tag{6.15}$$

不难看出, 当 $w_i \equiv \dfrac{1}{n}$ 时, (6.15) 退化为不带权的线性拟合 (6.11).

再来讨论加权指数函数 $f(x) = ae^{bx}$ 拟合问题.

对于函数 $f(x) = ae^{bx}$, 同前面的讨论, 经过对数变换后将拟合函数化为

$$F(x) = \ln f(x) = \ln a + bx,$$

拟合点 (x_i, y_i) 经过取对数后变为点 $(x_i, \ln y_i)$, $i = 1, 2, 3, \cdots, n$. 对数变换后的单点拟合误差为

$$R_i = \ln y_i - F(x_i) = \ln y_i - (\ln a + bx_i), \tag{6.16a}$$

而对原始数据直接作拟合的误差为

$$r_i = y_i - f(x_i) = y_i - ae^{bx_i}, \tag{6.16b}$$

(6.16a) 与 (6.16b) 的值相差可能较大, 下面采取加权法让两者尽可能相近. 由 (6.16b) 知, $\ln(y_i - r_i) = \ln a + bx_i$, 因此 (6.16a) 可以表示为

$$R_i = \ln y_i - \ln(y_i - r_i) = -\ln\left(1 - \frac{r_i}{y_i}\right).$$

若残差 r_i 与 y_i 相比充分小 ($r_i \ll y_i$), 则可以进行近似 $\ln\left(1 - \frac{r_i}{y_i}\right) \approx -\frac{r_i}{y_i}$, 从而有

$$R_i \approx \frac{r_i}{y_i}.$$

此式给出了对数变换前后拟合误差间的关系. 因此, 当给定数据 $(x_i, \ln y_i)$, $i = 1, 2, 3, \cdots, n$, 求拟合函数 $F(x)$ 时, 只要在对数变换后的拟合误差 $\sum R_i^2$ 中引入权值 $w_i = y_i$, 改为

$$\min_{a,b} S(a, b) = \sum_{i=1}^{n} y_i^2 \left(\ln y_i - (\ln a + bx_i)\right)^2, \tag{6.17}$$

就可以得到原始最小二乘问题

$$\min_{a,b} \sum_{i=1}^{n} \left(y_i - ae^{bx_i}\right)^2$$

的一个非常好的近似.

如表 6.3 所示, 取权值 $w_i = y_i$, 下列两类函数经过对数变换后的加权最小二乘算法高度近似于对原数据的最小二乘拟合.

表 6.3 基于对数变换对指数拟合问题作线性化处理

$f(x)$	$F(x)$	$F(x)$ 的拟合数据点
axe^{bx}	$\ln\left[\dfrac{f(x)}{x}\right]=\ln a+bx$	$\left(x_i,\ln\left(\dfrac{y_i}{x_i}\right)\right),i=1,2,\cdots,n.$
ax^b	$\ln f(x)=\ln a+b\ln(x)$	$(\ln x_i,\ln y_i),i=1,2,\cdots,n.$

例 6.3 确定参数 a,b 的值, 使得 $f(x)=ae^{bx}$ 是表 6.4 中数据的最小二乘拟合函数.

表 6.4 离散数据点

x	1.2	2.8	4.3	5.4	6.8	7.9
y	7.5	16.1	38.9	67.0	146.6	266.2

(1) 拟合数据 $(x_i,\ln y_i)$;

(2) 加权 $w_i=y_i$ 拟合数据 $(x_i,\ln y_i)$. 分别计算两种情况下的标准差.

解 (1) 经过对数变换后, 表 6.4 中的数据变为表 6.5 中的.

表 6.5 对数变换后的离散数据点

x	1.2	2.8	4.3	5.4	6.8	7.9
$z=\ln y$	2.015	2.779	3.661	4.205	4.988	5.584

经对数变换后的拟合直线为 $F(x)=\ln a+bx$, 直接计算得

$$\bar{x}=\frac{1}{6}\sum_{i=1}^{6}x_i=4.733,\qquad \bar{z}=\frac{1}{6}\sum_{i=1}^{6}z_i=3.872,$$

$$b=\frac{\sum\limits_{i=1}^{6}z_i(x_i-\bar{x})}{\sum\limits_{i=1}^{6}x_i(x_i-\bar{x})}=0.5366,\quad \ln a=\bar{z}-\bar{x}b=1.3323,$$

由此得到 $a=e^{1.3323}=3.790$, 于是拟合曲线为 $f_1(x)=3.790e^{0.5366x}$.

直接利用所求的拟合函数 $f_1(x)=3.790e^{0.5366x}$ 计算出 $f_1(x_i)$ 的值, 从而得到 $S=\sum\limits_{i=1}^{6}(y_i-f_1(x_i))^2=17.59$ 以及标准差 $\sigma=\sqrt{\dfrac{S}{6-2}}=2.10$.

(2) 利用 (1) 中建立的数表直接计算出

$$\tilde{x}=\frac{\sum\limits_{i=1}^{6}y_i^2x_i}{\sum\limits_{i=1}^{6}y_i^2}=7.474,\quad \tilde{z}=\frac{\sum\limits_{i=1}^{6}y_i^2z_i}{\sum\limits_{i=1}^{6}y_i^2}=5.353,$$

代入 (6.15) 解得

$$b = \frac{\sum_{i=1}^{6} w_i^2 y_i (x_i - \tilde{x})}{\sum_{i=1}^{6} w_i^2 x_i (x_i - \tilde{x})} = 0.5440,$$

$$\ln a = \tilde{z} - \tilde{x} b = 5.353 - 0.5440 \times 7.474 = 1.287.$$

因此有 $a = \mathrm{e}^{\ln a} = \mathrm{e}^{1.287} = 3.622$, 拟合函数为 $f_2(x) = 3.622\mathrm{e}^{0.5440x}$, 类似计算可得标准差为 $\sigma = \sqrt{\dfrac{S}{6-2}} = 1.023$.

(2) 中所得拟合函数的标准差明显小于 (1) 中拟合函数的标准差, 这说明按照加权的拟合方法可以得到更高精度的近似拟合函数. 事实上, 通过直接解非线性方程组可以得到拟合函数为 $f_3(x) = 3.614\mathrm{e}^{0.5442x}$, 此时的标准差为 $\sigma = 1.022$, 与 (2) 中所得结果非常接近. 图 6.5 画出了拟合数据点和三个拟合函数的图像, 可见三个函数均可以很好地拟合给定数据. f_2 和 f_3 比 f_1 在第 6 个数据点附近的拟合精度更高.

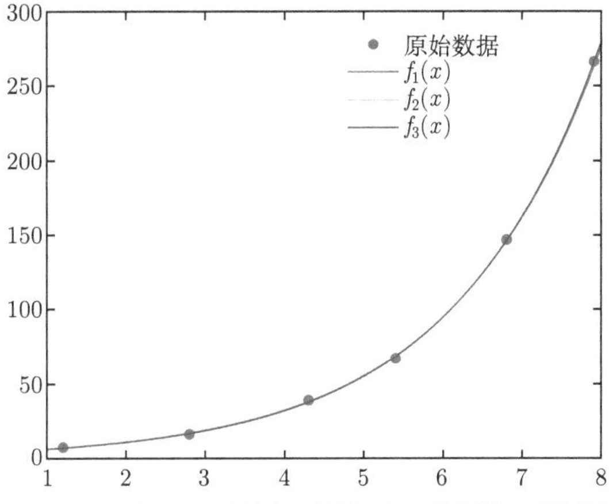

图 6.5 例 6.3 计算得到的拟合函数图像 (彩图请扫二维码)

6.3 离散 Fourier 变换 (DFT) 与快速 Fourier 变换 (FFT)

Fourier 变换在数学和信息处理领域的地位十分重要, Fourier 变换对应的离散变换算法已经成为信息处理中的常用方法, 下面从函数平方逼近的角度导出离散 Fourier 变换的概念并讨论其快速算法.

不妨假设 $f(x)$ 是以 2π 为周期的复值函数, 并且在 N 个节点 $x_k=\dfrac{2k\pi}{N}, k=0,1,2,\cdots,N-1$ 上的值 $f(x_k)$ 已知. 令 $\psi_k(x)=\mathrm{e}^{\mathrm{i}kx}, \mathrm{i}=\sqrt{-1}, k=0,1,2,\cdots,N-1$, 求 $S_{N-1}(x)\in\operatorname{span}\{\psi_0(x),\psi_1(x),\cdots,\psi_{N-1}(x)\}$, 使得 $S_{N-1}(x)$ 是 $f(x)$ 关于上述 N 个节点的最小二乘拟合函数. 注意到 $\psi_0(x),\psi_1(x),\cdots,\psi_{N-1}(x)$ 关于节点 $x_k, k=0,1,2,\cdots,N-1$ 正交, 即

$$(\psi_l,\psi_k)=\sum_{j=0}^{N-1}\psi_l(x_j)\bar{\psi}_k(x_j)=\sum_{j=0}^{N-1}\mathrm{e}^{i(l-k)\frac{2\pi j}{N}}=\begin{cases}0, & l\neq k,\\ N, & l=k.\end{cases} \tag{6.18}$$

因此, 若设 $f(x)$ 在上述 N 个节点处的最小二乘 Fourier 逼近为

$$S(x)=\sum_{k=0}^{n-1}C_k\mathrm{e}^{\mathrm{i}kx},\quad n\leqslant N, \tag{6.19}$$

则系数

$$C_k=\frac{1}{N}\sum_{j=0}^{N-1}f_jW_N^{kj},\quad k=0,1,2,\cdots,n-1, \tag{6.20}$$

其中 $W_N=\mathrm{e}^{-\frac{2\pi\mathrm{i}}{N}}$ 为 N 次单位根. 在 (6.19) 中取 $n=N$, 易得 $S(x_j)=f_j$, $j=0,1,2,\cdots,N-1$, 即 $S(x)$ 为 $f(x)$ 在点 $\left\{x_k=\dfrac{2k\pi}{N},\ k=0,1,2,\cdots,N-1\right\}$ 上的插值函数, 直接计算得到

$$f_j=\sum_{k=0}^{N-1}C_kW_N^{jk},\quad j=0,1,2,\cdots,N-1. \tag{6.21}$$

定义 6.3 根据已知信息 $f(x_k), k=0,1,2,\cdots,N-1$ 求系数 $C_k, k=0,1,2,\cdots,N-1$ 的过程, 即 (6.20), 称为函数 $f(x)$ 的**离散 Fourier 变换** (discrete Fourier transform, DFT).

定义 6.4 根据已知系数 $C_k, k=0,1,2,\cdots,N-1$ 求在采样节点处的函数值 $f(x_k), k=0,1,2,\cdots,N-1$, 即 (6.21), 称为**逆离散 Fourier 变换** (inverse discrete Fourier transform, IDFT).

容易看出, 直接计算长度为 N 的离散 Fourier 变换 (DFT), 需要 $(N-1)^2$ 次复数乘法与 $N(N-1)$ 次复数加法. 在实际应用中, 多数情况下 N 都很大, 这就导致 DFT 的计算量很大. 1965 年, Cooley (库利) 与 Tukey (图基) 基于“分而治之”思想提出了一种使计算 N 点 DFT 的运算量从 $O\left(N^2\right)$ 级降低到 $O(N\log_2 N)$ 的

快速算法, 称之为快速 Fourier 变换或 FFT. FFT 是近代数值计算领域最重要的成果之一, 它的出现使得数据的实时处理成为可能, 以数字图像处理为代表的数字化时代的基础算法得到了迅猛发展. FFT 在数据处理之外的众多领域中都发挥了极其重要的作用, 它的意义远远超过一个算法的范围. 此外, FFT 算法的"分而治之"思想也已成为人们设计各种快速计算方法的重要思想之一.

下面就来介绍长度为 N 的一般复数序列 $x_k, k=0,1,2,\cdots,N-1$ 的 Cooley-Tukey FFT 算法.

考虑 N 点 DFT

$$X_n = \sum_{k=0}^{N-1} x_k W_N^{nk}, \quad n = 0,1,2,\cdots,N-1, \tag{6.22}$$

其中 $N = N_1N_2, N_1 \in \mathbb{N}^+, N_2 \in \mathbb{N}^+$. Cooley-Tukey 算法的基本思想是将一个规模较大的问题分解为若干个相同小规模的子问题, 通过分解来实现算法运算量的减少. 事实上, (6.22) 式中要用到 W_N 的幂次共计 N^2 次, 另一方面其幂次最多只取 N 个不同的函数值, 这说明如果按照 (6.22) 直接计算, 存在计算的冗余, 对这里冗余计算的两种典型提速思路是: ① 同一个表达式中出现同一个数与不同的数相乘的情况, 此时可以通过提取公因子减少乘法次数; ② 不同的表达式出现相同的运算结构, 为避免重复运算, 只需要计算其中之一即可.

下面具体来看如何将这种思路用于减少 DFT 的计算量. 首先将 (6.22) 式分解为多个小规模的 DFT.

将输入下标 k 表示为 $k = k_1 + N_1k_2$, 输出下标 n 表示为 $n = n_2 + N_2n_1$, 其中 $k_1, n_1 = 0,1,2,\cdots,N_1-1$; $k_2, n_2 = 0,1,2,\cdots,N_2-1$. 于是

$$\begin{aligned} X_n = X_{N_2n_1+n_2} &= \sum_{k_2=0}^{N_2-1}\sum_{k_1=0}^{N_1-1} x_{k_1+N_1k_2} W_N^{(k_1+N_1k_2)(N_2n_1+n_2)} \\ &= \sum_{k_1=0}^{N_1-1} W_N^{n_2k_1+n_1k_1N_2} \left(\sum_{k_2=0}^{N_2-1} x_{k_1+N_1k_2} W_N^{N_1k_2n_2}\right). \end{aligned}$$

由于 $W_N^{N_1k_2n_2} = \mathrm{e}^{-\frac{2\pi \mathrm{i} N_1k_2n_2}{N_1N_2}} = W_{N_2}^{k_2n_2}$, 因此对于每一个 $k_1, 0 \leqslant k_1 \leqslant N_1-1$,

$$Y_{k_1,n_2} = \sum_{k_2=0}^{N_2-1} x_{k_1+N_1k_2} W_N^{N_1k_2n_2} = \sum_{k_2=0}^{N_2-1} x_{k_1+N_1k_2} W_{N_2}^{k_2n_2}, \quad n_2 = 0,1,2,\cdots,N_2-1$$

是一个 N_2 点 DFT. 另一方面

$$\sum_{k_1=0}^{N_1-1} W_N^{n_2k_1+n_1k_1N_2} Y_{k_1,n_2} = \sum_{k_1=0}^{N_1-1} \left(Y_{k_1,n_2} W_N^{n_2k_1}\right) W_{N_1}^{n_1k_1} = X_{N_2n_1+n_2}$$

对于每一个 $0 \leqslant n_2 \leqslant N_2 - 1$ 均为一个 N_1 点 DFT.

上面两个等式说明, N 点 DFT 可以转化分解为 N_1 个 N_2 点 DFT 和 N_2 个 N_1 点 DFT 来计算. 于是 N 点 DFT 的 FFT 算法计算过程可以描述为下面的算法.

第一步　对于 $k_1 = 0, 1, 2, \cdots, N_1 - 1$, 计算 N_1 个 N_2 点 DFT

$$Y_{k_1,n_2} = \sum_{k_2=0}^{N_2-1} x_{k_1+N_1k_2} W_{N_2}^{k_2n_2}, \quad n_2 = 0, 1, 2, \cdots, N_2 - 1. \tag{6.23}$$

第二步　附加乘法

$$Z_{k_1,n_2} = Y_{k_1,n_2} W_N^{n_2k_1}, \quad k_1 = 0, 1, 2, \cdots, N_1-1; \quad n_2 = 0, 1, 2, \cdots, N_2-1. \tag{6.24}$$

第三步　对于每个 $n_2 = 0, 1, 2, \cdots, N_2 - 1$, 计算 N_1 点 DFT

$$X_n = \sum_{k_1=0}^{N_1-1} Z_{k_1,n_1} W_{N_1}^{n_1k_1}, \quad n_1 = 0, 1, 2, \cdots, N_1 - 1. \tag{6.25}$$

现在讨论上述算法的运算量. 设 N 点 DFT 需要的乘法与加法次数分别为 $M(N)$ 与 $A(N)$, 从上述三步得到

$$\begin{aligned} M(N_1N_2) &= N_1M(N_2) + N_2M(N_1) + N - N_1 - N_2 + 1, \\ A(N_1N_2) &= N_1A(N_2) + N_2A(N_1). \end{aligned}$$

如果 N_1 点与 N_2 点 DFT 直接计算, 则乘法与加法次数分别为

$$M(N) = N(N_1 + N_2 + 1), \quad A(N) = N(N_1 + N_2 - 2).$$

这明显小于直接算法的 $N(N_1N_2)$, $N(N_1N_2 - 1)$. 当 N_1 与 N_2 还可以进一步分解时, 从而按照上述过程其运算量还可以进一步减少.

基于上述算法过程, 下面讨论 $N = 2^t, t \in \mathbb{Z}^+$ 点 DFT 快速算法. 取 $N_1 = 2, N_2 = 2^{t-1}$, 则 N 点 DFT 分解为两个 $\dfrac{N}{2}$ 点 DFT 与 $\dfrac{N}{2}$ 个 2 点 DFT 来计算, 而 2 点 DFT 的计算公式为: $x_0 + x_1, x_0 - x_1$, 因此 $M(2) = 0, A(2) = 2$. 而 N 点 DFT 计算的具体过程为

$$X_n = \sum_{k=0}^{\frac{N}{2}-1} x_{2k} W_{\frac{N}{2}}^{nk} + W_N^n \sum_{k=0}^{\frac{N}{2}-1} x_{2k+1} W_{\frac{N}{2}}^{nk} = Y_0 + W_N^n Y_1,$$

$$
\begin{aligned}
X_{n+\frac{N}{2}} &= \sum_{k=0}^{\frac{N}{2}-1} x_{2k} W_{\frac{N}{2}}^{nk} + W_N^{n+\frac{N}{2}} \sum_{k=0}^{\frac{N}{2}-1} x_{2k+1} W_{\frac{N}{2}}^{nk} \\
&= Y_0 - W_N^n Y_1, \quad n = 0, 1, 2, \cdots, \frac{N}{2} - 1.
\end{aligned} \tag{6.26}
$$

在上面的 (6.26) 式中, Y_0, Y_1 为两个 $\frac{N}{2}$ 点 DFT, 这表明 N 点 DFT 可以分解为 2 个 $\frac{N}{2}$ 点 DFT 来计算. 如果 $\frac{N}{2}$ 点直接计算, 运算量比不含分解过程的直接算法减少一半左右. 对于 $\frac{N}{2}$ 点 DFT 可以同样分解为四个 $\frac{N}{4}$ 点 DFT 来计算, 如此递推下去, 一个 N 点的 DFT 可以最终分解为 $\frac{N}{2}$ 个 2 点 DFT 来计算, 而整个计算过程需要的运算量可以表示为

$$
M(2^t) = 2M(2^{t-1}) + 2^{t-1} - 1, \quad A(2^t) = 2A(2^{t-1}) + 2^t,
$$

初始条件满足 $M(2) = 0,\ A(2) = 2$.

求解上述递推式得到

$$
M(N) = \frac{N}{2} \log_2 N - N + 1, A(N) = N \log_2 N, \tag{6.27}
$$

其中 $N = 2^t$. 由于上述算法是将一个长度为 N 的 DFT 分解为两个 $\frac{N}{2}$ 点 DFT 来计算, 因此也称其为**基 2-FFT 算法**. 该过程采用的是对输入序列按照奇、偶顺序进行分割, 而输出序列分为前后两个 $\frac{N}{2}$ 点 DFT, 因此上述算法也称为**按时间抽取 DFT 算法**.

需要说明的是, 上述 DFT 的输入、输出序列具有对称性质, 也可以颠倒过来, 即对输出序列按照奇、偶顺序进行分割, 采用类似方法同样可以得到另一种形式的 FFT 算法, 此时的方法称为**按频率抽取法**.

为了便于编程实践, 下面介绍 8 点 FFT 算法流程图.

下面的图 6.6(a) 给出了 8 点 DFT 的算法流程图. 满足的规律如下. 输入序列按照自然顺序排列, 输出序列按照逆序排列, 即将 0, 1, 2, 3, 4, 5, 6, 7 写成二进制形式: 000, 001, 010, 011, 100, 101, 110, 111, 将它们的位序颠倒为: 000, 100, 010, 110, 001, 101, 011, 111, 所对应的排列为: 0, 4, 2, 6, 1, 5, 3, 7, 而图 6.6(b) 则相反, 输入序列按照二进制逆序排列, 输出则按自然顺序排列. 图 (a) 与图 (b) 可以互相转化, 这只要在 (a) 中将连接 $x_4 \to X_1$ 线与 $x_1 \to X_4$ 线, $x_3 \to X_6$ 线与

$x_6 \to X_3$ 线交换位置就得到 (b), 反之亦然. 这两种流程图均便于同址运算, 即各级都在相同的单元中进行运算. 如果要得到输入与输出都是自然排列的流程图也是容易做到的, 只是这种流程图不便于同址运算, 需要在中间过程中附加寄存器来存放中间结果.

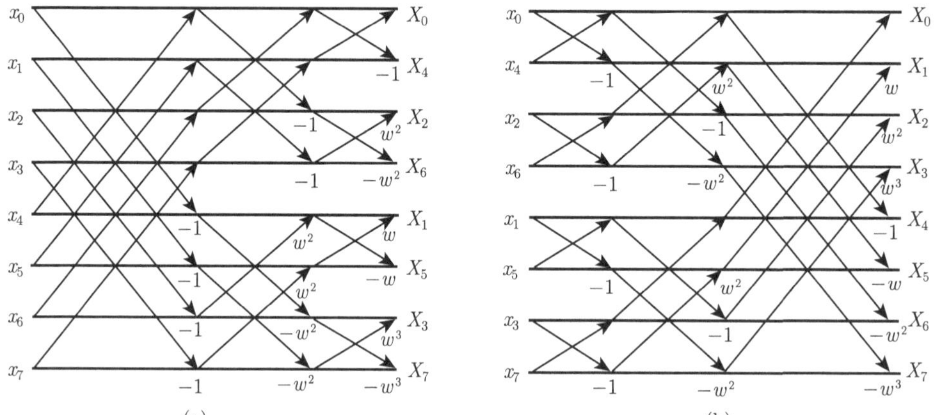

(a) (b)

图 6.6 $N = 8$ 时 FFT 算法的流程图

上述流程图可以推广到一般 DFT 长度 $N = 2^t$ 的 FFT 算法的设计中, 这里不再详述.

6.4 最佳平方逼近与正交多项式

本节主要讨论内积空间 $L_\rho^2[a,b]$ 中的最佳多项式逼近问题, 另外, 还将讨论作为函数逼近与数值积分重要工具的正交多项式的性质与应用.

6.4.1 最佳逼近

若函数 $\rho(x)$ 在区间 $[a,\ b]$ 上满足

(1) $\rho(x) \geqslant 0$;

(2) 若连续且非负函数 g 满足 $\displaystyle\int_a^b \rho(x)g(x)\mathrm{d}x = 0$, 则 $g(x) \equiv 0,\ x \in (a,b)$, 则称 $\rho(x)$ 是区间 $[a,\ b]$ 上的一个权函数. 进而记

$$L_\rho^2[a,b] = \left\{ f \middle| \|f\|^2 = \int_a^b \rho(x)f^2(x)\mathrm{d}x < \infty \right\}. \tag{6.28}$$

定义 6.5 给定区间 $[a,\ b]$ 上的权函数 $\rho(x)$, 对于 $L_\rho^2[a,b]$ 上的可积函数 f 和 g, 定义函数的内积与范数分别为

$$(f(x),g(x))=\int_a^b \rho(x)f(x)g(x)\mathrm{d}x, \tag{6.29}$$

$$\|f\|^2=\int_a^b \rho(x)f^2(x)\mathrm{d}x. \tag{6.30}$$

对于 $f(x)\in L_\rho^2[a,b]$ 以及 $L_\rho^2[a,b]$ 中的一个子集

$$S=\operatorname{span}\left\{\varphi_1(x),\varphi_2(x),\cdots,\varphi_n(x)\right\},$$

我们现在求 $g(x)\in S$, 即 $g(x)=\sum_{k=1}^{n}c_k^*\varphi_k(x)$, 使得

$$\left[\int_a^b \rho(x)\left|f(x)-\sum_{k=1}^{n}c_k^*\varphi_k(x)\right|^p\mathrm{d}x\right]^{\frac{1}{p}}$$
$$=\min_{(c_1,c_2,\cdots,c_n)\in\mathbb{R}^n}\left[\int_a^b \rho(x)\left|f(x)-\sum_{k=1}^{n}c_k\varphi_k(x)\right|^p\mathrm{d}x\right]^{\frac{1}{p}}, \tag{6.31}$$

其中, 当 $p=2$ 时, (6.31) 式的解 $g(x)=\sum_{k=1}^{n}c_k\varphi_k(x)$ 称为 $f(x)$ 在集合 S 中的**最佳平方逼近函数**.

当 $p=\infty$ 时, (6.31) 式变为

$$\|f(x)-g(x)\|_\infty=\min_{g\in S}\max_{x\in[a,b]}|f(x)-g(x)|. \tag{6.32}$$

(6.32) 式的解 $g(x)=\sum_{k=1}^{n}c_k\varphi_k(x)$ 称为 $f(x)$ 在集合 S 中的**最佳一致逼近函数**.

本节重点讨论最佳平方逼近, 最佳一致逼近将放在正交多项式之后再介绍.

(6.31) 式的求解可以利用类似 6.2 节的方法得到, 对于任意 $f(x)\in L_\rho^2[a,b]$, 只要取 $g(x)=\sum_{k=1}^{n}c_k\varphi_k(x)$, 其中系数 $\{c_k\}_{k=1}^n$ 满足法方程组

$$\sum_{k=1}^{n}\left(\int_a^b \rho(x)\varphi_i(x)\varphi_k(x)\mathrm{d}x\right)c_k=\int_a^b \rho(x)\varphi_i(x)f(x)\mathrm{d}x,\quad i=1,2,3,\cdots,n, \tag{6.33}$$

求解线性方程组 (6.33) 得到的 $g(x)$ 即为函数 $f(x)$ 在空间 $L_\rho^2[a,b]$ 中的最佳平方逼近.

特别地, 若取 $\varphi_k(x) = x^{k-1}$, $k = 1,2,3,\cdots,n$, 则最佳平方逼近多项式 $g(x) = \sum_{k=1}^{n} c_k x^{k-1}$ 的系数 $\{c_k\}_{k=1}^{n}$ 满足法方程组

$$\sum_{k=1}^{n} \left(x^{i-1}, x^{k-1}\right) c_k = \left(f, x^{i-1}\right), \quad i = 1,2,3,\cdots,n, \tag{6.34}$$

其中按照 (6.29),

$$\left(x^{i-1}, x^{k-1}\right) = \int_a^b \rho(x) x^{i+k-2} \mathrm{d}x, \quad \left(f(x), x^{i-1}\right) = \int_a^b \rho(x) f(x) x^{i-1} \mathrm{d}x.$$

例 6.4　设 $\rho(x) = 1$, $f(x) = \cos x$, 求 $f(x)$ 在 $[0, \pi]$ 上的一次最佳平方逼近多项式.

解　设所求的一次最佳逼近多项式为 $g(x) = c_1 + c_2 x, x \in [0, \pi]$, 由内积的定义有 $(f, g) = \int_0^{\pi} f(x) g(x) \mathrm{d}x$, 故

$$(1,1) = \int_0^{\frac{\pi}{2}} \mathrm{d}x = \frac{\pi}{2}, \quad (1,x) = \int_0^{\frac{\pi}{2}} x \mathrm{d}x = \frac{\pi^2}{8}, \quad (x,x) = \int_0^{\frac{\pi}{2}} x^2 \mathrm{d}x = \frac{\pi^3}{24},$$

$$(1, \cos x) = \int_0^{\frac{\pi}{2}} \cos x \mathrm{d}x = 1, \quad (x, \cos x) = \int_0^{\frac{\pi}{2}} x \cos x \mathrm{d}x = \frac{\pi}{2} - 1.$$

联立方程组

$$\begin{cases} \dfrac{\pi}{2} c_1 + \dfrac{\pi^2}{8} c_2 = 1, \\ \dfrac{\pi^2}{8} c_1 + \dfrac{\pi^3}{24} c_2 = \dfrac{\pi}{2} - 1, \end{cases}$$

解得 $c_1^* = \dfrac{4(6-\pi)}{\pi^2}, c_2^* = \dfrac{24(\pi-4)}{\pi^3}$, 故在区间 $[0, \pi]$ 所求的拟合函数为

$$g(x) = c_1^* + c_2^* x.$$

例 6.4 中采用的是由基函数 $\{1, x\}$ 得到线性最佳平方逼近. 进一步地, 如果采用更高的幂函数基 $x^{k-1}, k = 1,2,3,\cdots,n$, 理论上也能够求最佳平方逼近, 但是, 此时需要求解的法方程组 (6.34) 阶数更高. 事实上, 当 n 较大时, 法方程对应的系数矩阵为病态的 Hilbert 矩阵, 求解过程中带来的舍入误差难以控制, 会出现数值不稳定, 难以确保最佳平方逼近解的可靠性. 为了克服这一困难, 人们提出利用正交多项式作为基函数, 以保证计算结果的数值稳定性.

6.4.2 正交多项式

在前一节线性方程组 (6.33) 的求解过程中, 如果基函数 $\varphi_1(x),\varphi_2(x),\cdots,\varphi_n(x)$ 两两正交, 则立即可以得到方程组 (6.33) 的解 $c_k=\dfrac{(f,\varphi_k)}{(\varphi_k,\varphi_k)},k=1,2,3,\cdots,n$. 利用正交多项式求解通常具有计算方便、数值稳定性好以及应用广泛等优点, 因此正交多项式在函数逼近、微分方程求解以及统计回归等领域都有重要应用. 下面首先介绍正交多项式的概念.

定义 6.6 设 $\rho(x)$ 是区间 $[a,b]$ 上的权函数, $\varphi_n(x)$ 是首项系数 $a_n\neq 0$ 的 n 次多项式, 如果多项式族 $\{\varphi_n(x)\}$ 满足

$$(\varphi_n(x),\varphi_m(x))=\int_a^b\rho(x)\varphi_n(x)\varphi_m(x)\mathrm{d}x=\begin{cases}0, & n\neq m,\\ A_n>0, & n=m,\end{cases}$$

则称 $\{\varphi_n(x)\}$ 为 $[a,b]$ 上**带权 $\rho(x)$ 的正交多项式**.

我们可以对多项式基 $\left\{1,x,x^2,\cdots,x^n,\cdots\right\}$ 逐个带权正交化得到正交多项式 $\{\varphi_n(x)\}$:

$$\varphi_0(x)=1,$$

$$\varphi_n(x)=x^n-\sum_{k=0}^{n-1}\frac{(x^n,\varphi_k(x))}{(\varphi_k(x),\varphi_k(x))}\varphi_k(x),\quad n=1,2,3,\cdots. \tag{6.35}$$

不难看出, (6.35) 所描述的正交化过程本质上就是著名的 Gram-Schmidt (格拉姆-施密特) 正交化, 因此这里不再给出正交性结论的证明.

以下定理给出了区间 $[a,b]$ 上的正交多项式族 $\{\varphi_n(x)\}$ 的基本性质.

定理 6.3 若 $\{\varphi_n(x)\},n\geqslant 1$ 为 $[a,b]$ 上带权 $\rho(x)$ 的正交多项式, 则

(1) 对于任意在区间 $[a,b]$ 上次数小于 n 的多项式 $P(x)$, 有 $(P(x),\varphi_n(x))=0$;

(2) $\{\varphi_n(x)\}$ 为线性无关族;

(3) $\varphi_n(x)$ 在开区间 (a,b) 内有 n 个互异零点;

(4) 设 $\{\varphi_n(x)\}$ 的首项系数为 $a_n=1$, 也称首 1 多项式, 则如下递推关系成立

$$\varphi_{n+1}(x)=(x-\alpha_n)\varphi_n(x)-\beta_n\varphi_{n-1}(x),\quad n=0,1,2,\cdots, \tag{6.36}$$

其中

$$\varphi_0(x)=1,\quad \varphi_{-1}(x)=0,$$

$$\alpha_n=\frac{(x\varphi_n(x),\varphi_n(x))}{(\varphi_n(x),\varphi_n(x))},\quad \beta_n=\frac{(\varphi_n(x),\varphi_n(x))}{(\varphi_{n-1}(x),\varphi_{n-1}(x))},\quad n=1,2,3,\cdots.$$

证明　(1) 与 (2) 很容易通过正交多项式的定义给出证明, 留给读者完成. 下面只给出 (3) 与 (4) 的证明.

先证 (3). 任取 $n>0$, 若 $\varphi_n(x)$ 在 (a,b) 内的零点是偶数重的, 易知 $\varphi_n(x)$ 是 $[a,b]$ 上的非负多项式, 于是有 $\int_a^b \rho(x)\varphi_n(x)\mathrm{d}x>0$. 这与正交性质

$$(\varphi_n(x),\varphi_0(x))=\int_a^b \rho(x)\varphi_n(x)\varphi_0(x)\mathrm{d}x=\int_a^b \rho(x)\varphi_n(x)\mathrm{d}x=0$$

矛盾, 故 $\varphi_n(x)$ 在 (a,b) 内不可能有偶数重零点. 若设 $x_k, k=1,2,3,\cdots,m$ 为 $\varphi_n(x)$ 在 (a,b) 内的全部奇数重零点, 且 $m<n$. 则可设

$$\varphi_n(x)=(x-x_1)^{2l_1+1}(x-x_2)^{2l_2+1}\cdots(x-x_m)^{2l_m+1}g(x).$$

由假设知 $g(x)$ 在 $[a,b]$ 上不变号, 因此 $\varphi_n(x)$ 在 $x_k, k=1,2,3,\cdots,m$ 处改变符号, 构造函数

$$d(x)=(x-x_1)(x-x_2)\cdots(x-x_m),$$

$d(x)$ 为次数小于 n 的多项式, 且多项式

$$\varphi_n(x)d(x)=(x-x_1)^{2l_1+2}(x-x_2)^{2l_2+2}\cdots(x-x_m)^{2l_m+2}g(x)$$

在 $[a,b]$ 上不变号, 因此有

$$(\varphi_n(x),d(x))=\int_a^b \rho(x)\varphi_n(x)d(x)\mathrm{d}x\neq 0.$$

但是另一方面, 由于 $m<n$, 根据 $\{\varphi_n(x)\}$ 的正交性以及性质 (1) 的结论可知

$$(\varphi_n(x),d(x))=\int_a^b \rho(x)\varphi_n(x)d(x)\mathrm{d}x=0,$$

两式矛盾, 因此必有 $m=n$, 即 $\varphi_n(x)$ 在开区间 (a,b) 内有 n 个互异的零点.

再证 (4). 由于 $x\varphi_n(x)$ 为 $n+1$ 次首 1 多项式, 可将其表示成 $\varphi_1(x),\varphi_2(x),\cdots,\varphi_{n+1}(x)$ 的线性组合:

$$x\varphi_n(x)=\alpha_0\varphi_0(x)+\alpha_1\varphi_1(x)+\cdots+\alpha_{n+1}\varphi_{n+1}(x).$$

比较上面等式左右两端 x^{n+1} 的系数知 $\alpha_{n+1}=1$, 而上式两端与 $\varphi_n(x)$ 作内积并利用正交性质又得到

$$(x\varphi_n(x),\varphi_k(x))=\alpha_k\left(\varphi_k(x),\varphi_k(x)\right),\quad k=0,1,2,\cdots,n.$$

当 $k<n-1$ 时, 由于 $(x\varphi_n(x),\varphi_k(x))=(\varphi_n(x),x\varphi_k(x))=0$, 故 $\alpha_k=0$. 于是有

$$x\varphi_n(x)=\alpha_{n-1}\varphi_{n-1}(x)+\alpha_n\varphi_n(x)+\varphi_{n+1}(x).$$

对上式作内积得到

$$\alpha_{n-1}\left(\varphi_{n-1}(x),\varphi_{n-1}(x)\right)=\left(x\varphi_n(x),\varphi_{n-1}(x)\right)=\left(\varphi_n(x),\varphi_n(x)\right),$$

$$\left(x\varphi_n(x),\varphi_n(x)\right)=\alpha_n\left(\varphi_n(x),\varphi_n(x)\right).$$

令 $\beta_n=\alpha_{n-1}$, 由上式得到 (6.36) 式的结论成立. ■

6.4.3 几种常见的正交多项式

6.4.3.1 Legendre 多项式

在区间 $[-1,1]$ 上取权函数 $\rho(x)=1$ 时, 由 $\{1,x,x^2,\cdots,x^n,\cdots\}$ 正交化所得的多项式 $\{P_n(x)\}_{n=0}^{+\infty}$ 称为 **Legendre 多项式**. 它是法国数学家、天体物理学家 Legendre 为了求解微分方程于 1785 年提出的一种具有特殊结构的多项式, Legendre 多项式在数学、物理学中有广泛的应用. 1815 年, Rodrigues (罗德利克) 将 Legendre 多项式总结为如下的定义.

定义 6.7 多项式

$$P_0(x)=1,\quad P_n(x)=\frac{1}{2^n n!}\frac{\mathrm{d}^n}{\mathrm{d}x^n}(x^2-1)^n,\quad n=1,2,3,\cdots,\quad x\in[-1,1] \tag{6.37}$$

称为 **Legendre 多项式**. 易知, $P_n(x)$ 是 n 次多项式, 且首项 x^n 的系数为 $\dfrac{(2n)!}{2^n(n!)^2}$.

下面简要介绍 Legendre 多项式的性质.

性质 6.1 首 1 Legendre 多项式为

$$\widetilde{P}_n(x)=\frac{n!}{(2n)!}\frac{\mathrm{d}^n}{\mathrm{d}x^n}[(x^2-1)],\quad n=1,2,3,\cdots. \tag{6.38}$$

证明 对于 $2n$ 多项式 $(x^2-1)^n$ 求 n 次导数后, 容易算出 $P_n(x)$ 首项 x^n 的系数为 $\dfrac{(2n)!}{2^n(n!)^2}$, 因此, 首 1 Legendre 多项式为

$$\widetilde{P}_n(x)=\frac{n!}{(2n)!}\frac{\mathrm{d}^n}{\mathrm{d}x^n}[(x^2-1)],\quad n=1,2,3,\cdots.$$ ■

性质 6.2 (正交性) Legendre 多项式 $P_n(x)$ 与任意次数低于 n 的多项式 $P(x)$ 在区间 $[-1,1]$ 上的内积为 0, 且有

$$\int_{-1}^{1}P_n(x)P_m(x)\mathrm{d}x=\begin{cases}0, & m\neq n,\\ \dfrac{2}{2n+1}, & m=n.\end{cases} \tag{6.39}$$

即 Legendre 多项式 $P_n(x)$ 是一种正交多项式. 证明留作练习.

对多项式 $(x^2-1)^n$ 求导数时, 经过偶次求导仍为偶次多项式, 经过奇数次求导后为奇次多项式, 故 Legendre 多项式 $P_n(x)$ 的奇偶性与 n 的奇偶性一致.

性质 6.3 (奇偶性) $P_n(-x)=(-1)^nP_n(x)$.

将 $n+1$ 次多项式 $xP_n(x)$ 表示成 $P_0(x),P_1(x),\cdots,P_n(x),P_{n+1}(x)$ 的线性组合, 两端同时乘 $P_k(x)$, 并在 [−1,1] 上积分, 再利用多项式的正交性就得到下列性质.

性质 6.4 (递推公式)

$$P_{n+1}(x)=\frac{2n+1}{n+1}xP_n(x)-\frac{n}{n+1}P_{n-1}(x),\quad n=1,2,3,\cdots, \tag{6.40}$$

其中 $x\in[-1,1]$, $P_0(x)=1, P_1(x)=x$.

需要说明的是, 性质 6.4 也可以从定理 6.3(4) 推得. 由性质 6.4, 我们可以列出下面的递推式:

$$\begin{aligned}
P_2(x)&=\frac{1}{2}(3x^2-1),\\
P_3(x)&=\frac{1}{2}(5x^3-3x),\\
P_4(x)&=\frac{1}{8}(35x^4-30x^2+3),\\
P_5(x)&=\frac{1}{8}(63x^5-70x^3+15x),\\
P_6(x)&=\frac{1}{16}(231x^6-315x^4+105x^2-5),\\
&\cdots\cdots
\end{aligned}$$

性质 6.5 (多项式零点) $P_n(x)$ 在区间 $[-1,1]$ 内有 n 个不同的零点.

图 6.7 给出了 Legendre 多项式 $P_n(x)$, $n=1,2,3,4,5$ 在区间 $[-1,1]$ 内的图形. 可以直观看出 Legendre 多项式 $P_n(x)$ 满足性质 6.3 和性质 6.5.

性质 6.6 (最佳平方逼近性质) 在所有首 1 n 次多项式中, Legendre 多项式 $\widetilde{P}_n(x)$ 在区间 $[-1,1]$ 上与零的平方逼近误差最小.

证明 设 $G(x)$ 是一个 n 次首 1 多项式, 可以表示为

$$G(x)=\widetilde{P}_n(x)+\sum_{k=0}^{n-1}c_k\widetilde{P}_k(x).$$

利用多项式的正交性质, 有

$$\|G(x)\|_2^2 = \left\|\widetilde{P}_n(x)\right\|_2^2 + \sum_{k=0}^{n-1} c_k^2 \left\|\widetilde{P}_k(x)\right\|_2^2 \geqslant \left\|\widetilde{P}_n(x)\right\|_2^2,$$

其中等号成立的条件是 $c_0, c_1, \cdots, c_{n-1}$ 全部为零, 即当且仅当 $G(x) = \widetilde{P}_n(x)$ 时, 与零的平方误差最小. ■

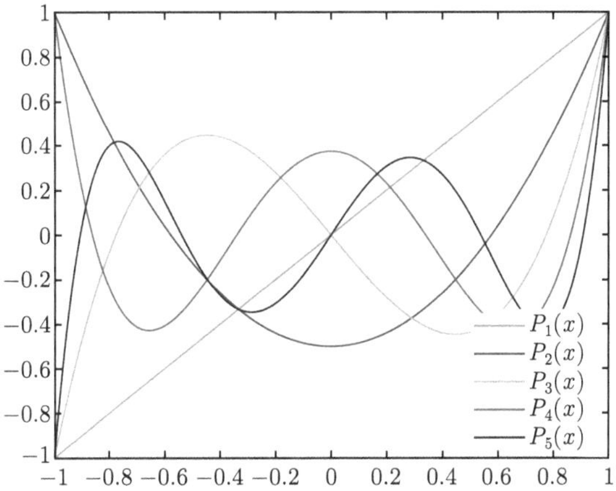

图 6.7 低次 Legendre 多项式 $P_n(x)$ 在区间 $[-1,1]$ 内的图形 (彩图请扫二维码)

6.4.3.2 Chebyshev 多项式

在区间 $[-1,1]$ 上取权函数 $\rho(x) = \dfrac{1}{\sqrt{1-x^2}}$ 时, 由 $\{1, x, x^2, \cdots\}$ 正交化所得的多项式称之为 Chebyshev (切比雪夫) 多项式, 记为 $\{T_n(x)\}_{n=0}^{+\infty}$. Chebyshev 多项式是俄罗斯数学家与力学家 Chebyshev 提出的一类具有正交性质的多项式, 该多项式在最优逼近理论与数值计算中有广泛应用.

定义 6.8 形如

$$T_0(x) = 1, \quad T_n(x) = \cos(n \arccos x), \quad n = 1, 2, 3, \cdots, \quad |x| \leqslant 1 \tag{6.41}$$

的多项式称为 **Chebyshev 多项式**. 易知, $T_n(x)$ 是首项系数为 2^{n-1} 的 n 次多项式.

性质 6.7 Chebyshev 多项式 $T_n(x)$ 具有下列性质.

(1) (带权正交性) $T_n(x)$ 与任意次数小于 n 的多项式 $P(x)$ 在区间 $[-1,1]$ 上关于权函数 $\rho(x) = \dfrac{1}{\sqrt{1-x^2}}$ 正交, 即

$$\int_{-1}^{1} \rho(x) T_n(x) P(x) \mathrm{d}x = 0. \tag{6.42}$$

(2) (递推关系) $T_n(x)$ 具有如下的递推性质:

$$T_0(x) = 1, \quad T_1(x) = x, \quad T_{n+1}(x) = 2xT_n(x) - T_{n-1}(x), \quad n = 1, 2, 3, \cdots. \tag{6.43}$$

(3) (奇偶性) $T_n(-x) = (-1)^n T_n(x)$, 即当 n 为奇数时, $T_n(x)$ 为奇函数, 而当 n 为偶数时则为偶函数.

(4) (零点与极值点) $T_n(x)$ 在区间 $[-1,1]$ 内有 n 个零点 $x_i = \cos\dfrac{(2i-1)\pi}{2n}$ 与极值点 $y_i = \cos\dfrac{i\pi}{n}$, $i = 1, 2, 3, \cdots, n$.

(5) (有界性) $|T_n(x)| \leqslant 1$.

简明起见, 这里省略相关证明过程. 其中 (6.43) 式只需用到 $\cos(n+1)\theta + \cos(n-1)\theta = 2\cos n\theta\cos\theta$, 并取 $\theta = \cos x$ 即可证明. 利用递推关系 (6.43) 可以立即得到下面几个较低次数的 Chebyshev 多项式的表达式

$$\begin{aligned} T_0(x) &= 1, \\ T_1(x) &= x, \\ T_2(x) &= 2x^2 - 1, \\ T_3(x) &= 4x^3 - 3x, \\ T_4(x) &= 8x^4 - 8x^2 + 1, \\ T_5(x) &= 16x^5 - 20x^3 + 5x, \\ &\cdots\cdots \end{aligned} \tag{6.44}$$

图 6.8 给出了 $n = 1, 2, 3, 4, 5$ 时 Chebyshev 多项式 $T_n(x)$ 在区间 $[-1,1]$ 上的图形, 从该图形可以验证 Chebyshev 多项式满足上述性质.

利用 Chebyshev 多项式的定义与性质 6.7 可以进一步得到下面结论.

性质 6.8 (最大值与交错点)　$\|T_n(x)\|_\infty = 1$ 且 $T_n(x)$ 在区间 $[-1,1]$ 上有 $n+1$ 个交错点

$$x_k = \cos\frac{k}{n}\pi, \quad k = 0, 1, 2, \cdots, n.$$

性质 6.9 (最小零偏差)　设 $\mathbb{P}_n$ 表示定义在区间 $[-1,1]$ 上首 1 n 次实系数多项式全体, 则

$$\min_{P(x)\in\mathbb{P}_n} \max_{x\in[-1,1]} |P(x)| = 2^{1-n}\|T_n\|_\infty = 2^{1-n}. \tag{6.45}$$

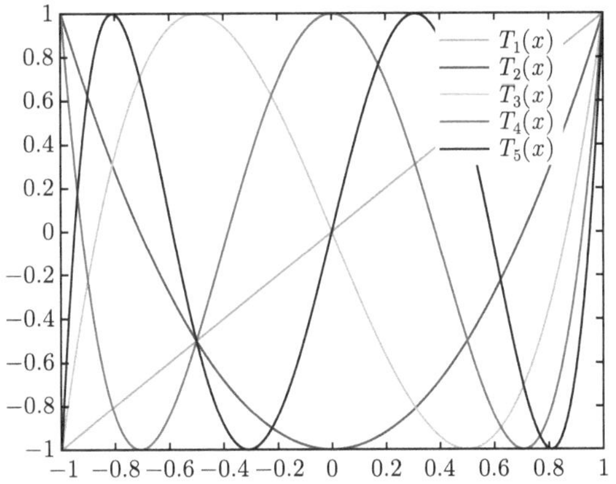

图 6.8 Chebyshev 多项式 $T_n(x)$ 在区间 $[-1,1]$ 上的图形 (彩图请扫二维码)

证明 采用反证法. 假设存在首 1 n 次多项式 $P(x)$, 使得

$$\max_{x\in[-1,1]}|P(x)|<2^{1-n}.$$

构造函数 $\psi(x)=P(x)-2^{1-n}T_n(x)$. 由于 $T_n(x)$ 在区间 $[-1,1]$ 上的 $n+1$ 个交错点 $x_0,x_1,\cdots,x_{n-1},x_n$ 处有

$$\psi(x_0)=P(x_0)-2^{1-n}T_n(x_0)=P(x_0)-2^{1-n}<0,$$

$$\psi(x_1)=P(x_1)-2^{1-n}T_n(x_1)=P(x_0)+2^{1-n}>0,$$

$$\cdots\cdots$$

从而函数 $\psi(x)$ 在 $T_n(x)$ 的 $n+1$ 个交错点处轮流取正负值, 因此, 函数 $\psi(x)$ 至少有 n 个不同的零点. 但是, 另一方面, 两个首项系数为 1 的 n 次多项式相减次数不超过 $n-1$, 故 $\psi(x)\equiv 0$, 即

$$P(x)=2^{1-n}T_n(x),\quad \max_{x\in[-1,1]}|P(x)|=2^{1-n}\max_{x\in[-1,1]}|T_n(x)|=2^{1-n},$$

与假设矛盾. ■

设 $\widetilde{T}_n(x)=2^{1-n}T_n(x)$ 为 $[-1,1]$ 上的首项系数为 1 的多项式, 则性质 6.9 可以用公式表示为

$$\max_{x\in[-1,1]}\left|\widetilde{T}_n(x)\right|=\min_{P\in\mathbb{P}_n}\max_{x\in[-1,1]}|P(x)|=2^{1-n}. \tag{6.46}$$

(6.46) 式说明, 在首项系数为 1 的多项式中, Chebyshev 多项式是与 0 的最大 “距离” 达到最小的多项式. 因此, Chebyshev 多项式被人称为 “一致” 最小零偏差多

项式, 这一性质也称为 Chebyshev 多项式的极性. Chebyshev 多项式的最小零偏差性质为人们构造最优一致逼近提供了理论依据.

6.4.3.3 多项式

定义 6.9 在区间 $[0,+\infty)$ 上带权 $\rho(x)=\mathrm{e}^{-x}$ 的正交多项式

$$L_n(x)=\mathrm{e}^x\frac{\mathrm{d}^n}{\mathrm{d}x^n}(x^n\mathrm{e}^{-x}),\quad n=0,1,2,\cdots \tag{6.47}$$

称为 **Laguerre** (拉盖尔) **多项式**.

拉盖尔多项式具有正交性:

$$(L_n(x),L_m(x))=\begin{cases}0, & n\neq m,\\ (n!)^2, & n=m,\end{cases}\quad n=0,1,2,\cdots,$$

以及递推关系

$$L_0(x)=1,\quad L_1(x)=1-x,\quad L_2(x)=x^2-4x+2,$$
$$L_{n+1}(x)=(1+2n-x)L_n(x)-n^2L_{n-1}(x),\quad n=1,2,3,\cdots.$$

6.4.3.4 Hermite 多项式

定义 6.10 在区间 $(-\infty,+\infty)$ 上带权 $\rho(x)=\mathrm{e}^{-x^2}$ 正交的多项式

$$H_n(x)=(-1)^n\mathrm{e}^{x^2}\frac{\mathrm{d}^n\mathrm{e}^{-x^2}}{\mathrm{d}x^n},\quad n=0,1,2,\cdots \tag{6.48}$$

称为 **Hermite** 多项式.

Hermite 多项式具有正交性:

$$(H_n(x),H_m(x))=\begin{cases}0, & n\neq m,\\ 2^n(n!)\sqrt{\pi}, & m=n,\end{cases}\quad n,m=0,1,2,\cdots,$$

以及递推关系

$$H_0(x)=1,\quad H_1(x)=2x,$$
$$H_{n+1}(x)=2xH_n(x)-2nH_{n-1}(x),\quad n=1,2,3,\cdots.$$

上述四种正交多项式在科学计算中均有重要应用, 下面简要介绍 Legendre 多项式和 Chebyshev 多项式的应用.

6.4.4 正交多项式在最佳逼近中的应用

6.4.4.1 Legendre 多项式在最佳平方逼近中的应用

我们首先讨论在区间 $[-1,1]$ 上的可积函数 $f(x)$ 按照 Legendre 多项式 $P_0(x)$, $P_1(x),\cdots,P_n(x)$ 的展开式.

将 $f(x)$ 表示成关于 Legendre 多项式的级数形式, 即

$$f(x)=c_0P_0(x)+c_1P_1(x)+\cdots+c_nP_n(x)+\cdots,$$

使用 $P_k(x)$ 和上面的级数作内积, 并利用正交性得到

$$c_k=\frac{(f(x),P_k(x))}{(P_k(x),P_k(x))}=\frac{2k+1}{2}\int_{-1}^{1}f(x)P_k(x)\mathrm{d}x,\quad k=0,1,2,\cdots. \tag{6.49}$$

因此 $f(x)$ 基于 Legendre 多项式 $P_0(x),P_1(x),\cdots,P_n(x)$ 的最佳平方逼近多项式为

$$f_n(x)=c_0P_0(x)+c_1P_1(x)+\cdots+c_nP_n(x), \tag{6.50}$$

其中系数 c_k 由 (6.49) 确定.

例 6.5 求 $f(x)=\arctan x$ 在 $[0,1]$ 上的最佳平方逼近二次多项式.

解 为了利用 Legendre 多项式方法求解, 需要将区间 $[0,1]$ 变为区间 $[-1,1]$, 对于 $x\in[0,1]$, 令 $t=2x-1$, 则有 $x=\dfrac{t+1}{2}$, $f(x)=\arctan x=\arctan\dfrac{t+1}{2}=g(t)$. 取 Legendre 多项式 $P_0(t)=1,P_1(t)=t$ 以及 $P_2(t)=\dfrac{1}{2}\left(3t^2-1\right)$ 作为基函数. 由十

$$(P_k,P_k)=\frac{2}{2k+1},\quad k=0,1,2,\cdots,$$

故有

$$(P_0,P_0)=2,\quad (P_1,P_1)=\frac{2}{3},\quad (P_2,P_2)=\frac{2}{5}.$$

又

$$\begin{aligned}
(g,P_0)&=\int_{-1}^{1}\arctan\frac{t+1}{2}\mathrm{d}t=\frac{\pi}{2}-\ln 2,\\
(g,P_1)&=\int_{-1}^{1}t\arctan\frac{t+1}{2}\mathrm{d}t=\frac{\pi}{2}+\ln 2-2,\\
(g,P_2)&=\frac{1}{2}\int_{-1}^{1}(3t^2-1)\arctan\frac{t+1}{2}\mathrm{d}t=4+\ln 2-\frac{3\pi}{2}.
\end{aligned}$$

利用 (6.49) 式得

$$c_0 = \frac{(g, P_0)}{(P_0, P_0)} = \frac{\pi}{4} - \ln 2,$$

$$c_1 = \frac{(g, P_1)}{(P_1, P_1)} = \frac{3\pi}{4} + \frac{3}{2}\ln 2 - 3,$$

$$c_2 = \frac{(g, P_2)}{(P_2, P_2)} = 10 - \frac{15\pi}{4} + \frac{5}{3}\ln 2.$$

故所求拟合函数为

$$\begin{aligned} p_2(x) &= c_0 + c_1 t + c_2 t^2 = c_0 + c_1(2x-1) + c_2(2x-1)^2 \\ &= (c_0 - c_1 + c_2) + 2(c_1 - 2c_2)x + 4c_2 x^2 \\ &\approx -0.93 + 3.29x - 2.50x^2. \end{aligned}$$

注 1 对于区间 $[a,b]$ 上的函数 $f(x)$, 利用 Legendre 多项式 $\{P_n(x)\}$ 求其最佳平方逼近多项式时首先需要作变换

$$x = \frac{a+b}{2} + \frac{b-a}{2}t \quad (-1 \leqslant t \leqslant 1),$$

$$f(x) = f\left(\frac{a+b}{2} + \frac{b-a}{2}t\right) = F(t) \quad (-1 \leqslant t \leqslant 1),$$

从而转化为函数 $F(t)$ 在区间 $[-1,1]$ 上的最佳平方逼近.

注 2 由于 Legendre 多项式 $P_0(x), P_1(x), \cdots, P_n(x)$ 是由 $\{1, x, x^2, \cdots, x^n\}$ 在区间 $[-1,1]$ 上正交化得到的, 是一种新的基函数, 因此, 从理论上来看, 采用法方程组 (6.34) 求解得到的结果与 Legendre 多项式方法所得结果相同. 只不过线性方程组 (6.34) 的求解过程中其系数矩阵为 Hilbert 矩阵, 随着 n 变得较大, Hilbert 矩阵为严重病态矩阵, 有可能使得误差迅速变大, 而利用 Legendre 多项式方法可以避免求解过程中的病态问题.

注 3 我们也可以采用正交多项式的三项递推公式 (6.40) 求解最佳平方逼近多项式, 所得结果与直接使用 Legendre 多项式方法所得结果相同.

6.4.4.2 Chebyshev 多项式在最佳一致逼近中的应用

利用 Chebyshev 多项式求解最优一致逼近多项式的常见应用有三种类型: Chebyshev 插值多项式, 截断 Chebyshev 级数, 幂级数的缩短.

下面分别简要介绍上述三项应用.

(1) Chebyshev 插值多项式.

设 $P_n(x)$ 是对函数 $f(x)\in C^{n+1}[-1,1]$ 用 $x_0,x_1,\cdots,x_n\in[-1,1]$ 作为插值点时的 n 次插值多项式, 利用第 5 章插值多项式的性质, 插值余项 $R_n(x)$ 满足

$$R_n(x)=f(x)-P_n(x)=\frac{f^{(n+1)}(\xi_x)}{(n+1)!}\prod_{k=0}^{n}(x-x_k),\quad \xi_x\in[-1,1].$$

记 $M_{n+1}=\max\limits_{x\in[-1,1]}|f^{(n+1)}(x)|$, 由上式有

$$|f(x)-P_n(x)|\leqslant\frac{M_{n+1}}{(n+1)!}\prod_{k=0}^{n}|x-x_k|.$$

利用 Chebyshev 多项式的性质, 当 $x_0,x_1,\cdots,x_n\in[-1,1]$ 时, 取 Chebyshev 多项式的零点

$$x_k=\cos\frac{2k+1}{2(n+1)}\pi,\quad k=0,1,2,\cdots,n,$$

得到的插值多项式称为 Chebyshev 插值多项式, 此时 $\max\limits_{x\in[-1,1]}\prod\limits_{k=0}^{n}|x-x_k|$ 的最小值为 $\dfrac{1}{2^n}$, 因此有

$$|f(x)-p_n(x)|\leqslant\frac{M_{n+1}}{2^n(n+1)!}. \tag{6.51}$$

对于一般区间 $[a,b]$, 当 $f(x)\in C^{n+1}[a,b]$ 时, Chebyshev 插值多项式的插值节点变为

$$t_k=\frac{b-a}{2}\cos\frac{2k+1}{2(n+1)}\pi+\frac{a+b}{2},\quad k=0,1,2,\cdots,n. \tag{6.52}$$

例 6.6 设 $f(x)=\dfrac{1}{1+25x^2}$. 在 $[-1,1]$ 上利用 Chebyshev 多项式 $T_{11}(x)$ 的零点作为插值点, 构造 10 次拉格朗日插值多项式 $P_{10}(x)$, 并与例 5.5 的等距插值点 $x_i=-1+\dfrac{1}{5}i,\ i=0,1,2,\cdots,10$ 的 Lagrange 插值多项式 $L_{10}(x)$ 对函数 $f(x)$ 的近似进行比较.

解 将 $[-1,1]$ 上的 Chebyshev 多项式 $T_{11}(x)$ 的零点

$$r_k=\cos\frac{2k+1}{22}\pi\in(-1,1),\quad k=0,1,2,\cdots,10$$

作为插值点, 由此得到 $f(x)$ 在 $[-1,1]$ 的 Lagrange 多项式 $P_{10}(x)$. $f(x)$, $L_{10}(x)$ 与 $P_{10}(x)$ 的图形如图 6.9 所示, 从图 6.9 可以看出, $P_{10}(x)$ 是 $f(x)$ 的较好的近似, 而 $L_{10}(x)$ 则出现 Runge 现象.

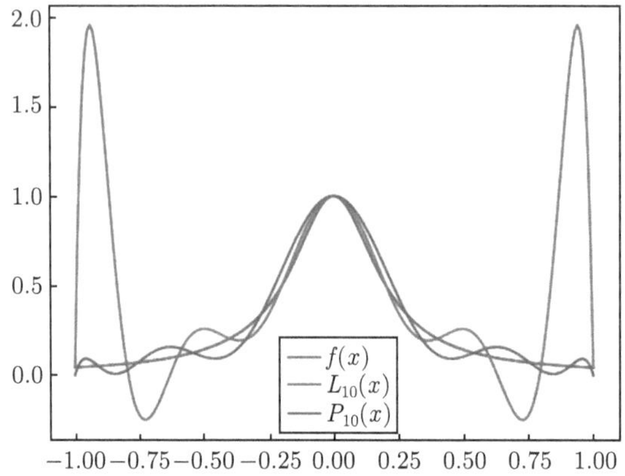

图 6.9　两种插值方案的不同结果 (彩图请扫二维码)

(2) 截断 Chebyshev 级数.

设函数 $f(x) \in C[-1,1]$, 利用带权 $\rho(x) = \dfrac{1}{\sqrt{1-x^2}}$ 的 Chebyshev 多项式展开时, 得到下列级数

$$f(x) \sim c_0 \frac{T_0(x)}{2} + \sum_{k=1}^{+\infty} c_k T_k(x),$$

称上述级数为函数 $f(x)$ 的 **Chebyshev 级数**, 利用 Chebyshev 多项式的正交性以及 (6.41) 式, Chebyshev 级数的系数满足

$$c_k = \frac{(f, T_k)}{(T_k, T_k)} = \frac{2}{\pi} \int_0^{\pi} f(\cos\theta) \cos k\theta \mathrm{d}\theta, \quad k = 0, 1, 2, \cdots. \tag{6.53}$$

上面的讨论表明, 函数 $f(x)$ 的 Chebyshev 级数本质上为周期为 2π 的函数 $f(\cos\theta)$ 的傅里叶级数, 因此, 利用傅里叶级数的收敛性理论, 当 $f(x)$ 在区间 $[-1,1]$ 上分段光滑时, Chebyshev 级数在 $[-1,1]$ 上一致收敛于 $f(x)$, 故有

$$f(x) = c_0 \frac{T_0(x)}{2} + \sum_{k=1}^{+\infty} c_k T_k(x).$$

若在 Chebyshev 级数中取部分和

$$S_n(x) = c_0 \frac{T_0(x)}{2} + \sum_{k=1}^{n} c_k T_k(x), \tag{6.54}$$

只要函数 $f(x)$ 在区间 $[-1,1]$ 上分段光滑, 则当 $n \to \infty$ 时, $S_n(x)$ 一致收敛于 $f(x)$, 因此, 在实际应用中取充分大的 n, 满足 $f(x) \approx S_n(x)$, 此时

$$f(x) - S_n(x) \approx a_{n+1}T_{n+1}(x).$$

由于 $T_{n+1}(x)$ 有 $n+2$ 个交错点, 故也可以近似地认为函数 $f(x)-S_n(x)$ 存在与 $T_{n+1}(x)$ 有相同的 $n+2$ 个交错点, 而 $S_n(x)$ 被视为函数 $f(x)$ 在区间 $[-1,1]$ 上的近似最优一致逼近多项式.

例 6.7 利用 Chebyshev 级数的截断求函数 $f(x)=x\mathrm{e}^x$ 在区间 $[-1,1]$ 上的近似最优一致逼近四次多项式.

解 由 (6.54) 式知

$$S_4(x) = c_0\frac{T_0(x)}{2} + \sum_{k=1}^{4} c_kT_k(x),$$

其中

$$c_k = \frac{2}{\pi}\int_{-1}^{1}\frac{x\mathrm{e}^xT_k(x)}{\sqrt{1-x^2}}\mathrm{d}x = \frac{2}{\pi}\int_0^{\pi}\cos\theta\mathrm{e}^{\cos\theta}\cos(k\theta)\mathrm{d}\theta, \quad k=0,1,2,3,4.$$

利用数值积分方法 (第 7 章有相应介绍) (或者利用计算软件) 解得

$$c_0\approx 1.13,\quad c_1\approx 1.40,\quad c_2\approx 0.59,\quad c_3\approx 0.14,\quad c_4\approx 0.02.$$

故四次近似最优一致逼近 Chebyshev 多项式为

$$S_4(x) \approx -0.05 + 0.98x + 1.02x^2 + 0.56x^3 + 0.16x^4.$$

图 6.10 中的三条曲线分别为函数 $f(x)=x\mathrm{e}^x, S_4(x), x\mathrm{e}^x - S_4(x)$ 的图像, 不难看出, 其误差函数分布均匀, 充分体现了最佳一致逼近的特征.

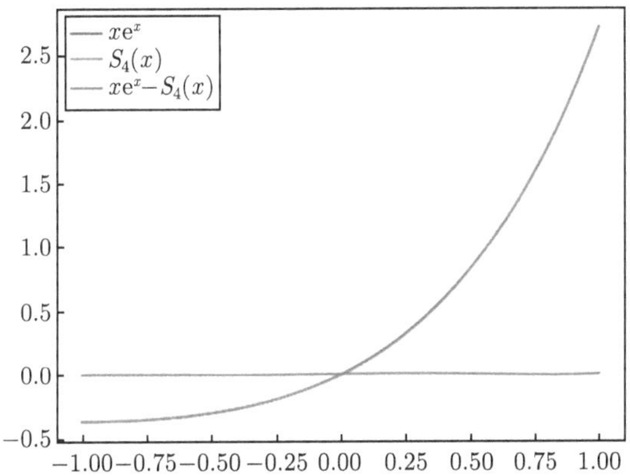

图 6.10 Chebyshev 级数的一致逼近 (彩图请扫二维码)

(3) 幂级数的缩短.

设定义在区间 $[a,b]$ 上的函数 $f(x)$ 可以用多项式基

$$\{1, x-x_0, (x-x_0)^2, \cdots, (x-x_0)^n\}$$

表示为

$$f(x) = a_0 + a_1(x-x_0) + \cdots + a_n(x-x_0)^n + R_n(x), \tag{6.55}$$

其中 $R_n(x)$ 为 $n+1$ 项以后的余项.

当 $f(x) \in C^{n+1}[a,b]$ 时, 一种最典型的方法是对 $f(x)$ 进行泰勒展开, 此时

$$a_k = \frac{f^{(k)}(x_0)}{k!}, k=0,1,2,\cdots,n; \quad R_n(x) = \frac{f^{(n+1)}(\xi_n)}{(n+1)!}(x-x_0)^{n+1}, \xi_n \in [a,b].$$

记 $M_{n+1} = \max\limits_{x\in[a,b]} |f^{(n+1)}(x)|$, 则 $|R_n(x)| \leqslant \dfrac{M_{n+1}}{(n+1)!}|x-x_0|^{n+1}$, 不难看出, 当 x 越接近 x_0 时, 误差越小, 而当 x 越偏离 x_0 时, 误差很可能就越大, 因此, 常用的泰勒展开逼近方法比较适合作函数的局部逼近. 与泰勒级数相比, 基于 Chebyshev 级数展开则有如下优点: ① 只需要 $f(x) \in C[a,b]$, 无须函数的导数性质; ②对于 Chebyshev 多项式展开, 其误差满足 $|R_n(x)| \leqslant \dfrac{M_{n+1}}{(n+1)!} \cdot 2^{-n}$, 与 x_0 的取值无关, 因而 Chebyshev 级数是一种整体逼近.

由 (6.52) 式, 区间 $[a,b]$ 可以作简单的变换转化为 $[-1,1]$. 另外, 为计算简单计, 不妨设 $x_0=0$, 即考虑下面的幂级数

$$f(x) = a_0 + a_1x + \cdots + a_nx^n + R_n(x), \tag{6.56}$$

其中 $R_n(x)$ 为 $n+1$ 项以后的余项.

本节要介绍的幂级数的缩短, 是利用 $f(x)$ 的 Chebyshev 级数

$$f(x) = c_0\frac{T_0(x)}{2} + \sum_{k=1}^{m} c_kT_k(x) + \widetilde{R}_m \tag{6.57}$$

中较少的项数 $(m<n)$ 来达到所要求的近似精度.

例 6.8 利用缩短幂级数法, 求函数 $f(x) = x + \dfrac{x^3}{3!} + \dfrac{x^4}{4!} + 8x^5$ 在 $[-1,1]$ 上的四次最佳一致逼近多项式.

解 记 $P(x) = f(x) - P_4(x)$, 利用 (6.46) 式, 所求的 $P_4(x)$ 应满足

$$\max_{x\in[-1,1]} |f(x) - P_4(x)| = \min_{P\in P_5}\max_{x\in[-1,1]} |P(x)|.$$

注意到 $f(x)$ 中 x^5 的系数为 8, 故当

$$f(x) - P_4(x) = \frac{1}{2}T_5(x) = 8x^5 - 10x^3 + 2.5x$$

时, 多项式 $P(x)$ 与零的偏差最小, 因此

$$P_4(x) = f(x) - \frac{1}{2}T_5(x) = \frac{x^4}{24} + \frac{61}{6}x^3 - \frac{3x}{2}$$

为 $f(x)$ 在 $[-1,1]$ 上的四次最佳一致逼近多项式. $f(x)$ 与 $P_4(x)$ 的函数曲线如图 6.11 所示.

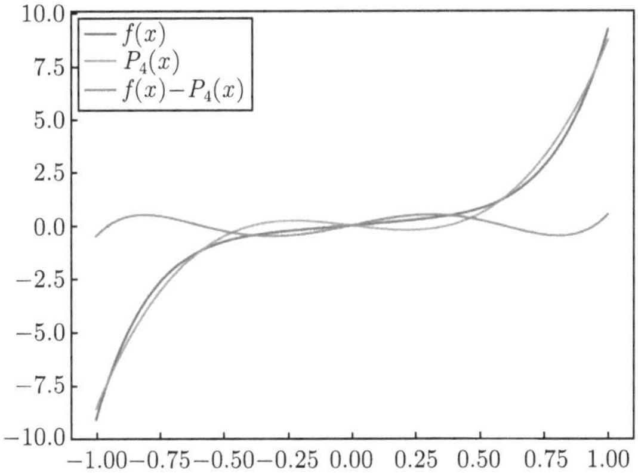

图 6.11 $f(x)$ 的四次最佳一致逼近多项式 (彩图请扫二维码)

从例 6.8 的求解过程可以看出, 利用 Chebyshev 多项式缩短多项式项数时, 一般只能将原多项式的幂次降低一阶, 例如, 例 6.8 中只能从五次降为四次多项式.

下面我们以指数函数为例说明一般函数幂级数的缩短方法.

例 6.9 设 $e^x = 1 + x + \frac{x^2}{2!} + \frac{x^3}{3!} + \cdots + \frac{x^n}{n!} + R_n(x) = Q_n(x) + R_n(x)$, 其中 $x \in [-1,1]$. 求满足 $\|R_n(x)\|_\infty < 0.004$ 的最小的正整数 n, 将其记为 N, 进一步将 $Q_N(x)$ 缩短为更低次数的多项式, 使其与 e^x 的最大误差不超过 0.01.

解 利用数学软件可求得 $\max\limits_{x\in[-1,1]} |R_4(x)| > 0.022$, $\max\limits_{x\in[-1,1]} |R_5(x)| < 0.004$, 因此满足题目条件的最小正整数为 $N = 5$.

将多项式 $Q_5(x)$ 用 Chebyshev 多项式表示为

$$Q_5(x) = \frac{81}{64}T_0(x) + \frac{217}{192}T_1(x) + \frac{13}{48}T_2(x) + \frac{17}{384}T_3(x) + \frac{1}{192}T_4(x) + \frac{1}{1920}T_5(x).$$

由于在区间 $[-1,1]$ 上, 多项式 $\frac{1}{192}T_4(x)+\frac{1}{1920}T_5(x)$ 绝对值的最大值 $\frac{11}{1920}$ 不超过 0.00572, 而 $0.00572+0.004<0.01$, 因此, 取多项式

$$\begin{aligned}P_3(x)&=\frac{81}{64}T_0(x)+\frac{217}{192}T_1(x)+\frac{13}{48}T_2(x)+\frac{17}{384}T_3(x)\\&=\frac{1}{384}(382+383x+208x^2+68x^3).\end{aligned}$$

设 $\mathrm{e}^x=\frac{1}{384}(382+383x+208x^2+68x^3)+\widetilde{R}_3(x)$, 则有 $\max\limits_{x\in[-1,1]}|\widetilde{R}_3(x)|<0.01$. e^x 与 $P_3(x)$ 在 $[-1,1]$ 上的函数曲线如图 6.12 所示.

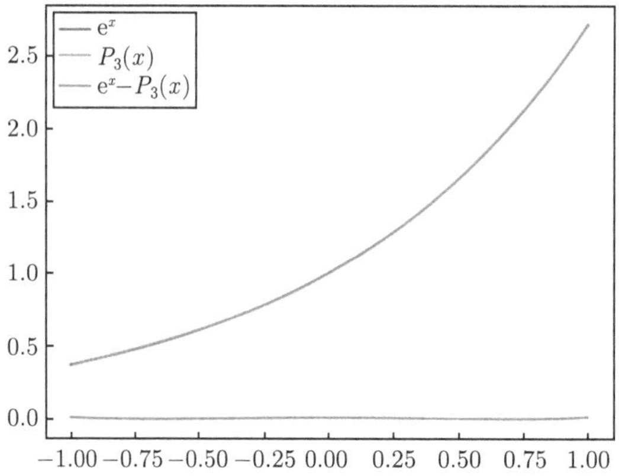

图 6.12　e^x 的低阶多项式近似 (彩图请扫二维码)

因此, 利用 Taylor 展开式需要计算到 x^5 项才能达到的精度, 而改用 Chebyshev 级数后则只需要计算到 x^3 项即可达到, 从而实现了函数幂级数的缩短.

第 6 章评注

本章讨论的多项式拟合与最佳逼近是第 5 章所介绍的插值方法的进一步延伸与发展. 在实际问题中, 测量数据往往多且散乱, 而且可能含有测量误差, 如果使用插值方法, 数据多意味着必须使用高次插值, 而数据散乱与存在误差, 则为如何选择插值点带来困难. 为了克服上述弊端, 基于最小二乘的数据拟合方法 [20] 以及在一定范数意义下的正交多项式的最佳逼近就成为有效的方法. 为此, 本章首先建立了正交多项式的三项递推性质, 在最佳平方逼近以及最佳一致逼近的意义下, 重点讨论了分别在上述两种逼近下的重要正交多项式 (Legendre 多项式和 Chebyshev 多项式) 的最佳逼近性质. 相比于其他逼近方法, 展示了基于上述正交多项式的最佳逼近在收敛性与数值稳定性等方面的优势 [9,15,18,21-29]. 另外, 在

对周期性数据进行处理时，人们很自然地会想到采用基于三角多项式来进行拟合，在实际应用中，可以将采集的数据量 N 设为高度复合数，例如，N 为 2 的幂次，则可以利用著名的快速 Fourier 变换 (FFT) 进行计算，从而极大提高计算效率 [14].

习 题 6

1. 求关于下列数表的一次拟合多项式并计算标准差：

x	0.0	1.0	2.0	2.5	3.0
y	2.9	3.7	4.1	4.1	5.0

2. 设 $f(x)=ax^b$ 是数据 $(x_i,y_i), i=1,2,3,\cdots,n$ 的最小二乘拟合函数，又设 $F(x)=\ln a+b\ln x$ 是数据 $(\ln x_i,\ln y_i), i=1,2,3,\cdots,n$ 的最小二乘拟合函数. 令 $R_i=\ln y_i-F(x_i)$ 以及 $r_i=y_i-f(x_i)$. 证明：$r_i\ll y_i$ 时，$R_i\approx\dfrac{r_i}{y_i}$. 说明该结论的意义.

3. 确定参数 a,b 的值，使得 $f(x)=a\sin\dfrac{\pi x}{2}+b\cos\dfrac{\pi x}{2}$ 是下列数表的最小二乘拟合函数.

x	−0.5	−0.19	0.02	0.20	0.35	0.50
y	−3.588	−2.874	−1.995	−1.040	−0.068	0.677

4. (二维平面拟合) 考虑多项式 $z=P(x,y)=a+bx+cy$. 拟合数据为

x	y	z
x_1	y_1	z_1
x_2	y_2	z_2
x_3	y_3	z_3
$\vdots$	$\vdots$	$\vdots$
x_n	y_n	z_n

证明：a,b,c 为下列方程组的解

$$\begin{bmatrix} n & \sum x_i & \sum y_i \\ \sum x_i & \sum x_i^2 & \sum x_iy_i \\ \sum y_i & \sum x_iy_i & \sum y_i^2 \end{bmatrix}\begin{bmatrix} a \\ b \\ c \end{bmatrix}=\begin{bmatrix} \sum z_i \\ \sum x_iz_i \\ \sum y_iz_i \end{bmatrix},$$

其中 $\sum$ 表示 $\sum\limits_{i=1}^{n}$.

5. 设 $N=2^t$，其中 t 是不小于 2 的整数，请设计一个利用 N 点复序列的 FFT 计算 $2N$ 点实序列 $\{a_n\}_{n=0}^{2N-1}$ 的 FFT 算法. 要求所设计的 FFT 算法要比直接使用计算 $\{a_n\}_{n=0}^{2N-1}$ 的 $2N$ 点 FFT 算法所需运算量节省约一半.

6. 设 $N=2^t$, 其中 t 是不小于 2 的整数, 如果对输入序列按照前后两个 $\dfrac{N}{2}$ 点 DFT 进行分割, 而输出序列分为奇、偶顺序进行分割, 上述算法也称为按频率抽取 FFT 算法, 试描述该 FFT 算法计算步骤.

7. 设 $N=3^t$, 其中 t 是不小于 2 的整数, 请设计一个将 N 点 DFT 分解为三个 $\dfrac{N}{3}$ 点 DFT 的算法, 并估计该算法的算术运算量.

8. 设 $f(x)\in C[0,1]$, 相应的 n 次 Bernstein 多项式定义为

$$B_n(x)=\sum_{k=0}^{n}\mathrm{C}_n^k x^k(1-x)^{n-k},$$

其中 $\mathrm{C}_n^k=\dfrac{n!}{R!(n-k)!}$.

(1) 证明: 当 $f(x)=1,x$ 和 x^2 时, 序列 $\{B_n(x)\}$ 在区间 $[0,1]$ 上一致收敛于 $f(x)$.

(2) 证明: 当 $f(x)\in C[0,1]$ 时, (1) 中的结论仍然成立.

9. 求 a 和 b, 使得 $\displaystyle\int_0^{\pi}(a+bx-\cos x)^2\mathrm{d}x$ 达到最小.

10. 求函数 $f(x)=\cos\pi x$ 在 $[0,1]$ 上的二次最佳平方逼近多项式.

11. 利用 Gram-Schmidt 正交化方法, 求 $[0,1]$ 上带权 $\sqrt{x}$ 的三次正交多项式系, 并求 $f(x)=\sin x$ 带权 $\sqrt{x}$ 的三次最佳平方逼近多项式.

12. 比较函数 $f(x)=\dfrac{1}{x}$ 在区间 $[0.25,4]$ 上的分别取 $n=1,2,3,4,5,6$ 次时最佳平方逼近多项式的拟合效果.

13. 分别通过求解法方程组 (6.33)、已知正交基函数以及正交多项式的三项递推关系 (6.36) 等三种方法, 求函数 $f(x)=\arctan x$ 在 $[0,1]$ 上的最佳平方逼近一次多项式 (多项式系数精确到 4 位有效数字).

14. 求所有使得 $\max\limits_{0\leqslant x\leqslant 1}|x^2-ax|$ 达到最小的常数 a.

15. 求 $f(x)=\dfrac{1}{3}x^3+2x^2-x+1$ 在区间 $[-1,1]$ 上的一次最佳一致逼近多项式.

16. 求 a 和 b, 使得 $\max\limits_{1\leqslant x\leqslant 2}|\mathrm{e}^x-(a+bx)|$ 取最小值, 并求该最小值.

17. 设 $f(x)\in C[a,b]$, 证明: $f(x)$ 的最佳一致逼近多项式也是它的插值多项式.

18. 设 $f(x)\in C[a,b]$, 求 $f(x)$ 的零次最佳一致逼近多项式.

19. 证明: Legendre 多项式是正交多项式.

20. 设 $P_n(x)(n\geqslant 1)$ 为区间 $[a,b]$ 上的带权正交多项式. 证明: $P_n(x)$ 在区间 (a,b) 内有 n 个互异的根.

21. 设定义在区间 $[0,2]$ 上的函数 $f(x)=x^2\mathrm{e}^x$, 分别利用三次等距插值方法以及三次 Chebyshev 插值多项式求 $f(x)$ 的逼近, 并比较两种方法的逼近效果.

22. 设 $f(x)\in C^n[a,b], M_n=\max\limits_{a\leqslant x\leqslant b}|f^{(n)}(x)|$, 若取

$$x_k=\frac{a+b}{2}+\frac{b-a}{2}\cos\frac{2k-1}{2n}\pi,\quad k=1,2,3,\cdots,n$$

作为节点, 证明: Lagrange 插值余项 $R(x)$ 有估计式

$$\max_{a\leqslant x\leqslant b}|R(x)|\leqslant\frac{M_n}{n!}\frac{(b-a)^n}{2^{2n-1}}.$$

上机实验题

1. 给定数据表

x	0.5	1.0	1.5	2.0	2.5
y	0.541	0.398	0.232	0.106	0.052

编制采用函数 $f(x)=ax\mathrm{e}^{bx}$ 最小二乘拟合上述数据表的标准程序, 并计算标准差.

2. 给定多项式 $y=2x^3+5x^2-12x+7$. 编制程序, 首先产生一组数据 $(x_i,y_i),i=1,2,3,\cdots,n$, 再对 y_i 产生随机干扰 (例如生成 $(0,1)$ 上的均匀分布随机数或 $N(0,1)$ 分布随机数), 编制用 x_i 和添加随机干扰后的 y_i 作 3 次最小二乘多项式拟合的标准程序, 与原多项式系数比较. 若用上述数据作 2 或 4 次多项式拟合, 看看会有怎样的结果.

3. 随机产生 $N=2^t$, $t\geqslant 2$ 个数据 $\{x_n\}_{n=0}^{N-1}$.

(1) 编写 FFT 算法通用程序计算 $\{x_n\}_{n=0}^{N-1}$ 的 DFT;

(2) 比较 $t=5,10,15,20,25,\cdots$ 时, FFT 算法与直接算法程序运算时间.

4. 设 $f(x)=\dfrac{1}{1+25x^2}$, $x\in[-1,1]$. 在 $[-1,1]$ 上分别取 5 个等距节点和 5 个 Chebyshev 插值节点, 分别画出 $f(x)$ 的 3 次最佳平方逼近多项式与 Chebyshev 插值多项式的曲线以及两种逼近函数的误差曲线, 并对两种一致逼近进行误差效果分析.

第 7 章　数值积分与数值微分

7.1 引　　言

本章讨论定积分 $\int_a^b f(x)\mathrm{d}x$ 和导数 $f'(x)$ 的数值计算问题.

首先考虑定积分的计算. 按照微积分基本定理, 若能找到被积函数 $f(x)$ 的原函数 $F(x)$ (即 $F'(x)=f(x)$), 则在区间 $[a,b]$ 上 $f(x)$ 的定积分可利用 Newton-Leibniz (牛顿-莱布尼茨) 求积公式计算:

$$I(f)=\int_a^b f(x)\mathrm{d}x=F(b)-F(a). \tag{7.1}$$

从理论上讲, Newton-Leibniz 求积公式已经完全解决了函数定积分的计算问题, 但是, 在具体计算过程中仍可能遇到较大的困难, 主要有以下三种情况.

(1) 实际应用中有很多被积函数难以找到用初等函数表达的原函数. 例如, $f(x)=\mathrm{e}^{-x^2}, \dfrac{\sin x}{x}$ 等, 这些函数在数学与信息科学中有着重要价值, 它们的形式看似简单, 却无法求得其原函数 $F(x)$ 的初等函数解析式.

(2) 有的被积函数 $f(x)$ 虽然能够找到原函数 $F(x)$, 但是 $F(x)$ 的表达式非常复杂, 其函数值难以计算.

(3) 在数据处理等领域, 得到的大都是观测数据, 函数值以离散形式 (数据表 $(x_i,f(x_i))$) 出现, 无法提供函数 $f(x)$ 的解析表达式, 原函数 $F(x)$ 难以确定.

对于上述问题, 充分利用数据表 $(x_i,f(x_i))$ 的信息对定积分 (7.1) 进行近似计算, 这样得到的近似值称为**数值积分**. 数值积分法与多项式插值、曲线拟合等方法的思想具有一致性, 都需要利用函数 $f(x)$ 的部分信息 $(x_i,f(x_i))$ 来近似表示函数 $y=f(x)$. 以数学语言来描述, 数值积分就是用 $f(x)$ 在节点 x_i 处函数值 $f(x_i), i=0,1,2,\cdots,n$ 的某种线性组合近似定积分 $I(f)$ 的值, 即

$$I(f)\approx A_0f(x_0)+A_1f(x_1)+\cdots+A_nf(x_n)=\sum_{i=0}^{n}A_if(x_i)=I_n(f), \tag{7.2}$$

这里 $x_i, i=0,1,2,\cdots,n$ 称为**求积节点**; A_i 称为**求积系数**, 与 f 无关. (7.2) 称为**机械求积公式**. 机械求积的关键在于确定组合系数 A_i 的值. 一种自然的思路是利

用数据 $(x_i, f(x_i))$ 的插值多项式 $L(x)$ 近似 $f(x)$, 进而用 $L(x)$ 在 $[a,b]$ 上的积分来近似 $\int_a^b f(x)\mathrm{d}x$, 由此就可以设法计算出 A_i. 一个自然的结论是, 当插值多项式函数逼近 $f(x)$ 的精度很高时, 数值积分公式的精度也会很高.

如果节点 x_i 是等距的, 按照上述思路得到的机械求积公式也称为 Newton-Cotes (牛顿-科茨) 公式. 如果插值节点并不仅限于等距情况, 而是以数值积分值具有尽可能高的精度作为标准反向设计/选择插值节点, 这样得到的数值积分公式称为 Gauss 型求积公式. 当函数 $f(x)$ 在等距节点的值已知或者函数值容易计算时, 常采用 Newton-Cotes 公式近似计算其积分值, 而当函数 $f(x)$ 的值难以计算或者希望以较少的节点数得到较高精度时, 则适合采用 Gauss 型求积公式计算. 另外, Gauss 型求积公式还可以计算某些奇异积分, 例如, 计算

$$\int_0^1 \frac{f(x)}{\sqrt{1-x^2}}\mathrm{d}x.$$

因此, Newton-Cotes 公式与 Gauss 型求积公式各有千秋, 互为补充. 本章将顺次介绍这两种数值积分方法.

与计算定积分类似地, 当函数 $f(x)$ 的形式复杂, 或者函数形式未知时, 导数的计算需要用近似的方法转化为数值微分. 在第 6 章我们讲到, 区间 $[a,b]$ 上的任一连续函数 $f(x)$, 均可以用多项式 $P(x)$ 任意逼近. 因此, 与数值积分类似地, $f'(x)$ 也可以用 $P'(x)$ 来近似. 本章首先介绍数值积分, 接着介绍数值微分, 它们都是基于多项式近似来实现的.

7.2 Newton-Cotes 公式

在插值型数值积分中, 如果插值节点是等距的, 得到的数值积分公式即为 Newton-Cotes 公式. 取特殊值 $n=1$ 时, 对应的数值积分公式称为梯形积分; 若取 $n=2$, 则得到 Simpson (辛普森) 积分公式. 后面将看到, 利用 Richardson (理查森) 加速技术对梯形积分进行加速可以得到效率更高的 Romberg (龙贝格) 积分. 梯形积分是一种最简单、最基本, 也是十分重要的 Newton-Cotes 积分公式, 本章将首先对其进行讨论.

7.2.1 基本求积公式

如图 7.1 所示, 将积分区间 $[a,b]$ 划分为 n 等份, 等分点为 $x_i = a + ih, h = \frac{b-a}{n}$, $i = 0,1,2,\cdots,n$, 作经过所有点 $(x_i, f(x_i))$, $i=0,1,2,\cdots,n$ 的 n 次插值

多项式 $L_n(x)$, 则有

$$L_n(x)=\sum_{i=0}^{n} f(x_i)l_i(x),$$

其中 $l_i(x)=\prod\limits_{\substack{j=0\\ j\neq i}}^{n}\dfrac{x-x_j}{x_i-x_j}$, $i=0,1,2,\cdots,n$ 为 Lagrange 插值基函数. 用插值多项式 $L_n(x)$ 近似函数 $f(x)$ 就得到插值型数值积分:

$$\begin{aligned} I(f)=\int_a^b f(x)\mathrm{d}x \approx \int_a^b L_n(x)\mathrm{d}x &= \sum_{i=0}^{n}\left[f(x_i)\int_a^b l_i(x)\mathrm{d}x\right] \\ &= \sum_{i=0}^{n} A_i f(x_i) = I_n(f), \end{aligned} \tag{7.3}$$

其中

$$A_i=\int_a^b l_i(x)\mathrm{d}x, \quad i=0,1,2,\cdots,n. \tag{7.4}$$

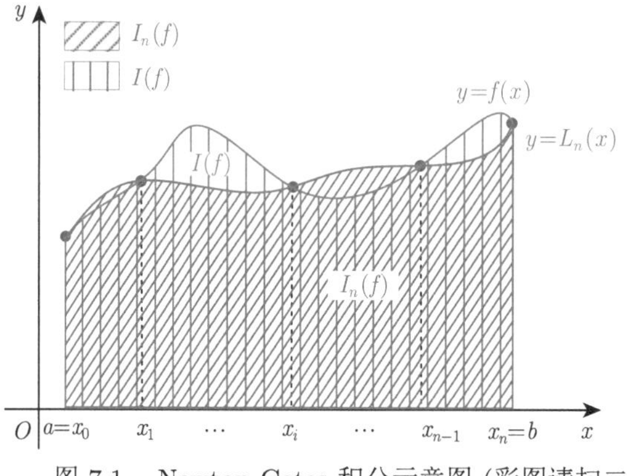

图 7.1　Newton-Cotes 积分示意图 (彩图请扫二维码)

由 (7.3) 与 (7.4) 所决定的数值积分称为 **Newton-Cotes 积分**, 现在我们给出系数 A_i 的确切表达式.

在区间 $[a,b]$ 上, 令 $x=a+th, 0\leqslant t\leqslant n$, 并记 $x_i=a+ih$, $i=0,1,2,\cdots,n$, 将它们代入 (7.4) 得

$$A_i=\int_0^n \frac{t(t-1)\cdots(t-i+1)(t-i-1)\cdots(t-n)}{i!(n-i)!(-1)^{n-i}}h\mathrm{d}t$$

$$= \frac{b-a}{n} \frac{(-1)^{n-i}}{i!(n-i)!} \int_0^n t(t-1)\cdots(t-i+1)(t-i-1)\cdots(t-n)\mathrm{d}t$$
$$= (b-a)C_i^{(n)}.$$

称

$$C_i^{(n)} = \frac{(-1)^{n-i}}{i!(n-i)!n} \int_0^n t(t-1)\cdots(t-i+1)(t-i-1)\cdots(t-n)\mathrm{d}t \tag{7.5}$$

为 **Newton-Cotes 系数**.

观察 (7.5) 可以看出, 积分系数 $C_i^{(n)}$ 与被积函数以及积分区间无关, 只与插值节点的个数有关. 进一步地, 由于

$$\sum_{i=0}^n C_i^{(n)} = \sum_{i=0}^n \frac{1}{b-a} \int_a^b l_i(x)\mathrm{d}x = \frac{1}{b-a} \int_a^b \sum_{i=0}^n l_i(x)\mathrm{d}x = \frac{1}{b-a} \int_a^b 1\mathrm{d}x = 1,$$

故 Newton–Cotes 系数满足

$$\sum_{i=0}^n C_i^{(n)} = 1. \tag{7.6}$$

下面通过两个例子分别计算 $n = 1, 2$ 时的 Newton-Cotes 系数.

例 7.1 试推导 n=1 时的 Newton-Cotes 积分公式以及相应的截断误差.

解 在 (7.4) 中, 取 $n = 1$, 则插值基函数为 $l_0(x) = \dfrac{x-b}{a-b}$, 故有

$$A_0 = \int_a^b l_0(x)\mathrm{d}x = \int_a^b \frac{x-b}{a-b}\mathrm{d}x = \frac{1}{2}(b-a) = (b-a)C_0^{(1)},$$

其中 $C_0^{(1)} = \dfrac{1}{2}$. 同理可得 $C_1^{(1)} = \dfrac{1}{2}$. 从而得到数值积分公式:

$$\int_a^b f(x)\mathrm{d}x \approx \frac{b-a}{2}[f(a) + f(b)].$$

记

$$T(f) = \frac{b-a}{2}[f(a) + f(b)], \tag{7.7}$$

称 $T(f)$ 为**梯形积分公式**. 从几何上来看, 它是用梯形面积近似代替积分值, 而截断误差

$$R_1(f) = \int_a^b f(x)\mathrm{d}x - T(f)$$

表示梯形面积与曲边梯形面积之差 (如图 7.2(a) 所示).

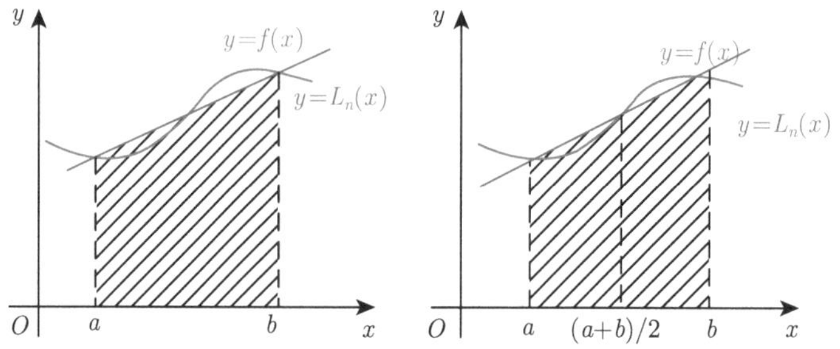

(a) 梯形公式　　(b) Simpson 公式/抛物线公式

图 7.2　低阶 Newton-Cotes 积分公式示意图

由于

$$f(x)=L_1(x)+\frac{f''(\xi)}{2}(x-a)(x-b),$$

故有

$$R_1(f)=\int_a^b f(x)\mathrm{d}x-T(f)=\int_a^b \frac{f''(\xi)}{2}(x-a)(x-b)\mathrm{d}x.$$

由于 $(x-a)(x-b)$ 在区间 $[a,b]$ 上不改变符号, 利用积分第二中值定理, 梯形积分的截断误差可以写成

$$R_1(f)=\frac{f''(\eta)}{2}\int_a^b (x-a)(x-b)\mathrm{d}x=-\frac{f''(\eta)}{12}(b-a)^3,\quad a\leqslant\eta\leqslant b. \tag{7.8}$$

例 7.2　试推导 $n=2$ 时的 Newton-Cotes 积分公式以及相应的截断误差.

解　在 Newton-Cotes 公式 (7.3) 中令 $n=2$, 得到

$$C_0^{(2)}=\frac{1}{4}\int_0^2 (t-1)(t-2)\mathrm{d}t=\frac{1}{6},$$

$$C_1^{(2)}=-\frac{1}{2}\int_0^2 t(t-2)\mathrm{d}t=\frac{2}{3},$$

$$C_2^{(2)}=\frac{1}{4}\int_0^2 t(t-1)\mathrm{d}t=\frac{1}{6}.$$

于是 $n=2$ 时的 Newton-Cotes 积分公式为

$$S(f)=\frac{b-a}{6}\left[f(a)+4f\left(\frac{a+b}{2}\right)+f(b)\right]. \tag{7.9}$$

上述公式也称为 Simpson **积分公式或抛物线公式**. 从几何上看, 它是用二次插值得到的抛物线构成的曲边梯形面积近似原积分值, 如图 7.2(b) 所示. 如果记 $h=\dfrac{b-a}{2}$, 则 (7.9) 可以写成

$$S(f)=\frac{h}{3}\left[f(a)+4f\left(\frac{a+b}{2}\right)+f(b)\right]. \tag{7.10}$$

如果 $f\in C^{(4)}[a,b]$, 可以证明其截断误差为

$$R(f)=I(f)-S(f)=-\frac{(b-a)^5}{2880}f^{(4)}(\eta),\quad \eta\in(a,b). \tag{7.11}$$

事实上, 对于 $n=3,4,\cdots$, 我们都可以类似地计算出 Newton-Cotes 系数. 表 7.1 列出了 n 从 1 到 8 之间的 Newton-Cotes 系数.

表 7.1 Newton-Cotes 系数

n	$C_0^{(n)}$	$C_1^{(n)}$	$C_2^{(n)}$	$C_3^{(n)}$	$C_4^{(n)}$	$C_5^{(n)}$	$C_6^{(n)}$	$C_7^{(n)}$	$C_8^{(n)}$
1	$\frac{1}{2}$	$\frac{1}{2}$							
2	$\frac{1}{6}$	$\frac{2}{3}$	$\frac{1}{6}$						
3	$\frac{1}{8}$	$\frac{3}{8}$	$\frac{3}{8}$	$\frac{1}{8}$					
4	$\frac{7}{90}$	$\frac{16}{45}$	$\frac{2}{15}$	$\frac{16}{45}$	$\frac{7}{90}$				
5	$\frac{19}{288}$	$\frac{25}{96}$	$\frac{25}{144}$	$\frac{25}{144}$	$\frac{25}{96}$	$\frac{19}{288}$			
6	$\frac{41}{840}$	$\frac{9}{35}$	$\frac{9}{280}$	$\frac{34}{105}$	$\frac{9}{280}$	$\frac{9}{35}$	$\frac{41}{840}$		
7	$\frac{751}{17280}$	$\frac{3577}{17280}$	$\frac{1323}{17280}$	$\frac{2989}{17280}$	$\frac{2989}{17280}$	$\frac{1323}{17280}$	$\frac{3577}{17280}$	$\frac{751}{17280}$	
8	$\frac{989}{28350}$	$\frac{5888}{28350}$	$\frac{-928}{28350}$	$\frac{10496}{28350}$	$\frac{-4540}{28350}$	$\frac{10496}{28350}$	$\frac{-928}{28350}$	$\frac{5888}{28350}$	$\frac{989}{28350}$

7.2.2 代数精度

例 7.1 和例 7.2 给出了梯形公式和 Simpson 公式的截断误差表达式. 除了截断误差的表达式之外, 代数精度也可以用来度量数值积分公式的准确程度. 根据 Weierstrass 定理, 闭区间 $[a,b]$ 上的任意连续函数都可以用多项式一致逼近. 对于基于函数近似的机械求积公式而言, 如果它对一个较高阶的多项式严格成立, 那么有理由认为这个求积公式的准确度是比较高的 (低阶多项式可以看作高阶多项式的特例). 我们就把这个严格成立的多项式的最高阶数定义成数值积分公式的代数精度.

定义 7.1 如果数值积分公式 (7.2) 对于被积函数 $f(x)=1,x,x^2,\cdots,x^k$ 均严格成立, 即 $I(f)=I_n(f)$, 但是 $I\left(x^{k+1}\right)\neq I_n\left(x^{k+1}\right)$, 则称数值积分公式 (7.2) 有 k **阶代数精度**.

不难验证, 梯形公式有 1 阶代数精度. Simpson 公式在梯形公式的基础上增加了一个节点, 但是代数精度比梯形公式提高了 2 阶, 具有 3 阶精度. 一般地, 对于具有 $n+1$ 个节点的 Newton-Cotes 公式, 我们有如下结论.

定理 7.1 $n+1$ 个节点的 Newton-Cotes 公式至少具有 n 阶**代数精度**. 特别地, n 是偶数时, 代数精度至少为 $n+1$ 阶.

证明 由于 Newton-Cotes 公式是插值型数值积分公式, 根据插值多项式的唯一性知, n+1 个节点的 Newton-Cotes 公式至少具有 n 阶代数精度.

进一步地, 如果 n 是偶数, 我们可以证明 $I\left(w_{n+1}(x)\right)=I_n\left(w_{n+1}(x)\right)$, 其中 $w_{n+1}(x)=\prod_{i=0}^{n}(x-x_i)$ 是 $n+1$ 次多项式, 因此 Newton-Cotes 公式至少有 $n+1$ 阶代数精度. 事实上, 令 $x=a+th$, 其中 $h=\dfrac{b-a}{n}$, 得

$$I\left(w_{n+1}(x)\right)=\int_a^b w_{n+1}(x)\mathrm{d}x=h^{n+2}\int_0^n t(t-1)\cdots(t-n)\mathrm{d}t.$$

由于 n 是偶数, 也即 $n=2k$, 作变量替换 $s=t-k$ 得

$$\begin{aligned}\int_0^n t(t-1)\cdots(t-n)\mathrm{d}t&=\int_{-k}^{k}(s+k)(s+k-1)\cdots(s-k+1)(s-k)\mathrm{d}s\\&=\int_{-k}^{k}s(s^2-k^2)(s^2-(k-1)^2)\cdots(s^2-1)\mathrm{d}s=0.\end{aligned}$$

注意到 $I_n\left(w_{n+1}(x)\right)=(b-a)\sum_{i=0}^{n}C_i^{(n)}w_{n+1}(x_i)=0$, 所以

$$I\left(w_{n+1}(x)\right)=I_n\left(w_{n+1}(x)\right).$$

这就证明了 n 是偶数时, Newton-Cotes 公式至少有 $n+1$ 阶代数精度. ■

7.2.3 Newton-Cotes 积分的收敛性与稳定性

作为数值计算公式, 收敛性和稳定性是评价 Newton-Cotes 积分性能的两个重要指标.

定义 7.2 在 (7.3) 式中, 若 $\lim\limits_{n\to\infty}\sum_{i=0}^{n}A_i f(x_i)=\int_a^b f(x)\mathrm{d}x$, 则称 Newton-Cotes 公式是**收敛**的.

我们已经在第 1 章中介绍过数值稳定性的概念. 数值积分公式的稳定性指的是, 若 $f(x_i)$ 携带的误差 δ_i 充分小, $I_n(f)=\sum\limits_{i=0}^{n}A_if(x_i)$ 的误差也充分小. 具体而言, 可以用下述定义予以描述.

定义 7.3 若任给 $\varepsilon>0$, 存在 $\delta>0$, 只要 $\left|f(x_i)-\tilde{f}_i\right|\leqslant\delta, i=0,1,2,\cdots,n$, 就有

$$\left|I_n(f)-I_n(\tilde{f})\right|<\varepsilon,$$

则称 Newton-Cotes 公式 (7.3) 是 (数值) **稳定**的.

定理 7.2 若 Newton-Cotes 系数 $C_i^{(n)}>0, i=0,1,2,\cdots,n$, 则 Newton-Cotes 公式 (7.3) 是数值稳定的.

证明 设 $\left|f(x_i)-\tilde{f}_i\right|\leqslant\delta, i=0,1,2,\cdots,n$. 由于 $C_i^{(n)}>0$, 故有

$$\begin{aligned}\left|I_n(f)-I_n(\tilde{f})\right|&=(b-a)\left|\sum_{i=0}^{n}C_i^{(n)}(f(x_i)-\tilde{f}_i)\right|\\&\leqslant(b-a)\sum_{i=0}^{n}C_i^{(n)}\left|f(x_i)-\tilde{f}_i\right|\\&\leqslant(b-a)\delta\sum_{i=0}^{n}C_i^{(n)}=(b-a)\delta,\end{aligned}$$

因此, 对于任给 $\varepsilon>0$, 只要取 $\delta=\dfrac{\varepsilon}{b-a}$, 则当 $\left|f(x_i)-\tilde{f}_i\right|\leqslant\delta$ 时, 就有

$$\left|I_n(f)-I_n(\tilde{f})\right|<\varepsilon.$$

这说明此时 Newton-Cotes 公式 (7.3) 是数值稳定的. ■

由表 7.1 与定理 7.2 可知, 当 $n\leqslant7$ 时, Newton-Cotes 公式 (7.3) 都是数值稳定的, 但当 $n\geqslant8$ 时, Newton-Cotes 系数 $C_i^{(n)}$ 出现负值, 此时 Newton-Cotes 公式可能不稳定. 另外, 从插值多项式的角度来看, 高阶多项式插值可能出现 Runge 现象, 由此可以推断高阶 Newton-Cotes 积分公式未必收敛. 为了克服高阶插值方法的不收敛性与数值不稳定性, 实际计算中常从低次插值的梯形公式出发, 通过复合积分与 Richardson 加速建立高效、高精度的数值积分方法.

7.2.4 复合梯形积分

由于梯形公式是通过对线性插值函数的积分得到的, 当区间 $[a,b]$ 较大时, 为了提高数值积分的精度, 一个自然的想法是将区间 $[a,b]$ 分成 n 等份, 然后在每个

等分的小区间上利用梯形公式计算积分值, 这样得到的数值积分公式称为**复合梯形公式**.

如图 7.3 所示, 设 $x_0=a, x_{i+1}=x_i+h,\ i=0,1,2,\cdots,n-1, h=\dfrac{b-a}{n}$, 在区间 $[x_i,x_{i+1}]$ 上利用梯形公式 (7.7), 有

$$
\begin{aligned}
I(f)&=\int_a^b f(x)\mathrm{d}x=\sum_{i=0}^{n-1}\int_{x_i}^{x_{i+1}} f(x)\mathrm{d}x\approx\frac{h}{2}\sum_{i=0}^{n-1}[f(x_i)+f(x_{i+1})]\\
&=\frac{h}{2}\left[f(a)+2\sum_{i=1}^{n-1}f(x_i)+f(b)\right].
\end{aligned}
$$

称

$$
T_n=\frac{h}{2}\left[f(a)+2\sum_{i=1}^{n-1}f(x_i)+f(b)\right] \tag{7.12}
$$

为**复合梯形公式**.

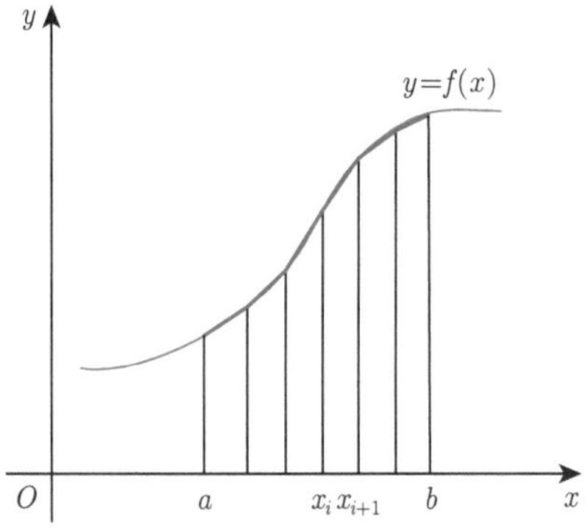

图 7.3　复合梯形公式示意图

复合梯形公式的截断误差可由 (7.8) 得到. 事实上, 若 $f\in C^{(2)}[a,b]$, 则

$$
\begin{aligned}
R_n(f)=I(f)-T_n&=\sum_{i=0}^{n-1}\left[-\frac{h^3}{12}f''(\eta_i)\right]\\
&=-\frac{h^2}{12}(b-a)\left[\frac{1}{n}\sum_{i=0}^{n-1}f''(\eta_i)\right],\quad \eta_i\in(x_i,x_{i+1}).
\end{aligned}
$$

根据连续函数的性质, 存在 $\eta\in(a,b)$, 使

$$\frac{1}{n}\sum_{i=0}^{n-1} f''(\eta_i) = f''(\eta).$$

于是有

$$R_n(f) = -\frac{h^2}{12}(b-a)f''(\eta), \quad \eta \in (a,b). \tag{7.13}$$

这表明复合梯形公式 (7.12) 的截断误差阶为 $R_n(f) = O(h^2)$.

由于 (7.12) 中积分系数 $A_i > 0$，故复合梯形公式是数值稳定的. 又由 (7.13) 知, 当 $f \in C^{(2)}[a,b]$ 时, 复合梯形公式也是收敛的.

记 $M_2 = \max\limits_{a\leqslant x\leqslant b} |f''(x)|$, 则 (7.13) 中的截断误差又可以表示为

$$|R_n(f)| \leqslant \frac{(b-a)^3}{12n^2}M_2.$$

因此, 对于任给的计算精度 $\varepsilon > 0$, 若要复合梯形公式的截断误差满足 $|R_n(f)| < \varepsilon$, 只需

$$\frac{(b-a)^3}{12n^2}M_2 < \varepsilon,$$

或区间等分的个数

$$n \geqslant \left[\sqrt{\frac{(b-a)^3 M_2}{12\varepsilon}}\right] + 1 \tag{7.14}$$

即可.

例 7.3 利用复合梯形公式计算积分 $I(f) = \int_{-5}^{5} \frac{1.5\times 10^{-3}}{1+x^2}\mathrm{d}x$, 要求精度达到 10^{-4}.

解 首先利用 (7.14) 找出满足精度要求的等分区间个数 n. 由于 $f(x) = \frac{1.5\times 10^{-3}}{1+x^2}$, 故

$$f''(x) = -\frac{3(1-3x^2)}{(1+x^2)^3}\times 10^{-3},$$

$$M_2 = \max_{-5\leqslant x\leqslant 5}|f''(x)| = |f''(0)| = 3\times 10^{-3}, \quad \varepsilon = 10^{-4}.$$

于是 $\sqrt{\frac{(b-a)^3 M_2}{12\varepsilon}} = 50$. 只要取 $n = 51$, 采用复合梯形公式即可达到精度要求. 此时的近似值为

$$I(f) \approx T_{51} = 4.1314\times 10^{-3}.$$

需要说明的是, 如果采用高阶 Newton-Cotes 公式计算例 7.3 中的积分, 由于受到 Runge 现象的影响, 其数值积分随着 n 的增大是发散的.

在如例 7.3 所示的数值积分计算中, 需要事先估计 M_2 进而确定区间等分的个数 n, 这种方法也称为**定步长方法**, 定步长方法在实际计算中并不方便. 我们注意到, 复合梯形积分的误差公式 (7.13) 表明, 截断误差随步长 h 减少而减少. 因此可以考虑如下**变步长方法**: 首先设定一个初始步长 h, 然后使步长逐步减半, 直到计算结果满足精度要求时停止. 下面对变步长方法进行详细介绍.

为简洁起见, 用 I_k 表示将区间 $[a,b]$ 作 2^{k-1} 等分时的复合梯形积分值, 于是

$$I_1 = T_1 = \frac{b-a}{2}\left[f(a)+f(b)\right],$$

$$I_2 = T_2 = \frac{b-a}{4}\left[f(a)+2f\left(\frac{a+b}{2}\right)+f(b)\right] = \frac{1}{2}I_1 + f\left(a+\frac{b-a}{2}\right)\frac{b-a}{2}.$$

对于一般的 k, 设等分点为 $x_i^{(k)} = a + \dfrac{b-a}{2^{k-1}}i,\ i=0,1,2,\cdots,2^{k-1}$, 有

$$I_k = T_{2^{k-1}} = \frac{b-a}{2^k}\left[f(a)+2\sum_{i=1}^{2^{k-1}-1} f\left(x_i^{(k)}\right)+f(b)\right].$$

类似可得

$$I_{k+1} = \frac{b-a}{2^{k+1}}\left[f(a)+2\sum_{i=1}^{2^k-1} f\left(x_i^{(k+1)}\right)+f(b)\right].$$

将点 $\left\{x_i^{(k+1)}|1\leqslant i\leqslant 2^k-1\right\}$ 分为: $\left\{x_{2i}^{(k+1)}|1\leqslant i\leqslant 2^{k-1}-1\right\}$ 与 $\left\{x_{2i-1}^{(k+1)}|1\leqslant i\leqslant 2^{k-1}\right\}$ 两部分. 由于 $x_{2i}^{(k+1)} = x_i^{(k)}, 1\leqslant i\leqslant 2^{k-1}-1$, 故有

$$\begin{aligned}
I_{k+1} &= \frac{b-a}{2^{k+1}}\left[f(a)+2\sum_{i=1}^{2^k-1} f\left(x_i^{(k+1)}\right)+f(b)\right] \\
&= \frac{1}{2}\frac{b-a}{2^k}\left[f(a)+2\left(\sum_{i=1}^{2^{k-1}-1} f\left(x_{2i}^{(k+1)}\right)+\sum_{i=1}^{2^{k-1}} f\left(x_{2i-1}^{(k+1)}\right)\right)+f(b)\right] \\
&= \frac{1}{2}I_k + \frac{b-a}{2^k}\sum_{i=1}^{2^{k-1}} f\left(x_{2i-1}^{(k+1)}\right).
\end{aligned} \tag{7.15}$$

从 (7.15) 看到, 当某一步的复合梯形公式 I_k 计算出来后, 只需要对新添加的点 $x_{2i-1}^{(k+1)}, 1 \leqslant i \leqslant 2^{k-1}$ 计算和 $\sum\limits_{i=1}^{2^{k-1}} f\left(x_{2i-1}^{(k+1)}\right)$ 乘上一个常数因子 $\dfrac{b-a}{2^k}$, 然后与 $\dfrac{1}{2}I_k$ 相加即可得到下一步的复合梯形公式 I_{k+1}. 因此, (7.15) 是一种递推式 (如图 7.4 所示).

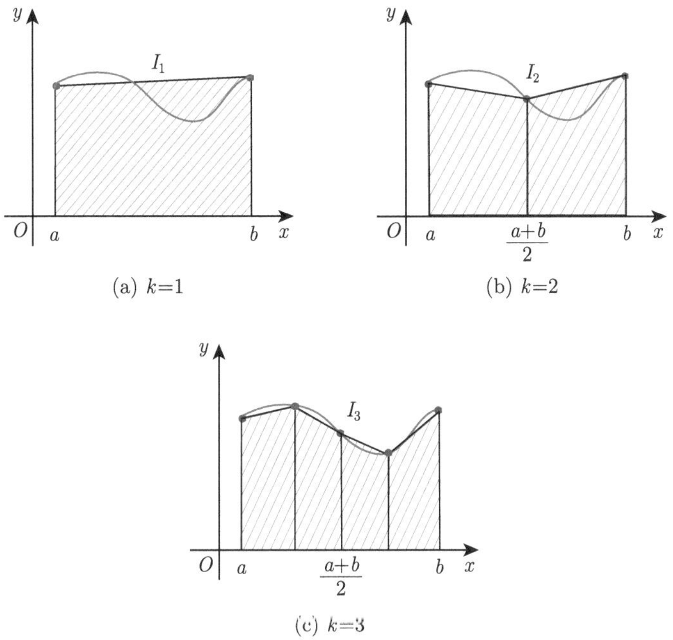

图 7.4　变步长复合梯形公式计算过程示意图

下面说明, 对于指定的精度 $\varepsilon > 0$, 我们可以避开定步长方法的估计 $M_2 = \max\limits_{a \leqslant x \leqslant b} |f''(x)|$, 通过计算相邻两次复合梯形公式之差来判定数值积分是否满足要求. 事实上, 记 $h = \dfrac{b-a}{2^{k-1}}$, 仍然假设 $f \in C^{(2)}[a,b]$, 由 (7.13) 有

$$I(f) - I_k = -\frac{h^2(b-a)}{12} f''(\xi_k), \quad I(f) - I_{k+1} = -\frac{(h/2)^2(b-a)}{12} f''(\xi_{k+1}).$$

当 k 充分大时, 假设 $f''(\xi_k) \approx f''(\xi_{k+1})$, 于是得到

$$I(f) - I_k \approx 4\left(I(f) - I_{k+1}\right),$$

整理可得关于 I_{k+1} 的事后估计 (后验估计):

$$I(f) \approx I_{k+1} + \frac{1}{3}(I_{k+1} - I_k). \tag{7.16}$$

只要 $\frac{1}{3}|I_{k+1} - I_k| < \varepsilon$, 就可以近似认为复合梯形公式已经达到精度要求, 整个过程不需要计算或估计导数.

例 7.4 利用变步长的复合梯形公式计算积分 $I = \int_0^1 \frac{\sin x}{x}\mathrm{d}x$, 使截断误差不超过 $\frac{1}{2} \times 10^{-3}$.

解 由于

$$\begin{aligned}
I_1 &= \frac{1}{2}(1 + 0.841471) = 0.9207355,\\
I_2 &= \frac{1}{2}I_1 + \frac{1}{2} \times 0.9588511 = 0.9397933,\\
I_3 &= \frac{1}{2}I_2 + \frac{1}{4} \times (0.9896158 + 0.9088517) = 0.9445135,\\
I_4 &= \frac{1}{2}I_3 + \frac{1}{8} \times (0.9973979 + 0.9767267 + 0.9361556 + 0.8771926)\\
&= 0.9456909,
\end{aligned}$$

注意到 $\frac{1}{3}(I_4 - I_3) = 0.0003925 < \frac{1}{2} \times 10^{-3}$, 故可取 $I \approx I_4 = 0.9456909$. 由于 I 的真值为 $0.94608307\cdots$, I_4 与真值的误差为 $0.00039217\cdots$, 对比可知事后估计方法 (7.16) 是可靠的.

7.2.5 复合 Simpson 求积公式

类似地, 我们可以将复合求积的思想与 Simpson 公式 (7.10) 结合, 得到复合 Simpson 公式.

设积分区间 $[a,b]$ 被分成 n (这里 n 为偶数) 等份, 并记 $h = \frac{b-a}{n}$, $x_i = a + ih, i = 0,1,2,\cdots,n$, 对每一个子区间 $[x_{2i}, x_{2i+2}]$, $i = 0,1,2,\cdots,\frac{n}{2}$ 按照 (7.10) 式计算, 得到

$$\int_{x_{2i}}^{x_{2i+2}} f(x)\mathrm{d}x \approx \frac{h}{3}\left[f(x_{2i}) + 4f(x_{2i+1}) + f(x_{2i+2})\right].$$

因此有

$$\begin{aligned}\int_a^b f(x)\mathrm{d}x &= \sum_{i=0}^{\frac{n}{2}-1}\int_{x_{2i}}^{x_{2i+2}} f(x)\mathrm{d}x \approx \sum_{i=0}^{\frac{n}{2}-1}\frac{h}{3}\left[f(x_{2i})+4f(x_{2i+1})+f(x_{2i+2})\right]\\ &= \frac{h}{3}\left[f(a)+4\sum_{i=1}^{\frac{n}{2}} f(x_{2i-1})+2\sum_{i=1}^{\frac{n}{2}-1} f(x_{2i})+f(b)\right]\\ &= S_n. \end{aligned} \tag{7.17}$$

(7.17) 称为**复合 Simpson 求积公式**.

复合 Simpson 求积公式需要将区间等分为偶数份, 若该条件不满足, 可以首先在区间 $[x_0, x_3]$ 上使用四点 Newton-Cotes 求积公式 (见表 7.1 中 $n = 3$ 的情形) 计算数值积分

$$I = [f(x_0)+3f(x_1)+3f(x_2)+f(x_3)]\frac{3h}{8}, \tag{7.18}$$

再对后面的区间 $[x_3, x_n]$ 继续使用复合 Simpson 求积公式计算. 可以证明, 这种方法得到的复合求积公式的截断误差阶与 (7.17) 相同.

下一节我们将看到, 复合 Simpson 求积公式可以通过对复合梯形求积公式进行一次 Romberg 加速得到, 而一般的 Romberg 积分比复合 Simpson 求积公式更加有效, 因此, 这里不再对复合 Simpson 求积公式做进一步讨论.

7.3 Richardson 外推法与 Romberg 求积

Richardson 外推法是一种用来提高序列收敛精度或收敛阶的重要方法, 最早由英国数学家和物理学家 L. Richardson 提出. 对复合求积公式进行 Richardson 外推可以得到精度更高的数值积分值. 本节我们首先从松弛法的角度推导 Richardson 外推法, 然后以圆周率计算为例, 重点介绍圆周率的快速计算方法. 最后利用外推法建立 Romberg 求积公式.

7.3.1 松弛技术与 Richardson 外推法

设真值 T 可以用关于变量 h 的函数 $G(h)$ 来近似, 并且对于每个变量 h, $G(h)$ 都是容易计算的, 近似值的截断误差为 $T-G(h) = a_1h^n+O(h^m)$, 其中 $m > n > 0$ 均为自然数, 即有

$$T = G(h)+a_1h^n+O(h^m), \tag{7.19}$$

上式说明, 用 $G(h)$ 作为 T 的近似值时, 截断误差的阶为 n. 如果进一步计算出 $G\left(\frac{h}{2}\right)$, 则选择任意松弛因子 ω, 以 $\omega G(h)+(1-\omega)G\left(\frac{h}{2}\right)$ 作为 T 的近似值, 截断误差的阶至少为 n. 这里采用松弛技术的目的是, 通过选取适当的松弛因子 ω 使得 $\omega G(h)+(1-\omega)G\left(\frac{h}{2}\right)$ 的截断误差的阶高于 n, 从而提高逼近精度. 下面就来研究松弛因子 ω 的选择.

在 (7.19) 中, 将 h 改变为 $\frac{h}{2}$, 得到

$$T=G\left(\frac{h}{2}\right)+a_1\left(\frac{h}{2}\right)^n+O(h^m). \tag{7.20}$$

由 (7.19) 与 (7.20) 推得

$$\omega G(h)+(1-\omega)G\left(\frac{h}{2}\right)=T-a_1[\omega+2^{-n}(1-\omega)]h^n+O(h^m),$$

上式表明, 以 $\omega G(h)+(1-\omega)G\left(\frac{h}{2}\right)$ 作为 T 的近似值时, 若要截断误差的阶高于 n, 则只需取 $\omega+(1-\omega)\times 2^{-n}=0$, 即松弛因子 $\omega=-\frac{1}{2^n-1}$. 此时

$$T=\frac{2^n}{2^n-1}G\left(\frac{h}{2}\right)-\frac{1}{2^n-1}G(h)+O(h^m). \tag{7.21}$$

(7.21) 说明, 当取

$$G_1(h)=\frac{2^n}{2^n-1}G\left(\frac{h}{2}\right)-\frac{1}{2^n-1}G(h) \tag{7.22}$$

作为 T 的近似值时, 误差阶可以提高到 m.

此时松弛因子 $\omega=-\frac{1}{2^n-1}\notin(0,1)$, 故 (7.22) 也称为**外推法**. 从几何上看, 过两点 $(h^n,G(h))$, $\left(2^{-n}h^n,G\left(\frac{h}{2}\right)\right)$ 的直线

$$y(x)=G(h)+\frac{G(h)-G\left(\frac{h}{2}\right)}{h^n-2^{-n}h^n}(x-h^n)$$

在 y 轴上的截距为 $G_1(h)$, 即 $G_1(h)=y(0)$. 由于 0 不在节点 $2^{-n}h^n$ 与 h^n 之间, 所以称 (7.22) 为外推法, 一般的教科书中将 (7.22) 称为 **Richardson 外推法**.

Richardson 外推法作为一种加速技术在数值微分、数值积分、线性方程组迭代解以及微分方程数值解等方面都有重要应用.

7.3.2 割圆术与圆周率计算

圆周率 π 是一个重要常数, 它表示圆周长与直径之比. 自从人类开始进入文明社会以来, π 就开始广泛使用, 早在上古时期就有 "周三径一" 之说, 即 $\pi = 3$. "周三径一, 方五斜七" 的口诀到目前为止还在我国木工师傅之间流传, 这个口诀的意思是直径为 1 的圆, 周长约为 3, 而边长为 5 的正方形, 对角线长约为 7.

公元前 3 世纪古希腊数学家阿基米德在《圆的度量》一书中最先采用 "割圆术" 的方法得到精度优于 3 的圆周率的近似值. 具体地说, 就是利用圆的内接与外切正多边形逼近圆周, 计算正多边形的周长, 直到正 96 边形时停止, 从而得到圆周率的估计式满足

$$\frac{223}{71} < \pi < \frac{22}{7}.$$

为应用方便, 常取圆周率的近似值为 $\pi = 3.14$ 或 $\dfrac{22}{7}$.

公元三世纪, 我国魏晋时期的数学家刘徽采用与阿基米德不同的割圆方法, 即通过计算圆内接正多边形的面积设计了高效的圆周率计算方法 [30]. 刘徽的 "割圆术" 主要由正多边形逼近、递推计算以及松弛三个环节组成.

7.3.2.1 正多边形逼近

刘徽首先将圆 6 等分, 将正 6 边形的每一条边二等分得到正 12 边形, 如此重复操作, 分别得到正 $24, 48, \cdots$ 等多边形, 经过 m 次等分操作后圆被分割成 6×2^m 个小的扇形.

7.3.2.2 递推计算

设圆半径为 R, 内接正 n 边形的周长为 a_n, 面积为 S_n, 刘徽利用勾股定理建立了下面的递推公式

$$a_{2n} = \sqrt{2R^2 - R\sqrt{4R^2 - a_n^2}}, \quad n = 6, 12, 24, \cdots. \tag{7.23}$$

由此计算出 $S_{2n} = \dfrac{n}{2}Ra_n$.

按照上述两个环节递推到正 3072 边形后, 刘徽得到 π 的近似值为 $\dfrac{3927}{1250} = 3\dfrac{177}{1250}$ …

$314\dfrac{4}{25} \approx 3.1416$ $\left(\dfrac{3927}{1250}\text{ 也称为}\textbf{徽率}\right)$.

据记载, 刘徽得到近似值 $\dfrac{3927}{1250}$ 时并没有真正递推到正 3072 边形, 而是对 S_{96} 与 S_{192} 采用了现在称为松弛技术的方法进行加工得到的, 只是他自己不太放心, 不嫌烦琐递推到正 3072 边形以验证其正确性, 所以在《九章算术 · 卷一》中记载有 "当求一千五百三十六觚之一面, 得三千七十二觚之幂, 而裁其微分, 数亦宜然, 重其验耳".

7.3.2.3 松弛加速技术

为了便于筹算 (珠算发明之前的简单计算工具), 设圆的半径 $R = 10$, 此时圆的面积 $S = 100\pi$. 通过 "割圆术" 直到正 192 边形, 并由 (7.23) 计算出

$$S_{96} = 313\frac{584}{625}, \quad S_{192} = 314\frac{64}{625}.$$

这两个数据的精度都很差, 仅相当于圆周率为 3.14. 刘徽使用下列加工过程得到:

$$S_{192} + \frac{36}{105}(S_{192} - S_{96}) = 314\frac{64}{625} + \frac{36}{105} \times \frac{105}{625} = 314.16.$$

上式又可以等价地表示为

$$S_{3072} \approx (1+\omega)S_{192} - \omega S_{96}, \quad \omega = \frac{36}{105}.$$

这表明, 早在 1700 多年前, 我国古代数学家就已经开始使用现代数学中的松弛法求解数学问题.

继刘徽之后, 公元 5 世纪我国南北朝数学家祖冲之在刘徽 "割圆术" 的基础上对圆周率进行深入研究, 得到了准确到小数点后 7 位的圆周率近似值:

$$3.1415926 < \pi < 3.1415927.$$

该结果的精度在世界上领先长达 1000 多年之久.

祖冲之是如何得到上述结果的呢? 如果只是简单地直接利用刘徽的 "割圆术" 进行计算, 需要割到圆内接正 24576 边形才有可能得到上述近似值, 在以算筹为计算工具的中国古代, 要完成这样的计算是不可想象的. 据考证, 《缀术》一书中记载了求圆周率的方法, 可惜该书早在唐宋时期的战乱中失传. 有人认为, 祖冲之也许是在刘徽松弛法的基础上引入了某种 "加速" 技术得到的.

7.3.3 圆周率计算的 Richardson 外推法

直到现在, 圆周率的计算仍然受到人们的高度关注, 各种现代计算方法不断涌现, 现在我们来介绍一种基于 Richardson 外推法的圆周率计算方法.

对正弦函数 $f(x)=\sin x$ 实施 Taylor 展开, 有

$$\sin x = x - \frac{x^3}{3!} + \frac{x^5}{5!} - \cdots. \tag{7.24}$$

在 (7.24) 中取 $x=\frac{\pi}{n}$, 有

$$n\sin\frac{\pi}{n} = \pi - \frac{\pi^3}{n^2\times 3!} + \frac{\pi^5}{n^4\times 5!} - \cdots. \tag{7.25}$$

由于单位圆的正内接 n 边形的周长为 $2a_n = 2n\sin\frac{\pi}{n}$, (7.25) 表明, 取 $h=\frac{\pi}{n}$, $a_n(h)$ 作为 π 的近似值, 其截断误差的阶为 2. 可以在此基础上按照 (7.22) 提供的 Richardson 外推法加速计算 π 的近似值, 具体做法如下.

首先由 $a_6=3$, 取 $R=1$ 代入 (7.23) 递推计算, 直到圆内接正 96 边形时停止, 得到 a_n, $n=6,12,24,48,96$ 的值, 并令 $G_n^{(0)}=a_n$, 如表 7.2 所示.

表 7.2　单位圆内接正 n 边形的周长

n	$a_n=G_n^{(0)}$	n	$a_n=G_n^{(0)}$
6	3.000 000 000 000 000	48	3.139 350 203 046 867
12	3.105 828 541 230 249	96	3.141 031 950 890 510
24	3.132 628 613 281 238		

由于按照 (7.25) 计算 π 的截断误差阶为 2, 由 (7.22) 有

$$G_n^{(1)} = \frac{4}{3}G_{2n}^{(0)} - \frac{1}{3}G_n^{(0)}, \quad n=6,12,24,48. \tag{7.26}$$

上式的截断误差阶为 4, 继续利用 (7.22) 又有

$$G_n^{(2)} = \frac{16}{15}G_{2n}^{(1)} - \frac{1}{15}G_n^{(1)}, \quad n=6,12,24. \tag{7.27}$$

上式的截断误差阶为 6, 继续外推得

$$G_n^{(3)} = \frac{64}{63}G_{2n}^{(2)} - \frac{1}{63}G_n^{(2)}, \quad n=6,12. \tag{7.28}$$

最后还可以作一次 Richardson 外推, 得到

$$G_6^{(4)} = \frac{128}{127}G_{12}^{(3)} - \frac{1}{127}G_6^{(3)}. \tag{7.29}$$

现在我们根据表 7.2 给出的初值 $G_n^{(0)}=a_n$, $n=6,12,24,48,96$ 来加速计算 π 的近似值. 从表 7.2 容易看出, 表格中所列的值作为圆周率的近似值时, 有效数字的位数分别为 1, 2, 2, 2 与 3, 因此都是非常粗糙的近似. 但是, 按照 (7.26) 到 (7.29) 的 Richardson 外推公式计算后得到圆周率 π 的近似值为 $G_6^{(4)}=3.141592653589839$ (如表 7.3 所示), 其有效数字位数达到 13 位, 精度是非常高的. 这也直观地说明了 Richardson 外推法的加速效果十分显著.

表 7.3　逐次 Richardson 外推后的圆周率近似值

n	$G_n^{(0)}$	$G_n^{(1)}$	$G_n^{(2)}$	$G_n^{(3)}$	$G_n^{(4)}$
6	3.000000000000000	3.141104721640332	3.141592453897649	3.141592653577892	3.141592653589839
12	3.105828541230249	3.141561970631567	3.141592650457888	3.141592653589746	
24	3.132628613281238	3.141590732968743	3.141592653540811		
48	3.139350203046867	3.141592533505057			
96	3.141031950890510				

7.3.4 Romberg 求积法

Romberg 求积法是由德国数值分析学家 W. Romberg 于 1955 年独立于 Richardson 外推法提出的一种高精度数值积分算法. 后来人们发现, 它可以视为 Richardson 外推法在数值积分中的一个应用. 为了利用 Richardson 外推法对复合梯形公式进行加速, 我们不加证明地引入下面的定理, 其详细证明可参阅 [31].

定理 7.3　设函数 $f\in C^{(2k+2)}[a,b]$, 步长 $h=\dfrac{b-a}{n}$, 则存在与 h 无关的常数 c_i, $i=1,2,\cdots,k$, 使得

$$T_n=I(f)+c_1h^2+c_2h^4+\cdots+c_kh^{2k}+a_k(h)h^{2k+2} \tag{7.30}$$

成立, 其中 T_n 为 (7.12) 所定义的复合梯形求积公式, 常数 $M>0$ 使 $|a_k(h)|\leqslant M$ 关于 h 一致成立. 公式 (7.30) 也称为 **Euler-Maclaurin** (欧拉-麦克劳林) **公式**.

利用定理 7.3 的结论以及 Richardson 外推法 (7.22), 可得到 Romberg 求积法. 详细步骤如下.

(1) 设 I_k 是将区间 $[a,b]$ 作 2^{k-1} 等分后用复合梯形求积公式 (如 (7.15) 所示) 得到的近似值, 记 $R_{k,1}=I_k, k=1,2,\cdots,n$.

(2) 对于 $k=1,2,\cdots,n$, 由 (7.16) 或 (7.22) 计算

$$R_{k,2}=\frac{4}{3}R_{k,1}-\frac{1}{3}R_{k-1,1},\quad k=2,3,\cdots,n. \tag{7.31}$$

(3) 假设对于某个 $j\geqslant 2$, $R_{k,j}$, $k=j,\ j+1,\cdots,n$ 已经算出, 下一步计算

$$R_{k,j+1} = \frac{4^j}{4^j - 1} R_{k,j} - \frac{1}{4^j - 1} R_{k-1,j}, \quad k = j+1,\ j+2, \cdots, n. \tag{7.32}$$

(4) 最后得到

$$R_{n,n} = \frac{4^{n-1}}{4^{n-1} - 1} R_{n,n-1} - \frac{1}{4^{n-1} - 1} R_{n-1,n-1}. \tag{7.33}$$

根据上述计算过程可得到表 7.4 中三角形结构的数据表, 称为 **Romberg 表**. 由 (7.31)—(7.33) 知, 表 7.4 中的第一列与第二列分别由复合梯形公式与复合 Simpson 公式的值构成.

表 7.4 Romberg 表

$R_{1,1}$			
$R_{2,1}$	$R_{2,2}$		
$R_{3,1}$	$R_{3,2}$	$R_{3,3}$	
$R_{4,1}$	$R_{4,2}$	$R_{4,3}$	$R_{4,4}$
⋮	⋮	⋮	⋮

用 Romberg 求积法计算积分的近似值时, 可以用表 7.4 的同一行 (或同一列) 相邻两数的绝对值 (分别称为行误差和列误差) 小于预先给定的正数 ε 作为停止准则, 即当

$$E_r(i,j) := |R_{i,j+1} - R_{i,j}| \leqslant \varepsilon \quad \text{或} \quad E_c(i,j) := |R_{i+1,j} - R_{i,j}| \leqslant \varepsilon$$

时数值积分算法停止.

例 7.5 用 Romberg 求积法求下列积分的近似值, 要求保留 7 位有效数字:

$$I(f) = \int_0^1 \frac{\sin x}{x} \mathrm{d}x.$$

解 记 $f(x) = \dfrac{\sin x}{x}, a = 0, b = 1$. 应用 Romberg 求积法计算得

$$R_{1,1} = \frac{1}{2}[f(0) + f(1)] = 0.9207355.$$

二分积分区间, 利用复合梯形公式的递推算法得到

$$R_{2,1} = \frac{1}{2} R_{1,1} + \frac{1}{2} f\left(\frac{1}{2}\right) = 0.9397933.$$

作第一次 Richardson 外推加速得到

$$R_{2,2}=R_{2,1}+\frac{1}{3}(R_{2,1}-R_{1,1})=0.9461459,$$

计算行误差知, $R_{2,2}$ 没有达到精度要求.

再二分区间步长为 $\frac{1}{4}$, 利用复合梯形公式的递推公式计算得到

$$R_{3,1}=\frac{1}{2}R_{2,1}+\frac{1}{4}\left[f\left(\frac{1}{4}\right)+f\left(\frac{3}{4}\right)\right]=0.9445135.$$

从而再一次利用 Richardson 外推加速得到

$$R_{3,2}=R_{3,1}+\frac{1}{3}(R_{3,1}-R_{2,1})=0.9460869,$$

$$R_{3,3}=R_{3,2}+\frac{1}{15}(R_{3,2}-R_{2,2})=0.9460830.$$

计算行误差知, $R_{3,3}$ 仍然没有达到精度要求. 继续二分区间步长为 $\frac{1}{8}$, 利用复合梯形公式的递推计算公式得到

$$R_{4,1}=\frac{1}{2}R_{3,1}+\frac{1}{8}\left[f\left(\frac{1}{8}\right)+f\left(\frac{3}{8}\right)+f\left(\frac{5}{8}\right)+f\left(\frac{7}{8}\right)\right]=0.9456901.$$

继续利用 Richardson 外推加速得到

$$R_{4,2}=R_{4,1}+\frac{1}{3}[R_{4,1}-R_{3,1}]=0.9460823,$$

$$R_{4,3}=R_{4,2}+\frac{1}{15}[R_{4,2}-R_{3,2}]=0.9460820,$$

$$R_{4,4}=R_{4,3}+\frac{1}{63}[R_{4,3}-R_{3,3}]=0.9460820.$$

此时 $R_{4,4}-R_{4,3}=0$, 近似值 $R_{4,4}=0.9460820$ 有 7 位有效数字, 达到近似计算的精度要求, 计算到此停止. 整个计算过程的 Romberg 表如表 7.5 所示.

表 7.5　例 7.5 对应的 Romberg 表

i	$R_{i,1}$	$R_{i,2}$	$R_{i,3}$	$R_{i,4}$
1	0.9207355			
2	0.9397933	0.9461459		
3	0.9445135	0.9460869	0.9460830	
4	0.9456901	0.9460823	0.9460820	0.9460820

如果直接利用复合梯形公式逐次递推计算, 达到 $R_{4,4}$ 的精度需要将区间分成 1000 份, 而按照 Romberg 求积公式计算, 只需要计算含 9 个节点 (区间等分 8 份) 的复合梯形公式值外加三次 Richardson 外推即可. 这说明, Romberg 求积方法的计算效率更高.

7.4 Gauss 型积分

前面介绍的数值积分方法都是基于对被积函数作等距节点的多项式插值得到的, 本节将从另一个角度, 假设积分节点可以任意设定 (未必等距), 以代数精度最高作为目标, 来设计具有最高代数精度的求积公式, 这样得到的就是 Gauss 型积分公式.

下面我们从代数精度最高的角度, 利用 Legendre 多项式与 Chebyshev 多项式的零点性质介绍 Gauss 型求积公式.

首先从一种简单的情形出发. 如图 7.5(a) 所示, 已知位于 x 轴上方的一条曲线 $y = f(x)$, $-1 \leqslant x \leqslant 1$. 求该曲线和 $x = -1$, $x = 1$ 以及 x 轴所围成的曲边梯形的面积, 也即计算定积分 $S = \int_{-1}^{1} f(x)\mathrm{d}x$. 如果利用梯形公式计算, 则有

$$S = \int_{-1}^{1} f(x)\mathrm{d}x \approx f(-1) + f(1).$$

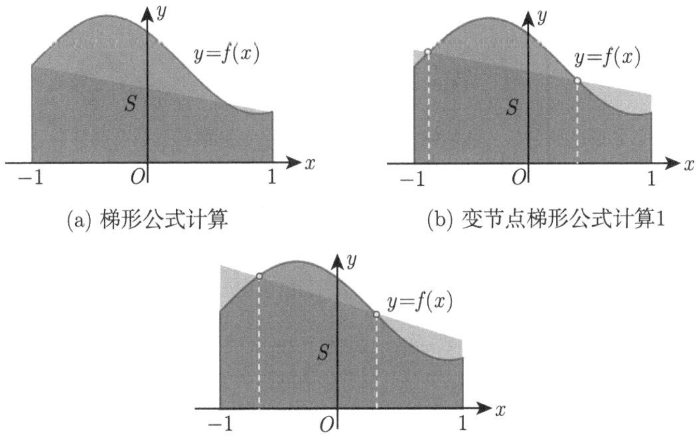

(a) 梯形公式计算　(b) 变节点梯形公式计算1

(c) 变节点梯形公式计算2

图 7.5　Gauss 求积公式的构造示意图

根据前面的讨论知道, 上述梯形求积公式的代数精度为 1, 该公式是通过取特

殊节点 $-1,1$ 得到的, 如果改变积分节点的位置以及相应的数值积分系数, 是否可以提高积分公式的代数精度呢?

下面首先从几何的角度探讨上述问题. 为了提高图 7.5(a) 中梯形求积公式的精度, 由图 7.5(b)(c) 所示, 直观上可以通过调整梯形的斜边使得梯形面积更接近于 S. 设梯形的斜边在过曲线 $y=f(x)$ 两个点 $(x_0,f(x_0)),(x_1,f(x_1))$, $x_0,x_1\in[-1,1]$ 的直线 L_1 上,

$$L_1(x)=f(x_0)+\frac{f(x_1)-f(x_0)}{x_1-x_0}(x-x_0),$$

于是

$$\begin{aligned}S&=\int_{-1}^{1}f(x)\mathrm{d}x\approx\int_{-1}^{1}L_1(x)\mathrm{d}x=\int_{-1}^{1}\left[f(x_0)+\frac{f(x_1)-f(x_0)}{x_1-x_0}(x-x_0)\right]\mathrm{d}x\\&=\frac{2x_1}{x_1-x_0}f(x_0)+\frac{2x_0}{x_1-x_0}f(x_1),\end{aligned}\tag{7.34}$$

可以简写为

$$\int_{-1}^{1}f(x)\mathrm{d}x\approx A_0f(x_0)+A_1f(x_1),\tag{7.35}$$

其中 A_0,A_1,x_0 和 x_1 均为待定参数. 下面考虑选择参数使得求积公式 (7.35) 至少具有 3 次代数精度 (为什么是 3 次? 请自行思考), 即对于函数 $f(x)=1,x,x^2,x^3$, 求积公式 (7.35) 准确成立. 将上述四个函数代入 (7.35) 式, 得到非线性方程组

$$\begin{cases}\displaystyle\int_{-1}^{1}1\mathrm{d}x=2=A_0+A_1,\\\displaystyle\int_{-1}^{1}x\mathrm{d}x=0=A_0x_0+A_1x_1,\\\displaystyle\int_{-1}^{1}x^2\mathrm{d}x=\frac{2}{3}=A_0x_0^2+A_1x_1^2,\\\displaystyle\int_{-1}^{1}x^3\mathrm{d}x=0=A_0x_0^3+A_1x_1^3.\end{cases}\tag{7.36}$$

由 (7.36) 中的第二和第四个方程得 $x_0^2=x_1^2$, 由于 $x_0\neq x_1$, 因此 $x_0=-x_1$. 将其分别代入第四个方程得到 $A_0=A_1$, 再结合第一个方程可得 $A_0=A_1=1$, 代入第三个方程解得 $x_1=-x_0=\dfrac{\sqrt{3}}{3}$, 这样就得到求积公式

$$\int_{-1}^{1} f(x)\mathrm{d}x \approx f\left(-\frac{\sqrt{3}}{3}\right) + f\left(\frac{\sqrt{3}}{3}\right). \tag{7.37}$$

该公式至少具有 3 阶代数精度. 可以证明, 当函数 $f \in C^{(4)}[-1,1]$ 时, 截断误差满足

$$E(f) = I(f) - \left[f\left(-\frac{\sqrt{3}}{3}\right) + f\left(\frac{\sqrt{3}}{3}\right)\right] = \frac{f^{(4)}(\eta)}{135}, \quad \eta \in (-1,1).$$

我们已经通过一个简单的例子展示了通过选择节点和系数来提升代数精度是可能的. 下面考虑一般的插值型求积公式

$$I_n(f) = \sum_{i=0}^{n} A_i f(x_i). \tag{7.38}$$

类似地, 我们考虑通过选取 $2n+2$ 个参数 $A_i, x_i \in [a,b]$, $i = 0,1,2,\cdots,n$ 使得 (7.38) 具有尽可能高的代数精度. 首先需要考虑的问题是, 通过选择 $2n+2$ 个参数建立的求积公式 (7.38) 最高能达到多少次代数精度? 如果存在最高阶的代数精度, 那么对于任意被积区间 $[a,b]$ 以及函数 $f(x)$, 使求积公式 (7.38) 达到最高阶的代数精度的条件是什么? 下面的定理首先回答了第一个问题.

定理 7.4 $I(f) = \displaystyle\int_a^b f(x)\mathrm{d}x$ 关于积分节点 x_i, $i = 0,1,2,\cdots,n$ 的数值积分公式 (7.38) 的代数精度最高不超过 $2n+1$ 阶.

证明 对于给定的积分节点 x_i, $i = 0,1,2,\cdots,n$, 考虑 $2n+2$ 次多项式 $f(x) = w_{n+1}^2(x) = (x-x_0)^2(x-x_1)^2\cdots(x-x_n)^2$. 计算知 $I_n(f) = \displaystyle\sum_{i=0}^{n} A_i f(x_i) = 0$, 但是, 另一方面又有 $I(f) = \displaystyle\int_a^b (x-x_0)^2(x-x_1)^2\cdots(x-x_n)^2\mathrm{d}x > 0$, 这说明数值积分 $I_n(f)$ 的代数精度阶不可能达到 $2n+2$, 即其代数精度阶不超过 $2n+1$. ■

下面考虑, 是否存在积分节点 $x_i, i = 0,1,2,\cdots,n$, 使得数值积分 $I_n(f)$ 的代数精度阶达到 $2n+1$. 这个问题的答案是肯定的. 下面我们就来寻找代数精度阶达到 $2n+1$ 的求积公式, 并称这样的求积公式为 Gauss 型求积公式. 其求积系数 A_i 与求积节点 x_i, $i = 0,1,2,\cdots,n$ 分别称为 **Gauss 系数**与 **Gauss 点**. 定理 7.4 的结论告诉我们, Gauss 型求积公式具有最高阶代数精度.

根据 Gauss 型求积公式的定义, 不难验证 (7.37) 是 $n = 1$ 时的 Gauss 型求积公式, 其中 Gauss 系数分别为 ± 1, 而 Gauss 点分别为 $\pm\dfrac{\sqrt{3}}{3}$.

对于一般 $n>1$ 的情况, 如果类似 (7.36) 式, 需要求解复杂的非线性方程组, 难度很大. 下面的定理给出了 Gauss 点需要满足的条件.

定理 7.5　插值型数值积分公式 (7.38) 具有 $2n+1$ 阶代数精度的充分必要条件是以积分节点 $x_i, i=0,1,2,\cdots,n$ 构成的多项式 $w_{n+1}(x)=(x-x_0)(x-x_1)\cdots(x-x_n)$ 与任意次数不超过 n 的多项式 $P(x)$ 正交, 也即

$$\int_a^b P(x)w_{n+1}(x)\mathrm{d}x=0,$$

其中 $P(x)$ 是次数不超过 n 的任意多项式.

证明　充分性. 设 $f(x)$ 是任意次数不超过 $2n+1$ 的多项式, 用多项式除法得到

$$f(x)=P(x)w_{n+1}(x)+Q(x),$$

其中 $P(x)$ 和 $Q(x)$ 都是次数不超过 n 的多项式. 根据定理条件,

$$\int_a^b f(x)\mathrm{d}x=\int_a^b Q(x)\mathrm{d}x.$$

又因 (7.38) 是插值型积分公式, 所以 $\int_a^b Q(x)\mathrm{d}x=\sum\limits_{i=0}^{n}A_iQ(x_i)$. 进一步注意到 $f(x_i)=Q(x_i)$, $i=0,1,2,\cdots,n$. 综上可得

$$\int_a^b f(x)\mathrm{d}x=\sum_{i=0}^{n}A_if(x_i).$$

此即 (7.38) 至少有 $2n+1$ 次精度.

必要性. 设 $P(x)$ 是次数不超过 n 的任意多项式, 则 $P(x)w_{n+1}(x)$ 是次数不超过 $2n+1$ 的多项式, 于是插值型积分公式准确成立, 也即

$$\int_a^b P(x)w_{n+1}(x)\mathrm{d}x=\sum_{i=0}^{n}A_iP(x_i)w_{n+1}(x_i)=0.$$

注意第二个等号来自 $w_{n+1}(x_i)=0$. 这就证明了 $P(x)$ 与 $w_{n+1}(x)$ 正交. ■

不失一般性, 首先考虑积分区间为 $[-1,1]$ 的情况. 在 6.4.3 节我们已经知道, $n+1$ 阶 Legendre 多项式 $P_{n+1}(x)$ 在 $[-1,1]$ 上与任意次数不超过 n 次的多项式均正交 (性质 6.2), 根据定理 7.5 知, $P_{n+1}(x)$ 的零点 x_i, $i=0,1,2,\cdots,n$ 就是 Gauss 点, 此时得到的积分公式

$$\int_{-1}^1 f(x)\mathrm{d}x\approx\sum_{i=0}^{n}A_if(x_i)=I_n(f) \tag{7.39}$$

称为 **Gauss-Legendre 求积公式**.

由此不难得到 Gauss-Legendre 求积公式构造的基本步骤:

(1) 先选定 $[-1,1]$ 内的 $n+1$ 次 Legendre 多项式 $P_{n+1}(x)$ 的零点 $x_i \in [-1,1]$, $i=0,1,2,\cdots,n$ 作为 Gauss 点;

(2) 利用 Gauss 点构造 Lagrange 插值基函数

$$l_i(x)=\frac{(x-x_0)\cdots(x-x_{i-1})(x-x_{i+1})\cdots(x-x_n)}{(x_i-x_0)\cdots(x_i-x_{i-1})(x_i-x_{i+1})\cdots(x_i-x_n)},\quad i=0,1,2,\cdots,n,$$

进而计算得到 Gauss 系数 $A_i=\int_{-1}^{1} l_i(x)\mathrm{d}x$.

上面的 Gauss-Legendre 求积公式是在特殊区间 $[-1,1]$ 上建立的. 对于一般的积分区间 $[a,b]$, 可以通过下面的线性变换

$$x:[a,b]\mapsto t:[-1,1],\quad x=\frac{1}{2}(a+b)+\frac{1}{2}(b-a)t$$

化为区间 $[-1,1]$ 上的积分, 从而有

$$\begin{aligned} I(f)=\int_a^b f(x)\mathrm{d}x&=\frac{1}{2}(b-a)\int_{-1}^{1} f\left(\frac{a+b}{2}+\frac{b-a}{2}t\right)\mathrm{d}t\\ &\approx\frac{1}{2}(b-a)\sum_{i=0}^{n}A_i f\left(\frac{a+b}{2}+\frac{b-a}{2}t_i\right), \end{aligned}\tag{7.40}$$

其中 $t_i\in[-1,1]$, $i=0,1,2,\cdots,n$ 是 $n+1$ 次 Legendre 多项式 $P_{n+1}(x)$ 的零点.

表 7.6 列出了 $n\leqslant 4$ 时 Gauss-Legendre 求积公式的 Gauss 点以及 Gauss 系数. 相应的 Gauss-Legendre 求积公式的误差为

$$E_n[f]=I(f)-\sum_{i=0}^{n}A_i f(x_i)=\frac{2^{2n+1}(n!)^4}{(2n+1)![(2n)!]^3}f^{(2n)}(\xi),\quad -1<\xi<1.\tag{7.41}$$

表 7.6 Gauss-Legendre 求积公式的 x_i 与 A_i

n	$x_i, i=0,1,2,\cdots,n$	$A_i, i=0,1,2,\cdots,n$
0	$x_0=0.0$	$A_0=2$
1	$x_0=-0.5773502692, x_1=-x_0$	$A_0=A_1=1$
2	$x_0=-0.7745906692, x_2=-x_0, x_1=0.0$	$A_0=A_2=\frac{5}{9}, A_1=\frac{8}{9}$
3	$x_0=-0.8611363116, x_3=-x_0$	$A_0=A_3=0.3478548451$
	$x_1=-0.3399810436, x_2=-x_1$	$A_1=A_2=0.6521451549$
4	$x_0=-0.9061798459, x_4=-x_0$	$A_0=A_4=0.2369268851$
	$x_1=-0.5384693101, x_3=-x_1$	$A_1=A_3=0.4786286705$
	$x_2=0.0$	$A_2=0.5688888889$

从表 7.6 可以看出, 当 $n \leqslant 4$ 时, Gauss-Legendre 求积公式的系数 A_i 都是正数, 实际上该结论对于一般情形也成立.

定理 7.6 Gauss-Legendre 求积公式 (7.39) 的求积系数 A_i, $i = 0, 1, 2, \cdots, n$ 都是正数.

证明 由于 (7.39) 对于任意次数不大于 $2n + 1$ 次的多项式精确成立, 故对于 $2n$ 次多项式 $f(x) = l_k^2(x) = \prod\limits_{\substack{i=0 \\ i\neq k}}^{n} \frac{(x - x_i)^2}{(x_k - x_i)^2}$, $k = 0, 1, 2, \cdots, n$, 其中 x_i, $i = 0, 1, 2, \cdots, n$ 均是 Gauss 点, 有

$$0 < \int_a^b l_k^2(x)\mathrm{d}x = \sum_{i=0}^{n} A_i l_k^2(x_i) = A_k, \ k = 0, 1, 2, \cdots, n. \qquad \blacksquare$$

由定理 7.6 可得如下推论:

推论 求积公式 (7.39) 是稳定的.

证明留给读者完成.

例 7.6 利用梯形公式以及一阶 Gauss-Legendre 求积公式计算定积分

$$I(f) = \int_0^2 \frac{1}{x+1}\mathrm{d}x.$$

解 由梯形求积公式

$$I(f) \approx I_1 = \frac{2-0}{2}\left(1 + \frac{1}{3}\right) \approx 1.33333.$$

如果利用一阶 Gauss-Legendre 公式计算, 则需要将区间 $[0, 2]$ 转化为 $[-1, 1]$. 作线性变换 $x = t + 1$, 则有

$$I(f) = \int_0^2 \frac{1}{x+1}\mathrm{d}x = \int_{-1}^1 \frac{1}{t+2}\mathrm{d}t,$$

再利用一阶 Gauss-Legendre 公式近似计算上式, 得

$$I(f) \approx \frac{1}{-\frac{\sqrt{3}}{3} + 2} + \frac{1}{\frac{\sqrt{3}}{3} + 2} = \frac{12}{11} \approx 1.09091.$$

与精确值 $I(f) = \ln 3 - \ln 1 \approx 1.09861$ 相比, 一阶 Gauss-Legendre 公式的精度明显优于梯形公式, 如果希望进一步提高计算精度, 还可以选择更高阶 Gauss-Legendre 公式进行近似计算.

可以将 Gauss 公式拓展到带权函数 $\rho(x)$ 的情形, 即计算形如

$$I(\rho f)=\int_{-1}^{1}\rho(x)f(x)\mathrm{d}x$$

的定积分. 特别地, 若 $\rho(x)=\dfrac{1}{\sqrt{1-x^2}}$, 则具有最高代数精度的求积公式称为 **Gauss-Chebyshev 求积公式**.

由于 Chebyshev 多项式 $T_{n+1}(x)=\cos((n+1)\arccos x), n\geqslant 0$ 的零点为

$$x_i=\cos\frac{2i+1}{2(n+1)}\pi,\quad i=0,1,2,\cdots,n,$$

直接计算出 Gauss 系数 $A_i=\displaystyle\int_{-1}^{1}\rho(x)l_i(x)\mathrm{d}x=\frac{\pi}{n+1}$, $i=0,1,2,\cdots,n$. 从而得到 Gauss-Chebyshev 求积公式为

$$I(\rho(x)f(x))\approx\sum_{i=0}^{n}A_if(x_i)=\frac{\pi}{n+1}\sum_{i=0}^{n}f(x_i).\tag{7.42}$$

如果不考虑系数 $\dfrac{\pi}{n+1}$, (7.42) 式是一个不含乘法的求和运算, 其计算过程非常简洁.

7.5 数值微分

函数 f 在 x_0 处的导数定义为

$$f'(x_0)=\lim_{h\to 0}\frac{f(x_0+h)-f(x_0)}{h},$$

因此, 当 h 足够小时, 计算 $\dfrac{f(x_0+h)-f(x_0)}{h}$ 就可以作为 $f'(x_0)$ 的近似. 这个方法虽然简单, 但是未必可用, 因为很小的 h 可能导致很大的舍入误差, 所以有必要寻求更加有效的方法.

一个自然的思路是, 根据 f 在 x_0 附近的一系列点处的函数值, 首先得到 $f(x)$ 的一个近似 $P(x)$, 接着用 $P'(x_0)$ 作为 $f'(x_0)$ 的近似. 本节考虑选择多项式函数 $P(x)$ 来近似 $f(x)$, 这种思路主要基于以下两个原因: 一是多项式的导数容易计算; 二是根据 Weierstrass 定理, 闭区间上的连续函数总可以用多项式进行任意精度逼近.

7.5.1　一阶导数的计算

我们首先从最简单的情况开始.

设 $f \in C^{(2)}[a,b]$, $x_0 \in [a,b]$, $x_1 = x_0 + h \in [a,b]$, 以 x_0, x_1 为节点可以构造插值函数

$$L_1(x) = f(x_0)\frac{x - x_0 - h}{-h} + f(x_1)\frac{x - x_0}{h},$$

进而得到数值微分公式

$$f'(x_0) \approx \frac{f(x_0 + h) - f(x_0)}{h}. \tag{7.43}$$

根据插值余项的表达式, 不难得到数值微分的余项

$$f'(x_0) - \frac{f(x_0 + h) - f(x_0)}{h} = -\frac{h}{2}f''(\xi),$$

其中 ξ 在 x_0 与 $x_0 + h$ 之间.

下面来推导一般形式的插值型数值微分公式. 设 $a = x_0 < x_1 < \cdots < x_n = b$, $f \in C^{(n+1)}[a,b]$, 则根据 5.2 节知

$$f(x) = \sum_{i=0}^{n} f(x_i)l_i(x) + \frac{f^{(n+1)}(\xi)}{(n+1)!}w_{n+1}(x), \quad \xi \in (a,b),$$

其中 $l_0(x), l_1(x), \cdots, l_n(x)$ 是 Lagrange 基函数. 于是

$$f'(x_k) = \sum_{i=0}^{n} f(x_i)l_i'(x_k) + \frac{f^{(n+1)}(\xi)}{(n+1)!}\prod_{\substack{j=0 \\ j \neq k}}^{n}(x_k - x_j). \tag{7.44}$$

由于插值型数值微分是基于插值多项式近似实现的, 当 n 较大时, 可能出现 Runge 现象, 所以常用数值微分公式的节点数并不多.

7.5.1.1　三点公式

取 $n = 2$. 容易计算得到

$$l_0'(x) = \frac{2x - x_1 - x_2}{(x_0 - x_1)(x_0 - x_2)}, \quad l_1'(x) = \frac{2x - x_0 - x_2}{(x_1 - x_0)(x_1 - x_2)},$$

$$l_2'(x) = \frac{2x - x_0 - x_1}{(x_2 - x_0)(x_2 - x_1)}. \tag{7.45}$$

特别地, 当 x_0, x_1, x_2 等距, 也即 $x_1 = x_0 + h$, $x_2 = x_0 + 2h$ 时, 将 (7.45) 代入 (7.44), 得

$$
\begin{aligned}
f'(x_0) &= \frac{1}{h}\left(-\frac{3}{2}f(x_0) + 2f(x_1) - \frac{1}{2}f(x_2)\right) + \frac{1}{3}h^2 f'''(\xi_0),\\
f'(x_1) &= \frac{1}{h}\left(-\frac{1}{2}f(x_0) + \frac{1}{2}f(x_2)\right) - \frac{1}{6}h^2 f'''(\xi_1),\\
f'(x_2) &= \frac{1}{h}\left(\frac{1}{2}f(x_0) - 2f(x_1) + \frac{3}{2}f(x_2)\right) + \frac{1}{3}h^2 f'''(\xi_2).
\end{aligned}
$$

我们将求导节点统一表示为 x_0, 得到

$$
\begin{aligned}
f'(x_0) &= \frac{1}{2h}\left(-3f(x_0) + 4f(x_0+h) - f(x_0+2h)\right) + \frac{1}{3}h^2 f'''(\xi_0), (\text{三点端点公式})\\
f'(x_0) &= \frac{1}{2h}\left(-f(x_0-h) + f(x_0+h)\right) - \frac{1}{6}h^2 f'''(\xi_1), (\text{三点中点公式}) \qquad (7.46)\\
f'(x_0) &= \frac{1}{2h}\left(f(x_0-2h) - 4f(x_0-h) + 3f(x_0)\right) + \frac{1}{3}h^2 f'''(\xi_2).
\end{aligned}
$$

注意第三式中的 h 换成 $-h$ 即为第一式, 因此实际上只有两个式子, 分别称之为**三点端点公式**和**三点中点公式**. 中点公式只需要用到两点的函数值, 计算量更小, 而它的误差看上去只是端点公式的一半, 这是因为它利用了 x_0 两侧点的信息, 因此实际计算中经常采用中点公式. 在计算区间端点处的导数时, 端点公式则更为适用.

7.5.1.2 五点公式

类似地, 考虑用五点插值多项式近似 $f(x)$, 可以得到五点数值微分公式:

$$
\begin{aligned}
f'(x_0) = \frac{1}{12h}(&f(x_0-2h) - 8f(x_0-h) + 8f(x_0+h)\\
&- f(x_0+2h)) + \frac{1}{30}h^4 f^{(5)}(\xi_0), \qquad (7.47)
\end{aligned}
$$

以及

$$
\begin{aligned}
f'(x_0) = \frac{1}{12h}(&-25f(x_0) + 48f(x_0+h) - 36f(x_0+2h) + 16f(x_0+3h)\\
&- 3f(x_0+4h)) + \frac{1}{5}h^4 f^{(5)}(\xi_1), \qquad (7.48)
\end{aligned}
$$

其中 $\xi_0 \in [x_0-2h, x_0+2h], \xi_1 \in [x_0, x_0+4h]$.

7.5.2 二阶导数的计算

上述方法也可以用于计算高阶导数, 为了避免冗长的计算, 这里采用相对简洁的方式推导基于等距节点的二阶导数计算公式, 该方法也提供了计算数值微分的另一种思路.

设 $f \in C^{(4)}[a,b]$, x_0-h, x_0, x_0+h 是 $[a,b]$ 上的三个等距节点. 分别对 $f(x_0+h)$ 和 $f(x_0-h)$ 在 x_0 处作三阶 Taylor 展开得

$$f(x_0+h)=f(x_0)+f'(x_0)h+\frac{1}{2}f''(x_0)h^2+\frac{1}{6}f'''(x_0)h^3+\frac{1}{24}f^{(4)}(\xi_1)h^4,$$

$$f(x_0-h)=f(x_0)-f'(x_0)h+\frac{1}{2}f''(x_0)h^2-\frac{1}{6}f'''(x_0)h^3+\frac{1}{24}f^{(4)}(\xi_{-1})h^4,$$

其中 ξ_1 介于 x_0, x_0+h 之间, ξ_{-1} 介于 x_0, x_0-h 之间. 两式对应相加得

$$f(x_0+h)+f(x_0-h)=2f(x_0)+f''(x_0)h^2+\frac{1}{24}\left(f^{(4)}(\xi_1)+f^{(4)}(\xi_{-1})\right)h^4,$$

整理得

$$f''(x_0)=\frac{1}{h^2}\left(f(x_0+h)+f(x_0-h)-2f(x_0)\right)-\frac{1}{12}f^{(4)}(\xi)h^2, \tag{7.49}$$

其中余项利用了 $f^{(4)}$ 在 $[a,b]$ 上的光滑性以及 ξ 介于 x_0-h, x_0+h 之间.

7.5.3 从数值微分加速看 Richardson 外推法

在 7.3.1 节中我们已经介绍了 Richardson 外推法的基本思想及其在数值积分中的应用, 本节进一步基于向前差商的数值微分加速来阐述 Richardson 外推法, 帮助读者更加全面地理解其思想.

假设 $f(x)$ 是无穷次可微的函数, 它在 $h=0$ 处的 Taylor 展开为

$$f(x+h)=f(x)+f'(x)h+\frac{f''(x)}{2!}h^2+\cdots+\frac{f^{(n)}(x)}{n!}h^n+\cdots, \tag{7.50}$$

整理得

$$f'(x)=\frac{f(x+h)-f(x)}{h}-\frac{f''(x)}{2!}h-\frac{f^{(3)}(x)}{3!}h^2-\cdots-\frac{f^{(n)}(x)}{n!}h^{n-1}-\cdots.$$

记 $F_0(h)=\dfrac{f(x+h)-f(x)}{h}$, 则上式又可以表示为

$$f'(x)=F_0(h)-\frac{f''(x)}{2!}h-\frac{f^{(3)}(x)}{3!}h^2-\cdots-\frac{f^{(n)}(x)}{n!}h^{n-1}-\cdots. \tag{7.51}$$

容易看出, $F_0(h)$ 是函数 $f(x)$ 的向前差商公式, 因此, (7.51) 式右端从第二项起的所有项又可以看成向前差商公式中将 $F_0(h)$ 作为导函数 $f'(x)$ 数值微分值时的误差, 且其误差量级为 $O(h)$.

下面我们利用 (7.51) 式介绍一种求函数 $f(x)$ 数值微分值的加速方法.

注意到 (7.51) 式中 h 的取值与 x 无关, 即在 (7.51) 式所表示的级数中只要 h 的取值位于该级数的收敛半径内, 该式就成立. 因此, 若在 (7.51) 式中用 $\frac{h}{2}$ 替代 h, 则又有

$$f'(x) = F_0\left(\frac{h}{2}\right) - \frac{f''(x)}{2!}\frac{h}{2} - \frac{f^{(3)}(x)}{3!}\left(\frac{h}{2}\right)^2 - \cdots - \frac{f^{(n)}(x)}{n!}\left(\frac{h}{2}\right)^{n-1} - \cdots. \quad (7.52)$$

由于数值微分的向前差商方法的误差精度的阶为 $O(h)$, 因此, 若按照 (7.51) 或 (7.52) 式中的第一项给出的值作为函数 $f'(x)$ 的近似值时精度的阶也为 $O(h)$. 下面我们利用两个低阶精度的估计式 (7.51) 与 (7.52) 进行组合, 使之变成精度高于一阶的数值微分公式.

设两式的组合为 $C_0 \times (7.51) + C_1 \times (7.52)$, 其中 C_0, C_1 为待定常数, 直接计算得

$$\begin{aligned}&(C_0 + C_1)f'(x)\\ &= C_0F_0(h) + C_1F_0\left(\frac{h}{2}\right) - \frac{f''(x)}{2!}h\left[C_0 + \frac{C_1}{2}\right] - \frac{f^{(3)}(x)}{3!}h^2\left[C_0 + \frac{C_1}{2^2}\right] - \cdots.\end{aligned} \quad (7.53)$$

我们希望利用 $C_0F_0(h) + C_1F_0\left(\frac{h}{2}\right)$ 作为 $f'(x)$ 的近似值时精度阶超过 $O(h)$.

观察 (7.53) 式不难看出, 只要左端项中满足 $C_0 + C_1 = 1$, 而右端项中对应于 h 的系数 $C_0 + \frac{C_1}{2} = 0$ 即可. 这两个式子构成关于 C_0, C_1 的二元一次方程组, 解之得到 $C_0 = -1, C_1 = 2$. 因此, 若

$$\begin{aligned}F_1(h) &= C_0F_0(h) + C_1F_0\left(\frac{h}{2}\right)\\ &= 2F_0\left(\frac{h}{2}\right) - F_0(h) = F_0\left(\frac{h}{2}\right) + \left(F_0\left(\frac{h}{2}\right) - F_0(h)\right),\end{aligned}$$

并将 $C_0 = -1$, $C_1 = 2$ 代入 (7.53) 式有

$$f'(x) = F_1(h) + \frac{1}{2}\frac{f^{(3)}(x)}{3!}h^2 + \frac{3}{4}\frac{f^{(4)}(x)}{4!}h^3 + \cdots + \frac{2^{n-1}-1}{2^{n-1}}\frac{f^{(n+1)}(x)}{(n+1)!}h^n + \cdots. \quad (7.54)$$

(7.54) 式表明, 当用 $F_1(h)$ 作为函数 $f'(x)$ 的近似值时, 其误差精度阶从 $O(h)$ 提高到了 $O(h^2)$. 这表明, 对两个一阶的近似值 $F_0(h), F_0\left(\frac{h}{2}\right)$ 进行简单的组合便可以得到 $f'(x)$ 的二阶近似值 $F_1(h)$. 在数值计算中, 常将上述类似的算法过程称为加速算法.

采用完全相同的过程, 对 (7.53) 式进一步做组合, 又可以得到超过 $O\left(h^2\right)$ 阶的数值微分公式. 例如, 首先得到

$$f'(x) = F_1\left(\frac{h}{2}\right) + \frac{1}{2}\frac{f^{(3)}(x)}{3!}\left(\frac{h}{2}\right)^2 + \frac{3}{4}\frac{f^{(4)}(x)}{4!}\left(\frac{h}{2}\right)^3 + \cdots + \frac{2^{n-1}-1}{2^{n-1}}\frac{f^{(n+1)}(x)}{(n+1)!}\left(\frac{h}{2}\right)^n + \cdots. \tag{7.55}$$

将 (7.54) 式与 (7.55) 式组合, 采用类似于 (7.53) 式的做法, 得到

$$f'(x) = \left(\frac{4}{3}F_1\left(\frac{h}{2}\right) - \frac{1}{3}F_1(h)\right) - \frac{1}{8}\frac{f^{(4)}(x)}{4!}h^3 - \cdots - \frac{(2^{n-1}-1)(2^{n-2}-1)}{3\cdot 2^{2n-3}}\frac{f^{(n+1)}(x)}{(n+1)!}h^n - \cdots. \tag{7.56}$$

如果取

$$F_2(h) = \frac{4}{3}F_1\left(\frac{h}{2}\right) - \frac{1}{3}F_1(h) = F_1\left(\frac{h}{2}\right) + \frac{1}{3}\left(F_1\left(\frac{h}{2}\right) - F_1(h)\right) \tag{7.57}$$

作为函数 $f(x)$ 一阶导数的近似值, 则其逼近阶为 $O\left(h^3\right)$.

将上述加速过程推广到一般情形, 就得到 Richardson 外推法.

设 $A_0(h)$ 是待求值 A 的某种逼近 (例如, A 为上面描述的导数值), 其中 h 为与值 A 无关的参数, 且有下面的逼近形式成立:

$$A = A_0(h) + a_0h^{k_0} + a_1h^{k_1} + a_2h^{k_2} + \cdots, \tag{7.58}$$

其中, $a_i, i=0,1,2,\cdots$ 是与 h 无关的常数, 而 k_i 是满足 $k_i < k_{i+1}$ 的已知正整数. 易知, 用 $A_0(h)$ 作为 A 的近似值时, 其逼近阶为 $O\left(h^{k_0}\right)$.

下面采用 Richardson 外推法将逼近阶从 $O\left(h^{k_0}\right)$ 提高到 $O\left(h^{k_1}\right)$.

由于 h 与 A 无关, 在 (7.58) 式中将 h 改为 $\frac{h}{t}(t>1)$ 有

$$A = A_0\left(\frac{h}{t}\right) + a_0\left(\frac{h}{t}\right)^{k_0} + a_1\left(\frac{h}{t}\right)^{k_1} + a_2\left(\frac{h}{t}\right)^{k_2} + \cdots. \tag{7.59}$$

将 (7.58) 式与 (7.59) 式组合为 $C_0 \times (7.58) + C_1 \times (7.59)$, 其中 C_0, C_1 为待定常数, 则有

$$(C_0 + C_1)A = \left[C_0 \cdot A_0(h) + C_1 \cdot A_0\left(\frac{h}{t}\right)\right] + a_0\left[C_0 + \frac{C_1}{t^{k_0}}\right]h^{k_0} + a_1\left[C_0 + \frac{C_1}{t^{k_1}}\right]h^{k_1} + \cdots. \tag{7.60}$$

为了得到关于 A 更高阶的逼近, 只要在 (7.60) 式中让 h^{k_0} 的系数等于零, 即 $C_0 + \dfrac{C_1}{t^{k_0}} = 0$, 同时还要求 (7.60) 式中左端 A 的系数为 1, 即 $C_0 + C_1 = 1$, 从而得到关于 C_0, C_1 的二元一次方程组, 解之得 $C_0 = -\dfrac{1}{t^{k_0} - 1}, C_1 = \dfrac{t^{k_0}}{t^{k_0} - 1}$. 令

$$A_1(h) = \frac{t^{k_0} A_0\left(\frac{h}{t}\right) - A_0(h)}{t^{k_0} - 1} = A_0\left(\frac{h}{t}\right) + \frac{A_0\left(\frac{h}{t}\right) - A_0(h)}{t^{k_0} - 1},$$

代入 (7.60) 式有

$$A = A_1(h) + a_1 \frac{1 - t^{k_1 - k_0}}{(t^{k_0} - 1)t^{k_1 - k_0}} h^{k_1} + \cdots. \tag{7.61}$$

(7.61) 式表明, 如果利用 $A_1(h)$ 作为待求值 A 的近似值, 则其逼近精度从 (7.58) 式的 $O\left(h^{k_0}\right)$ 提高到 $O\left(h^{k_1}\right)$.

还可以将 (7.61) 式简写为

$$A = A_1(h) + O\left(h^{k_1}\right). \tag{7.62}$$

上述过程可以一直继续进行下去, 得到下面的递推关系:

$$A_{i+1}(h) = A_i\left(\frac{h}{t}\right) + \frac{A_i\left(\frac{h}{t}\right) - A_i(h)}{t^{k_i} - 1}, \quad i = 0, 1, 2, \cdots, \tag{7.63}$$

而逼近误差满足

$$A = A_{i+1}(h) + O\left(h^{k_{i+1}}\right), \quad i = 0, 1, 2, \cdots. \tag{7.64}$$

按照 (7.63) 与 (7.64) 式导出的逼近算法公式称为 **Richardson 外推加速算法**.

需要说明的是, Richardson 大约在 1910 年提出外推法时并没有得到诸如 (7.63) 与 (7.64) 这样的一般表达式, 只是建立了少数几个消去低阶项的外推公

式. 但是, 由于从少数几个消去低阶项的过程到一般递推公式是呼之欲出的事情, 因此, 我们仍然将 (7.63) 与 (7.64) 式描述的计算过程称为 Richardson 外推加速算法.

不难看出, 利用向前差商的数值微分的加速算法实际上就是在 Richardson 加速算法中取 $t=2,\ k_i=i+1,\ i=0,1,2,\cdots$ 以及 $A_0(h)=\dfrac{f(x+h)-f(x)}{h}$ 的结果.

需要说明的是, 在 Richardson 外推法中, 我们并没有对 t 的取值详细讨论. 一般情况下, 考虑到幂级数 (7.59) 中收敛半径的限制, 一般 t 取为大于 1 的整数更合适. 如果从计算简单的角度来考虑, 可取 t 为 2 的幂. 当取 $t=2$ 时, 每一次的步长都为上一次步长的一半, 此时 Richardson 外推法是一种逐次减半加速方法. 对于一般情形, t 的具体取法需要根据实际问题来抉择.

例 7.7　利用 Richardson 外推法加速基于中心差商公式的数值微分公式.

解　假设 $f(x)$ 无穷次可微, 利用 Taylor 展开, 得到

$$f(x-h)=f(x)-f'(x)h+\frac{f''(x)}{2!}h^2-\cdots+(-1)^i\frac{f^{(i)}(x)}{i!}h^i+\cdots,\tag{7.65}$$

将 (7.50) 式减去 (7.65) 式, 整理得到

$$\begin{aligned}&f(x+h)-f(x-h)\\=&2f'(x)h+2\frac{f^{(3)}(x)}{3!}h^3+2\frac{f^{(5)}(x)}{5!}h^5+\cdots+2\frac{f^{(2i+1)}(x)}{(2i+1)!}h^{2i+1}+\cdots.\end{aligned}\tag{7.66}$$

记 $D_0(h)=\dfrac{f(x+h)-f(x-h)}{2h}$, 由 (7.66) 式知

$$f'(x)=D_0(h)-\frac{f^{(3)}(x)}{3!}h^2-\frac{f^{(5)}(x)}{5!}h^4-\cdots-\frac{f^{(2i+1)}(x)}{(2i+1)!}h^{2i}-\cdots.\tag{7.67}$$

从该表达式可以看出, 按照 (7.67) 式可以建立求导数的加速算法, 且 (7.67) 式中 h 的指数与 (7.59) 式中的指数具有对应关系: $k_i=2i,\ i=1,2,3,\cdots$. 特别地, 取 $t=2$, 则按照 (7.63) 式可以建立如下的加速公式

$$\begin{aligned}&D_0(h)=\frac{f(x+h)-f(x-h)}{2h},\\&D_{i+1}(h)=D_i\left(\frac{h}{2}\right)+\frac{D_i\left(\dfrac{h}{2}\right)-D_i(h)}{4^i-1},\quad i=1,2,3,\cdots,\end{aligned}\tag{7.68}$$

而逼近误差满足

$$f'(x) = D_{i+1}(h) + O\left(h^{2(i+1)}\right), \quad i = 0, 1, 2, \cdots. \tag{7.69}$$

直接比较基于向前差商与中心差商计算数值微分的 Richardson 外推加速算法, 利用向前差商的 Richardson 外推算法加速到第 i 步时, 误差阶为 $O\left(h^{i+1}\right)$, 而按照中心差商的 Richardson 外推法加速到第 i 步时, 误差阶为 $O\left(h^{2(i+1)}\right)$. 因此, 从加速算法的收敛速度来看, 中心差商方法加速效果更为显著.

第 7 章评注

数值积分与数值微分是数值计算中的基础性工具. 7.2 节和 7.3 节以插值多项式近似和 Richardson 外推法为基础, 介绍了常见的数值积分方法. 首先, 取等距节点插值, 利用 Lagrange 插值多项式导出了 Newton-Cotes 公式, 著名的梯形公式和 Simpson 公式是它的特例. 为了简化计算并提高求积公式的数值稳定性, 引入了复合积分公式以及变步长复合求积公式. Richardson 外推算法是一种改善级数序列收敛效率的重要方法. 基于该算法导出了 Romberg 求积法. Romberg 求积法因其具有高精度、逻辑简单、估计误差方便等优点, 已经成为计算机上普遍使用的数值积分方法. 7.4 节从最高代数精度的角度出发, 利用 Legendre 多项式与 Chebyshev 多项式导出了 Gauss 型求积公式. 7.5 节则基于插值多项式近似介绍了数值微分的基本思想, 并且给出了等距节点一阶、二阶导数计算的三点和五点公式.

需要指出的是, 数值积分的内容非常丰富, 限于篇幅, 本章没有讨论高振荡积分、多重积分等的数值计算方法. 自 2007 年剑桥大学 Newton 所举办高振荡问题讨论班以来, 高振荡积分数值计算理论发展迅猛, 已形成了渐近法、Filon (菲隆) 型方法、Levin (莱文) 型方法、数值最速下降法等多种高效算法, 高振荡积分算法的基本特点是随着振荡频率逐渐增加, 误差反而逐渐减小. 感兴趣的读者可参见 [32]. 由于维度的增加, 多重积分的数值计算更为复杂, 其计算方法包括代数方法、数论方法及解析方法, 可参见 [28, 33]. Monte Carlo 方法也是计算多重积分的一个重要方法, 它将问题转化为求解某一随机事件的概率问题, 该方法的优点在于其收敛速度与问题的维数无关且编写程序简单, 但收敛速度较慢. 感兴趣的读者可参见 [31].

习　题　7

1. 试用 Simpson 公式计算积分 $\int_1^2 e^{-x^2}dx$ 的近似值, 要求精确到 4 位有效数字.

2. 给定积分 $I(f)=\int_a^b f(x)\mathrm{d}x$,

(1) 写出求 $I(f)$ 的 Simpson 求积公式 $S(f)$;

(2) 如果 $f\in C^4[a,b]$, 证明: 存在 $\xi\in(a,b)$, 使得

$$I(f)-S(f)=-\frac{b-a}{180}\left(\frac{b-a}{2}\right)^4 f^{(4)}(\xi).$$

3. 已知函数 $f(x)\in C^4[-a,a], I(f)=\int_{-a}^{a} f(x)\mathrm{d}x$.

(1) 试确定求积公式 $\tilde{I}(f)=A_0f(-a)+A_1f(0)+A_2f(a)$ 中的参数 A_0,A_1,A_2, 使 $\tilde{I}(f)$ 的代数精度尽可能高, 并指出此时该求积公式的代数精度;

(2) 求 $I(f)-\tilde{I}(f)$ 形如 $\lambda f^{(m-1)}(\eta)a^m$ 的截断误差表达式.

4. 考虑积分 $I(f)=\int_0^3 f(x)\mathrm{d}x$ 及对应的求积公式为 $Q(f)=\frac{3}{4}f(0)+\frac{9}{4}f(2)$.

(1) 证明: 求积公式 $Q(f)$ 是以 $x_0=0,x_1=1,x_2=2$ 为求积节点的插值型求积公式;

(2) 求积公式 $I(f)\approx Q(f)$ 的代数精度;

(3) 设 $f(x)\in C^3[0,3]$, 求截断误差 $I(f)-Q(f)$ 形如 $\alpha f^{(\beta)}(\xi)$ 的表达式, 其中 $\xi\in(0,3),\alpha,\beta$ 为常数.

5. 设 $f(x)\in C^2[a,b], I(f)=\int_a^b f(x)\mathrm{d}x$.

(1) 写出梯形公式 $T(f)$ 截断误差的表达式;

(2) 将区间 $[a,b]$ 作 n 等分, 记 $h=\frac{b-a}{n}, x_i=a+ih, 0\leqslant i\leqslant n$, 另记 $T_n(f)$ 为计算 $I(f)$ 的复合梯形公式, 试求 $\lim\limits_{h\to 0}\frac{I(f)-T_n(f)}{h^2}$.

6. 设 $f(x)\in C^2[a,b], I(f)=\int_a^b f(x)\mathrm{d}x, T(f)=\frac{b-a}{2}[f(a)+f(b)]$ 为计算 $I(f)$ 的梯形公式. 将区间 $[a,b]$ 进行 n 等分, 记 $h=\frac{b-a}{n}, x_i=a+ih, 0\leqslant i\leqslant n$.

(1) 写出计算积分 $I(f)$ 的复合梯形公式 $T_n(f)$;

(2) 已知

$$I(f)-T(f)=-\frac{(b-a)^3}{12}f^{(2)}(\xi),\quad \xi\in(a,b),$$

证明: 存在 $\eta\in(a,b)$, 使得

$$I(f)-T_n(f)=-\frac{b-a}{12}h^2 f^{(2)}(\eta),\quad \eta\in(a,b).$$

7. 已知函数 $f(x)\in C^2[a,b], I(f)=\int_a^b f(x)\mathrm{d}x$.

(1) 写出求 $I(f)$ 的一点高斯公式 $I_0(f)=Af(x_0)$;

(2) 试写出截断误差 $I(f)-I_0(f)$ 形如 $\alpha f^{(m-1)}(\eta)(b-a)^m$ (其中 α,m 均为常数) 的表达式;

(3) 取 $h=\dfrac{b-a}{n}, x_i=a+ih, 0\leqslant i\leqslant n$, 应用 (1) 中给出的单点公式构造复合求积公式, 并给出该复合求积公式的误差表达式.

8. (1) 试根据 $f(x)=\sqrt[3]{x}$ 在 $x_0=1, x_1=8, x_2=27$ 处的函数值, 求 $f(x)$ 关于这三个节点的插值多项式, 并据此估计 $\sqrt[3]{10}$ (保留 4 位有效数字);

(2) 给出 (1) 中插值多项式的误差限;

(3) 根据 (1) 中给定的三个节点, 用三点公式估算 $f'(8)$, 并给出估计值的误差限.

上机实验题

1. 试用 Romberg 求积法计算积分 $I(\ln x)=\displaystyle\int_1^2 \ln x\mathrm{d}x$, 直至 $|R_{k,k}-R_{k,k-1}|<10^{-4}$ 时停止, 给出 Romberg 积分数值表.

2. 分别用下列方法计算积分 $\displaystyle\int_1^3 \mathrm{e}^{-x^2}\mathrm{d}x$, 并比较结果:

(1) Romberg 求积法;

(2) 三点及五点 Gauss 求积公式;

(3) 将积分区间分为四等分, 用复合两点 Gauss 求积公式.

第 8 章　常微分方程数值解

8.1　引　　言

一个含有未知函数导数或微分的方程称为微分方程. 未知函数为一元函数的微分方程称为常微分方程. 在自然科学和社会现象中, 大量客观事实的规律都可由常微分方程来描述. 例如导弹追踪目标问题, 设甲舰位于乙舰正西侧 1km 处, 并向乙舰发射导弹, 导弹头始终对准乙舰. 如果乙舰以速度 v_0 ($v_0 = 14\text{m/s}=50.4\text{km/h}$) 朝正北方向直线行驶, 导弹的速度是 $20v_0$, 求导弹运行的曲线. 经过多久时间, 导弹将击中乙舰 (规定导弹与乙舰相距不足 1m, 可判定为击中)?

导弹追踪目标问题中描述导弹飞行过程的数学模型是

$$\begin{cases} \dfrac{\mathrm{d}x}{\mathrm{d}t} = \dfrac{20v_0}{\sqrt{(1000-x)^2+(v_0t-y)^2}}(1000-x), \\ \dfrac{\mathrm{d}y}{\mathrm{d}t} = \dfrac{20v_0}{\sqrt{(1000-x)^2+(v_0t-y)^2}}(v_0t-y), \end{cases}$$

其中 $x(t), y(t)$ 分别为 t 时刻导弹的横坐标与纵坐标. 导弹轨迹如图 8.1 所示, 通过数值求解微分方程得 $t = 3.57\text{s}$ 时导弹击中乙舰.

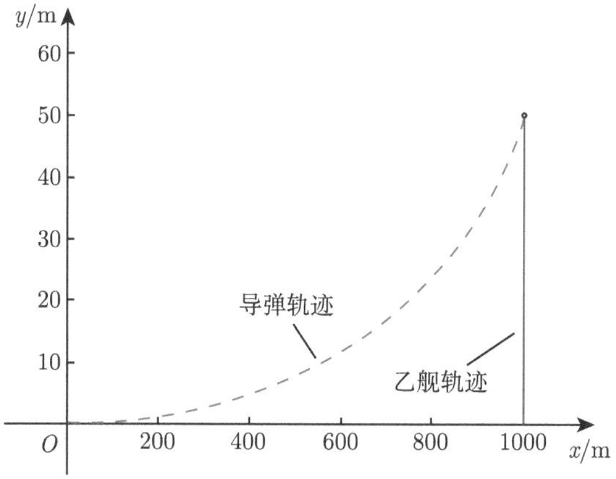

图 8.1　导弹和乙舰运动轨迹

为确定常微分方程的解, 必须附加某种定解条件, 方程和定解条件一起构成定解问题. 对于高阶常微分方程, 定解条件通常有两种给法: 一种是给出在初始时刻未知函数及导数的值, 这类定解条件称为初始条件, 相应的定解问题称为初值问题; 另一种是给出在区间两个端点未知函数及 (或) 它的某些导数的值, 这类定解条件称为边值条件, 相应的定解问题称为边值问题.

虽然常微分方程在理论方面获得了关于解的存在性和唯一性的结果及一些求解常微分方程的解析方法, 但是, 能够解析计算的方程仍是少数具有特殊形式的方程. 在实际问题, 尤其是非线性问题中, 它们的解析解很难获得, 通常不能用初等函数来表达, 因此需要研究其数值解.

这一章主要介绍一阶常微分方程初值问题

$$\begin{cases} y'(x) = f(x, y), \quad x \in [a, b], \\ y(a) = y_0 \end{cases} \tag{8.1}$$

的几种数值方法. 在数值求解初值问题 (8.1) 前, 我们自然要问: 给定的初值问题是否有解？解是否唯一？如下定理给出了回答.

定理 8.1 如果方程 (8.1) 中的右端函数 $f(x, y)$ 满足

(1) $f(x, y)$ 是实值函数.

(2) 函数 $f(x, y)$ 在矩形区域 $\Omega = \{(x, y) | x \in [a, b], y \in (-\infty, +\infty)\}$ 内连续.

(3) $f(x, y)$ 关于 y 满足 Lipschitz (利普希茨) 条件: 存在正实数 L (称为 Lipschitz 常数), 使得对任意 $x \in [a, b]$ 均成立不等式

$$|f(x, y_1) - f(x, y_2)| \leqslant L |y_1 - y_2|, \tag{8.2}$$

则方程 (8.1) 存在唯一的一阶连续可微解 $y(x)$.

另一个关心的理论问题是: 初始值存在微小误差时, 对微分方程解是否有影响？如果有, 影响程度又有多大？即初值问题的适定性问题.

定义 8.1 称初值问题 (8.1) 的初值 y_0 是**适定**的, 如果存在常数 $K > 0, \eta > 0$, 使得 $\forall \varepsilon \leqslant \eta$, 当 $|y_0 - \tilde{y}_0| < \varepsilon$ 及 $|f(x, y) - \tilde{f}(x, y)| < \varepsilon, (x, y) \in \Omega$ 时初值问题

$$\frac{\mathrm{d}z}{\mathrm{d}x} = \tilde{f}(x, z), \quad z(a) = \tilde{y}_0$$

有解存在, 且满足 $|y(x) - z(x)| \leqslant K\varepsilon, \forall x \in [a, b]$, 这里 $y(x)$ 表示初值问题 (8.1) 的解.

定理 8.2 如果方程 (8.1) 的右端函数 $f(x, y)$ 在矩形区域 $\Omega = \{(x, y) | x \in [a, b], y \in (-\infty, +\infty)\}$ 内满足 Lipschitz 条件 (8.2), 则方程 (8.1) 对任意初值是适定的.

定理 8.2 保证了微分方程的解对初始值的连续依赖关系.

假设本章所求解的一阶常微分方程初值问题均满足定理 8.1 的条件, 即所求解的初值问题具有唯一解且是适定的.

常微分方程的数值解就是在区间 $[a,b]$ 的一些离散节点 $x_1 < x_2 < \cdots < x_n < \cdots$ 上获得真实解 $y(x)$ 的近似值 $y_1, y_2, \cdots, y_n, \cdots$. 相邻两个节点的间距记为 $h_n = x_{n+1} - x_n$, 称为**步长**. 本章若不做特别说明, 总是取等步长, 即 $h_n = h$, 此时节点可表示为 $x_n = a + nh$, $n = 0, 1, 2, \cdots$.

求解常微分方程的数值方法主要分为两大类:

(1) 单步法——计算 $y(x)$ 在 $x = x_{n+1}$ 处的值仅取决于 $x = x_n$ 处的函数值及其导数值信息, 包括 Euler 方法、Runge-Kutta 法等;

(2) 多步法——计算 $y(x)$ 在 $x = x_{n+1}$ 处的值需要在 $x = x_{n+1}$ 之前多个节点处的函数值及其导数值信息, 包括 Adams 方法、预测-校正方法等.

本章将建立单步法和多步法求解常微分方程的计算公式, 然后研究计算公式的理论分析, 包括截断误差与阶、误差估计与收敛性, 以及稳定性.

8.2 Euler 方法及其改进方法

Euler 方法是由数学家 L. Euler 在 1768 年提出的求解常微分方程初值问题的方法. 该方法易于理解且容易通过程序实现, 是求解常微分方程最简单的方法. 由于单步误差较大, 为了达到给定的数值精度, 需要很小步长, 使得计算量太大, 因此很少被直接采用. 但是 Euler 方法体现了数值方法的基本思想与特征, 因此我们从 Euler 方法及其改进方法入手, 介绍常微分方程的数值方法.

8.2.1 Euler 方法

Euler 方法可以通过 Taylor 展开法、数值微分法以及数值积分法推导获得. 下面采用 Taylor 展开法来推导 Euler 方法.

设 $y(x)$ 是常微分方程初值问题 (8.1) 的解, 且 $y(x)$ 在 $[a,b]$ 上二阶可导. 将 $y(x_{n+1})$ 在 x_n 处做一阶 Taylor 展开, 得

$$y(x_{n+1}) = y(x_n) + hy'(x_n) + \frac{h^2}{2!}y''(\xi_n), \tag{8.3}$$

其中 $\xi_n \in (x_n, x_{n+1})$. 由微分方程 (8.1) 知 $y'(x_n) = f(x_n, y(x_n))$, 则 (8.3) 可写为

$$y(x_{n+1}) = y(x_n) + hf(x_n, y(x_n)) + \frac{h^2}{2!}y''(\xi_n). \tag{8.4}$$

当 $h \to 0$ 时, 二阶项 $\frac{h^2}{2!}y''(\xi_n)$ 为 $hf(x_n, y(x_n))$ 的高阶无穷小, 略去展开式中的二阶项. 假设 $y(x_n)$ 的近似值已知, 记为 y_n, 则由 (8.4) 得 $y(x_{n+1})$ 的近似值

$$y_{n+1} = y_n + hf(x_n, y_n), \quad n = 0, 1, 2, \cdots. \tag{8.5}$$

特别当 $n = 0$ 时, y_0 即为初始值, 是已知的.

利用 (8.5) 求解常微分方程初值问题 (8.1) 在离散点 $\{x_n | n = 0, 1, 2, \cdots\}$ 上的近似解的方法称为 **Euler 方法**.

Euler 方法有明显的几何解释. 为此, 先回顾微分方程解的几何意义. 在 xOy 平面上, 微分方程 $y'(x) = f(x, y)$ 的解 $y = y(x)$ 称为方程的**积分曲线**. 在积分曲线上任一点 (x, y) 处的切线斜率等于 $f(x, y)$. 在 xOy 平面上每一点作一小段有向线段, 指向 x 增加方向, 且斜率为 $f(x, y)$, 从而确定了一个方向场. 那么积分曲线上每一点的切线方向与方向场在该点的方向是一致的.

从几何上看, 微分方程初值问题 (8.1) 的解 $y(x)$ 是过点 $P_0(x_0, y_0)$ 的一条积分曲线, 如图 8.2 所示. 而 Euler 方法中 (8.5) 所刻画的几何过程为: 过点 $P_0(x_0, y_0)$, 沿着方向场在该点的方向前进到点 P_1, 使得该点的横坐标为 x_1, 此时点 P_1 的纵坐标即为 $y_1 = y_0 + hf(x_0, y_0)$. 再从 $P_1(x_1, y_1)$ 出发, 沿着方向场在该点的方向前进到点 P_2, 使得该点的横坐标为 x_2, 此时点 P_2 的纵坐标即为 $y_2 = y_1 + hf(x_1, y_1)$. 重复以上过程, 进而做出一条折线 $\overline{P_0P_1P_2\cdots}$, 如图 8.2 所示. 因此, Euler 方法所得数值解的几何图形即为折线 $\overline{P_0P_1P_2\cdots}$. Euler 方法就是用这条折线去逼近原积分曲线 $y(x)$, 故 Euler 方法又被称为**折线法**.

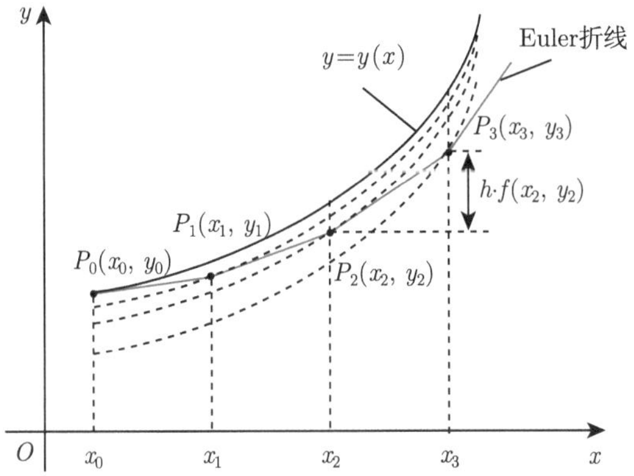

图 8.2 Euler 折线法 (彩图请扫二维码)

例 8.1 用 Euler 方法求解初值问题

$$\begin{cases} y'(x) = -y(x) - x, & 0 \leqslant x \leqslant 1, \\ y(0) = 3. \end{cases} \tag{8.6}$$

解 Euler 方法的具体计算格式为

$$y_{n+1} = y_n + h\left(-y_n - x_n\right), \quad n = 0, 1, 2, \cdots.$$

取步长 $h = 0.05$, 计算结果见表 8.1, 其中 $y(x_n)$ 由解析解 $y(x) = 2\mathrm{e}^{-x} + 1 - x$ 计算得到.

表 8.1 Euler 方法的计算结果与误差

x_n	$y(x_n)$	y_n	误差 $(\lvert y(x_n) - y_n\rvert)$
0	3.0000	3.0000	0.0000
0.1	2.7097	2.7050	0.0047
0.2	2.4375	2.4290	0.0084
0.3	2.1816	2.1702	0.0115
0.4	1.9406	1.9268	0.0138
0.5	1.7131	1.6975	0.0156
0.6	1.4976	1.4807	0.0169
0.7	1.2932	1.2753	0.0178
0.8	1.0987	1.0803	0.0184
0.9	0.9131	0.8944	0.0187
1	0.7358	0.7170	0.0188

8.2.2 Euler 方法的误差分析

通过例 8.1 的数值结果可以发现 Euler 方法的精度不高. 本小节将从理论上给出在没有舍入误差情况下 Euler 方法的误差分析.

假设 y_n 为准确值, 即 $y_n = y(x_n)$, 然后通过 Euler 方法计算得到 $y(x_{n+1})$ 的近似值为 $\bar{y}_{n+1}$, 记 $T_{n+1} = y(x_{n+1}) - \bar{y}_{n+1}$, 则称 T_{n+1} 为 Euler 方法的**局部截断误差**, 即计算一步所产生的误差.

注意到, Euler 方法是略去了一阶 Taylor 公式的二阶项后得到的数值方法, 易知局部截断误差

$$T_{n+1} = y(x_{n+1}) - \bar{y}_{n+1} = \frac{h^2}{2!}y''(\xi_n),$$

其中 ξ_n 为 (x_n, x_{n+1}) 中的某个数. 当 $y(x)$ 二阶连续可导, 记 $M = \max\limits_{x\in[a,b]} |y''(x)|$, 则 Euler 方法的局部截断误差满足

$$|T_{n+1}| \leqslant \frac{M}{2}h^2 = O\left(h^2\right). \tag{8.7}$$

但在实际计算中在不考虑舍入误差的基础上除了 $n = 0$ 外, 一般用到的 y_n 都不是准确的, 因此计算每一步的误差, 除了考虑局部截断误差, 还必须考虑该步初始值带来的误差. 记 $e_{n+1} = y(x_{n+1}) - y_{n+1}$, 其中 y_{n+1} 由 (8.5) 计算得到. 则称 e_{n+1} 为 Euler 方法的**总体截断误差**.

总体截断误差是一个误差积累过程, 一般计算步数越多, 总体截断误差越大. 对于 $n+1$ 有

$$|e_{n+1}| = |y(x_{n+1}) - \bar{y}_{n+1} + \bar{y}_{n+1} - y_{n+1}| \leqslant |y(x_{n+1}) - \bar{y}_{n+1}| + |\bar{y}_{n+1} - y_{n+1}|.$$

由局部截断误差估计知 $|y(x_{n+1})-\bar{y}_{n+1}| \leqslant \dfrac{M}{2}h^2$, 因而只要估计 $|\bar{y}_{n+1} - y_{n+1}|$.

$$\begin{aligned}|\bar{y}_{n+1} - y_{n+1}| &= |y(x_n) + hf(x_n, y(x_n)) - y_n - hf(x_n, y_n)| \\ &\leqslant |y(x_n) - y_n| + h\,|f(x_n, y(x_n)) - f(x_n, y_n)|.\end{aligned}$$

由于 $f(x,y)$ 关于 y 满足 Lipschitz 条件 (8.2), 因而

$$|\bar{y}_{n+1} - y_{n+1}| \leqslant |e_n| + hL\,|e_n| = (1 + hL)\,|e_n|,$$

其中 L 为 Lipschitz 常数. 综上可得

$$|e_{n+1}| \leqslant \frac{M}{2}h^2 + (1 + hL)\,|e_n|, \quad n = 0, 1, 2, \cdots. \tag{8.8}$$

特别地, $e_0 = 0$. 则由递推不等式 (8.8) 可得

$$\begin{aligned}|e_n| &\leqslant \frac{M}{2}h^2 + (1 + hL)\,|e_{n-1}| \\ &\leqslant \frac{M}{2}h^2 + (1 + hL)\frac{M}{2}h^2 + (1 + hL)^2\,|e_{n-2}| \\ &\leqslant \cdots \\ &\leqslant \frac{M}{2}h^2 \sum_{k=0}^{n-1}(1 + hL)^k = \frac{M}{2L}\left[(1 + hL)^n - 1\right]h.\end{aligned}$$

由于当 $x > 0$ 时有 $\mathrm{e}^x > 1 + x$, 且 $nh \leqslant b - a$, 从而 $(1 + hL)^n < \mathrm{e}^{nhL} \leqslant \mathrm{e}^{L(b-a)}$, 因此 Euler 方法的总体截断误差满足

$$|e_n| \leqslant \frac{M\left(\mathrm{e}^{L(b-a)} - 1\right)}{2L}h = O(h), \quad n = 0, 1, 2, \cdots. \tag{8.9}$$

不等式 (8.7) 和 (8.9) 表明 Euler 方法的局部截断误差和总体截断误差关于 h 分别是二阶和一阶的, 总体截断误差阶比局部截断误差阶要小一阶. 不等式 (8.9) 也表明当 $h \to 0$ 时, $e_n \to 0$, 即 Euler 方法的数值解是收敛的. 但是总体截断误差阶很低, 当 h 较大时, Euler 方法的精度较差.

8.2.3 后退 Euler 方法与梯形方法

为了得到不同的求解常微分方程的计算格式, 我们下面从数值积分法的角度重新获得 Euler 方法. 在区间 $[x_n, x_{n+1}]$ 上对微分方程进行积分, 得

$$y(x_{n+1}) = y(x_n) + \int_{x_n}^{x_{n+1}} f(x, y(x))\mathrm{d}x. \tag{8.10}$$

利用左矩形求积公式近似计算上式右端积分, 得

$$y(x_{n+1}) = y(x_n) + hf(x_n, y(x_n)) + O\left(h^2\right).$$

略去 h 的高阶项, 并用 y_n 表示 $y(x_n)$ 的近似值, 从而又得到 Euler 方法的计算公式 (8.5).

在利用数值积分法推导 Euler 方法的过程中, 我们采用了左矩形求积公式. 如果更换一种积分方法, 是不是就能得到新的计算常微分方程的格式呢? 答案是肯定的.

若 (8.10) 中的积分采用右矩形公式来计算, 略去高阶误差项后, 则得到一个新的计算公式

$$y_{n+1} = y_n + hf(x_{n+1}, y_{n+1}), \quad n = 0, 1, 2, \cdots, \tag{8.11}$$

称为**后退 Euler 方法**. 可以证明后退 Euler 方法的局部截断误差和总体截断误差分别为 $O\left(h^2\right)$ 和 $O(h)$, 故后退 Euler 方法也是一阶精度的.

对比 (8.5) 和 (8.11), 可以发现, 公式 (8.5) 中 y_{n+1} 是一个关于 x_n, y_n 的显函数, 而公式 (8.11) 是一个含有 y_{n+1} 的函数方程, 即 y_{n+1} 是一个关于 x_n, y_n 的隐函数. 鉴于此, 通过式 (8.11) 计算常微分方程的方法也称为**隐式 Euler 方法**.

若 (8.10) 中的积分采用梯形公式来计算, 略去高阶误差项后, 则又得到一个新的计算公式

$$y_{n+1} = y_n + \frac{h}{2}\left[f(x_n, y_n) + f(x_{n+1}, y_{n+1})\right], \quad n = 0, 1, 2, \cdots, \tag{8.12}$$

称为**梯形方法**. 可以证明梯形方法的局部截断误差和总体截断误差分别为 $O\left(h^3\right)$ 和 $O\left(h^2\right)$, 故梯形方法是二阶精度的, 这意味着当 $h \to 0$ 时梯形方法比 Euler 方法和后退 Euler 方法逼近微分方程解的速度要快. 注意到 (8.12) 中 y_{n+1} 也是一个关于 x_n, y_n 的隐函数. 故梯形方法也是一类隐式方法.

由于后退 Euler 方法和梯形方法是隐式方法, 一般没有 y_{n+1} 的解析表达式, 所以需要采用迭代方法求解 y_{n+1} 的非线性方程. 常见的迭代方法有不动点迭代、Newton 迭代等. 以不动点迭代为例, 利用显式 Euler 方法获得初始解 $y_{n+1}^{(0)}$, 分别给出后退 Euler 方法和梯形方法的具体计算格式.

后退 Euler 方法的一个具体计算格式:

$$\begin{cases} y_{n+1}^{(0)} = y_n + hf(x_n, y_n), \\ y_{n+1}^{(k+1)} = y_n + hf\left(x_{n+1}, y_{n+1}^{(k)}\right), \end{cases} \quad k = 0, 1, 2, \cdots. \tag{8.13}$$

梯形方法的一个具体计算格式:

$$\begin{cases} y_{n+1}^{(0)} = y_n + hf(x_n, y_n), \\ y_{n+1}^{(k+1)} = y_n + \dfrac{h}{2}\left[f(x_n, y_n) + f\left(x_{n+1}, y_{n+1}^{(k)}\right)\right], \end{cases} \quad k = 0, 1, 2, \cdots. \tag{8.14}$$

在计算格式 (8.13) 和 (8.14) 中迭代终止条件为相邻两项近似解的差值是否达到机器精度或人为设定的精度. 为了防止出现迭代死循环, 一般会人为设置最大迭代次数. 可以证明在 h 充分小时, (8.13) 和 (8.14) 的迭代过程一定是收敛的.

例 8.2 用后退 Euler 方法 (8.13) 和梯形方法 (8.14) 求解初值问题 (8.6).

解 取步长 $h = 0.05$, 迭代终止条件的误差精度设为 1×10^{-14}, 迭代最大次数设为 20, 计算结果见表 8.2. 同例 8.1 中 Euler 方法的计算结果比较, 后退 Euler 方法误差略优于 Euler 方法, 误差量级相同, 而梯形方法的误差比 Euler 方法的明显降低了.

表 8.2 后退 Euler 方法和梯形方法的计算结果与误差

x_n	$y(x_n)$	后退 Euler 方法		梯形方法	
		y_n	误差	y_n	误差
0	3.0000	3.0000	0.0000	3.0000	0.0000
0.1	2.7097	2.7141	0.0044	2.7096	0.0001
0.2	2.4375	2.4454	0.0079	2.4374	0.0001
0.3	2.1816	2.1924	0.0108	2.1815	0.0001
0.4	1.9406	1.9537	0.0130	1.9405	0.0001
0.5	1.7131	1.7278	0.0148	1.7129	0.0001
0.6	1.4976	1.5137	0.0161	1.4975	0.0001
0.7	1.2932	1.3101	0.0170	1.2930	0.0001
0.8	1.0987	1.1162	0.0176	1.0985	0.0001
0.9	0.9131	0.9310	0.0179	0.9130	0.0002
1	0.7358	0.7538	0.0180	0.7356	0.0002

8.2.4 改进的 Euler 方法

通过对比计算格式和计算精度, 可以发现 Euler 方法计算简单, 但精度不高, 而梯形方法虽然提高了计算精度, 但是由于它是隐式方法, 需要用迭代法求解非线性方程, 在每次迭代过程中需要重新计算函数 $f(x,y)$ 的值, 同时要计算迭代误差用以判断何时终止迭代进入下一步的计算, 计算量非常大. 为了控制计算量, 可只要求迭代一次, 就转入下一步的计算, 从而简化算法.

具体而言, 先用 Euler 方法求出初步的近似值 $\widetilde{y}_{n+1}$, 称之为**预测值**, 然后用梯形方法的计算格式 (8.14) 对它进行一次校正, 得到新的近似值 y_{n+1}, y_{n+1} 称为**校正值**. 计算公式为

$$\begin{cases} \text{预测 } \widetilde{y}_{n+1} = y_n + hf(x_n, y_n), \\ \text{校正 } y_{n+1} = y_n + \dfrac{h}{2}\left[f(x_n, y_n) + f\left(x_{n+1}, \widetilde{y}_{n+1}\right)\right]. \end{cases} \tag{8.15}$$

这样建立的预测-校正方法称为**改进的 Euler 方法**. 它也可表示为平均化形式的计算格式

$$\begin{cases} y_{n+1}^{(1)} = y_n + hf(x_n, y_n), \\ y_{n+1}^{(2)} = y_n + hf\left(x_{n+1}, y_{n+1}^{(1)}\right), \\ y_{n+1} = \dfrac{1}{2}\left(y_{n+1}^{(1)} + y_{n+1}^{(2)}\right). \end{cases}$$

相比梯形方法, 改进的 Euler 方法通过只迭代一次降低计算量, 那么相应的计算精度会受到多大的影响呢？我们下面分析改进的 Euler 方法的局部截断误差阶.

设 $y_n = y(x_n)$, 因为

$$y''(x) = \frac{\mathrm{d}}{\mathrm{d}x} f(x, y(x)) = f_x(x, y) + f_y(x, y) y'(x),$$

于是, 利用二元函数的 Taylor 展开, 有

$$\begin{aligned} y_{n+1}^{(1)} &= y_n + hy'(x_n), \\ y_{n+1}^{(2)} &= y_n + hf\left(x_{n+1}, y_{n+1}^{(1)}\right) = y_n + hf\left(x_n + h, y_n + hy'(x_n)\right) \\ &= y_n + h\left[f(x_n, y_n) + hf_x(x_n, y_n) + hy'(x_n) f_y(x_n, y_n) + O\left(h^2\right)\right] \\ &= y_n + hf(x_n, y_n) + h^2[f_x(x_n, y_n) + f_y(x_n, y_n) y'(x_n)] + O\left(h^3\right) \\ &= y_n + hy'(x_n) + h^2 y''(x_n) + O\left(h^3\right), \end{aligned}$$

则有

$$y_{n+1} = \frac{1}{2}\left(y_{n+1}^{(1)} + y_{n+1}^{(2)}\right) = y_n(x_n) + hy'(x_n) + \frac{h^2}{2!} y''(x_n) + O\left(h^3\right).$$

又由一元函数的 Taylor 公式知精确值可表示为

$$y(x_{n+1}) = y(x_n) + hy'(x_n) + \frac{h^2}{2!} y''(x_n) + \frac{h^3}{3!} y'''(x_n),$$

从而有

$$y(x_{n+1}) - y_{n+1} = O\left(h^3\right).$$

因此改进的 Euler 方法与梯形方法的局部截断误差阶是相同的, 均为三阶. 所以综合考虑计算量和计算精度, 只迭代一次的算法简化是值得的、有效的.

例 8.3　用改进的 Euler 方法 (8.15) 求解初值问题 (8.6).

解 改进的 Euler 方法的具体计算形式为

$$\begin{cases} \widetilde{y}_{n+1} = y_n + h\left(-y_n - x_n\right), \\ y_{n+1} = y_n + \dfrac{h}{2}\left[\left(-y_n - x_n\right) + \left(-\widetilde{y}_{n+1} - x_{n+1}\right)\right]. \end{cases}$$

取步长 $h = 0.05$, 计算结果见表 8.3. 同例 8.1 中 Euler 方法的计算结果与例 8.2 中梯形方法相比较, 改进的 Euler 方法精度明显高于 Euler 方法, 但低于梯形方法的精度. 同时为了比较计算量, 取 $h = 0.01$, 我们给出在同一设备运行 Euler 方法、梯形方法和改进的 Euler 方法的计算时间 (运行 10000 次的平均时间), 见表 8.4. 可见改进的 Euler 方法的计算时间约为 Euler 方法的计算时间的 2 倍, 但远小于梯形的计算时间.

表 8.3 改进 Euler 方法的计算结果与误差

x_n	$y(x_n)$	y_n	误差
0	3.0000	3.0000	0.0000
0.1	2.7097	2.7098	0.0001
0.2	2.4375	2.4376	0.0001
0.3	2.1816	2.1818	0.0002
0.4	1.9406	1.9409	0.0002
0.5	1.7131	1.7133	0.0003
0.6	1.4976	1.4979	0.0003
0.7	1.2932	1.2935	0.0003
0.8	1.0987	1.0990	0.0003
0.9	0.9131	0.9135	0.0003
1	0.7358	0.7361	0.0003

表 8.4 不同方法计算时间比较 (单位: 毫秒)

Euler 方法	梯形方法	改进的 Euler 方法
0.045	0.311	0.087

注: 每次运行得到的计算时间的数值都会有一些差异.

8.3 Runge-Kutta 方法

Runge-Kutta 方法是求解常微分方程数值解的常用方法, 由三位德国数学家 Runge (1895 年), Heun (1900 年) 和 Kutta (1901 年) 提出. 这一节中先给出 Runge-Kutta 方法的一般形式, 然后讨论几种具体的 Runge-Kutta 方法.

8.3.1 一般 Runge-Kutta 方法

8.2 节给出了 Euler 方法及其改进方法, 这些方法可以在积分形式 (8.10) 下通过选取特定的数值积分公式来得到. Euler 方法基于左矩形积分公式得到二阶的局部截断误差. 改进的 Euler 方法基于梯形公式得到三阶的局部截断误差. 若要得到更高阶的局部截断误差, 则可以采用更高精度的求积公式, 即

$$\int_{x_n}^{x_{n+1}} f(x,y(x))\mathrm{d}x \approx h\sum_{i=1}^{r} c_i f\left(x_n+\alpha_i h, y(x_n+\alpha_i h)\right).$$

注意到积分公式中, 需要用到节点之间一些状态量的值, 即 $y(x_n+\alpha_i h)$. 借鉴改进的 Euler 方法来近似计算中间状态量的值, 获得如下形式的公式:

$$y_{n+1} = y_n + h\left(c_1K_1+\cdots+c_rK_r\right), \tag{8.16}$$

其中

$$\begin{aligned}
&K_1 = f(x_n, y_n),\\
&K_2 = f\left(x_n+\alpha_2 h, y_n + h\beta_{21}K_1\right),\\
&K_3 = f\left(x_n+\alpha_3 h, y_n + h(\beta_{31}K_1+\beta_{32}K_2)\right),\\
&\qquad\qquad\cdots\cdots\\
&K_r = f\left(x_n+\alpha_r h, y_n + h(\beta_{r1}K_1+\cdots+\beta_{r,r-1}K_{r-1})\right),
\end{aligned} \tag{8.17}$$

r 是一个整数, 且 $\beta_{21},\beta_{31},\beta_{32},\cdots,\beta_{r1},\beta_{r2},\cdots,\beta_{r,r-1},c_1,\cdots,c_r,\alpha_2,\cdots,\alpha_r$ 为待定的实系数.

注意到上述公式中每步需要计算 r 个 $f(x,y)$ 的值, 故 (8.16) 和 (8.17) 称为 r 级 Runge-Kutta 方法.

Runge-Kutta 方法中 (8.16) 和 (8.17) 还可以从几何角度来理解, 每一个 K_i 可以看成曲线 $y=y(x)$ 在相应点上的斜率, $c_1K_1+\cdots+c_rK_r$ 可以看成曲线 $y=y(x)$ 在 $[x_n,x_{n+1}]$ 上的平均曲率. 因此, Runge-Kutta 方法可以理解为利用 $[x_n,x_{n+1}]$ 上多个点的斜率值, 通过加权平均来构造具有更高精度的计算格式.

当 $r=1$ 时, Runge-Kutta 方法的形式退化为

$$y_{n+1} = y_n + hc_1 f(x_n, y_n). \tag{8.18}$$

若要求公式 (8.18) 的局部截断误差为 $O\left(h^2\right)$, 则要求近似解 y_{n+1} 的表达式与微分方程精确解 $y(x_{n+1})$ 在 x_n 处的 Taylor 展开式前两项相同, 可求得 $c=1$, 此时 Runge-Kutta 方法就是 Euler 方法.

对于一般的 r, 确定 Runge-Kutta 方法中的待定系数的基本思想与 $r=1$ 时的是相同的. 即将 (8.17) 的右端函数在 $x=x_n$ 处展开成关于 h 的 Taylor 级数, 并将其代入 (8.16) 中, 按 h 的次数合并同类项, 同时将 $y(x_{n+1})$ 也在 $x=x_n$ 处

展开成关于 h 的 Taylor 级数. 令 (8.16) 左右两端 h 的次数不超过 q 的项所对应的系数相等, 则可以确定 (8.16) 和 (8.17) 中所有的系数, 从而得到一个 Runge-Kutta 方法的具体计算格式. 此时该 Runge-Kutta 方法的局部截断误差阶为 $q+1$ 阶. 我们也称该 Runge-Kutta 方法为 r 级 q 阶显式 Runge-Kutta 方法.

r 越大, 推导过程中的计算越复杂, 下面以 $r=2$ 为例给出推导 Runge-Kutta 方法的具体公式, 并给出 $r=3,4$ 时 Runge-Kutta 方法的常用公式.

8.3.2 二阶 Runge-Kutta 方法

当 $r=2$ 时, Runge-Kutta 方法中 (8.16) 和 (8.17) 可化简为

$$\begin{cases} y_{n+1} = y_n + h\left(c_1K_1 + c_2K_2\right), \\ K_1 = f(x_n, y_n), \\ K_2 = f(x_n + \alpha_2 h, y_n + h\beta_{21}K_1), \end{cases} \tag{8.19}$$

其中 $c_1, c_2, \alpha_2, \beta_{21}$ 为待定的实参数. 我们希望通过选取恰当的实参数, 使得上式具有尽量高的截断误差阶, 即当 y_{n+1} 和 $y(x_{n+1})$ 展开为关于 h 的 Taylor 级数时它们具有尽量多的相同系数. 假设 $y_n = y(x_n)$, 由 Taylor 公式知 $y(x_{n+1})$ 在 x_n 处的 Taylor 展开式为

$$\begin{aligned} y(x_{n+1}) &= y(x_n) + hy'(x_n) + \frac{h^2}{2!}y''(x_n) + O\left(h^3\right) \\ &= y_n + hf(x_n, y_n) + \frac{h^2}{2}\left[f'_x(x_n, y_n) + f'_y(x_n, y_n)f(x_n, y_n)\right] + O\left(h^3\right). \end{aligned} \tag{8.20}$$

下面利用 (8.19) 推导 y_{n+1} 关于 h 的 Taylor 级数. 利用二元函数 Taylor 展开式, 有

$$\begin{aligned} K_2 &= f\left(x_n + \alpha_2 h, y_n + h\beta_{21}K_1\right) \\ &= f(x_n, y_n) + f'_x(x_n, y_n)\alpha_2 h + f'_y(x_n, y_n)\beta_{21}f(x_n, y_n)h + O\left(h^2\right). \end{aligned}$$

将上式代入 (8.19), 得

$$\begin{aligned} y_{n+1} = {} & y_n + h(c_1 + c_2)f(x_n, y_n) \\ & + h^2\left[c_2\alpha_2 f'_x(x_n, y_n) + c_2\beta_{21}f(x_n, y_n)f'_y(x_n, y_n)\right] + O\left(h^3\right). \end{aligned} \tag{8.21}$$

比较 (8.20) 和 (8.21), 使它们的前三项系数相等,

$$\begin{cases} c_1 + c_2 = 1, \\ c_2\alpha_2 = \dfrac{1}{2}, \\ c_2\beta_{21} = \dfrac{1}{2}. \end{cases} \tag{8.22}$$

此时 Runge-Kutta 方法的局部截断误差阶为三阶, 可以证明它的整体误差阶为二阶, 从而可得二阶 Runge-Kutta 方法. 注意到方程组 (8.22) 有四个未知量、三个方程, 是一个不定方程组, 有无穷多组参数解, 从而有无穷多个二阶 Runge-Kutta 方法.

常用的二阶 Runge-Kutta 方法如下.

(1) 当 $c_1 = c_2 = \dfrac{1}{2}$, $\alpha_2 = \beta_{21} = 1$ 时, 有

$$\begin{cases} y_{n+1} = y_n + \dfrac{h}{2}\left(K_1 + K_2\right), \\ K_1 = f(x_n, y_n), \\ K_2 = f\left(x_n + h, y_n + hK_1\right), \end{cases}$$

这就是改进的 Euler 方法.

(2) 当 $c_1 = 0$, $c_2 = 1$, $\alpha_2 = \beta_{21} = \dfrac{1}{2}$ 时, 有

$$\begin{cases} y_{n+1} = y_n + hK_2, \\ K_1 = f(x_n, y_n), \\ K_2 = f\left(x_n + \dfrac{h}{2}, y_n + \dfrac{h}{2}K_1\right), \end{cases}$$

称为**中点公式**.

(3) 当 $c_1 = \dfrac{1}{4}$, $c_2 = \dfrac{3}{4}$, $\alpha_2 = \beta_{21} = \dfrac{2}{3}$ 时, 有

$$\begin{cases} y_{n+1} = y_n + \dfrac{1}{4}hK_1 + \dfrac{3}{4}hK_2, \\ K_1 = f(x_n, y_n), \\ K_2 = f\left(x_n + \dfrac{2}{3}h, y_n + \dfrac{2}{3}hK_1\right), \end{cases}$$

称为 **Heun** (赫恩) **方法**.

可以证明, 当 $r = 2$ 时不论 $c_1, c_2, \alpha_2, \beta_{21}$ 这四个参数如何选择, 都不能使 y_{n+1} 和 $y(x_{n+1})$ 展开为 Taylor 级数后 h^3 的系数相等, 这说明 $r = 2$ 的显式 Runge-Kutta 方法的局部截断误差阶最高为 $O\left(h^3\right)$, 若要进一步提高误差阶, 则必须增大 r.

8.3.3 三阶和四阶 Runge-Kutta 方法

当 $r = 3$ 时, Runge-Kutta 方法中 (8.16) 和 (8.17) 可化简为

$$\begin{cases} y_{n+1} = y_n + h\left(c_1K_1 + c_2K_2 + c_3K_3\right), \\ K_1 = f(x_n, y_n), \\ K_2 = f\left(x_n + \alpha_2 h, y_n + h\beta_{21}K_1\right), \\ K_3 = f\left(x_n + \alpha_3 h, y_n + h\beta_{31}K_1 + h\beta_{32}K_2\right), \end{cases}$$

其中 $c_1, c_2, c_3, \alpha_2, \beta_{21}, \alpha_3, \beta_{31}, \beta_{32}$ 均为待定的实参数. 与二阶 Runge-Kutta 方法中的系数推导类似, 我们可将 y_{n+1} 和 $y(x_{n+1})$ 展开为关于 h 的 Taylor 级数, 然后选取恰当的实参数, 使得它们尽量多的系数相同. 由于演算过程的公式较为繁琐复杂, 我们不加证明地给出局部截断误差阶为四阶时待定实参数所满足的方程组

$$\begin{cases} c_1 + c_2 + c_3 = 1, \\ \alpha_2 = \beta_{21}, \\ \alpha_3 = \beta_{31} + \beta_{32}, \\ c_2\alpha_2 + c_3\alpha_3 = \dfrac{1}{2}, \\ c_2\alpha_2^2 + c_3\alpha_3^2 = \dfrac{1}{3}, \\ c_3\alpha_2\beta_{32} = \dfrac{1}{6}. \end{cases} \tag{8.23}$$

注意到方程组 (8.23) 含有 8 个未知数、6 个方程, 因而方程有无穷多组解. 此时, 可以证明 Runge-Kutta 方法的总体截断误差阶为三阶, 因此可得到无穷多个三阶 Runge-Kutta 方法. 下面给出一些常用的三阶 Runge-Kutta 方法.

(1) 当 $c_1 = c_3 = \dfrac{1}{6}$, $c_2 = \dfrac{4}{6}$, $\alpha_2 = \beta_{21} = \dfrac{1}{2}$, $\alpha_3 = 1$, $\beta_{31} = -1$, $\beta_{32} = 2$ 时, 有

$$\begin{cases} y_{n+1} = y_n + \dfrac{h}{6}\left(K_1 + 4K_2 + K_3\right), \\ K_1 = f(x_n, y_n), \\ K_2 = f\left(x_n + \dfrac{h}{2}, y_n + \dfrac{h}{2}K_1\right), \\ K_3 = f\left(x_n + h, y_n - hK_1 + 2hK_2\right), \end{cases} \tag{8.24}$$

称为**三阶 Runge-Kutta 方法**.

(2) 当 $c_1 = \dfrac{1}{4}$, $c_2 = \dfrac{3}{4}$, $c_3 = 0$, $\alpha_2 = \beta_{21} = \dfrac{1}{3}$, $\alpha_3 = \beta_{32} = \dfrac{2}{3}$, $\beta_{31} = 0$ 时, 有

$$\begin{cases} y_{n+1} = y_n + \dfrac{h}{4}\left(K_1 + 3K_3\right), \\ K_1 = f(x_n, y_n), \\ K_2 = f\left(x_n + \dfrac{h}{3}, y_n + \dfrac{h}{3}K_1\right), \\ K_3 = f\left(x_n + \dfrac{2}{3}h, y_n + \dfrac{2}{3}hK_2\right), \end{cases}$$

称为**三阶 Heun 方法**.

当 $r=4$ 时, 可得含有 13 个未知量、11 个方程的不定方程组, 解出方程组即可得到局部截断误差阶为 $O\left(h^5\right)$ 的四阶 Runge-Kutta 方法. 常用的四阶 Runge-Kutta 方法有

(1)

$$\begin{cases} y_{n+1}=y_n+\dfrac{h}{6}\left(K_1+2K_2+2K_3+K_4\right), \\ K_1=f(x_n,y_n), \\ K_2=f\left(x_n+\dfrac{h}{2},y_n+\dfrac{h}{2}K_1\right), \\ K_3=f\left(x_n+\dfrac{h}{2},y_n+\dfrac{h}{2}K_2\right), \\ K_4=f(x_n+h,y_n+hK_3), \end{cases} \tag{8.25}$$

称为**经典的四阶 Runge-Kutta 方法**;

(2)

$$\begin{cases} y_{n+1}=y_n+\dfrac{h}{8}\left(K_1+3K_2+3K_3+K_4\right), \\ K_1=f(x_n,y_n), \\ K_2=f\left(x_n+\dfrac{h}{3},y_n+\dfrac{h}{3}K_1\right), \\ K_3=f\left(x_n+\dfrac{2}{3}h,y_n-\dfrac{1}{3}hK_1+hK_2\right), \\ K_4=f\left(x_n+h,y_n+hK_1-hK_2+hK_3\right), \end{cases} \tag{8.26}$$

称为 **Kutta 方法**;

(3)

$$\begin{cases} y_{n+1}=y_n+\dfrac{h}{6}\left(K_1+(2-\sqrt{2})K_2+(2+\sqrt{2})K_3+K_4\right), \\ K_1=f(x_n,y_n), \\ K_2=f\left(x_n+\dfrac{h}{2},y_n+\dfrac{h}{2}K_1\right), \\ K_3=f\left(x_n+\dfrac{h}{2},y_n+\dfrac{\sqrt{2}-1}{2}hK_1+\dfrac{2-\sqrt{2}}{2}hK_2\right), \\ K_4=f\left(x_n+h,y_n-\dfrac{\sqrt{2}}{2}hK_2+\dfrac{2+\sqrt{2}}{2}hK_3\right), \end{cases}$$

称为 **Gill (吉尔) 方法**.

从以上公式可以发现, 当 $r \leqslant 4$ 时 r 级 Runge-Kutta 方法也是 r 阶的. 但在四级以上的 Runge-Kutta 方法中, 已有研究表明函数值 f 的计算次数增加较快, 但阶数即计算精度提高较慢, 因而四级四阶 Runge-Kutta 方法在兼顾计算精度和效率两方面是最优的, 也因此成为实际问题中最为常用的算法. 公式 (8.25) 又是四级四阶 Runge-Kutta 方法中应用最广泛的方法, 因而被称为经典的 Runge-Kutta 方法, 而 Gill 方法具有减少舍入误差的优点.

例 8.4 用三阶 Runge-Kutta 方法 (8.24) 和经典的四阶 Runge-Kutta 方法 (8.25) 求解初值问题 (8.6).

解 用三阶 Runge-Kutta 方法 (8.24) 求初值问题 (8.26) 的计算格式为

$$\begin{cases} y_{n+1} = y_n + \dfrac{h}{6}\left(K_1 + 4K_2 + K_3\right), \\ K_1 = -y_n - x_n, \\ K_2 = -\left(y_n + \dfrac{h}{2}K_1\right) - \left(x_n + \dfrac{h}{2}\right), \\ K_3 = -(y_n - hK_1 + 2hK_2) - (x_n + h), \end{cases}$$

而用经典的四阶 Runge-Kutta 方法 (8.25) 计算的格式为

$$\begin{cases} y_{n+1} = y_n + \dfrac{h}{6}\left(K_1 + 2K_2 + 2K_3 + K_4\right), \\ K_1 = -y_n - x_n, \\ K_2 = -\left(y_n + \dfrac{h}{2}K_1\right) - \left(x_n + \dfrac{h}{2}\right), \\ K_3 = -\left(y_n + \dfrac{h}{2}K_2\right) - \left(x_n + \dfrac{h}{2}\right), \\ K_4 = -(y_n + hK_3) - (x_n + h). \end{cases}$$

取步长 $h = 0.2$, 计算结果见表 8.5. 此例中步长为例 8.1 中的 4 倍, 但每一步四阶 Runge-Kutta 的函数计算次数是 Euler 方法的 4 倍, 因此从函数计算次数角度看, 例 8.1 的 Euler 方法和此例中四阶 Runge-Kutta 方法的计算量相当. 同例 8.1 中 Euler 方法的计算结果比较, 可见三阶 Runge-Kutta 方法和经典的四阶 Runge-Kutta 方法的精度明显提高了. 由此看出在实际问题的求解中, 选择恰当的算法是必要的.

Runge-Kutta 方法的系数推导过程是基于 Taylor 展开式的, 因此要求函数具有较好的光滑性. 若函数光滑性差, 使用四阶 Runge-Kutta 方法可能还不如改进的 Euler 方法精度高, 应依据实际问题的具体特点选择合适的方法进行计算.

表 8.5　三、四阶 Runge-Kutta 方法计算结果与误差

x_n	$y(x_n)$	三阶 Runge-Kutta 法		四阶 Runge-Kutta 法	
		y_n	误差	y_n	误差
0	3.0000	3.0000	0.0000	3.0000	0.0000
0.2	2.4375	2.4373	0.0001	2.4375	0.0516×10^{-4}
0.4	1.9406	1.9404	0.0002	1.9406	0.0845×10^{-4}
0.6	1.4976	1.4974	0.0003	1.4976	0.1038×10^{-4}
0.8	1.0987	1.0984	0.0003	1.0987	0.1133×10^{-4}
1	0.7358	0.7355	0.0003	0.7358	0.1159×10^{-4}

8.3.4　变步长 Runge-Kutta 方法

由于方程解在不同区间上的变化不同, 有的变化陡峭, 有的变化平缓, 同一 Runge-Kutta 方法在相同的步长上计算得到解的误差可以相差很大, 如果采用一致的步长, 就要求选足够小的步长使得误差最大的地方也要满足给定精度要求, 计算量较大, 因此, 要以较小的计算量获得特定计算精度的近似解, 就要选择恰当的步长. 下面以经典的四阶 Runge-Kutta 方法 (8.25) 为例, 阐述一种基于步长折半技巧的变步长 Runge-Kutta 方法思想.

由于经典的四阶 Runge-Kutta 方法的局部截断误差阶为五阶, 若从节点 x_n 出发, 以 h 为步长利用 (8.25) 求出节点 x_{n+1} 上的近似解 $y_{n+1}^{(h)}$, 则有

$$y(x_{n+1})-y_{n+1}^{(h)}\approx ch^5, \tag{8.27}$$

其中 c 为常数. 若将步长折半, 即以 $\dfrac{h}{2}$ 为步长, 从节点 x_n 经过两步到节点 x_{n+1}, 亦可求出节点 x_{n+1} 上的另一个近似解 $y_{n+1}^{\left(\frac{h}{2}\right)}$, 这里的误差包括第一步近似解的传播误差和第二步的局部截断误差, 均约为 $c\left(\dfrac{h}{2}\right)^5$, 故

$$y(x_{n+1})-y_{n+1}^{\left(\frac{h}{2}\right)}\approx 2c\left(\frac{h}{2}\right)^5\approx\frac{1}{16}ch^5, \tag{8.28}$$

用 (8.27) 减去 (8.28), 得

$$y_{n+1}^{\left(\frac{h}{2}\right)}-y_{n+1}^{(h)}\approx\frac{15}{16}ch^5,$$

故步长折半后的误差可通过两次的近似解的差值来刻画, 即

$$y(x_{n+1})-y_{n+1}^{\left(\frac{h}{2}\right)}\approx\frac{1}{15}\left(y_{n+1}^{\left(\frac{h}{2}\right)}-y_{n+1}^{(h)}\right). \tag{8.29}$$

一般情况下精确解 $y(x_{n+1})$ 未知, 近似解 $y_{n+1}^{(h)}$ 或 $y_{n+1}^{\left(\frac{h}{2}\right)}$ 的误差是不可计算的, 现在公式 (8.29) 给出了一个可计算的近似误差. 基于该近似误差 (8.29), 下面给出步长的修正策略. 将步长折半前后两次的近似值 $y_{n+1}^{(h)}$ 和 $y_{n+1}^{\left(\frac{h}{2}\right)}$ 的偏差记为

$$\Delta = \left| y_{n+1}^{\left(\frac{h}{2}\right)} - y_{n+1}^{(h)} \right|, \tag{8.30}$$

以此来判断是否满足给定的精度. 设给定精度 ε, 分两种情况来讨论:

(1) 当 $\Delta > \varepsilon$ 时, 意味着步长过大, 需将步长折半计算, 直至 $\Delta < \varepsilon$ 为止, 并取最终得到的近似解 $y_{n+1}^{\left(\frac{h}{2}\right)}$ 作为 x_{n+1} 处的近似解;

(2) 当 $\Delta < \varepsilon$ 时, 意味着步长偏小, 可将步长加倍计算, 直至 $\Delta > \varepsilon$ 为止, 这时再将步长折半一次, 就可得到 x_{n+1} 处的近似解.

这种通过折半或加倍处理步长的 Runge-Kutta 方法称为**变步长方法**. 虽然为了选择步长, 每一步的计算量增加了, 但由于根据给定的精度, 自动选择合适的步长, 从总体考虑往往是合算的.

8.4 单步法的收敛性与稳定性

前两节我们具体介绍了 Euler 方法和 Runge-Kutta 方法, 它们有一个共同点, 即已知 $y(x_n)$ 的近似值 y_n, 求 $y(x_{n+1})$ 的近似值 y_{n+1}, 此类方法称为**单步法**. 因此, Euler 方法和 Runge-Kutta 方法都是单步法.

单步法可抽象为

$$y_{n+1} = y_n + h\varphi(x_n, y_n, y_{n+1}, h),$$

其中 φ 称为**增量函数**, 它与 $f(x,y)$ 有关. 当 φ 中含有 y_{n+1} 时, 单步法是隐式的. 当 φ 中不含有 y_{n+1} 时, 单步法是显式的, 此时单步法表示为

$$y_{n+1} = y_n + h\varphi(x_n, y_n, h), \tag{8.31}$$

上式可以改写为差分方程的形式

$$\varphi(x_n, y_n, h) = \frac{y_{n+1} - y_n}{h}. \tag{8.32}$$

这一节我们较为系统地介绍显式单步法的理论分析, 包括相容性、收敛性以及稳定性.

8.4.1 相容性

相容性指的是差分方程 (8.32) 与微分方程 (8.1) 是否相容, 即要研究差分方程 (8.32) 是不是微分方程的一个合理近似, 就是当 $h \to 0$ 时, 差分方程的极限

$$\lim_{h\to 0}\frac{y(x+h)-y(x)}{h}=\lim_{h\to 0}\varphi(x,y,h)$$

是不是原微分方程 (8.1). 若是的话, 上式左端极限为 $y'(x)$, 这就要求右端的极限满足

$$\lim_{h\to 0}\varphi(x,y,h)=f(x,y).$$

假设增量函数 $\varphi(x,y,h)$ 关于 h 是连续函数, 则上式等价于

$$\varphi(x,y,0)=f(x,y). \tag{8.33}$$

定义 8.2　若单步法 (8.31) 的增量函数满足 (8.33), 则称单步法 (8.31) 与微分方程初值问题 (8.1) 相容.

为了刻画相容性, 下面给出两个概念.

定义 8.3　设 $y(x)$ 是微分方程初值问题 (8.1) 的解, 称

$$T_{n+1}=y(x_{n+1})-y(x_n)-h\varphi(x_n,y(x_n),h)$$

为单步法 (8.31) 的**局部截断误差**.

局部截断误差就是计算一步的误差. 显然, Euler 方法的局部截断误差为

$$T_{n+1}=\frac{h^2}{2!}y''(\xi)=O\left(h^2\right).$$

定义 8.4　设 $y(x)$ 是微分方程初值问题 (8.1) 的解, 若存在最大整数 p 使单步法 (8.31) 的局部截断误差满足

$$T_{n+1}=y(x_{n+1})-y_{n+1}=O\left(h^{p+1}\right),$$

则称单步法 (8.31) 具有 p **阶精度**.

由定义 8.4 知, Euler 方法是具有一阶精度的单步法.

定理 8.3　p 阶单步法 (8.31) 与微分方程 (8.1) 相容的充分必要条件是 $p\geqslant 1$.

证明　将单步法局部截断误差展开为

$$\begin{aligned}T_{n+1}&=y(x_n+h)-y(x_n)-h\varphi(x_n,y(x_n),h)\\&=hy'(x_n)+\frac{h^2}{2}y''(x_n)+\cdots\\&\quad-h\left[\varphi(x_n,y(x_n),0)+\varphi_h(x_n,y(x_n),0)h+\cdots\right]\\&=h\left[y'(x_n)-\varphi(x_n,y(x_n),0)\right]+h^2\left[\frac{1}{2}y''(x_n)-\varphi_h(x_n,y(x_n),0)\right]+O\left(h^3\right).\end{aligned}$$

当 $p \geqslant 1$ 时, 则 $y'(x_n) = \varphi(x_n, y(x_n), 0)$, 即 $f(x_n, y(x_n)) = \varphi(x_n, y(x_n), 0)$, 从而 p 阶单步法 (8.31) 与微分方程 (8.1) 相容.

若 p 阶单步法 (8.31) 与微分方程 (8.1) 相容, 则 $f(x_n, y(x_n)) = \varphi(x_n, y(x_n), 0)$, 即 $y'(x_n) = \varphi(x_n, y(x_n), 0)$, 从而 $T_{n+1} = h^2\left[\frac{1}{2}y''(x_n) + \varphi_h(x_n, y(x_n), 0)\right] + O\left(h^3\right)$, 从而单步法 (8.31) 至少是一阶精度, 从而 $p \geqslant 1$. ■

8.4.2 收敛性

收敛性问题就是研究用单步法 (8.31) 得到的近似解 y_n 是否逼近精确解 $y(x_n)$ 的问题.

定义 8.5 设 $y(x)$ 是微分方程初值问题 (8.1) 的解, y_n 为 x_n 处由单步法 (8.31) 计算所得的近似解, 称

$$e_n = y(x_n) - y_n$$

为单步法 (8.31) 的**整体截断误差**.

从而收敛性问题就是讨论当 $h \to 0$ 时 $e_n \to 0$ 是否成立的问题.

定义 8.6 对于任意固定的 $x = x_0 + nh$, 当 $h \to 0$ 时, 若单步法 (8.31) 产生的近似解 y_n 均有

$$\lim_{\substack{h \to 0 \\ x = x_0 + nh}} y_n = y(x),$$

则称该单步法是**收敛的**.

定理 8.4 设单步法 (8.31) 具有 $p \geqslant 1$ 阶精度, 且增量函数 $\varphi(x, y, h)$ 关于 y 满足 Lipschitz 条件, 即存在常数 L_φ, 有

$$|\varphi(x, y, h) - \varphi(x, \bar{y}, h)| \leqslant L_\varphi |y - \bar{y}|,$$

又设微分方程的初值是精确的, 即 $y_0 = y(x_0)$, 则该单步法收敛, 且整体截断误差为

$$|y(x_n) - y_n| = O(h^p). \tag{8.34}$$

证明 设 $\bar{y}_{n+1}$ 是取 $y_n = y(x_n)$ 时用 (8.31) 计算的结果, 即

$$\bar{y}_{n+1} = y(x_n) + h\varphi(x_n, y_n, h), \tag{8.35}$$

则 $y(x_{n+1}) - \bar{y}_{n+1}$ 为局部截断误差, 因为单步法具有 p 阶精度, 因而有

$$|y(x_{n+1}) - \bar{y}_{n+1}| = O\left(h^{p+1}\right),$$

即总存在与 h 无关的常数 C, 使得

$$|y(x_{n+1})-\bar{y}_{n+1}|\leqslant Ch^{p+1}.$$

由 (8.31) 和 (8.35) 相减, 并由绝对值不等式, 得

$$\begin{aligned}|\bar{y}_{n+1}-y_{n+1}|&\leqslant|y(x_n)-y_n|+h\left|\varphi(x_n,y(x_n),h)-\varphi(x_n,y_n,h)\right|\\&\leqslant(1+hL_\varphi)\left|y(x_n)-y_n\right|,\end{aligned}$$

从而有

$$\begin{aligned}|y(x_{n+1})-y_{n+1}|&\leqslant|\bar{y}_{n+1}-y_{n+1}|+|y(x_{n+1})-\bar{y}_{n+1}|\\&\leqslant(1+hL_\varphi)\left|y(x_n)-y_n\right|+Ch^{p+1},\end{aligned}$$

即

$$|e_{n+1}|\leqslant(1+hL_\varphi)\left|e_n\right|+Ch^{p+1}.$$

按此不等式递推可得

$$\begin{aligned}|e_n|&\leqslant(1+hL_\varphi)^n\left|e_0\right|+Ch^{p+1}[1+(1+hL_\varphi)+\cdots+(1+hL_\varphi)^{n-1}]\\&=(1+hL_\varphi)^n\left|e_0\right|+\frac{Ch^p}{L_\varphi}\left[(1+hL_\varphi)^n-1\right].\end{aligned}$$

由 $y_0=y(x_0)$ 知 $e_0=0$, 又 $x_n-x_0=nh\leqslant T$ 且 $0\leqslant 1+hL_\varphi\leqslant \mathrm{e}^{hL_\varphi}$ 知

$$(1+hL_\varphi)^n\leqslant\mathrm{e}^{hnL_\varphi}\leqslant\mathrm{e}^{TL_\varphi},$$

从而

$$|e_n|\leqslant\frac{Ch^p}{L_\varphi}\left(\mathrm{e}^{TL_\varphi}-1\right).$$

故 (8.34) 成立. 由 (8.34) 以及 $p\geqslant 1$ 可知当 $h\to 0$ 时 $e_n\to 0$, 故单步法是收敛. ■

此定理表明, 单步法 (8.31) 的整体截断误差比局部截断误差低一阶, 以及收敛的单步法至少具有一阶精度. 由上述定理, 判断单步法 (8.31) 的收敛性, 可归结为验证增量函数 φ 是否满足 Lipschitz 条件.

对于 Euler 方法, 截断误差阶为二阶, 增量函数 $\varphi(x,y,h)$ 就是函数 $f(x,y)$, 若函数 $f(x,y)$ 满足 Lipschitz 条件, 则 Euler 方法就收敛.

对于改进的 Euler 方法, 截断误差阶为三阶, 增量函数 $\varphi(x,y,h)$ 的形式为

$$\varphi(x,y,h)=\frac{1}{2}\left[f(x,y)+f(x+h,y+hf(x,y))\right].$$

若函数 $f(x,y)$ 关于 y 满足 Lipschitz 条件, Lipschitz 常数为 L, 则

$$\begin{aligned}|\varphi(x,y,h)-\varphi(x,\bar{y},h)| &\leqslant \frac{1}{2}\Big[|f(x,y)-f(x,\bar{y})| \\ &\quad +|f(x+h,y+hf(x,y))-f(x+h,\bar{y}+hf(x,\bar{y}))|\Big] \\ &\leqslant L\left(1+\frac{h}{2}L\right)|y-\bar{y}|.\end{aligned}$$

故增量函数 $\varphi(x,y,h)$ 满足 Lipschitz 条件, 此时改进的 Euler 方法也是收敛的.

类似地可以验证, 当函数 $f(x,y)$ 满足 Lipschitz 条件时, 8.3 节讨论的 Runge-Kutta 方法是收敛的, 并且可以发现 p 阶 Runge-Kutta 方法的 p 阶指的就是整体截断误差阶.

由定理 8.3 和定理 8.4, 可得相容性和收敛性的关系.

定理 8.5 设函数 $f(x,y)$ 满足 Lipschitz 条件, 单步法 (8.31) 收敛的充分必要条件是此方法与微分方程 (8.1) 相容.

8.4.3 稳定性

前面讨论的单步法收敛性是在计算过程中无任何舍入误差以及初始值是精确的前提下建立起来的. 但在实际计算中, 给定的初始值 y_0 不一定精确, 同时由于机器字长的限制, 每一步计算都有可能存在舍入误差, 这种舍入误差会在单步法 (8.31) 的递推过程中传递下去, 对后面计算产生影响. 这些影响有多大? 是否会严重污染数值解? 这些问题涉及单步法的稳定性问题.

稳定性问题就是研究计算过程中产生舍入误差以及初始值的微小扰动在传播过程中是否会得到控制.

定义 8.7 若单步法 (8.31) 在节点 x_n 处的值有大小为 δ_n 的误差, 而在以后各节点的值 $y_m(m>n)$ 上产生的误差 δ_m 按绝对值均不超过 $|\delta_n|$, 即 $|\delta_m|\leqslant|\delta_n|$, 则称该单步法是**稳定**的.

设 y_n 是利用单步法 (8.31) 计算得到的准确值, $\tilde{y}_n$ 是利用存在舍入误差的单步法计算得到的值, 则

$$\begin{aligned}y_{n+1}&=y_n+h\varphi(x_n,y_n,h),\\ \tilde{y}_{n+1}&=\tilde{y}_n+h\varphi(x_n,\tilde{y}_n,h),\end{aligned}$$

$$\begin{aligned}\tilde{y}_{n+1}-y_{n+1}&=\tilde{y}_n-y_n+h\left[\varphi(x_n,\tilde{y}_n,h)-\varphi(x_n,y_n,h)\right]\\ &=\tilde{y}_n-y_n+h\frac{\partial\varphi}{\partial y}(x_n,\eta,h)(\tilde{y}_n-y_n),\end{aligned}$$

其中 η 在 y_n 与 $\tilde{y}_n$ 之间. 要使舍入误差不增长, 则要求

$$\frac{|\tilde{y}_{n+1}-y_{n+1}|}{|\tilde{y}_n-y_n|}=\left|1+h\frac{\partial\varphi}{\partial y}(x_n,\eta,h)\right|\leqslant 1.$$

由于单步法的增量函数 $\varphi(x,y,h)$ 不但与求解方法有关, 而且与微分方程的右端项 $f(x,y)$ 有关, 因此要一般地研究稳定性问题是很困难的. 不可能也不必对每个不同的右端项函数讨论单步法的稳定性.

为了简单起见, 通常只针对如下模型方程

$$\frac{\mathrm{d}y}{\mathrm{d}x}=\lambda y, \tag{8.36}$$

其中 λ 为复常数且 $\mathrm{Re}(\lambda)<0$, 进行讨论. 该方程一般称为**试验方程**. 通过解该方程, 在一定程度上可以反映该数值方法的稳定性.

以 Euler 方法为例, 求解试验方程 (8.36) 时计算公式为

$$y_{n+1}=(1+\lambda h)y_n, \tag{8.37}$$

相应地, 可以得到 Euler 方法含有舍入误差的计算公式为

$$\tilde{y}_{n+1}=(1+\lambda h)\tilde{y}_n,$$

记 $\delta_n=\tilde{y}_n-y_n$, 则有

$$\delta_{n+1}=(1+\lambda h)\delta_n. \tag{8.38}$$

可见, 误差关系式 (8.38) 与 Euler 方法的计算公式在形式上是一致的, 其原因是微分方程是常系数线性微分方程, 误差的增长与 y_n 的增长是一样的, 因此不必讨论误差关系式 (8.38), 直接考虑 Euler 方法的计算公式 (8.37) 即可. 故针对试验方程, Euler 方法稳定的充分条件为 $|1+\lambda h|\leqslant 1$. 对于其他一般的单步法的讨论是类似的.

针对试验方程 (8.36), 单步法 (8.31) 的计算公式可以写为

$$y_{n+1}=E(\lambda h)y_n, \tag{8.39}$$

这里 $E(\lambda h)$ 依赖于方法的选取, 例如, 对 Euler 方法, $E(\lambda h)=1+\lambda h$.

定义 8.8 若单步法 (8.31) 求解试验方程的计算公式 (8.39) 中 $|E(\lambda h)|<1$, 则称单步法 (8.31) 是**绝对稳定的**. 在复平面中, 复变量 λh 满足 $|E(\lambda h)|<1$ 的区域, 称为单步法 (8.31) 的**绝对稳定区域**, 它与实轴的交集称为**绝对稳定区间.**

用 Euler 方法求解试验方程 (8.36) 的计算公式为 (8.37), 所以 Euler 方法的绝对稳定区域为 $|1+\lambda h|<1$. 当 λ 为实数时, Euler 方法的绝对稳定区间为 $-2<h\lambda<0$. 当 λ 为复数时, Euler 方法的绝对稳定区域是以 -1 为圆心、1 为半径的圆内部, 此时 Euler 方法的绝对稳定区域是圆域, 如图 8.3 所示.

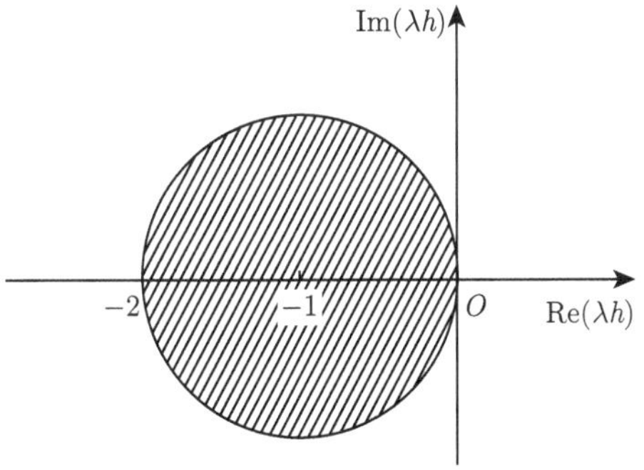

图 8.3 Euler 方法绝对稳定区域

隐式单步法的稳定性的讨论是类似的, 例如后退 Euler 方法求解试验方程 (8.36) 的计算公式为

$$y_{n+1}=\frac{1}{1-\lambda h}y_n.$$

易知 $E(\lambda h)=\dfrac{1}{1-\lambda h}$, 故绝对稳定区域为

$$\left|\frac{1}{1-\lambda h}\right|<1.$$

当 λ 为实数时, 后退 Euler 方法的绝对稳定区间为 $h\lambda<0$ 或 $h\lambda>2$. 当 λ 为复数时, 后退 Euler 方法的绝对稳定区域是以 1 为圆心、1 为半径的圆外部区域, 如图 8.4 所示.

尽管 Euler 方法和后退 Euler 方法求解精度的阶数相同, 但后退 Euler 方法的绝对稳定区域却比 Euler 方法的绝对稳定区域大得多, 因此舍入误差的累积对后退 Euler 方法的影响较小. 一般而言, 隐式单步法的稳定性比同阶的显式单步法的稳定性好得多, 这就是对某些微分方程, 当舍入误差累积影响较大时要采用隐式方法的原因.

采用同样的方法, 可以得到二级二阶 Runge-Kutta 方法的绝对稳定域与绝对稳定区间为

$$\left|1+\lambda h+\frac{1}{2}(\lambda h)^2\right|<1,\quad -2<h\lambda<0,$$

三级三阶 Runge-Kutta 方法的绝对稳定域与绝对稳定区间为

$$\left|1+\lambda h+\frac{1}{2!}(\lambda h)^2+\frac{1}{3!}(\lambda h)^3\right|<1, \quad -2.51<h\lambda<0,$$

以及四级四阶 Runge-Kutta 方法的绝对稳定域与绝对稳定区间为

$$\left|1+\lambda h+\frac{1}{2!}(\lambda h)^2+\frac{1}{3!}(\lambda h)^3+\frac{1}{4!}(\lambda h)^4\right|<1, \quad -2.78<h\lambda<0.$$

可见, 当单步法的精度增加时, 其绝对稳定区域也会相应地增加.

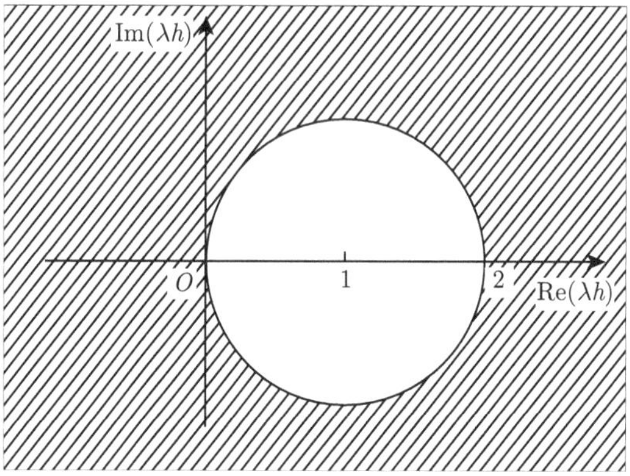

图 8.4 后退 Euler 方法绝对稳定区域

8.5 线性多步法

多步法最早可追溯到 1855 年, 由数学家 J. C. Adams 首先提出, 甚至早于 Runge-Kutta 方法的发现. 不同于单步法在计算 y_{n+1} 时只用到了 y_n, 多步法充分利用已计算出的近似解信息 $y_0, y_1, \cdots, y_n$ 来计算 y_{n+1}, 从而提高数值方法的计算精度, 这就是多步法的基本思想. 线性多步法是最常用的多步法.

8.5.1 线性多步法的一般公式

假设微分方程初值问题 (8.1) 的解 $y(x)$ 在 $x_n, x_{n+1}, \cdots, x_{n+k-1}$ 处的近似解 $y_n, y_{n+1}, \cdots, y_{n+k-1}$ 已知, 其中 $x_n = a + nh$. 线性多步法的一般形式为

$$y_{n+k}=\sum_{i=0}^{k-1}\alpha_i y_{n+i}+h\sum_{i=0}^{k}\beta_i f_{n+i}, \tag{8.40}$$

其中 α_i, β_i 为常数, 且 $|\alpha_0| + |\beta_0| \neq 0$, $f_{n+i} = f(x_{n+i}, y_{n+i})$. 由于 (8.40) 必含有 y_{n+k} 和 y_n, 故称 (8.40) 为**线性 k 步法**. 若 $\beta_k = 0$, 则称 (8.40) 为**显式 k 步法**, y_{n+k} 可直接算出; 若 $\beta_k \neq 0$, 则称式 (8.40) 为**隐式 k 步法**, 求解 y_{n+k} 需用迭代法进行计算.

当 $k = 1$ 时, 线性 k 步法 (8.40) 为线性单步法

$$y_{n+1} = \alpha_0 y_n + h(\beta_0 f_n + \beta_1 f_{n+1}). \tag{8.41}$$

当 $\alpha_0, \beta_0, \beta_1$ 取不同值时, 则可得到不同的单步法:

(1) $\alpha_0 = 1,\ \beta_0 = 1,\ \beta_1 = 0$, (8.41) 为 Euler 方法;

(2) $\alpha_0 = 1,\ \beta_0 = 0,\ \beta_1 = 1$, (8.41) 为隐式 Euler 方法;

(3) $\alpha_0 = 1,\ \beta_0 = \dfrac{1}{2},\ \beta_1 = \dfrac{1}{2}$, (8.41) 为梯形方法.

需要说明的是, 尽管二级及二级以上的 Runge-Kutta 方法用到了多步信息, 但是这些信息均位于闭区间 $[x_n, x_{n+1}]$ 上, 因此 Runge-Kutta 方法不属于线性多步法, 而是具有较高精度的单步法.

下面给出线性多步法局部截断误差的定义.

定义 8.9 设 $y(x)$ 是初值问题 (8.1) 的精确解, $y_{n+i} = y(x_{n+i})$, $i = 0, 1, 2, \cdots, k-1$, 称

$$T_{n+k} = y(x_{n+k}) - \sum_{i=0}^{k-1} \alpha_i y(x_{n+i}) - h \sum_{i=0}^{k} \beta_i f\left(x_{n+i}, y(x_{n+k})\right) \tag{8.42}$$

为线性 k 步法 (8.40) 在点 x_{n+k} 上的**局部截断误差**.

显然, 当 $k = 1$ 时该定义与单步法的局部截断误差是一致的. 类似单步法, 有了局部截断误差的定义后, 下面定义误差阶的概念.

定义 8.10 若

$$T_{n+k} = O\left(h^{p+1}\right),$$

则称线性 k 步法 (8.40) 是 p **阶方法**.

基于 Taylor 公式, 可得局部截断误差在 x_n 处的 Taylor 展开式

$$\begin{aligned}
T_{n+k} &= y(x_{n+k}) - \sum_{i=0}^{k-1} \alpha_i y(x_{n+i}) - h \sum_{i=0}^{k} \beta_i f(x_{n+i}, y(x_{n+k})) \\
&= y(x_n + kh) - \sum_{i=0}^{k-1} \alpha_i y(x_n + ih) - h \sum_{i=0}^{k} \beta_i y'(x_n + ih) \\
&= y(x_n) + khy'(x_n) + \frac{(kh)^2}{2!} y''(x_n) + \cdots
\end{aligned}$$

$$
\begin{aligned}
&+\frac{(kh)^p}{p!}y^{(p)}(x_n)+\frac{(kh)^{p+1}}{(p+1)!}y^{(p+1)}(x_n)+\cdots\\
&+\sum_{i=0}^{k-1}\alpha_i\bigg[y(x_n)+ihy'(x_n)+\frac{(ih)^2}{2!}y''(x_n)+\cdots\\
&+\frac{(ih)^p}{p!}y^{(p)}(x_n)+\frac{(ih)^{p+1}}{(p+1)!}y^{(p+1)}(x_n)+\cdots\bigg]\\
&-h\sum_{i=0}^{k}\beta_i\bigg[y'(x_n)+ihy''(x_n)+\frac{(ih)^2}{2!}y'''(x_n)+\cdots\\
&+\frac{(ih)^p}{p!}y^{(p+1)}(x_n)+\frac{(ih)^{p+1}}{(p+1)!}y^{(p+2)}(x_n)+\cdots\bigg]\\
=\;&c_0y(x_n)+c_1hy'(x_n)+c_2h^2y''(x_n)+\cdots+c_ph^py^{(p)}(x_n)+O(h^{p+1}),
\end{aligned}
$$

整理系数可得

$$
\begin{cases}
c_0=1-(\alpha_0+\alpha_1+\cdots+\alpha_{k-1}),\\
c_1=k-(\alpha_1+2\alpha_2+\cdots+(k-1)\alpha_{k-1})-(\beta_0+\beta_1+\cdots+\beta_k),\\
c_q=\dfrac{1}{q!}\left[k^q-(\alpha_1+2^q\alpha_2+\cdots+(k-1)^q\alpha_{k-1})\right] & q=2,3,\cdots.\\
\qquad-\dfrac{1}{(q-1)!}\left[\beta_1+2^{q-1}\beta_2+\cdots+k^{q-1}\beta_k\right].
\end{cases}
\tag{8.43}
$$

由局部截断误差的 Taylor 展开式可知线性 k 步法 (8.40) 是 p 阶方法当且仅当

$$
c_0=c_1=\cdots=c_p=0,\quad c_{p+1}\neq 0. \tag{8.44}
$$

根据 (8.43) 可得, 对 Euler 方法, $c_0=c_1=0, c_2=\dfrac{1}{2}$, 故 Euler 方法是一阶方法; 对隐式 Euler 方法, $c_0=c_1=0, c_2=-\dfrac{1}{2}$, 故隐式 Euler 方法也是一阶方法; 对梯形方法, $c_0=c_1=c_2=0, c_3=-\dfrac{1}{12}$, 故梯形方法是二阶方法.

对于 $k\geqslant 2$ 的多步方法, 利用公式 (8.44) 可以求出系数 α_i,β_i, 下面给出常见的多步法.

8.5.2 Adams 显式与隐式方法

若线性 k 步法 (8.40) 中令 $\alpha_0=\alpha_1=\cdots=\alpha_{k-2}=0,\alpha_{k-1}=1$, 可得

$$y_{n+k}=y_{n+k-1}+h\sum_{i=0}^{k}\beta_i f_{n+i}. \tag{8.45}$$

称 (8.45) 为 **Adams 方法**. 当 $\beta_k=0$ 时, 上式称为 **Adams 显式方法**; 当 $\beta_k\neq 0$ 时, 称为 **Adams 隐式方法**.

容易验证 $c_0=0$ 成立, 为得到具体的 Adams 方法只需确定系数 $\beta_0,\beta_1,\cdots,\beta_k$ 即可. 以 $k=3$ 为例, 三步 Adams 显式方法为

$$y_{n+3}=y_{n+2}+h\left(\beta_2 f_{n+2}+\beta_1 f_{n+1}+\beta_0 f_n\right), \tag{8.46}$$

其中 β_0,β_1,β_2 为待定参数. 确定三个未知数需要三个方程, 令 $c_1=c_2=c_3=0$, 可得

$$\begin{cases}\beta_0+\beta_1+\beta_2=1,\\ \beta_1+2\beta_2=\dfrac{5}{2},\\ \beta_1+4\beta_2=\dfrac{19}{3},\end{cases}$$

解得

$$\beta_0=\frac{5}{12},\quad \beta_1=-\frac{16}{12},\quad \beta_2=\frac{23}{12}.$$

故三步 Adams 显式方法为

$$y_{n+3}=y_{n+2}+\frac{h}{12}\left(23f_{n+2}-16f_{n+1}+5f_n\right). \tag{8.47}$$

此时易求得 $c_4=\dfrac{3}{8}\neq 0$, 所以三步 Adams 显式方法精度为三阶.

类似地, 可求出三步 Adams 隐式方法. 由于此时有 $\beta_0,\beta_1,\beta_2,\beta_3$ 四个未知数, 所以令 $c_1=c_2=c_3=c_4=0$, 求得三步 Adams 隐式方法为

$$y_{n+3}=y_{n+2}+\frac{h}{24}\left(9f_{n+3}+19f_{n+2}-5f_{n+1}+f_n\right). \tag{8.48}$$

此时易求得 $c_5=-\dfrac{19}{720}$, 所以三步 Adams 隐式方法精度为四阶.

采用同样的方法可得, 四步 Adams 显式方法为

$$y_{n+4}=y_{n+3}+\frac{h}{24}\left(55f_{n+3}-59f_{n+2}+37f_{n+1}-9f_n\right),$$

由于 $c_5=\dfrac{251}{720}$, 其精度为四阶. 四步 Adams 隐式方法为

$$y_{n+4}=y_{n+3}+\frac{h}{720}\left(251f_{n+4}+646f_{n+3}-264f_{n+2}+106f_{n+1}-19f_n\right).$$

由于 $c_6=-\dfrac{3}{160}$, 其精度为五阶.

一般地, k 步 Adams 显式方法的精度为 k 阶, k 步 Adams 隐式方法的求解精度为 $k+1$ 阶. 在启动 k 步 Adams 方法时, 前面 k 点上的值 $y_0,y_1,\cdots,y_{k-1}$ 要用其他方法提供, 一般选用同阶的单步法, 如同阶的 Runge-Kutta 方法.

例 8.5　用四阶 Adams 显式和隐式方法求解初值问题 (8.6).

解　前几步的值由四阶 Runge-Kutta 方法 (8.25) 计算得到. 四阶 Adams 显式方法的计算格式为

$$\begin{aligned}y_{n+4}&=y_{n+3}+\frac{h}{24}\left(55f_{n+3}-59f_{n+2}+37f_{n+1}-9f_n\right)\\&=y_{n+3}+\frac{h}{24}\Big[55\left(-y_{n+3}-x_{n+3}\right)-59\left(-y_{n+2}-x_{n+2}\right)\\&\quad+37\left(-y_{n+1}-x_{n+1}\right)-9\left(-y_n-x_n\right)\Big].\end{aligned}$$

四阶 Adams 隐式方法的具体计算格式为

$$\begin{aligned}y_{n+3}&=y_{n+2}+\frac{h}{24}\left(9f_{n+3}+19f_{n+2}-5f_{n+1}+f_n\right)\\&=y_{n+2}+\frac{h}{24}\Big[9\left(-y_{n+3}-x_{n+3}\right)+19\left(-y_{n+2}-x_{n+2}\right)\\&\quad-5\left(-y_{n+1}-x_{n+1}\right)+\left(-y_n-x_n\right)\Big].\end{aligned}$$

取步长 $h=0.1$, 计算结果见表 8.6. 数值结果表明, 同阶的隐式 Adams 方法精度高于显式 Adams 方法.

表 8.6　Adams 显式、隐式方法计算结果与误差

x_n	$y(x_n)$	Adams 显式方法		Adams 隐式方法	
		y_n	$\|y(x)-y_n\|$	y_n	$\|y(x)-y_n\|$
0.3	2.18163644			2.18163601	0.0429×10^{-5}
0.4	1.94064009	1.94064584	0.0575×10^{-4}	1.94063932	0.0769×10^{-5}
0.5	1.71306132	1.71307095	0.0963×10^{-4}	1.71306028	0.1043×10^{-5}
0.6	1.49762327	1.49763682	0.1354×10^{-4}	1.49762202	0.1257×10^{-5}
0.7	1.29317061	1.29318679	0.1618×10^{-4}	1.29316919	0.1421×10^{-5}
0.8	1.09865793	1.09867631	0.1838×10^{-4}	1.09865639	0.1543×10^{-5}
0.9	0.91313932	0.91315923	0.1991×10^{-4}	0.91313769	0.1628×10^{-5}
1	0.73575888	0.73577992	0.2103×10^{-4}	0.73575720	0.1684×10^{-5}

8.5.3 Adams 预测-校正格式

Adams 显式方法计算简单, 但精度不如 Adams 隐式方法, 而隐式方法每一步都要用迭代法进行求解, 计算量较大. 为了避免大量的迭代运算, 借鉴改进 Euler 方法的思想, 采用显式 Adams 方法给出一个初始近似值 y_{n+1}^{P}, 称为**预测**, 以 P 表示; 再用隐式 Adams 方法计算近似值 y_{n+k}, 此步骤称为**校正**, 以 C 表示. 通常采用同阶的 Adams 显式方法与 Adams 隐式方法相结合. 例如用四步四阶 Adams 显式方法做预测, 用三步四阶 Adams 隐式方法做校正, 格式如下:

$$\begin{cases} \mathrm{P}: y_{n+4}^{\mathrm{P}} = y_{n+3} + \dfrac{h}{24}\left(55f_{n+3} - 59f_{n+2} + 37f_{n+1} - 9f_n\right), \\ \mathrm{C}: y_{n+4} = y_{n+3} + \dfrac{h}{24}\left(9f(x_{n+4}, y_{n+4}^{\mathrm{P}}) + 19f_{n+3} - 5f_{n+2} + f_{n+1}\right), \end{cases} \tag{8.49}$$

上式称为**四阶 Adams 预测-校正格式**.

根据四阶 Adams 方法的局部截断误差, 如果 h 充分小, 对于预测和校正后的误差估计分别有

$$y(x_{n+4}) - y_{n+4}^{\mathrm{P}} \approx \frac{251}{720}h^5 y^{(5)}(x_n),$$
$$y(x_{n+4}) - y_{n+4} \approx -\frac{19}{720}h^5 y^{(5)}(x_n),$$

两式相减得

$$h^5 y^{(5)}(x_n) \approx \frac{720}{270}\left[y_{n+4} - y_{n+4}^{\mathrm{P}}\right].$$

于是有

$$\begin{aligned} y(x_{n+4}) - y_{n+4}^{\mathrm{P}} &\approx \frac{251}{270}\left[y_{n+4} - y_{n+4}^{\mathrm{P}}\right], \\ y(x_{n+4}) - y_{n+4} &\approx -\frac{19}{270}\left[y_{n+4} - y_{n+4}^{\mathrm{P}}\right]. \end{aligned} \tag{8.50}$$

公式 (8.50) 称为**事后误差估计**. 根据事后误差估计, 对近似解可做如下修正:

$$\begin{aligned} y_{n+4}^{\mathrm{PM}} &= y_{n+4}^{\mathrm{P}} + \frac{251}{270}\left[y_{n+4} - y_{n+4}^{\mathrm{P}}\right], \\ \bar{y}_{n+4} &= y_{n+4} - \frac{19}{270}\left[y_{n+4} - y_{n+4}^{\mathrm{P}}\right]. \end{aligned} \tag{8.51}$$

校正后的解 $y_{n+4}^{\mathrm{PM}}, \bar{y}_{n+4}$ 比近似解 $y_{n+4}^{\mathrm{P}}, y_{n+4}$ 更精确一些, 第一式中 y_{n+4} 并未求出, 计算时用上一步的计算结果来替代. 利用 (8.51), 可得**修正四阶 Adams 预**

测-校正格式为

$$
\begin{cases}
\mathrm{P}: y_{n+4}^{\mathrm{P}} = y_{n+3} + \dfrac{h}{24}\left(55f_{n+3} - 59f_{n+2} + 37f_{n+1} - 9f_n\right), \\
\mathrm{M}: y_{n+4}^{\mathrm{PM}} = y_{n+4}^{\mathrm{P}} + \dfrac{251}{270}\left(y_{n+3}^{\mathrm{C}} - y_{n+3}^{\mathrm{P}}\right), \\
\mathrm{C}: y_{n+4}^{\mathrm{C}} = y_{n+3} + \dfrac{h}{24}\left(9f(x_{n+4}, y_{n+4}^{\mathrm{PM}}) + 19f_{n+3} - 5f_{n+2} + f_{n+1}\right), \\
\mathrm{M}: y_{n+4} = y_{n+4}^{\mathrm{C}} - \dfrac{19}{270}\left(y_{n+4}^{\mathrm{C}} - y_{n+4}^{\mathrm{P}}\right).
\end{cases}
\tag{8.52}
$$

修正预测-校正格式比预测-校正格式的精度高一阶.

8.6 多步法的收敛性与稳定性

由于线性 k 步法的数值解不仅依赖于初值问题, 还依赖于启动多步法的前 k 个初值的选取, 因此, 线性多步法的局部截断误差分析比单步法的复杂.

8.6.1 相容性

与单步法相容性类似, 线性多步法 (8.40) 与微分方程 (8.1) 是否相容, 要看当 $h \to 0$ 时, 线性多步法的表示式是否逼近微分方程 (8.1).

若将 $y_{n+k}, y_{n+k-1}, \cdots, y_n$ 换成微分方程初值问题 (8.1) 的解 $y(x+kh), y(x+(k-1)h), \cdots, y(x)$, 则由 (8.40) 可得关于 $y(x)$ 的近似方程

$$
\frac{1}{h}\left[y(x+kh) - \sum_{i=0}^{k-1}\alpha_i y(x+ih)\right] \approx \sum_{i=0}^{k}\beta_i f\left(x+ih, y(x+ih)\right). \tag{8.53}
$$

当 $h \to 0$ 时, 若 (8.53) 的极限恰好是 $y(x)$ 满足的微分方程 (8.1), 则线性多步法与微分方程是相容的. 由于 (8.53) 两端极限分别为

$$
\begin{aligned}
&\lim_{h\to 0}\frac{1}{h}\left[y(x+kh) - \sum_{i=0}^{k-1}\alpha_i y(x+ih)\right] \\
&= \lim_{h\to 0}\left[k\frac{y(x+kh)-y(x)}{kh} + \frac{y(x)}{h} - \sum_{i=0}^{k-1} i\alpha_i \frac{y(x+ih)-y(x)}{ih} - \sum_{i=0}^{k-1}\alpha_i\frac{y(x)}{h}\right] \\
&= y'(x)\left[k - \sum_{i=0}^{k-1} i\alpha_i\right] + \lim_{h\to 0}\frac{y(x)}{h}\left[1 - \sum_{i=0}^{k-1}\alpha_i\right]
\end{aligned}
$$

及

$$\lim_{h\to 0}\sum_{i=0}^{k}\beta_i f\left(x+ih, y(x+ih)\right)=f\left(x, y(x)\right)\sum_{i=0}^{k}\beta_i,$$

从而 (8.53) 的极限是微分方程 (8.1) 的充分必要条件是

$$1-\sum_{i=0}^{k-1}\alpha_i=0,\quad k-\sum_{i=0}^{k-1}i\alpha_i=\sum_{i=0}^{k}\beta_i. \tag{8.54}$$

记

$$\rho(\xi)=\xi^k-\sum_{i=0}^{k-1}\alpha_i\xi^i,\quad \sigma(\xi)=\sum_{i=0}^{k}\beta_i\xi^i,$$

则称 $\rho(\xi)$ 为线性多步方法 (8.40) 的**第一特征多项式**, $\sigma(\xi)$ 为**第二特征多项式**. 条件 (8.54) 等价于

$$\rho(1)=0,\quad \rho'(1)=\sigma(1). \tag{8.55}$$

定义 8.11 若条件 (8.55) 成立, 则称线性多步法 (8.40) 与微分方程初值问题 (8.1) **相容**, 并称条件 (8.55) 为线性多步法 (8.40) 的**相容性条件**.

易知相容性条件 (8.55) 即为当 $p=1$ 时, $c_0=c_1=0$ 所对应的条件. 类似单步法, 可得相容性的等价刻画.

定理 8.6 p 阶线性 k 步法 (8.40) 与微分方程 (8.1) 相容的充分必要条件是 $p\geqslant 1$.

8.6.2 收敛性

用线性多步法 (8.40) 求解微分方程初值问题 (8.1) 时, 前 k 个值 $y_0, y_1, \cdots, y_{k-1}$ 必须已知, 而微分方程只给出了一个初始值 $y(x_0)=y_0$, 因此其余 $k-1$ 个值 $y_1, y_2, \cdots, y_{n-1}$ 需要用满足相应精度的单步法求出.

定义 8.12 若由单步法计算的 $k-1$ 个值满足

$$\lim_{h\to 0} y_i=y_0,\quad i=1,2,3,\cdots,k-1,$$

并且对于任意固定的 $x=x_0+nh$, 线性多步法 (8.40) 产生的近似解 y_n 均有

$$\lim_{\substack{h\to 0\\ x=x_0+nh}} y_n=y(x),$$

则称该多步法是**收敛的**.

定理 8.7 设线性 k 步法 (8.40) 是收敛的, 则此线性多步法是相容的.

证明 设线性多步法 (8.40) 的解 y_n 收敛于初值问题 (8.1) 的解 $y(x)$, 即

$$\lim_{\substack{h\to 0\\ x=x_0+nh}} y_n = y(x).$$

由于 k 是给定的, 则 $\lim\limits_{h\to 0} y_{n+j} = y(x), j=0,1,2,\cdots,k$, 于是

$$y(x) = y_{n+j} + \theta_{j,n}(h), \quad j=0,1,2,\cdots,k,$$

其中 $\theta_{j,n}(h)\to 0\ (h\to 0)$, 两端乘以 α_j 后再求和得

$$\sum_{j=0}^{k-1}\alpha_j y(x) = \sum_{j=0}^{k-1}\alpha_j y_{n+j} + \sum_{j=0}^{k-1}\alpha_j\theta_{j,n}(h).$$

由式 (8.40) 得

$$y(x)\sum_{j=0}^{k-1}\alpha_j = y_{n+k} - h\sum_{i=0}^{k}\beta_i f_{n+i} + \sum_{j=0}^{k-1}\alpha_j\theta_{j,n}(h).$$

由 $f(x,y)$ 的连续性可知, 当 $h\to 0$ 时, 上式右端后两项趋于零, 因而

$$y(x)\sum_{j=0}^{k-1}\alpha_j = y(x),$$

从而有

$$1-\sum_{j=0}^{k-1}\alpha_j = 0,$$

即 $\rho(1)=0$.

由于

$$\lim_{h\to 0}\frac{y_{n+j}-y_n}{jh} = y'(x), \quad j=1,2,3,\cdots,k,$$

将上式改写为

$$y_{n+j}-y_n = jhy'(x) + jh\varphi_{j,n}(h), \quad j=1,2,3,\cdots,k,$$

其中 $\varphi_{j,n}(h)\to 0\ (h\to 0)$, 两端乘以 α_j 后再求和得

$$\sum_{j=0}^{k-1}\alpha_j y_{n+j} - y_n\sum_{j=0}^{k-1}\alpha_j = hy'(x)\sum_{j=0}^{k-1}j\alpha_j + h\sum_{j=0}^{k-1}j\alpha_j\varphi_{j,n}(h).$$

由式 (8.40) 和 $\rho(1)=0$, 可得

$$k\frac{y_{n+k}-y_n}{kh}-\sum_{j=0}^{k}\beta_j f_{n+j}=y'(x)\sum_{j=0}^{k-1}j\alpha_j+\sum_{j=0}^{k-1}j\alpha_j\varphi_{j,n}(h).$$

由于 $f_{n+j}\to f(x,y(x)), h\to 0$, 对上式两端取极限得

$$ky'(x)-f(x,y(x))\sum_{j=0}^{k}\beta_j=y'(x)\sum_{j=0}^{k-1}j\alpha_j,$$

整理得

$$y'(x)\left(k-\sum_{j=0}^{k-1}j\alpha_j\right)=f(x,y(x))\sum_{j=0}^{k}\beta_j=y'(x)\sum_{j=0}^{k}\beta_j,$$

又 $y'(x)$ 不恒为零, 故有 $\rho'(1)=\sigma(1)$. 由相容性定义知该多步法是相容的. ■

定理 8.7 的逆定理是不成立的, 即相容的多步法不一定收敛.

例 8.6 用线性二步法

$$y_{n+2}=-2y_{n+1}+3y_n+h\left[3f_{n+1}+f_n\right] \tag{8.56}$$

解初值问题

$$\begin{cases} y'=\dfrac{2y}{x+1}, \\ y(0)=1. \end{cases}$$

解 线性二步法 (8.56) 的第一特征多项式和第二特征多项式为

$$\rho(\xi)=\xi^2+2\xi-3,\quad \sigma(\xi)=3\xi+1,$$

故有 $\rho(1)=0,\sigma(1)=\rho'(1)=4$. 由相容性定义可知, 线性二步法 (8.56) 是相容的.

取初值 $y_0=1$, 因为初值问题的解析解为 $y(x)=x^2+2x+1$, 故取 $y_1=h^2+2h+1$. 用线性二步方法计算的结果见表 8.7 所示.

数值结果表明线性二步法 (8.56) 不收敛.

例 8.6 证实了定理 8.7 的逆命题是不成立的. 为了刻画多步法的收敛性, 给出如下定义.

定义 8.13 如果线性多步法 (8.40) 的第一特征多项式 $\rho(\xi)$ 的零点都在单位圆内或单位圆周上, 并在单位圆周上的根为单根, 则称线性多步法 (8.40) 满足**根条件**.

由于涉及线性差分方程理论, 因此不加证明地给出多步法收敛性结果.

表 8.7 线性二步法 (8.56) 的计算结果

x_n	解析解 $y(x_n)$	数值解 y_n		
		$h=0.1$	$h=0.05$	$h=0.025$
0.0	1.00000000	1.00000000	1.00000000	1.00000000
0.1	1.21000000	1.21000000	1.21000000	1.21000000
0.2	1.44000000	1.44000000	1.44000000	1.44000000
0.3	1.69000000	1.69000000	1.69000000	1.69000000
⋮	⋮	⋮	⋮	⋮
3.0	16.00000000	16.00005251	-5.55303235×10^{10}	4.96210533×10^{39}
3.1	16.81000000	16.80984757	-4.83532943×10^{11}	3.88890727×10^{41}
⋮	⋮	⋮	⋮	⋮
4.0	25.00000000	27.29916607	-1.43662879×10^{20}	4.47814181×10^{58}
4.1	26.01000000	19.29315313	-1.25918277×10^{21}	3.53264365×10^{60}
⋮	⋮	⋮	⋮	⋮
5.0	36.00000000	1.06376740×10^{5}	-3.92578598×10^{29}	4.26811018×10^{77}

定理 8.8 线性多步法 (8.40) 是相容的, 则线性多步法 (8.40) 收敛的充分必要条件是它满足根条件.

例 8.6 中第一特征多项式是 $\rho(\xi)=\xi^2+2\xi-3$, 两个根分别是 $\xi_1=-3,\xi_2=1$, 不满足根条件, 因此线性二步法 (8.56) 不收敛.

8.6.3 稳定性

高阶多步法不一定是有效的方法, 即使步长取得很小, 数值结果也不一定好, 这涉及稳定性问题, 即初始条件 $y_0,y_1,\cdots,y_{k-1}$ 的误差和计算过程中的舍入误差随着计算步数的增加逐步累积, 会对数值解产生影响.

设节点 $x_n=a+nh\in[a,b]$, 步长 $h=\dfrac{b-a}{N}$, N 为节点总数. 类似于单步法, 下面给出线性多步法稳定性的定义.

定义 8.14 设由线性多步法 (8.40) 得到的解为 y_n, 由于初始值存在误差, 实际计算的解为 $\tilde{y}_n$, 若存在常数 C 及 h_0, 使对所有 $h\in(0,h_0)$, 有

$$\max_{a\leqslant x_n\leqslant b}|y_n-\tilde{y}_n|\leqslant C\max_{0\leqslant j\leqslant k-1}|y_j-\tilde{y}_j|,$$

则称线性多步法 (8.40) 是**稳定的**或者**零稳定的**.

零稳定性描述了当 $h\to0$ 时初始值的微小误差不会对数值解的误差造成太大影响. 在实际计算中, 常取固定的步长 h, 这种情况下误差会不会随着步数的增加而增大, 这就是下面讨论的绝对稳定性问题.

线性 k 步法 (8.40) 用于求解试验方程 (8.36) 的计算公式为

$$y_{n+k}=\sum_{i=0}^{k-1}\alpha_i y_{n+i}+\mu\sum_{i=0}^{k}\beta_i y_{n+i}, \tag{8.57}$$

其中 $\mu=h\lambda$. 假设初始值 $y_0,y_1,\cdots,y_{k-1}$ 存在误差, 实际计算初始值为 $\tilde{y}_0,\tilde{y}_1,\cdots,\tilde{y}_{k-1}$, 从这些带有误差的初始值出发, 由 (8.57) 计算 y_m 的近似值 $\tilde{y}_m(m\geqslant k)$, 则有

$$\tilde{y}_{n+k}=\sum_{i=0}^{k-1}\alpha_i \tilde{y}_{n+i}+\mu\sum_{i=0}^{k}\beta_i \tilde{y}_{n+i}. \tag{8.58}$$

公式 (8.57) 与 (8.58) 相减后, 得误差方程

$$e_{n+k}=\sum_{i=0}^{k-1}\alpha_i e_{n+i}+\mu\sum_{i=0}^{k}\beta_i e_{n+i}. \tag{8.59}$$

这是一个常系数的齐次差分方程, 其特征方程为

$$\xi^k-\sum_{j=0}^{k-1}\alpha_j\xi^j-\mu\sum_{j=0}^{k}\beta_j\xi^j=0,$$

即

$$\rho(\xi)-\mu\sigma(\xi)=0. \tag{8.60}$$

由差分方程的理论, 当特征方程 (8.60) 的所有特征根 ξ_i 满足 $|\xi_i|<1$ 时, 则误差方程 (8.59) 的解满足 $\lim\limits_{m\to\infty}e_m=0$. 由此可给出绝对稳定性的概念.

定义 8.15 对指定的 $\mu=h\lambda$, 如果特征方程 (8.60) 的所有根 ξ_i 满足 $|\xi_i|<1$, 则称线性多步法 (8.40) 关于此 μ 值是**绝对稳定的**. 若线性多步法 (8.40) 在复平面的某个区域 R 中对所有 μ 值都是绝对稳定的, 而在区域 R 外, 线性多步法不稳定, 则称 R 为线性多步法 (8.40) 的**绝对稳定区域**, R 与实轴的交集称为线性多步法 (8.40) 的**绝对稳定区间**.

线性多步法的绝对稳定区域较为复杂, 通常采用如下的根轨迹法确定绝对稳定区域的边界. 记线性多步法 (8.40) 的绝对稳定区域的边界为 ∂R, 则对于任意 $\mu\in\partial R$, 对应的特征方程 (8.60) 的特征根 ξ_i 满足 $|\xi_i|=1$, 即存在 $\theta\in[0,2\pi]$, 使得 $\xi_i=\mathrm{e}^{\mathrm{i}\theta}$, 此时有

$$\rho(\mathrm{e}^{\mathrm{i}\theta})-\mu(\theta)\sigma(\mathrm{e}^{\mathrm{i}\theta})=0,\quad 即\ \mu(\theta)=\frac{\rho(\mathrm{e}^{\mathrm{i}\theta})}{\sigma(\mathrm{e}^{\mathrm{i}\theta})},\theta\in[0,2\pi].$$

这样就得到绝对稳定区域的边界 ∂R. 例如图 8.5 给出了 1—4 步显式 Adams 方法的绝对稳定区域.

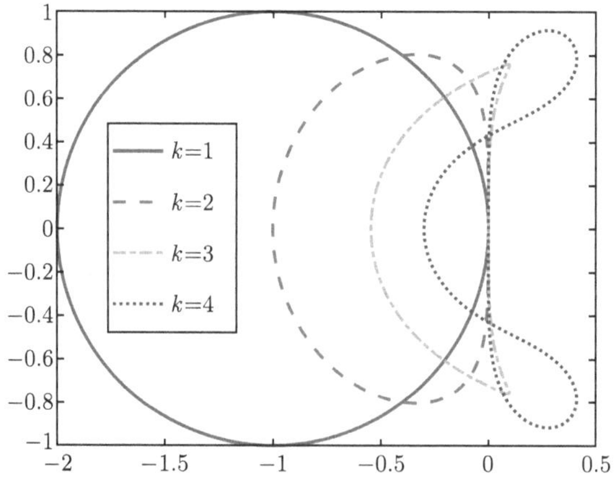

图 8.5 显式 Adams 方法的绝对稳定区域

第 8 章评注

常微分方程数值解是一个古老的问题, 也是当前研究比较活跃的领域, 一直有新的研究成果出现. 本章介绍了求解常微分方程初值问题的两类基本方法——单步法与多步法, 并分析了这些方法的局部截断误差、整体误差、相容性、收敛性以及稳定性等基本概念. 这些基本方法可以直接推广到一阶常微分方程组、高阶常微分方程的计算. 下面就常微分方程的边值问题、刚性问题、谱方法、保结构算法、时间并行算法等作一些简要介绍. 感兴趣的读者可以参考 [31, 34-37].

求解边值问题常见的方法为差分法、打靶法、有限元法等. 差分法用差商代替导数, 将微分方程离散化为一个差分方程, 然后求解差分方程. 打靶法将边值问题转化为初值问题, 然后用初值问题的方法求解. 有限元法将边值问题转化为变分问题求解, 特别适用于几何、物理上比较复杂的问题求解.

刚性问题普遍存在于化学反应过程、电力系统、自动控制等领域中, 具有重要的应用价值. 由于刚性问题中微分方程经常出现解的分量数量级差别很大, 数值求解有一定难度. 常见求解刚性方程的高阶多步法是 Gear (吉尔) 方法、隐式 Runge-Kutta 法、积分因子法等.

谱方法是高效、高精度计算常微分方程的重要方法. 该方法基于正交多项式, 包括 Legendre 多项式、Chebyshev 多项式等来近似表示微分方程的解, 实现数值解的谱精度. 已经发展了 Tau 方法、Petrov-Galerkin (彼得罗夫-伽辽金) 方法、预处理迭代法、积分重构法、谱系数方法等. 特别近年来在航天动力学轨道计算中, 将谱方法与 Picard 迭代结合, 发展了适合航天轨道计算的高精度、高效的 Picard Chebyshev 系列方法.

自 1980 年以来, 保结构算法在 Hamilton (哈密顿) 系统问题的求解中取得了巨大的进展, 主要包括保辛算法和保能量算法. 保辛算法又可分为辛差分格式、辛 Runge-Kutta 方法、辛多步法. 离散 KAM 定理和向后误差分析理论是辛方法的两个重要成果, 它们从理论上证明了辛方法在长时计算上的优势. 保能量算法主要有投影算法、平均向量场方法等. 辛和能量是 Hamilton 系统的重要特征, 能够保持这些量的数值方法可以获得更优的数值结果. 保结构算法的基本思想已成为构造数值格式的重要指导思想.

在过去的几十年, 由于超级计算机的快速发展, 时间并行算法得到了广泛关注, 成为微分方程数值解的热点研究方向. 最早的时间并行算法可追溯到 1964 年, 目前常见的时间并行算法可以分为四类: 基于多重打靶法的算法、基于区域分解和波松弛的算法、时空多重网格方法、直接时间并行算法. Parareal 方法、时间上多重网格规约 (multigrid reduction in time, MGRIT) 法是两种相对流行的时间并行算法.

习　题　8

1. 用 Euler 方法与后退 Euler 方法求解初值问题

$$\begin{cases} y' = y + x, \quad 0 \leqslant x \leqslant 1, \\ y(0) = 1, \end{cases}$$

并与精确解 $y(x) = 2\mathrm{e}^x - x - 1$ 相比较, 取步长 $h = 0.1$.

2. 用梯形方法和改进的 Euler 方法求解初值问题

$$\begin{cases} y' = y - x + 1, \quad 0 \leqslant x \leqslant 1, \\ y(0) = 1, \end{cases}$$

并与精确解 $y(x) = \mathrm{e}^x + x$ 相比较, 取步长 $h = 0.2$.

3. 用梯形方法解初值问题

$$\begin{cases} y' = -y, \quad 0 \leqslant x \leqslant 1, \\ y(0) = 1, \end{cases}$$

试证明: (1) 近似解的表示式为

$$y_n = \left(\frac{2-h}{2+h}\right)^n;$$

(2) 当 $h \to 0$ 时, 近似解 y_n 收敛于精确解 $y(x) = \mathrm{e}^{-x}$.

4. 证明对任意的参数 t, 下列 Runge-Kutta 方法

$$\begin{cases} y_{n+1} = y_n + \dfrac{h}{2}(K_2 + K_3), \\ K_1 = f(x_n, y_n), \\ K_2 = f(x_n + th, y_n + thK_1), \\ K_3 = f(x_n + (1-t)h, y_n + (1-t)hK_1) \end{cases}$$

都具有二阶精度.

5. 取步长 $h=0.1$, 用经典的四阶 Runge-Kutta 方法求解初值问题

(1) $\begin{cases} y'=y-\dfrac{2x}{y}, & 0\leqslant x\leqslant 1,\\ y(0)=1; \end{cases}$ (2) $\begin{cases} y'=2+(2x-y)^2, & 2\leqslant x\leqslant 3,\\ y(2)=3, \end{cases}$

并分别与精确解 $y(x)=\sqrt{1+2x}$ 和 $y(x)=2x+\dfrac{1}{1-x}$ 相比较, 取步长 $h=0.1$.

6. 给定典型微分方程

$$y'=-20y.$$

(1) 若用 Euler 方法求解, 为保证绝对稳定性, 求步长 h 的取值范围.

(2) 若用二阶 Runge-Kutta 方法求解, 为保证绝对稳定性, 步长 h 又应如何选取?

7. 分别用二阶 Adams 显式方法和隐式方法求解下列初值问题

$$\begin{cases} y'=\dfrac{1}{x}\left(y-y^2\right), & 1\leqslant x\leqslant 2,\\ y(1)=0.5, \end{cases}$$

取步长 $h=0.1$, 开始值用改进 Euler 方法求解, 并与精确解 $y(x)=\dfrac{x}{1+x}$ 相比较.

8. 用 Adams 预测-校正格式求解习题 7 的初值问题.

9. 试证明中点公式

$$y_{n+1}=y_n+hf\left(x_n+\frac{h}{2},y_n+\frac{h}{2}f(x_n,y_n)\right)$$

是二阶的, 并求它的绝对稳定区间.

10. 对线性二步法

$$y_{n+2}=y_{n+1}+\frac{h}{12}\left(5f_{n+2}+8f_{n+1}-f_n\right),$$

证明:

(1) 它与微分方程 (8.1) 相容;

(2) 当计算 y_1 的单步法收敛时, 它是收敛的.

11. 给定显式线性二步法

$$y_{n+2}=\alpha_0y_n+\alpha_1y_{n+1}+h\left(\beta_0f_n+\beta_1f_{n+1}\right),$$

试确定参数 $\alpha_0,\alpha_1,\beta_0,\beta_1$, 使它具有三阶精度, 并验证它是否满足根条件.

12. 给定线性二步法

$$y_{n+2}=ay_n+(1-a)y_{n+1}+\frac{h}{2}\left[(a-1)f_n+(a+3)f_{n+1}\right],$$

证明:

(1) 当 $a\neq 5$ 时, 它为二阶方法; 当 $a=5$ 时, 它为三阶方法.

(2) 当 $a=5$ 时, 它不满足根条件.

(3) 当 $a=0$ 时, $\mu=h\lambda$ 取多大时它关于此 μ 值是绝对稳定的.

上机实验题

1. 试编写用改进的 Euler 方法求解微分方程初值问题的标准程序.

2. 试编写用经典的四阶 Runge-Kutta 方法求解微分方程初值问题的标准程序.

3. 试编写用四阶 Adams 显式方法求解微分方程初值问题的标准程序, 由经典的四阶 Runge-Kutta 方法计算初值.

4. 试编写用修正四阶 Adams 预测-校正格式求解微分方程初值问题的标准程序, 由经典的四阶 Runge-Kutta 方法计算初值.

5. 取步长 $h = 0.1$, 用上机实验题 1—4 中的方法求解下列初值问题

$$\begin{cases} y' = -xy^2, \quad 0 \leqslant x \leqslant 1, \\ y(0) = 2, \end{cases}$$

将四种方法的计算结果与精确解 $y(x) = \dfrac{2}{1+x^2}$ 作图比较.

6. 用上机实验题 1—4 中的方法求解上机实验题 5 中的初值问题, 步长分别取 $h = 0.2, 0.1, 0.05, 0.01$, 对同一种方法画出不同 h 的曲线图, 并分析计算结果.

参考文献

[1] 李继闵 (译注). 九章算术 (附海岛算经). 北京: 中华书局, 2023.

[2] 王能超. 计算方法简明教程. 北京: 高等教育出版社, 2004.

[3] 张平文, 李铁军. 数值分析. 北京: 北京大学出版社, 2007.

[4] Golub G H, van Loan C F. Matrix Computations. 4th ed. Baltimore: Johns Hopkins University Press, 2013.

[5] Horn R A, Johnson C R. Matrix Analysis. 2nd ed. Cambridge: Cambridge University Press, 2013.

[6] Trefethen L N, Bau III D. Numerical Linear Algebra. Philadelphia: SIAM, 1997.

[7] 李庆扬, 关治, 白峰杉. 数值计算原理. 北京: 清华大学出版社, 2000.

[8] Saad Y. Iterative Methods for Sparse Linear Systems. Philadelphia: SIAM, 2003.

[9] Burden R L, Faires P O. 数值分析. 7 版. 冯烟利, 朱海燕, 译. 北京: 高等教育出版社, 2005.

[10] Li S G, Li H S, Cheng L Z. Some second-derivative-free variants of Halley's method for multiple roots. Applied Mathematics and Computation, 2009, 215(6): 2192-2198.

[11] Li S G, Liao X K, Cheng L Z. A new fourth-order iterative method for finding multiple roots of nonlinear equations. Applied Mathematics and Computation, 2009, 215(3): 1288-1292.

[12] 李庆扬, 王能超, 易大义. 数值分析. 5 版. 北京: 清华大学出版社, 2008.

[13] 王渝生. 中国算学史. 上海: 上海人民出版社, 2006.

[14] Brigham E O. The Fast Fourier Transform and Its Applications. Englewood Cliffs: Prentice Hall, 1988.

[15] 徐利治, 王仁宏, 周蕴时. 函数逼近的理论与方法. 上海: 上海科学技术出版社, 1983.

[16] Nakatsukasa Y, Sète O, Trefethen L N. The AAA algorithm for rational approximation. SIAM Journal on Scientific Computing, 2018, 40(3): A1494-A1522.

[17] 王仁宏, 朱功勤. 有理函数逼近及其应用. 北京: 科学出版社, 2004.

[18] 王德人, 杨忠华. 数值逼近引论. 北京: 高等教育出版社, 1990.

[19] 陈纪修, 於崇华, 金路. 数学分析 (下册). 3 版. 北京: 高等教育出版社, 2019.

[20] Kiusalaas J. Numerical Methods in Engineering with Python. Cambridge: Cambridge University Press, 2005.

[21] Gerald C F, Wheatley P O. 应用数值分析. 7 版. 白峰衫, 译. 北京: 高等教育出版社, 2006.

[22] Richard L B, Douglas F J. Numerical Analysis. Boston: Cengage Learning, Inc., 2011.

[23] Trefethen L N. Approximation Theory and Approximation Practice. extended edition. Philadelphia: SIAM, 2019.

[24] 白峰杉. 数值计算引论. 北京: 高等教育出版社, 2004.
[25] 蔡光程. 现代数值分析. 北京: 科学出版社, 2019
[26] 冯康, 等. 数值计算方法. 北京: 国防工业出版社，1978.
[27] 何旭初, 苏煜城, 包雪松. 计算数学简明教程. 北京: 人民教育出版社, 1980.
[28] 华罗庚, 王元. 数论在近似分析中的应用. 北京: 科学出版社, 1978.
[29] 曾金平. 数值计算方法. 长沙: 湖南大学出版社, 2004.
[30] 王能超. 千古绝技 “割圆术”: 古代数学之神刘徽的大智慧. 2 版. 武汉: 华中科技大学出版社, 2003.
[31] 黄云清, 舒适, 陈艳萍等. 数值计算方法. 2 版. 北京: 科学出版社, 2022.
[32] Deaño A, Huybrechs D, Iserles A. Computing Highly Oscillatory Integrals. Philadelphia: SIAM, 2018.
[33] 徐利治, 周蕴时. 高维数值积分. 北京: 科学出版社, 1980.
[34] Feng K, Qin M Z. Symplectic Geometric Algorithms for Hamiltonian Systems. Hangzhou: Zhejiang Science and Technology Publishing House; Berlin: Springer-Verlag, 2010.
[35] Gander M J. 50 years of time parallel time integration//Cararro T, Geiger M, Korkel S, et al. Multiple Shooting and Time Domain Decomposition Methods. Heidelberg: Springer. 2015.
[36] Hairer E, Nørsett S P, Wanner G. Solving Ordinary Differential Equations I: Nonstiff Problems. Heidelberg: Springer, 1993.
[37] Shen J, Tang T, Wang L L. Spectral Methods: Algorithms, Analysis and Applications. Heidelberg: Springer, 2011.